GUIDES-JOANNE

GRÈCE

I

ATHÈNES ET SES ENVIRONS

HACHETTE ET Cie

CONTREXÉVILLE
DIURÉTIQUE, LAXATIVE, DIGESTIVE
à jeun
et aux repas
ABSOLUMENT INDIQUÉE
Régime des
GOUTTEUX
GRAVELEUX, ARTHRITIQUES
SOURCE DU PAVILLON

TUNIS

GRAND HOTEL DE FRANCE

HOTEL MODERNE

Cent chambres — Salon de lecture

Éclairage électrique

ASCENSEUR — GRAND JARDIN

PLEIN MIDI

INTERPRÈTES ET GUIDES A L'HOTEL

Omnibus à tous les trains et paquebots

MUNICH

HOTEL CONTINENTAL

MAISON DE PREMIER ORDRE

Sur la Maximilian Platz

Dans la partie la plus tranquille et la plus agréable de la ville, non loin des musées et des autres endroits intéressants

TOUT LE CONFORT MODERNE

EXCELLENTE CUISINE

ÉCLAIRAGE ÉLECTRIQUE

ASCENSEUR — PRIX MODÉRÉS

Résidence d'hiver favorite à des prix spécialement réduits

TIROL **INNSBRUCK** TIROL

L'admirable situation d'Innsbruck, abritée au Nord par l'imposante chaîne de montagnes qui borde la rive gauche de l'Inn, a fait de cette gracieuse cité un des **séjours favoris** des touristes : le printemps et l'automne comme station de passage, l'été comme station par excellence, soit à cause de la beauté de ses environs, soit à cause de sa position centrale, au point de rencontre des grandes lignes de Paris à Vienne par l'Arlberg, de Munich à Vérone par le Brenner, et de nombreuses routes venant des pittoresques vallées de la Bavière et du Tirol.

C'est une des villes où pas un touriste ne manque de s'arrêter, et les monuments qu'elle renferme ajoutent une nouvelle attraction à la capitale du Tirol. — Facilités pour l'éducation : Université ; lycée ; bibliothèque ; leçons de langues, etc.

La route de **Paris à Vienne par l'Arlberg** est sans contredit la plus pittoresque sans être pour cela la moins rapide ; celle de **Paris en Italie par l'Arlberg et le Brenner** est des plus intéressantes. Le Brenner, d'ailleurs, par sa situation relativement plus méridionale et moins élevée, est le plus agréable passage pour se rendre en Italie, même à la fin de l'hiver (mars), ou à la fin de l'automne (novembre), lorsque d'autres passages sont déjà couverts par la neige.

Innsbruck est devenu depuis quelques années un **séjour climatique d'hiver, recommandé** pour es personnes qui ont besoin d'un climat froid, sec, reconstituant, constant, sans vent ni brouillard et surtout abrité contre le vent du Nord.

PRINCIPAUX HOTELS DANS LE VOISINAGE IMMÉDIAT DE LA GARE

Hôtel Tirol. Propre CARL LANDSÉE.

Hôtel zur goldenen Sonne. Propre CARL BEER.

CONSTANTINOPLE

GRAND HOTEL DE LONDRES

(BELLE-VUE)

Péra, boulevard des Petits-Champs

Vis-à-vis du théâtre et à proximité des ambassades

Hôtel de tout premier ordre. — Cuisine éminemment française.—Vue splendide sur la Corne-d'Or et le Bosphore.

HOTEL BRISTOL

Construit expressément avec les plus récentes innovations

Le seul ayant un ascenseur américain; l'un des plus luxueux hôtels du continent.—Vue splendide sur le Bosphore et la Corne-d'Or.—Salon de dames, salon de lecture et smoking-room. — *Bains luxueux en porcelaine dans tous les appartements.* — Closets d'après le plus parfait modèle anglais.

Bonne cuisine française et anglaise

COUPONS COOK (*spéciaux*)

Grand Hôtel d'Angleterre et Royal

Grand Hôtel (ancien Luxembourg)

Situé au centre de la ville et dominant le jardin de l'ambassade anglaise. —**Vue féerique sur la Corne-d'Or et Stamboul.**—Suite de chambres et salons pour familles. — *Ameublement riche et luxueux.*

Cuisine anglaise et française

Ces trois hôtels appartiennent au même propriétaire :

M. L. ADAMPOULOS

ATHÈNES

ET SES ENVIRONS

853-06. — Coulommiers. Imp. PAUL BRODARD. — 3-06.

COLLECTION DES GUIDES-JOANNE

Prix 6 fr.

ATHÈNES

ET SES ENVIRONS

(EXTRAIT DU GUIDE DE GRÈCE)

Ce Guide a été rédigé par **M. G. FOUGÈRES**

Ancien membre de l'École Française d'Athènes,
Maître de conférences à la Sorbonne.

2 CARTES, 16 PLANS ET 6 ILLUSTRATIONS

PARIS

LIBRAIRIE HACHETTE ET Cie

79, BOULEVARD SAINT-GERMAIN, 79

1906

Toutes les mentions et recommandations contenues dans le texte des Guides-Joanne sont entièrement gratuites.

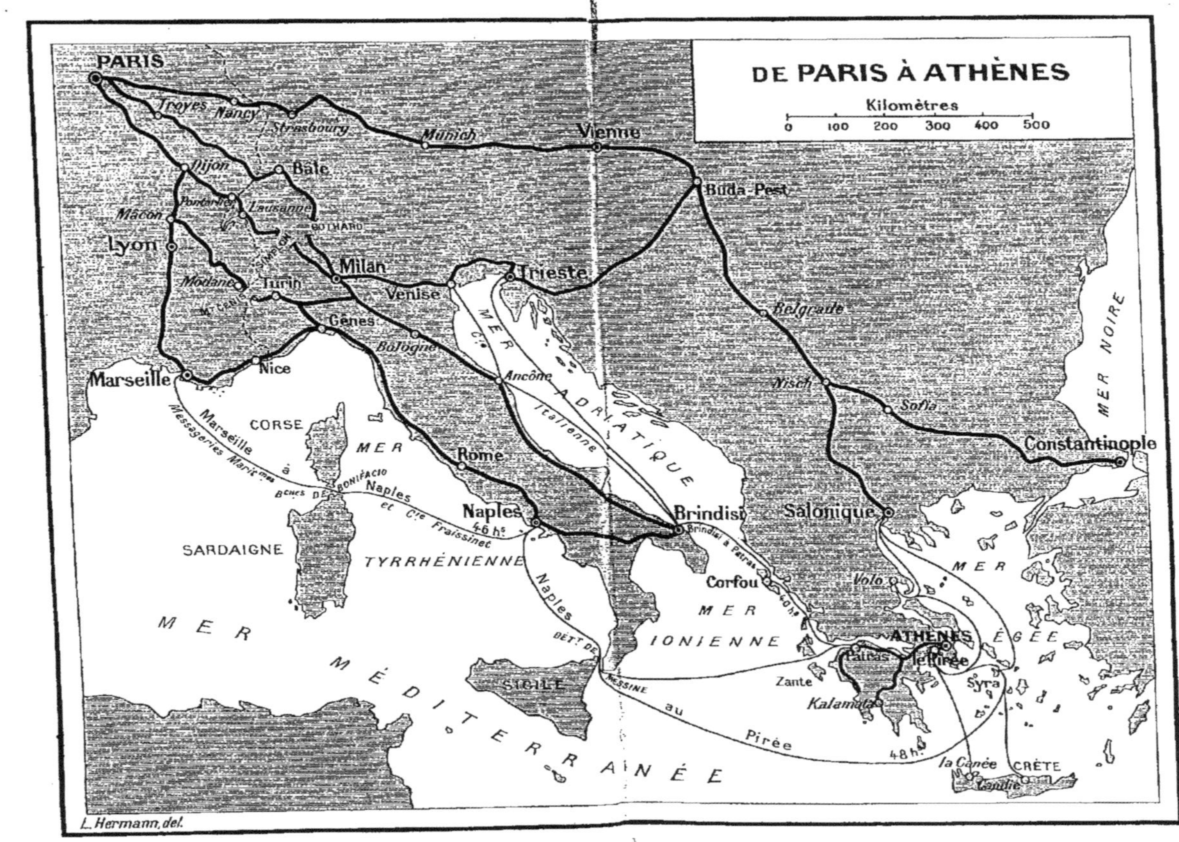
DE PARIS À ATHÈNES
Kilomètres
0 100 200 300 400 500
PARIS
Troyes
Nancy
Strasbourg
Munich
Vienne
Dijon
Bâle
Pontarlier
Lausanne
Mâcon
Lyon
Modane
Turin
Milan
Venise
Trieste
Buda-Pest
Gênes
Bologne
Marseille
Nice
Belgrade
Nisch
Sofia
Constantinople
MER NOIRE
CORSE
MER
Rome
Naples
Brindisi
Salonique
Ancône
MER ADRIATIQUE
Italienne
SARDAIGNE
TYRRHÉNIENNE
Marseille à Naples
Messageries Maritimes
et Cie Fraissinet
46 hs
Naples
Brindisi à Patras
Corfou
MER IONIENNE
Volo
MER ÉGÉE
ATHÈNES
Patras
le Pirée
Zante
Kalamata
Syra
MER MÉDITERRANÉE
SICILE
au Pirée
48 hs
la Canée
CRÈTE
Candie
L. Hermann, del.

CARTES, PLANS, ILLUSTRATIONS

CARTES

PLANS

ILLUSTRATIONS

RENSEIGNEMENTS PRATIQUES SUR ATHÈNES[1]

1° Arrivée et installation.

A. Par le Pirée (p. 16). — Les principaux hôtels envoient leurs drogmans et leurs barques avec pavillons spéciaux prendre les voyageurs à bord. Ne confier sa personne et ses bagages qu'à un drogman dûment qualifié, et ne jamais les perdre de vue. L'opération du débarquement avec bagages au Pirée est encore assez compliquée pour qui ne connaît ni la langue ni les usages. Le voyageur est assailli sur le pont par une foule d'officieux, bateliers, portefaix, interprètes, contre lesquels il doit se défendre énergiquement. On évite les ennuis en prévenant d'avance l'hôtel où l'on doit séjourner. On descend avec ses bagages dans une barque (1 d. sans bagages, 2 d. avec bagages) qui les transporte à la douane.

N. B. — D'une manière générale, *faire toujours prix à l'avance* avec les bateliers, cochers, porteurs, hôteliers, etc.

Douane. — Certains voyageurs ont fait à la douane du Pirée une fâcheuse réputation; en cas de contestation, réclamer l'intervention d'un inspecteur, parlant français. Les valises et petits colis passent sans difficulté; on ne fait guère ouvrir que les malles. Les objets *neufs*, tels qu'appareils de photographie, surtout les vêtements, chaussures, gants, etc., *non portés*, sont passibles de taxes assez élevées. Quoi qu'il fasse, il est difficile à l'étranger de se tirer d'affaire sans payer quelque chose. Exiger un reçu de la somme versée.

Du Pirée a Athènes (p. 154-156). — La seule voie pratique pour le voyageur accompagné de bagages est la route carrossable du Pirée à Athènes (10 k.; 1 h. 15). Prendre une voiture à la Douane

1. Il existe un Bottin d'Athènes et de la Grèce, en grec et en français, qui doit se trouver dans les hôtels : *Inglésis*. Ὁδηγός τῆς Ἑλλάδος, 1905-1906, in-8.

même (6 à 8 d. avec bagages, mais faire prix d'avance). Si l'on a trop de bagages, le drogman peut les faire charger sur une charrette (*karrotsa*, 3 ou 4 d.). En route, le passage à l'octroi n'est qu'une formalité.

B. **Par le chemin de fer du Péloponnèse** (p. 16). — La visite de l'octroi a lieu en gare. On prend aussitôt une voiture pour se rendre à l'hôtel (3 à 4 d. avec bagages).

2° Gares, Hôtels, Restaurants, Cafés, etc.

Gares. — *Gare du Péloponnèse* (pl. C, 2-3), pour Eleusis, Mégare, Corinthe, Patras, Olympie, etc., Mycènes, Argos, Nauplie, Tripolitza, Kalamata. — *Gare de Larissa* (pl. C, 2), pour Chalcis, Thèbes, Livadie, Chéronée, Bralo. — *Gare de Képhissia et du Laurion* (pl. D, 3-4). — *Gare du Pirée* : station terminus *Homonia* (place de la Concorde; pl. D, 4), stations de *Monastiri* (pl. D, 6), du *Théseion* (pl. C, 6). On trouve des horaires imprimés dans les gares, les hôtels et aux agences de voyage.

N. B. — Les heures de trains indiquées dans le Guide doivent toujours être vérifiées sur l'horaire le plus récent.

Hôtels. — Les hôtels fréquentés par les étrangers se trouvent sur la place de la Constitution, sur la rue du Stade et sur la place de la Concorde. Une partie du personnel y parle français; on y trouve des drogmans pour organiser les excursions, et l'hôtelier sert d'intermédiaire entre le voyageur et les cochers. Les tarifs de voitures, les indicateurs de bateaux et de ch. de fer sont affichés dans le vestibule ou le salon de lecture. Le prix de la pension varie de 10 à 17 fr. (en or) par jour. On doit spécifier la déduction des repas pris au dehors et se réserver à ce sujet toute latitude.

Hôtel de la Grande-Bretagne (Ξενοδοχεῖον τῆς Μεγάλης Βρεττανίας), sur la place de la Constitution (pl. F, 6). Pension (sans le vin) de 15 à 17 fr.; déj. et dîn. 5 fr. dans la saison. Cuisine française. Bains. Electricité.

Grand Hôtel d'Angleterre (Ξ. τῆς 'Αγγλίας), sur la place de la Constitution. Entrée r. d'Hermès (pl. F, 6). Pension 15 fr. (sans vin). Déj. 5 fr.; dîn. 6 fr. Bains. Electricité.

Hôtel des Etrangers et Splendid (Ξ. τῶν Ξένων), sur la place de la Constitution (pl. F, 6). Bains. Electricité. Belle salle de restaurant. Déj. 4 fr.; dîn. 5 fr. Pension (sans vin) 10 à 12 fr.

Grand Hôtel Patéros (pl. F, 6), à l'angle de la place de la Constitution et la rue du Stade. Pension (sans vin) 9 à 12 fr. Déj. 4 fr.; dîn. 5 fr.

Grand Hôtel Royal, 9, rue du Stade, près la place de la Constitution (pl. F, 6). Ch. depuis 3 d. Pension 10 d. Jardin.

Hôtel Minerve, 5, rue du Stade (pl. F, 6). Pension (sans vin) depuis 10 fr. Ch. depuis 4 fr. (en dehors de la saison). *Bon restaurant* à la carte.

Palace Hotel (ouvert en 1905), rue du Stade (pl. E, 5). Ch. depuis 5 fr. Table d'hôte : déj. 4 fr., dîner 5 fr. Pension depuis 12 fr. 50. Ascenseur. Calorifère. Electricité. Bains. Salons, billard, etc. (moderne et confortable).

Grand Hôtel d'Hermès (ouvert en 1905), rue du Stade (pl. E, 5): 150 ch. et salons. Ascenseur. Électricité. Bains. Pension dep. 9 fr. Restaurant.

Hôtel d'Athènes, 2, rue Coraï et rue du Stade (pl. E, 5). Ch. depuis 4 fr. Bon restaurant à prix fixe ou à la carte; déj. (avec vin) 3 fr., dîner (avec vin) 4 fr. Bains. Pension, avec vin, de 10 à 12 fr. (accommodements faciles en dehors de la saison). Fréquenté par les Allemands.

Hôtel Victoria, à l'angle de la place de la Constitution et de la rue d'Hermès (pl. E, 6). Ch. depuis 4 fr. Repas (vin comp.) 3 fr. et 3 fr. 50. Pension (vin comp.) depuis 7 fr. 50.

Grand Hôtel Saint-Georges, 16, rue du Stade, vis-à-vis le Parlement (pl. E, 5). 80 ch. Ascenseur. Électricité. Ch. dep. 3 fr. Repas 2 fr. 50 et 2 fr. 75 (vin comp.). Pension dep. 7 fr.

Hôtel d'Alexandre-le-Grand ('Ο μέγας 'Αλέξανδρος), place de l'Homonia (pl. D, 4). Ch. 4 d. Repas 3 d. 50 et 4 d. (vin comp.). Pension de 9 à 12 d.

Hôtel Banghion (Μπάγκειον), place de l'Homonia (pl. D, 4). Bains, électr. Ch. 3 à 4 d. Pension 8 à 10 d. Restaurant.

Pensions : — *Merlin*, 7, rue Sekkéri (pl. G, 6). — *Pension de famille française* (de mai à fin sept.), 13, rue Chalcocondyle.

Restaurants : — de l'Hôtel Minerva (bon); — de l'Hôtel des Etrangers (id); — de l'Hôtel d'Athènes (bon; pas cher); — de l'Hôtel Saint-Georges (id.); — de l'Hôtel Banghion; — de l'Hôtel Hermès, etc.; — *Asty*, 24, rue du Stade (jardin); — *New-York*, 4, rue du Stade. — Restaurants à cuisine grecque : *Mélissa*, 13, rue de Chrysospiliotissa; *Byzantion*, 6, rue de Patissia; *Avérof*, 8, rue du Stade; *Stadion*, 6, rue du Stade; *Hellas*, place de l'Homonia; *Homonia*, rues du Stade et d'Eole; *Gallia*, rue du Stade.

Plats indigènes ou turcs : *soupe au citron* (σοῦπα με λεϊμῶνι), *pilaf* (riz à la sauce tomate avec petits morceaux de mouton); *kébab* (menus morceaux de foie, de viande de mouton et de rognons rôtis à la brochette et assaisonnés de thym); *dolmadès* (boules de viande roulées dans une feuille de choux ou de vigne, avec une sauce à l'œuf et au citron); *kephlédès* (boulettes de viande frites); *moussaka* (viande hachée avec tranches d'aubergine); *youvarlakia* (boules de riz et de viande hachée, avec sauce tomate); *bamiès* (cornes grecques, légume); *cornichons* et *tomates* farcies; *agneau à la Palikare* (rôti tout entier, sur un feu de fagots); *avgotarako* (œufs de poissons conservés).

Vins. — Les crus indigènes non résinés qu'on peut demander à table sont : *côtes du Parnès, vins d'Achaïe* (Démestika), *vin de Solon, Iconomidis, clos Marathon, vin de Képhissia* (doux et faible), *Soutzos, vin de Tatoï* (blanc), *de Santorin*. En moyenne 1 d. 50 à 2 d. la bouteille.

Eau. — L'eau de la ville est souvent suspecte. On trouve au restaurant diverses eaux de source en bouteilles (0 d. 50) : eau d'*Andros*, de *Loutraki*, ou de l'eau de *Marousi* ou de *Kaisariani*, qui se vendent dans les rues. Parmi les eaux minérales étrangères, celles d'Autriche et de Saint-Galmier sont les plus répandues. Les eaux gazeuses, sodas, seltz, limonades gazeuses et la glace, sont faites avec les eaux de la ville.

Cafés : — *Zakharatos*, place de la Constitution, à l'angle de la rue du Stade. Journaux français. Glaces. Bière. Tables sur la place, le soir, et musique; — *Zakharatos*, place de l'Homonia (angle de la rue du 3 Sept.); — *Bar Goulielmos*, 9, rue du Stade. — En été, cafés du *Zappeion* et du *Réservoir* (p. 152), tous deux sur des jardins, en plein air, avec jolie vue. — Le narghilé ne se fume plus que dans les cafés populaires. — Le café grec est servi à volonté *vary glyko* (épais et sucré), *métrio* (moyen), *picro* (sans sucre), 10 à 20 c. la tasse. — Comme apéritif, on sert le *raki* ou le *mastic* avec une olive et un grand verre d'eau (de la ville!). — Pourboire facultatif et seulement dans les grands cafés.

Confiseries (Ζαχαροπλαστεῖα), **Five o'Clock et crémeries** : — *Iannakis*, 5, rue de l'Université; glaces, limonade gazeuse (*gazzósa*), limonade au citron (*lemonáda*), chocolat, musique; — *Zavoritis*, 1, place de la Constitution; — *Avramopoulos*, 1, rue du Stade; — *Solon*, 19, rue de Patissia (vin de Phalère liquoreux). — Bon chocolat (à l'œuf, *mel'avgo*) chez *Zakharatos* (pl. de l'Homonia), chez *Khryssakis*, 4, rue des Philhellènes (thé, five o'clock, lunchs). — Miel dit de l'Hymette : *Pavlidis*, 111, rue d'Eole (env. 4 d. l'oque). — Loukoums de Syra : *Stamatélakis*, 57, rue du Stade; *Logiotatos*, 45, rue du Stade; *Athanaso-*

poulos, 44, rue du Stade; *Mavrommati*, 13 bis, rue de Sophocle (de 3 à 4 d. 50 la boîte de 1 oque, ou 1 kilog. 282). — Les pâtisseries indigènes (*kadaïphi*, *gatalobouriko*) sont très lourdes.

Comestibles : — *Kondos*, 18, rue du Stade; — *Goulielmos*, 9 et 27, rue du Stade; — *Papajannakis*, 40, rue du Stade; — *Thanopoulos*, 153, rue d'Eole (produits locaux).

Brasseries (Ζυθοπωλεῖα); bière, *Zythos* ou *Birrha*, indigène 30 c. le bock, ou étrangère 2 à 3 d. la bouteille). — *Goulielmos*, 8, rue d'Othon (place de la Constitution); bière viennoise, 50 c. le bock; — *Hébé*, pl. de l'Homonia. — *Fix*, 10, rue d'Hérodote; — *Mety*, bd Olga : — *Ilion*, 5, rue de l'Université; — *Olympia*, 50, rue de l'Université; — *Klonaridis*, Stoa Pesmatzoglou (en face la Bibl. Nationale).

Tabac. — Tabac (*kapnó*) grec (tabac d'Agrinion) en paquet avec un cahier de papier à cigarettes; ou tabac turc 40 c. — Cigarettes toutes faites (σιγαρέτα ἕτοιμα) en boîtes (avec un bout garni de liège, *mé phelló*) 70 c.; cigares (*poura*) de la Havane et autres. Principaux débits de tabac rue du Stade : *Varkas*, n° 2; *Georgiadis*, n° 7; *Phytanopoulos*, n° 10. — Tabac français à bord des paquebots de passage, au Pirée.

Coiffeurs et parfumeurs : — *Léousis*, 16, rue du Stade; — *Stinis*, 8, rue de Niké.

Bains : — dans les principaux hôtels (1 à 3 d.); — *Asklépios*, 6 et 8, rue Kyrrhestès, près la Tour des Vents (bains européens et turcs); — *Phœnix*, 20, rue Béranger (pl. E, 4); — *Pappadopoulo*, place de l'Homonia, à côté du Théâtre.

3° Voitures, Trams, etc.

Voitures de place (Ἄμαξα). — Stations aux gares, place de l'Homonia, bd de l'Université, place de la Concorde. — Le nouveau tarif, en grec et en français, se trouve dans chaque voiture et dans les hôtels; mais il ne dispense pas d'un accord à l'amiable (συμφωνία; faire toujours prix à l'avance). *La course* : 1 d. ou 1 d. 50 suivant la longueur; 2 d. pour aller aux gares du Péloponnèse et de Larissa (2 d. 50 en passant à domicile); 2 d. pour aller à l'Acropole. — L'heure : 3 d. la matinée, 4 d. l'après-midi. — Toute la journée : 20 à 30 d. (Pour les excursions, *V.* le texte.)

Vis-à-vis : — voitures-omnibus à 4 places (stations en haut et en bas de la rue du Stade) faisant le trajet de la Concorde à l'Homonia et *vice versa*, 10 c. par place.

Chevaux : — 8 à 10 d. par j. (à retenir par les soins de l'hôtel).

Trams (Ἱπποσιδηρόδρομοι ; *V.* le plan). — Centre du réseau, place de l'Homonia : 1° *Homonia-Orphanidou* (disque rose; départ toutes les 5 min.) : r. du Stade, pl. de la Constitution (10 c.), r. des Philhellènes, b[d] d'Amélie, Olympieion, Ilissos (25 c.). — 2° *Homonia-Théseion* (disque brun ; dép. toutes les 5 min.) : r. du Pirée, des Asomatôn, gare du Théseion (15 c.); retour par les r. d'Hermès et d'Athéna. — 3° *Homonia-Pefkakia* (disque vert foncé) : r. de l'Université, r. d'Hippocrate, Pefkakia (pl. F, 4). — 4° *Homonia-Ambélokipi* (disque bleu ; dép. toutes les 15 min.), r. de l'Université, pl. de la Concorde, r. de Képhissia, Ambélokipi (35 c.). — 5° *Homonia-Patissia* (disque jaune; dép. toutes les 15 min.) : r. de Patissia, Musée national (15 c.), Patissia, pont de Lévidis, Hosios Loukas (25 c.); [Omnibus (λεωφορεῖον) de l'Homonia à Patissia, 10 c.]. — 6° *Homonia-Acharnes* (disque gris) : rues du 3 Sept., Béranger, Aristote, d'Acharnes, H[os] Pandéleïmon. — 7° *Homonia-Kolokythou* (disque carmin ; dép. t. les h.) : r. du Pirée, de Kolokythou, Lenormant, route de Kolokythou (35 c.). — 8° *Pefkakia-Métropole* (disque vert clair; tête de ligne en haut de la r. d'Hippocrate ; pl. F, 4) : r. d'Hippocrate, de l'Académie, de l'Anchesmos, pl. de la Constitution, r. de la Métropole, r. Ndéka.

Trams à vapeur (Τροχιοδρόμος) : — tram du Phalère-Pirée (*V.* p. 154; dép. r. de l'Université, devant l'Académie).

Agences de voyages : — *Ghiolman* frères (renseignements gratuits sur tous les services de ch. de fer et de bateaux, organisation d'excursions ; expédition de colis). — *Cook* et fils; — *Polémi* frères ; — toutes trois sur la pl. de la Constitution.

Agences de navigation. — Le plus simple est de s'adresser aux agences de voyages qui centralisent les renseignements, ou aux agences du Pirée (pl. Karaïskakis). Les horaires des Cies sont publiés dans la *Sphaera*, journal du Pirée (5 c.).

Expéditeurs et commissionnaires : — *Baumann et Beckmann*, 1, rue d'Eole ; — *Ziphos et Kondos*, 36, rue du Stade.

Bicyclettes (Ποδήλατα ; les bicyclettes peuvent être utilisées pour aller à Phalère, Eleusis, Képhissia, Tatoï, Mégare, le Laurion, Marathon, le Pentélique, etc.) : — *Békos*, 3, pl. de la Boulé ; —

Gödrich, 16, r. de l'Université; — *Vallas*, r. Sina, 12. — Les bicyclettes privées payent une taxe à la police qui leur délivre un n°.

Guides, interprètes et courriers (Διερμηνεῖς, δραγουμᾶνοι). — Pour les excursions aux env. d'Athènes, les hôtels fournissent leurs drogmans (10 d. par j.) : ceux-ci ne sont d'ailleurs guère nécessaires. Pour les voyages dans l'intérieur, s'adresser aussi aux agences.

4° Banques, Change, Poste et Télégraphe.

Banques (de 9 h. à 12 et de 3 h. à 6) : — *B. Nationale* ('Εθνικὴ Τράπεζα), place Louis (pl. D, 4-5); — *B. d'Athènes*, 6, r. Sophocle (pl. E, 5). Ces 2 établissements ont des succursales dans les principales villes de l'intérieur; — *B. Ionienne*, 14, r. du Stade; — *Crédit Industriel*, 36, r. du Stade; — *Georges Skouzès*, 44, r. du Stade; — *B. de Constantinople*, r. Kolokotroni; — *Serpieri*, r. de l'Université.

Changeurs. — L'or et les billets de banque français (ceux-ci avec une légère diminution) doivent être changés en drachmes au fur et à mesure des besoins. Le cours du change est publié par les journaux et à la Bourse. Le louis d'or ou Napoléon (τὸ Ναπολεῶνι) vaut de 25 à 27 dr. Le change se fait au cours dans les hôtels, et chez les changeurs (σαραφίδες) de la rue d'Eole et des environs de la Bourse, rue de Sophocle (pl. E, 5). Se munir surtout de coupures (25, 10, 2, 1 d.). Au départ, on convertit en argent français les billets grecs qui restent. (Se défier surtout des monnaies d'argent offertes à bord des bateaux)!

Poste (de 6 h. m. à 7 h. s.) : — place Louis (pl. D, 5). — Tarif des lettres (γράμματα) pour l'étranger 25 c. ; pour l'intérieur 20 c.; cartes postales (δελτάρια) pour l'intérieur 5 c.; pour l'étranger, simples 10 c., illustrées 20 c. Lettres recommandées (συστημένον) 25 c. en plus, et 45 c. contre reçu (cachet à initiales obligatoire). — *Poste restante* de 8 h. à 12 h. et de 2 h. à 5 h. — Boîtes aux lettres dans les hôtels et dans les quartiers. — *Départs des courriers pour l'Europe* : dim. 9 h. m. (t. les 15 j.); mardi 11 h. m.; mercredi 11 h. m.; vendr. 11 h. m. (t. les 15 j.); samedi 11 h. m. D'autres départs sont annoncés par le bulletin des courriers, dans les journaux. — *Arrivée des courriers* : lundi (t. les 15 j.); mardi s.; jeudi s.; vendredi s. — *Colis postaux* pour la France : 2 fr. (or) ou 2 fr. 75 selon la voie. — Les timbres (γραμματόσημα s'achètent à l'hôtel et à la poste.

Télégraphe : — même local, rue Sophocle. — Télégrammes pour l'intérieur : 50 c. jusqu'à 7 mots, dont 5 pour l'adresse ; 1 d. jusqu'à 15 mots ; au-dessus, 5 c. par mot. Pour la France : par mot 53 c. 1/2 de la Grèce continentale, des îles 57 c. (en or).

5° Médecins, Pharmaciens.

Hôpital. — En cas de maladie grave, ne pas hésiter à se faire soigner à l'hôpital de l'*Evanghélismos* (p. 143). Médecin en chef : Dr N. Makkas. Chirurgien en chef : Dr Maris Géroulanos. — Pension : chambre séparée 25 d. par j. ; ch. à deux lits 4, 6 et 10 d.

Médecins : — Profr *N. Makkas*, médecin de l'Ecole française, 10, r. de Solon ; — Profr *Phokas*, ancien agrégé de la Faculté de Lille, chirurgien remarquable, 16, r. de Constantin ; — *Dr Zôchios*, 35, r. de Solon ; — *Dr Aravantinos*, 5, r. de l'Académie ; — *Dr Christomanos*, 3, rue Marie ; — *Dr Gossrau*, gynécologue (all.), 31, r. de l'Académie ; — DENTISTES : *Moser*, 45, r. des Philhellènes (all.) ; *J.* et *A. Walker* (angl.), 15, r. de l'Académie.

Pharmacies : — *Krinos*, r. d'Eole, 173 ; — *Française* (Elefthéropoulos), 31, r. du Stade ; — *Mavrikos*, 11, r. du Stade ; — *Olympion*, 26, r. d'Hermès.

6° Libraires, Photographes, Fournisseurs.

Librairies : — *Beck*, pl. de la Constitution ; — *Elefthéroudakis*, pl. de la Constitution ; — *de l'Hestia*, 44, r. du Stade ; — *Phexis* (librairie grecque et musique ; airs nationaux), 219, r. d'Eole ; — Cabinet de lecture : *Wilberg*, 8, r. de l'Université ; *English circulating library*, 18, r. des Philhellènes (abonnements).

Papeterie : — *Pallis et Kotzias*, 15, r. d'Hermès ; — *Rhazis*, *Terzopoulos*, r. du Stade, derrière l'Arsakion (cartes postales illustrées). — Relieur : *Lardis*, 28, r. de Praxitèle.

Journaux (Ἐφημερίδες). — *Quotidiens* du matin : Ἀθῆναι, Ἀκρόπολις, Ἄστυ, Νέον Ἄστυ, Ἐμπρός, Καιροί, Πρωΐα, Σκρίπ ; du soir : Ἀστραπή, Ἑστία. — *Hebdomadaires* : le Ῥωμηός, rédigé par Souris, est un journal satirique en vers qui paraît le samedi, souvent plein d'esprit et dans une langue populaire savoureuse. — Le *Messager d'Athènes*, en français. — Le *Courrier d'Orient*, illustré, en grec et en français. — *Périodiques* : Παναθήναια, revue littéraire illustrée ; Πινακοθήκη, revue artistique ; Πανελλήνιος ἐπιθεώρησις. — *Journaux français* dans les hôtels et les principaux cafés.

Photographie : — *Rhomaïdis*. Magasin : 1, pl. de la Constitution (bonnes phototypies des monuments antiques). Ateliers : 28, rue de Niké ; on développe et tire les clichés et pellicules d'amateurs, 1 d. 50 à 2 d. le rouleau ; 25 c. l'épreuve. — *Moraïtis*, 30, r. d'Hermès (monuments antiques); — *English Photographic C°*, à la libraire Beck, pl. de la Constitution ; — *Metirtikas*, 22, r. d'Hermès ; — *Doulis et Cie*, 136, r. d'Hermès. — Collection de photographies archéologiques en vente à l'*Institut allemand*, rue de Phidias. — Plaques et pellicules chez *Ghiolman*, pl. de la Constitution, et chez *Pallis et Kotzias*. — Matériel photographique, développement et tirage d'épreuves chez *Tavanaki et Georgantopoulo*, 12, r. d'Hermès (développement 2 et 3 d. le rouleau n°s 3 et 4 ; épreuves 25 et 30 c.).

Moulages. — S'adresser à M. *Kaloudis*, mouleur du Musée (catalogue). — *Philippolis*, 38, r. de Patissia.

Antiquités et objets d'art. — Celui qui n'est pas archéologue fera mieux de s'abstenir d'acheter des antiquités à Athènes. D'ailleurs, la loi en défend l'exportation, et les objets peuvent être saisis au départ. Les faux abondent et les objets authentiques sont le plus souvent médiocres et sans valeur. — *Drakopoulos*, 17, r. d'Hermès. — *J. P. Lambros*, 14, r. du Parthenagogion (monnaies). — *Minerva* (Polychronopoulos), 30, r. d'Hermès. — *Stéphanou*, 20, r. de la Boulé. — Tapis, broderies, armes, cuirs ouvragés, costumes nationaux, etc., à l'Agora, rue de Pandrose (p. 145) et dans les magasins de la rue d'Hermès. — Soieries, écharpes, broderies, dentelles à l'*Ouvroir des femmes indigentes*, *V.* p. 150. — Reproduction galvanoplastique des bijoux, vases et poignards de Mycènes chez les bijoutiers de la r. d'Hermès, et chez *Gilliéron*, 43, r. Skoupha (*V.* p. 120).

Vêtements. — Modes et nouveautés, dans les grands magasins de la rue d'Hermès et *Em. Desseigné*, 4, r. de l'Université. — Tailleurs pour hommes : *Lambert Millet*, 2, r. du Stade ; *Aïdonopoulos*, 46, r. du Stade. — Chapellerie : *Sarganis*, 13, r. du Stade. — Chaussures : *Stratis*, 37, r. du Stade ; *Tsamis*, 46, r. du Stade ; *Perpinia*, 46^a, r. du Stade ; *Skardiakou*, 10, ὁδ. προαστείου ; chaussures toutes faites, à bon marché, dans les boutiques de la rue d'Eole. — Ganterie, cravates : *Kasdonis*, 11, r. du Stade ; *Bater* (franç.), 21, r. du Stade. — Lingerie : *Bater*, 21, r. du Stade ; *Vrassivanopoulos*, 1, r. du Stade.

Articles de voyage : *Sidney Movill* (articles anglais), 45, r. du Stade ; *Svolopoulos*, 145, r. d'Hermès ; *Bazar Panhellenios*, 13, r. du Stade. — Parapluies : *Dimopoulos*, 175, r. d'Eole.

Opticiens : — *Tavanakis*, 6, r. d'Hermès; *Doulis*, r. d'Hermès, 136. — Horlogers : *Pierroni*, 9, r. des Muses; *Synésios*, 18, r. Saint-Marc; *König*, 3, rue de la Boulé.

7° Cultes.

Culte catholique romain à la cathédrale catholique de Saint-Denys (r. de l'Université, pl. F, 5). Archevêque, Mgr *Délenda*. (Prédicateurs français ou italiens pendant le carême.) — *Culte anglican*, à l'église anglicane Saint-Paul (r. d'Amélie, pl. F, 7). — *Culte luthérien*, à la chapelle évangélique du Palais (entrée à l'O.; pl. F, 6). — *Eglise russe* (pl. F, 7); *Eglise évangélique grecque* (en face de l'Arc d'Hadrien). — *Synagogue*, 4, r. d'Hébé. — Culte orthodoxe dans toutes les églises grecques de la ville.

8° Théâtres, Concerts.

Théâtres. — *Théâtre royal* (pl. D, 4, p. 146). — *Theâtre municipal* (pl. D, 4, p. 146).

Théâtres d'été découverts : — *Néa-Skini* : pl. de l'Homonia (juin, fin oct.); places 2 et 3 d.; comédie, drame; — *Pandopoulos* (juin à oct.), pl. de la Constitution et r. de la Métropole; places 2 et 3 d.; comédie en grec; — *Th. de la Néapolis*, r. d'Hippocrate (juin-sept.); places 1 et 2 d.; comédie grecque, cirque; — *Athénaeum* (juin-fin sept.), r. de Patissia et du Kykloboros, vis-à-vis le jardin du Musée national (pl. E, 3); places 1 d. et 1 d. 50; comédie en grec; — *Alhambra* ou *Variétés*, r. de Patissia; places 1 d. et 1 d. 50; — *Th. Arniôtis*, r. de l'Académie (le plus vaste); comédie, mélodrame; — *Th. Tsokla*, 20, r. du Stade (pl. E, 5), couvert en temps de pluie (mai-fin oct.); cirque, drame; — Théâtres-bouffes de l'*Ilissos* (pl. F, 8), du *Théseion*, du *Métaxourgion* (pl. C, 5); pantomimes, acrobatie; — *Théâtre du Nouveau-Phalère*; opérettes françaises et italiennes.

Concerts. — Cafés-chantants des bords de l'Ilissos (*Paradisos*, *Olympia*, etc.). — En hiver, concerts du *Conservatoire de Musique* (Odéion, pl. C, 4), de la *Société musicale* (angle des r. du Stade et de Kolotroni), de l'*Odéon Lottner*, 3, r. de Phidias. — *Musique militaire*, sur la pl. de la Constitution, jeudi et dim. à 3 h. s. en hiver, 5 h. en été; t. les j. (sauf le dim.) quand le roi est à Athènes, à 10 h. m. (hiv.), 8 h. (été), les dim. et fêtes à 11 h. 30. — T. l. j. d'été au *Zappeion* et au Nouveau Phalère.

9° Légations, Instituts, Cercles.

Légation de France, 7, r. de Képhissia, devant le Palais (pl. F, 6). (Comte d'Ormesson, ministre plénipotentiaire. M. Lefèvre-Pontalis, conseiller de la Légation, MM. de Jandin et Bruère, attachés; capitaine de Brémond d'Ars, attaché militaire.) — *Consulat* (M. J. Lebé, vice-consul), 31, r. du Lycabette.

Instituts étrangers. — *École française d'Athènes* (à l'angle des rues Didot et de Marseille, pl. F, 4, p. 149). Directeur : M. Maurice Holleaux; secrétaire : M. André. — *Institut archéologique allemand*, 1, r. Phidias (p. 147). 1er secrétaire, Dr W. Dörpfeld; 2e secr., Dr Schrader. — *Ecole américaine*, r. Speusippe (p. 143). Dir. : M. Heermance. — *Ecole anglaise*, r. *Aristodème*. Directeur : M. Bosanquet; sous-directeur-bibliothécaire : M. Tod. — *Institut archéologique autrichien*, 43, r. Tsakalof. Secrétaires : MM. Wilhelm et Heberdey.

Service des antiquités. — Éphore général des antiquités et des musées : *Dr P. Kavvadias,* au Ministère des Cultes (pl. E, 6, p. 145). — *Société archéologique*, 20, r. de l'Université (pl. F, 5).

Bibliothèques : — Nationale (p. 147), du Parlement (p. 147), des Instituts étrangers, de la Société archéologique (p. 149).

Musées : — *de l'Acropole* (p. 65); — *National* (p. 115); — *Numismatique* (p. 141); — *de la Société historique et ethnologique* (p. 146); — *d'histoire naturelle* (p. 148).

Jardin zoologique du Vieux Phalère (p. 155). — *Jardin botanique* (p. 154).

Cercle (Λέσχαι) : — « *Parnassos* », société littéraire, 6, pl. Saint-Georges (pl. E, 5). Il est aisé d'avoir l'accès du salon de lecture, où l'on trouve les journaux et périodiques étrangers. Publie un *Annuaire* (Ἐπετηρίς).

EXPLICATION
DES TERMES GÉOGRAPHIQUES GRECS

Acrotiri. — Promontoire.
Ambéli. — Vignoble.
Ano, Apano, Épano. — Haut (en composition avec un nom de localité).
Aspro. — Blanc (*id.*).
Avlona. — Vallée.

Dendro, dendri. — Arbre.
Dervéni. — Défilé.

Erimo. — Désert, abandonné (en composition : *Erimo Klisi*, — *E. Kastro*, église, château en ruines.)

Géphyra, Iéphyri. — Pont.

Haghios, Haghia (*H^os*, *H^a*). — Saint, Sainte.
Haghios-Ilias. — St-Elie, nom de la plupart des sommets en Grèce.

Kalyvia. — Cabanes [Hameaux d'hiver (en plaine) ou d'été (en montagne) dépendant d'un village voisin].
Kaïméni. — Brûlé, volcan.
Kambos. — Plaine.
Katavothra. — Katavothre, gouffre où se perdent les eaux.
Kato. — Bas (en composition avec un nom de localité).
Kavo. — Cap.
Képhalari, Képhalovrysis. — Source mère.
Khani. — Auberge.
Kharadra. — Torrent.
Khalasméno. — Déchiré, faille.

Khôra. — Pays, contrée.
Khôri, Khôrio. — Village (en composition : *Néokhôri Palaéokhôri*, *Mégalo-Khôri*, etc.).
Klisoura. — Défilé, col.
Kokkino. — Rouge (en composition).

Langada. — Gorge, trouée, brèche de montagne.
Langadi. — Vallon.
Limani. — Port.
Limni. — Lac, marais, étang.
Longos. — Bois.

Mandra. — Enclos, parc à bestiaux.
Magazi. — Estaminet-épicerie de village, tenu par le *Bakalis*.
Mati. — Œil (pour désigner une source : *Mavrommati*, l'Œil noir).
Mégalo. — Grand (en composition).
Métokhi. — Ferme dépendant d'un couvent.
Mikro. — Petit (en composition).
Moni. — Monastère.
Myli, Mylo. — Moulin.

Néra, Néro. — Eaux, eau. [En composition : *Kryonéri* (eau froide), *Aspronéri* (eau blanche), *Mavronéri* (eau noire).]
Nisi. — Ile.

Oros. — Mont.

Palaeo-Kastro. — Château-Vieux. (S'applique aux ruines de villes et acropoles antiques, de châteaux forts médiévaux).
Panaghia. — Chapelle de la Vierge.

Pétra. — Roche.
Pigi, *Pigadi*. — Puits, fontaine.
Plateia, place.
Portais. — Porte, brèche de montagne.
Potami. — Rivière.
Pounta. — Pointe.
Pyrgos. — Tour, maison fortifiée.

Rhevma. — Torrent.

Skala. — Echelle, petit port, ou bien sentier en lacets.
Spilia, *Spilaeon*. — Caverne, grotte.
Spitia. — Maisons.

Stavro. — Carrefour, croisement de routes.
Sténo. — Défilé, passe.

Valtos. — Marécage.
Vigla. — Guette.
Vouni, *Vouno*. — Montagne.
Vrakhos. — Rocher.
Vrysi. — Source.

Xéron. — Sec (en composition).
Xylo. — Bois.

Zygos. — Crête, croupe.

ABRÉVIATIONS ET SIGNES

all	allemand.
all. et ret	aller et retour.
alt	altitude (au-dessus du niveau de la mer).
am	américain.
angl	anglais.
arch	archaïque.
arm	armoire.
asc	ascenseur.
auj	aujourd'hui.
b	bourg.
B^{d} ou b^{d}	boulevard.
b.-r	bas-relief.
br	bronze.
c	Centime, centimètre.
cf	*Confer* (comparez).
ch	chambre.
ch.-l	chef-lieu.
ch. de fer	chemin de fer.
chev	cheval.
col	colonne.
d	drachme.
déj	déjeuner.
dep	depuis.
dép	départ.
diam	diamètre.
dîn	dîner.
dr	droite.
E	Est.
Ec. fr	Ecole française.
env	environ.
f	femme.
fig	figure.
fr	franc.
g	gauche, golfe.
h	heure, homme.
hab	habitant.
ham	hameau.
haut	hauteur.
H^{a}, H^{os}, H^{i}	Haghia, Haghios (sainte, saint, saints).
Hôt	hôtel.
inscr	inscription.
j. h	jeune homme.
k	kilomètre.
kilog	kilogramme.
kmq	kilomètre carré.
m. ou mat	matin.
m	mètre.
mq	mètre carré.
M^{t}	mont.
min	minute.
N	Nord.
O	Ouest.
ouv	ouvert.
p	page.
pens	pension.
Pl. ou pl	plan.
prof	profond, profondeur.
r	rue.
riv	rivière.
rest	restaurant.
Rens. prat. ou *R. P.*	Renseignements pratiques.
s	soir.
S	Sud.
Sanct	sanctuaire.
Soc. arch	Société archéologique.
T	temple.
t.-c	terre-cuite.
t. l. j	tous les jours.
v	village.
V	ville.
V	*Voir.*
vitr	vitrine.
voit	voiture.
🚂	chemin de fer.
⊛	route carrossable.
✕	bifurcation.
[S]	statue.
Ⓑ	buste.

Avis aux Lecteurs

Ces feuillets sont destinés à recevoir les observations ou corrections que chacun peut recueillir en cours de route. Prière de les adresser à M. JOANNE (librairie Hachette, boulev[d] St-Germain, 79, Paris); celui-ci les recevra avec reconnaissance.

Il en remercie d'avance ses collaborateurs volontaires.

GRÈCE

PREMIÈRE SECTION

ATHÈNES ET L'ATTIQUE

APERÇU GÉOGRAPHIQUE ET HISTORIQUE

I. GÉOGRAPHIE

Superficie. — L'Attique (Ἀττική, de ἀκτική, ἀκτή, promontoire) forme une presqu'île triangulaire détachée de la Grèce centrale et dont la pointe s'allonge du N.-O. au S.-E., sur une base continentale de 50 km. en ligne droite. La superficie totale, y compris le territoire d'Oropos et les îles, était de 2,650 kmq., dont les montagnes occupent plus de 1,000 kmq. Elle était limitée au N.-O. par la Béotie, au S.-O. par la Mégaride.

Relief du sol. — Il est constitué par des plissements calcaires et cristallins de directions différentes : 1° le massif calcaire du **Cithéron**, dirigé de l'O. à l'E., creusé en son milieu par la haute plaine d'Éleuthères. La ligne faîtière septentrionale est coupée par le défilé de *Dryos-Képhalai* (Tête du Chêne, auj. Col de Gyphto-Kastro) en deux tronçons : à l'O. l'*Élatias* (1,411 m.), à l'E. le *Pétro-Géraki* (1,026 m.). La bordure méridionale s'épanouit entre le g. d'Ægosthène et la baie d'Éleusis, où elle finit par le *mont Kérata* (auj. Trikéri, 470 m.); — 2° le massif calcaire du **Parnès**, prolongement vers l'E. du Cithéron, auquel il se rattache par le *Mégalo-Vouno* (887 m.). Il est aussi creusé par la haute plaine pierreuse de Skourta (536 m.). Son bourrelet N. porte le nom d'*Arméni* (933 m.); son talus occidental forme le massif de l'*Ozéa* (1,413 m.), qui domine la plaine d'Athènes. Il se prolonge au N.-E. jusqu'au canal d'Eubée par un large glacis raviné qui couvre tout le district entre Oropos, Rhamnonte et Marathon; au S. par un chaînon plus bas, l'Ægaléos (auj. monts de Skaramanga, 468 m.), coupé par le défilé de Daphni et continué par les collines de Salamine. Parallèlement à l'Ægaléos court du S.-O. au N.-E. un petit plissement, qui, à l'origine, comme Platon l'a reconnu, appartenait au même revêtement calcaire que l'Ægaléos et dont les tronçons ne faisaient qu'un massif :

l'**Anchesmos** (auj. *Tourko-Vouni*), dont le *Stréphis* (163 m.), le *Lycabette* (277 m.), l'*Acropole* (156 m.), les collines de l'*Aréopage* (115 m.), de la *Pnyx* (109 m.), des *Nymphes* (83 m.) et du *Mouseion* (147 m.) ne sont plus que des fragments séparés par les effondrements et les érosions; — 3° le massif cristallin et schisteux du **Pentélique** ou *Brilettos* (1,108 m.), dont la crête se dessine en fronton sur l'horizon de la plaine attique, plissement dont la direction discordante est due à des ruptures et à des éruptions : il forme un angle avec un chaînon parallèle à la mer, le *mont Agriéliki* (781 m. au pic Mavron-Oros); — 4° la chaîne de l'**Hymette**, géologiquement apparentée au Pentélique dont elle est séparée par une dépression (195 m.), court du N. au S. (1,027 m. au Trello-Vouni, 774 m. au Mavro-Vouno) et se prolonge jusqu'à la mer par les caps Colias et Zôster; — 5° à l'extrémité de l'Attique, le massif calcaire du **Laurion**, divisé en deux chaînons parallèles, le *Kératéa* (651 m.) et la chaîne côtière (*Mavronori*, 406 m.). Entre ce massif et l'Hymette émergent des pics isolés : l'*Olympos* (489 m.), les collines d'*H*[es] *Dimitrios* (202 m.), le *Kéramoti* (230 m.).

Plaines. — Outre les cuvettes d'effondrements du Cithéron et du Parnès, les plaines de l'Attique sont : 1° entre l'Ægaléos, le Parnès, le Pentélique et l'Hymette, une vaste plaine de 10 km. de large et 22 km. de long, coupée par l'Anchesmos et traversée par le Céphise attique. C'est la **plaine attique** (πεδίον) proprement dite, due à un affaissement; — 2° entre l'Hymette, le Pentélique et la chaîne côtière, la **Mésogée** (12 km. en long et en large), dont le terrain d'argile rouge est le plus propice à la culture; — 3° entre l'Ægaléos et le Cithéron, la **plaine thriasienne** ou **rharienne** (Θριάσιον ou Ῥάριον πεδίον) de 12 km. de large sur 8 km. de prof., plaine d'alluvion, légendaire par sa fertilité en céréales (culte de Déméter à Éleusis), aujourd'hui marécageuse sur ses bords; — 4° la **plaine alluviale de Marathon**, de 3 km. de profondeur sur 10 km. de long, bordée de marais.

Hydrographie. — Les cours d'eau de l'Attique sont le plus souvent à sec et leurs eaux arrivent rarement jusqu'à la mer. Les principaux sont : 1° l'**Iapis**, sur la frontière de Mégare; — 2° le **Céphise éleusinien** (auj. *Sarandapotamos*), émissaire de la plaine thriasienne; — 3° le **Céphise attique**, émissaire de la plaine centrale et la plus importante rivière de l'Attique. Il prend ses sources dans le Parnès et le Pentélique, reçoit à g. un affluent, l'*Angolphi*, issu de la source de Képhissia (considérée à tort comme la source du Céphise), puis le *Podoniphti*, qui passe à Patissia, l'*Éridanos*, issu du Lycabette et qui traverse Athènes en cloaque pour sortir par la porte Dipyle, puis l'**Ilissos**, collecteur de la vallée latérale entre l'Anchesmos et l'Hymette : alimenté par les sources de l'Hymette (source de Kaisariani), il passe au S. de l'Acropole et rejoint le lit du Céphise avant son débouché dans la baie de Phalère. Le débit de l'Ilissos était plus considérable dans l'antiquité; il alimentait la grande *fontaine Kallirrhoë* (p. 111) et était sujet à des crues qui nécessitèrent la construction d'un quai. Aujourd'hui, épuisé par les dérivations, ce n'est plus qu'un lit de cailloux où l'on ne voit un peu d'eau qu'en hiver et après les grands orages; — 4° l'**Érasinos**, collecteur de la Mésogée, débouche dans la baie de Vraona (anc. Brauron); — 5° la **Charadra** ou torrent de Marathon.

Côtes. — Les dentelures de la côte sont propices au cabotage et à la pêche : baies d'Éleusis et de Salamine, ports du Pirée, de Zéa et de

Mounichie, rade du Phalère, de Vari, de Sounion, du Laurion, de Mandri (Thorikos), de Porto-Raphti (Prasiae), de Marathon, mouillages de Kalamos et d'Oropos, en face de l'Eubée.

Produits. — La rareté de l'eau, la sécheresse de l'air, la violence du vent ont toujours nui à l'essor de la végétation en Attique. Dans l'antiquité, le pays était très bien cultivé : les Athéniens vivaient à la campagne. Autrefois, comme de nos jours, les meilleurs terrains se trouvaient dans les schistes cristallins, et l'argile schisteuse de la Mésogée. Les anciens reconnaissaient trois principales régions agricoles : 1° le littoral (πάραλος), peu fertile en général, où ne poussent dans les marais et sur le glacis oriental que roseaux, asphodèles, pistachiers, lentisques, chardons. La population vivait surtout de la mer ; — 2° la plaine (πεδίον), où poussaient les céréales, orge et froment, les légumes, la vigne, l'olivier, le figuier (figues célèbres d'Ægilia près de l'Olympos), le chêne, le peuplier, et le platane auprès des sources et cours d'eau. C'était le domaine des grands propriétaires fonciers, dits *pédiéens*, d'Éleusis, de la Plaine attique, de la Mésogée ; — 3° les coteaux (διακρία), la région montagneuse et boisée, avec les arbrisseaux du maquis : arbousiers du Pentélique, mastic, térébinthe, lavande, menthe, sauge, bruyère, genêt, myrte et thym de l'Hymette chers aux abeilles (auj. le miel dit de l'Hymette vient surtout du Pentélique et de l'Anchesmos), olivier sauvage, lentisque et les diverses variétés de broussaille (*phrygana*). Quelques grands bois de sapins habillaient les gorges du Parnès ; dans les ravins du massif oriental on rencontre des bosquets de pins d'Alep et de chênes. La *Diacrie* était la région des pâturages de maquis, des chevriers, des bûcherons et des charbonniers (Acharniens). Les beaux bois du domaine royal de Tatoï (anc. Décélie) montrent comment une lutte méthodique contre le déboisement réussit à transformer la nudité des montagnes attiques.

L'Attique n'a jamais produit la quantité de céréales nécessaire à sa consommation ; les Athéniens importaient leurs blés de l'Eubée et de leurs colonies de la côte de Thrace et de Scythie (Olbia, dans la Russie méridionale). On a pu calculer, d'après une inscription, qu'en 329, l'Attique avait produit environ 360.000 médimnes (mesure de 52 litres 53) d'orge (κριθή) et 33,600 médimnes de froment. Le peuple consommait surtout de l'orge, qui était aussi, comme aujourd'hui, la nourriture des bêtes de somme : l'avoine (βρωμή) est très rare en Grèce.

Parmi les arbres fruitiers l'olivier était le plus apprécié : Sophocle (*Œdipe Roi*, v. 685-706) a célébré l'olivette de la plaine attique ; il y avait là des arbres séculaires, sacrés, placés sous la protection d'Athéna (μορίαι). L'huile constituait un des principaux revenus agricoles du pays. La vigne aussi était une des richesses de l'Attique. Les Athéniens célébraient avec ferveur et de très longue date les fêtes de Dionysos (p. 73), mais les vins attiques n'étaient pas aussi renommés que ceux de Naxos, Chios et Lesbos. Aujourd'hui ils comptent parmi les meilleurs crus de la Grèce (côtes du Parnès, domaine royal de Décélie, clos Marathon, vins du Phalère), en vins rouges et en vins blancs non résinés. Les vins communs de la plaine attique sont médiocres et trop chargés de résine.

Au printemps, la floraison instantanée de l'Attique est charmante : les violettes des jardins maraîchers de Kolokythou, sur le Céphise, sont très parfumées; partout, sur les coteaux de Daphni, dans les roches surgissent les cyclamens, les anémones aux couleurs variées et l'asphodèle grêle à fleur blanche. Les Grecs adorent les plantes odorantes, menthe, basilic, sauge, qu'ils cultivent en pots ou en caisses, à la façon des antiques jardins d'Adonis, et dont ils offrent de petits bouquets au visiteur. Dans les jardins, on cultive surtout le pourpier, le rosier, et, en fait d'arbres, le poivrier du Japon, le pin d'Alep, l'eucalyptus, l'aloès. Les boulevards d'Athènes sont surtout plantés en poivriers du Japon.

Minéraux. — L'Attique est très riche en carrières et en mines.

Carrières : 1° les roches cristallines du Pentélique, exploitées dans l'antiquité dès 570 avant J.-C. et de nos jours (carrières du Kokkinará), donnaient les beaux marbres blancs qui ont servi à toutes les constructions de luxe et même à la sculpture. Les marbres actuels qui entrent dans les constructions et les dallages de l'Athènes moderne sont d'un blanc moins pur ; — 2° L'Hymette (carrière de Kará) fournit un travertin dur, gris bleu et veiné, qui était employé surtout au VIe s. avant J.-C. en sculpture (cf. le Moschophore, p. 67, stèles funéraires, autels, etc.), et en architecture ; abandonné pour le marbre pentélique pendant la période classique, il fut remis en honneur par les Romains. Il existe aussi au Laurion, à Plaka, des gisements de lave et de granit non exploités; — 3° d'Éleusis on tirait un calcaire bleu foncé, dont les anciens se sont servis pour rehausser dans certains monuments la blancheur du marbre (stylobate des Propylées, frise de l'Érechthéion); — 4° le tuf jaunâtre ou travertin tendre (πῶρος) de la presqu'île d'Akté, employé au VIe s. par les sculpteurs archaïques, fournissait surtout la matière des fondations et entrait aussi dans la composition des murs d'assises (enceinte de l'Acropole); — les textes anciens le désignent sous le nom de *pierre d'Akté* (ἀκτίτης λίθος), et les modernes sous le nom de *pierre du Pirée* ou *pôros*; — 5° Le calcaire, employé en gros blocs pour les murs d'enceinte et en moellons pour les constructions privées, provenait des collines d'Athènes (carrières du Barathron, p. 92), de la Pnyx, du Mouseion. Aujourd'hui on l'extrait surtout du Lycabette, du Stréphis et de l'Anchesmos. L'acropole elle-même a fourni la pierre des constructions primitives dites pélasgiques, remparts, palais, etc. L'emploi de ce calcaire est, en général, un indice de haute antiquité pour un monument.

Mines. — Les minerais de plomb argentifère, de zinc et de calamine du Laurion constituent encore la principale richesse minière de l'Attique. Des filons de minerai de fer et de manganèse sont aussi exploités à Grammatiko, près Rhamnonte. On exploite des salines à Anavyso, près du Sounion, et les sources salées de Vouliasméni près Vari. Dans un autre ordre d'idées, signalons les gisements paléontologiques de Pikermi.

Climat. — Le climat de l'Attique a toujours été très sec et d'une transparence proverbiale. M. Æginitis, directeur de l'Observatoire d'Athènes, a constaté que le climat n'a pas varié d'un degré depuis 20 siècles. Les relevés de l'Observatoire d'Athènes, portant sur une période de 50 ans, donnent les chiffres suivants, pour la température à l'ombre, en degrés centigrades

	Janv.	Fév.	Mars.	Avril.	Mai.	Juin.	Juillet.	Août.	Sept.	Oct.	Nov.	Déc.	Année.
Minima. .	0,25	0,61	2,08	5,55	10,72	15,86	18,89	18,64	14,65	10,73	5,27	1,51	8,79
Maxima. .	17,27	18,61	21,76	26,52	31,74	34,36	37,23	36,58	33,64	29,17	22,27	18,79	27,30
Moyenne.	8,04	8,63	11,34	14,91	19,87	24,26	26,99	26,63	23,27	18,90	13,93	10,03	17,28
Temp. de la mer.	14,7	13,9	15,2	17,3	19,8	22,9	25,8	26,8	25,6	23,6	20,0	17,5	

En somme, la chaleur est plus forte à Athènes que dans les autres villes, telles que Patras, Palerme, Murcie, situées sur la même latitude (le 38e degré). En juin-juillet, le sable s'échauffe jusqu'à 70°. Le climat est sujet à de brusques variations, durant le passage d'une saison à l'autre ou dans le cours d'une même saison. L'écart entre janvier et juin est de 18°,95. Les gelées sont très rares, à peine trois ou quatre jours par an; les chutes de neige sont exceptionnelles. Le manque de pluie et de rosée est également caractéristique. La hauteur moyenne de la pluie est de 405 mm. par an, avec 97 jours de pluie et 75 de rosée. Dans les mois d'hiver la proportion des pluies est de 78 p. 100 de la quantité totale, 7 p. 100 seulement de juin à août. La pluie dure rarement toute une journée; elle est très courte et aussitôt suivie de l'apparition du soleil, mais elle tombe souvent en averse. Les vapeurs matinales sont très fréquentes (247 jours en moyenne), au printemps, en été, en automne. Elles entourent la ville d'un voile au lever du soleil et ne se dissipent que 3 ou 4 h. après. L'heure la plus pure est celle du coucher du soleil. En moyenne, la sérénité de l'atmosphère est remarquable (un tiers de journées très pures): cela tient à ce que les vents frais du N.-E., qui soufflent en été, et les vents humides de l'O. et du S.-O., se vaporisent sur la plaine brûlante de l'Attique; aussi les nuages sont-ils rares. Le ciel en Attique est plus clair qu'en aucune contrée du monde grec, qu'à Smyrne, qu'à Chio et même qu'au Caire : il faut descendre jusqu'à la mer Rouge pour retrouver une netteté équivalente. En revanche, la tranquillité de cette atmosphère n'est pas en rapport avec sa limpidité. On compte à peine 26 journées calmes par an. On relève des moyennes de 164 jours pendant lesquels les vents de N.-E. et de N.-O. soufflent avec une extrême violence, de juillet à septembre, et de 138 jours de vents du Sud (de mai à juillet). Ces vents soulèvent, hiver comme été, des tourbillons d'une poussière aveuglante, le fléau le plus désagréable de l'Attique.

Routes. — Dans l'antiquité, les routes les plus importantes de l'Attique étaient celles : 1° d'Oropos à Athènes, par la passe de Décélie : par là venaient les troupeaux et les blés de l'Eubée, d'où l'importance de la forteresse de Décélie pour la protection de cette route, nécessaire à la subsistance d'Athènes; 2° d'Athènes à Platées par la passe d'Éleuthères, et d'Athènes à Thèbes par la passe de Phylé; 3° d'Athènes à Mégare et

Corinthe, voie sacrée jusqu'à Éleusis par le défilé de Daphni; 4° d'Athènes au Laurion par la Mésogée; 5° d'Athènes à Marathon; 6° d'Athènes au Pirée. Aujourd'hui, le charroi n'a conservé quelque importance que sur ces deux dernières routes. L'activité des autres a été absorbée par les voies ferrées d'Athènes à Corinthe, d'Athènes à Thèbes-Chalcis, d'Athènes à Képhissia, d'Athènes au Laurion.

Population. — Les calculs relatifs à la population ancienne sont très incertains. Au v° et au ɪvᵉ s. av. J.-C. l'Attique comptait de 19,000 à 21,000 citoyens de dix-huit ans et plus, soit une population libre de 90,000 personnes, y compris 10,000 étrangers domiciliés (métèques). Le recensement officiel de l'an 309 avant J.-C., aurait donné 21,000 citoyens, 10,000 métèques et 400,000 esclaves; l'orateur Hypéride dit que les esclaves pouvaient fournir un contingent de 120,000 soldats. En estimant ces chiffres exagérés et en admettant un total global de 390,000 âmes pour toute la population de l'Attique au ɪvᵉ s., on est très probablement au-dessous de la vérité.

Le dernier recensement de 1896 a donné, pour le territoire correspondant à l'ancienne Attique, 244,663 âmes (forte proportion d'Albanais), dont 128,735 pour la ville d'Athènes et 51,020 pour le Pirée.

Divisions administratives. — L'ancienne Attique était divisée en dêmes ou communes, dont le nombre se monta jusqu'à 174 au ɪɪᵉ s. av. J.-C. (on connaît leurs noms). L'Attique moderne forme un *nome* ou département, englobant l'antique Mégaride, et divisé en 18 dêmes. Les dêmes modernes compris dans le territoire de l'ancienne Attique sont au nombre de 13 : Athènes, Acharnes, Kropia, Lauréotique, Marathon, Pirée, Phylé, Oropos, Thorikos, Égine, Ankistrion, Éleusis, Salamine.

II. HISTOIRE

Les origines. — Les Athéniens se disaient autochthones : leur tradition reconnaissait comme premiers occupants du pays les *Pélasges Ægaléens* ou *Kranaens* qui auraient été expulsés de l'Attique à l'époque de l'invasion dorienne (1104). La présence des Pélasges en Attique n'a rien d'historique : c'est une légende qui a pu naître d'un calembour sur le nom de l'ancienne enceinte d'Athènes, le *Pélargicon* (p. 27), changé en *Pélasgicon* et attribué aux soi-disant Pélasges. En réalité, la majorité de la population attique était d'origine ionienne; la provenance de ces Ioniens, qu'on a voulu faire venir d'Asie, est inconnue; ils se reconnaissaient pour ancêtre Ion, fils de Xouthos.

Le pays était primitivement divisé en un grand nombre de petits États (12 suivant la tradition ionienne), ayant chacun leur chef. Les plus importants étaient : Kékropia ou Kranaa (la future Athènes), Éleusis, la tétrapole de Marathon. Kékropia, installée sur l'Acropole, reconnaissait pour fondateur **Kékrops** (1533 av. J.-C. ?) qui, disait-on, était Égyptien. On a soutenu que cette tradition de l'établissement de colons égyptiens en Argolide et en Attique aux xvɪᵉ et xvᵉ s. avant J.-C. pourrait contenir un fond d'histoire, les Pharaons de la xvɪɪɪᵉ dynastie jusqu'à Rhamsès III ayant étendu leur empire sur la Crète, les îles et les côtes de Grèce :

c'est l'époque où les historiens grecs placent l'introduction en Attique des cultes, originaires d'Égypte, de Déméter et de Dionysos. Parmi les successeurs de Kékrops, Pandion, Érechthée (XIVe s.?), Égée (XIIIe s.?) sont les plus connus. Éleusis formait un vieil état sacerdotal, sous la dynastie des descendants d'Eumolpos ou Eumolpides, où se recrutaient les rois-grands prêtres des déesses infernales. Ces États étaient souvent en lutte les uns contre les autres; les guerres se terminaient par des accords ou des unions politiques et religieuses, comme le concordat qui soumit Éleusis à Kékropia, en laissant aux Eumolpides le monopole du sacerdoce des Grandes Déesses. L'unité finit par s'opérer au profit de Kékropia dont l'Acropole située au milieu d'une riche plaine, entre les districts d'Éleusis et de Marathon, offrait un refuge sûr, d'où l'on dominait la mer et les défilés. L'auteur de la concentration (συνοικισμός) de tous les petits États attiques en un seul fut **Thésée** (1256-1225?), originaire de la Tétrapole de Marathon, où était adoré Poseidon. Il s'installa à Kékropia, et la fit reconnaître sous le nom d'**Athènes**, comme capitale de l'Attique, avec un Prytanée et un Sénat communs. Des fêtes communes (*Synœkia*, *Panathénées*) perpétuèrent le souvenir de cette concentration. Athéna devint la protectrice officielle de tout le territoire, et elle partagea l'Acropole avec le Poseidon de la Tétrapole de Marathon. La population était répartie en 4 tribus et le corps des citoyens en 3 classes : 1° les *Eupatrides* ou nobles; 2° les *Géomores* ou petits propriétaires ruraux; 3° les *démiurges* ou artisans. Peut-être, à cette époque, le petit État athénien était-il tributaire du puissant roi de Crète Minos (légende du Minotaure). Après Thésée, le pouvoir royal fut démembré au profit des nobles; le *roi* ne garda plus que la direction des sacrifices officiels. Le commandement militaire fut conféré à un *polémarque* à vie, et le pouvoir exécutif à un *archonte* perpétuel, vrai chef du gouvernement.

En 752, une nouvelle révolution aristocratique rendit ces 3 magistratures décennales, de façon à en permettre l'accès à un plus grand nombre d'Eupatrides (le roi était élu dans la famille des Médontides). En 683, elles deviennent annuelles et l'on crée en outre un collège de 6 *thesmothètes* annuels, chargés de la législation et de la justice. Au point de vue militaire, chacune des 4 tribus était subdivisée en 12 *naucraries*, dont chacune devait fournir à l'État 1 navire de 50 rameurs (*pentécontore*), 2 cavaliers ou chars de guerre, et des hoplites. Athènes, au VIIe s., est déjà une petite puissance navale, affiliée avec Égine et Épidaure à l'amphictyonie maritime de Calaurie.

VIe siècle. — Les progrès de l'agriculture, du commerce et de l'industrie dans le cours du VIe s. appelèrent à l'existence des classes nouvelles qui souffraient des privilèges et abus du régime eupatridique. L'oligarchie, menacée et divisée, chercha un appui au dehors, auprès des tyrans de Mégare, de Corinthe et de Sicyone, à qui les plus puissantes familles d'Athènes, comme celle des *Alcméonides*, étaient apparentées. En 632, eut lieu le coup d'état de *Cylon*, gendre de Théagènes, tyran de Mégare, pour s'emparer de la tyrannie. Assiégé dans l'Acropole, il fut massacré avec ses partisans au mépris du droit d'asile. Épiménide fut appelé de Crète pour purifier la cité. Athènes entreprit alors contre Mégare une guerre pleine de mécomptes. L'irritation populaire obligea les Eupatrides à des concessions : le peuple réclamait avant tout une législation écrite et publique, qui le garantît contre l'arbitraire de la justice des nobles. En 621, le thesmothète **Dracon** lui donna satisfaction par la publication d'un code qui fixait notamment le droit pénal en matière de meurtre et admettait la réparation pécuniaire. La sévérité de ce code a été ridiculement exagérée par la légende démocratique ultérieure.

Mais le conflit social attisé par la détresse des paysans réclamait une solution radicale. En 594, l'archonte **Solon** la proposa sous la forme d'une constitution qui se résume ainsi : 1° abolition des dettes et des hypothèques, compensée par une réforme monétaire et métrique favorable aux riches; 2° division de la société en 4 classes censitaires (*timocratie*) : *pentacosiomédimnes, chevaliers, zeugites, thètes*. La noblesse n'a plus d'existence légale; 3° extension de la participation au gouvernement et à la justice par l'égale représentation des 4 tribus dans le nouveau *Sénat des 400*, par l'admission de toutes les classes de citoyens à l'*Assemblée du Peuple* (ἐκκλησία), désormais souveraine; par la création enfin des tribunaux populaires de l'*Héliée*, dont l'ensemble comprit jusqu'à 6,000 juges.

Une période d'anarchie suivit la réforme de Solon, aucun parti ne se tenant pour satisfait. Le polémarque **Pisistrate** se posa en champion des petits paysans. Il se fit donner une garde du corps, s'empara de l'Acropole en 561 et inaugura une tyrannie assez douce et éclairée, interrompue deux fois par l'exil, de 556 à 551, puis de 550 à 539. Sa domination effective dura 17 ans et finit à sa mort en 528. Elle fut continuée par ses deux fils, Hippias et Hipparque, celui-ci tué en 514 par Harmodios et Aristogiton, dits les *Tyrannoctones*, celui-là renversé en 510 grâce à l'intervention des Lacédémoniens conduits par le roi Cléomène. Pisistrate et ses fils eurent à cœur l'éclat, la prospérité matérielle et l'essor artistique d'Athènes. Ils dotèrent la ville de constructions utiles ou luxueuses (p. 21); ils y attirèrent les savants, les artistes et les poètes de l'Ionie. C'est le moment où naît la tragédie attique, avec Thespis, en 534.

Après la chute d'Hippias la démocratie prend un nouvel essor, avec la constitution promulguée par **Clisthène** en 508. Le territoire est divisé en plus de 100 *dèmes* ou communes. Le nombre des tribus (φυλαί) est porté de 4 à 10; les dèmes sont répartis à peu près également entre ces tribus, de façon à attribuer à chacune une fraction de territoire urbain (*Asty*), une de plaine (*Mésogée*), une de littoral (*Paralie*). Le droit de cité fut étendu à de nouvelles recrues, mais les catégories de Solon subsistèrent. En dehors du corps civique (πολιτεία) se trouvaient les étrangers domiciliés (*métèques*) et les esclaves. Chaque tribu reçut le nom d'un héros éponyme (*Érechthéis, Égéis*, etc.). La *Boulé* (Sénat) est portée à 500 membres tirés au sort pour un an (50 par tribu). Chaque tribu y exerce successivement pendant un mois la *prytanie*, c'est-à-dire constitue la section permanente de 50 membres du Conseil. L'assemblée du peuple (*ecclésia, dèmos*), souveraine, peut seule sanctionner les projets de loi de la Boulé. Le pouvoir exécutif est exercé par le collège des 9 *archontes* (*archonte, roi, polémarque*, 6 *thesmothètes* assistés d'un secrétaire), tirés au sort sur une liste de candidats présentée par chaque tribu. L'*archonte*, dit pour cela *éponyme*, donne son nom à l'année officielle de 365 jours, qui commence, en théorie, au solstice d'été (21 juin). Clisthène créa en outre un collège de 10 *stratèges* annuels, nommés au choix : un *hipparque*, chef de la cavalerie, leur est adjoint. L'*ostracisme* est institué pour défendre la démocratie contre les ambitieux.

Dès ses débuts la nouvelle constitution eut à lutter contre les puissances conservatrices coalisées par Sparte (2e campagne malheureuse de Cléomène et Démaratos, des Éginètes, des Thébains et des Chalcidiens en 506). Le territoire de Chalcis, conquis par les Athéniens, est partagé entre 2,000 colons ou *clérouques*.

Guerres médiques. — La brillante participation d'Athènes aux guerres médiques la mit hors de pair. La victoire de *Marathon* (10 août 490), assurée par le courage des 10,000 Athéniens et Platéens commandés par **Miltiade**, était le triomphe personnel d'Athènes. Les rivalités des partis et les méfiances de la démocratie (jugement de Miltiade en 489, ostracismes de Mégaclès en 487, de Xanthippos en 485, d'**Aristide** en 483), n'empêchèrent pas les plus clairvoyants de ses hommes d'état d'organiser ses forces pour répondre aux préparatifs du Grand Roi. La découverte des plus riches gisements argentifères du Laurion permit à Thémistocle la construction d'une flotte de 200 *trières*, qui lui servit à gagner la bataille de *Salamine* (sept. 480), après avoir abandonné deux fois l'Attique aux ravages des Perses, en 480 et en 479. Au moment de la défaite de Mardonios à *Platées* (début août 479), la flotte grecque, conduite par Xanthippos, père de Périclès, battait la flotte perse au *cap Mycale*, en Ionie.

Empire maritime d'Athènes. — Ces succès firent d'Athènes une puissance impérialiste, malgré la jalousie de Sparte. Elle regagna rapidement du côté de la mer l'avance que Sparte avait prise sur elle par l'hégémonie continentale. Elle exploita à son profit le protectorat de l'indépendance des Grecs insulaires et asiatiques, en prenant à forfait, moyennant le payement d'un tribut de 460 talents (2 millions 1/2), équivalant à l'entretien de 100 trières, l'entreprise de leur défense contre la Perse (*ligue attico-délienne* constituée en 477 avec l'île de Délos pour centre religieux et un trésor fédéral administré par les *hellénotames*). Aussitôt rentrés dans leur ville, les Athéniens s'occupèrent d'en relever les ruines. Thémistocle fit décider de suite (478) la construction d'une enceinte fortifiée pour Athènes et pour le Pirée (p. 24) et de ports militaires. L'administration navale fut réorganisée d'après le système des *liturgies*, qui imposait aux plus riches citoyens l'entretien d'un navire (*triérarchie*).

Les victoires de **Cimon** (campagnes de Byzance et de Thrace en 476, transfert des restes de Thésée vers 474, victoire de l'Eurymédon en 468) achevèrent d'assurer à Athènes la domination de la mer Égée. C'était l'époque où Eschyle faisait représenter les *Perses* (472) et où Sophocle débutait (469).

Gouvernement de Périclès. — La démocratie, entraînée par ses nouveaux chefs, *Éphialte* et **Périclès**, successeurs d'Aristide et de Thémistocle, rompt avec Sparte et s'affirme par la diminution de l'Aréopage et par l'institution du salaire des Héliastes et de l'indemnité de théâtre (*théoricon*). Après l'exil de Cimon en 461, suivi de l'assassinat d'Éphialte, Périclès devient le chef du gouvernement. Stratège plusieurs fois renouvelé, il donne une active impulsion à la politique impérialiste, coloniale et anti-laconienne, aux réformes démocratiques, à l'embellissement d'Athènes (p. 22), dont il veut faire la ville modèle de l'hellénisme. Vers 456, il fait convier les États grecs à un congrès panhellénique pour examiner un projet de réfection des temples détruits par les Barbares; l'abstention de Sparte l'empêcha d'aboutir. Mais il fut décidé (454) qu'un 60e des contributions de la Ligue serait consacré à cet effet. En 454 (ou 450 ?), il transporte sur l'Acropole la caisse fédérale de Délos; vers 445, la réserve disponible pour les travaux se montait à 5,000 talents (30 millions).

De 459 à 436, les flottes, les armées d'Athènes opèrent dans toutes les directions et Athènes multiplie ses colonies [clérouchies de Chersonnèse, Lemnos, Imbros, Eubée, Naxos, Andros, Samos (441-439), Amphipolis (436)]. Mais en même temps la rupture avec Sparte depuis 462 déchaîne une première guerre entre les deux nations et divise la Grèce en deux camps [défaite des Athéniens avec Périclès à Tanagra (457), mais victoire à Œnophyta avec Myron (457), expédition de Périclès dans le g. de Corinthe et en Acarnanie (453), défaite de Coronée (447), invasion des Péloponnésiens en Attique repoussée par Périclès (446), campagne d'Eubée (446)].

Siècle de Périclès. — Durant cette période, de 460 à la fin du ve s., une merveilleuse éclosion de génies fit d'Athènes le foyer de la pensée et de l'art grec, et de ce ve s. avant J.-C. l'époque brillante entre toutes enregistrée par l'histoire sous le nom de *siècle de Périclès.* C'est alors que l'esprit attique, enhardi par la victoire, affranchi par la démocratie, donne l'essor à ses facultés d'observation et de généralisation, et réalise cette fusion harmonieuse de la pratique et de la théorie, qui caractérise l'idéal grec. L'esprit attique vise à ordonner, à fixer en lois et en types permanents toutes les données de l'expérience et de l'observation (Thucydide, Phidias, Ictinos, Mnésiclès, Socrate, Sophocle, Euripide, Aristophane). La déesse Athéna, telle que Phidias l'a conçue, personnifie cet idéal, dont les grandes fêtes de la cité, Panathénées, Éleusinies, Dionysies, avec leurs représentations et leurs concours, sont comme la mise en scène active.

Guerre du Péloponnèse. — La guerre du Péloponnèse (431-404) ralentit quelque peu l'activité artistique d'Athènes. La peste décima la population entassée dans la ville (430) et tua Périclès (429). La paix de Nicias (421) permit la reprise de quelques travaux, mais l'expédition de Sicile (415-413) remit tout en question. Les victoires d'Alcibiade (410-407) ne purent empêcher *Lysandre* de réduire Athènes à la capitulation (25 avril ? 404) et de raser, au son des flûtes, les remparts du Pirée et les Longs-Murs. A la fin du ve s. Athènes avait perdu son empire maritime; la démocratie, ébranlée par le coup d'état oligarchique de 411, tomba sous la tyrannie des Trente (404). Toutefois, après la restauration démocratique dirigée par **Thrasybule**, sous l'*archontat d'Euclide* (403), une ère nouvelle recommence, malheureusement inaugurée par l'injuste condamnation de **Socrate** (399).

IVe siècle. — Le ive s., « *le XVIIIe siècle de la Grèce* », marque une période de civilisation moins puissante peut-être, moins originale et créatrice que le ve s., mais aussi brillante et plus raffinée. Sous l'influence d'Alcibiade, d'Euripide, d'Alcamène, l'atticisme achève de se détendre et de s'assouplir. Dans les lettres on voit alors briller **Platon** (428-347), **Xénophon** (430-352 ?), *Timothée* (447-357), *Philémon* (361-262 ?), **Ménandre** (340-292) et a pléiade des rhéteurs d'apparat et des logographes, artistes d'éloquence plus ou moins soumis à l'influence d'**Isocrate** (436-338), tels que Lysias (440?-380), Isée (390-350), etc. Dans les arts, fleurissent Céphisodote et son fils Praxitèle (390?-340?). La démocratie athénienne trouve en elle assez de ressort pour secouer le joug de Sparte (victoire de **Conon** à Cnide en 394, d'**Iphicrate** à l'Isthme en 390) pour reconstituer, grâce à l'alliance thébaine, son hégémonie maritime sur des bases nouvelles (2e *Confédération maritime* organisée en 378), et pour prêter main-forte à la Béotie et à Épaminondas dans l'œuvre d'écrasement d'Agésilas et de Sparte (campagnes de *Chabrias* en 376, de *Timothée* en 375, d'Iphicrate en 373, alliance avec l'Arcadie en 366, bataille de Mantinée en 362). Mais ses exactions ne tardent pas à lui aliéner ses alliés et ses sujets (*Guerre sociale*, 357-355), qui se détachent d'elle définitivement, malgré **Phocion** (400?-317, élu 45 fois stratège ; sa campagne d'Eubée en 349) et avec l'aide de Philippe de Macédoine, qui enlève aux Athéniens Amphipolis en 357, Potidée en 356, Méthone en 353. Cet échec et la menace des ambitions macédoniennes, en ravivant le patriotisme, donnent une nouvelle envergure à la politique et à l'éloquence, avec **Démosthène** (383-322), **Eschine** (389-314), **Euboulos, Hypéride** (mort en 322). Athènes se fait le champion de la liberté hellénique contre Philippe (1re *Philippique* de Démosthène en 351, campagne diplomatique d'Eschine en 347, administration financière d'Euboulos de 354 à 339, ligue anti-macédonienne constituée par Démosthène en 340), mais elle est vaincue à Chéronée en 338. Grâce à l'habileté de **Lycurgue** (338-326), elle sut remettre en état sa puissance militaire et navale, sans négliger de s'embellir (p. 23). C'est aussi l'époque où **Aristote** enseigne au Lycée (335-323). Athènes retrouve assez d'énergie pour défendre la liberté des Grecs contre Antipater (*guerre lamiaque* de 325 à 322, où meurt *Léosthènes*). Phocion ne peut obtenir d'Antipater la grâce de Démosthène et d'Hypéride, et lui-même est condamné par le peuple (317) pour n'avoir pu empêcher Cassandre de se rendre maître d'Athènes. Tombée sous le joug macédonien, Athènes subit une garnison étrangère à Mounichie et un gouverneur imposé par Cassandre, *Démétrios de Phalère* (318-307). Elle en fut délivrée par Démétrios Poliorcète, fils d'Antigone Ier, qu'elle gratifia des honneurs divins et installa dans le Parthénon. Elle crée en 306-5 deux nouvelles tribus, l'*Antigonis* et la *Démétrias*, en l'honneur d'Antigone et de son fils.

Époque hellénistique. — Dès lors, elle passe par des alternatives d'indépendance et d'asservissement. Reprise par Démétrios Poliorcète en 298, révoltée en 287, elle s'allie, en 265, à l'instigation du stoïcien *Chrémonidès*, avec Sparte, les Péloponnésiens et Ptolémée II Philadelphe contre Antigone Gonatas, qui la réduit bientôt après en servitude (262). La défense de l'indépendance grecque contre la Macédoine passe aux Ligues étolienne et achéenne. Ahènes cherche au dehors des protecteurs auprès des rois d'Égypte et de Pergame. Bien qu'Alexandrie lui eût déjà disputé la suprématie des lettres, des arts et de la richesse, les souverains hellénistiques ne cessaient pas de lui rendre hommage comme à la métropole vénérable de l'hellénisme, dont ils recherchaient les bonnes grâces comme un brevet de culture. Ils profitèrent de son dénûment pour l'embellir à l'envi (p. 23).

Époque gréco-romaine et impériale. — La chute de Persée en 168 ne fit que substituer la domination romaine à celle de la Macédoine. En 166, le Sénat restitue aux Athéniens Délos où ils installent une clérouchie; mais, en 88, ils s'allient à Mithridate. Cruellement châtiée par Sylla (86) qui brûle ses arsenaux et rase ses murailles, Athènes ne doit plus qu'au prestige de son passé et à l'éclat de ses écoles de rhéteurs les égards que lui témoignent l'élite studieuse de la jeunesse romaine et les voyageurs cosmopolites qui la visitent. Les rois de Pergame, de Syrie, de Cappadoce, Pompée, Agrippa, puis les empereurs Auguste, surtout Hadrien, rivalisant avec de riches particuliers comme Hérode Atticus (101-177 ap. J.-C.), la comblèrent de libéralités et la couvrirent de monuments (p. 23). C'est entre 143 et 160, sous Hadrien, que Pausanias le Périégète la visita et en rédigea la description. Il put y entendre les maîtres qui formaient ce qu'on peut appeler l'*Université d'Athènes*, et qui, depuis Marc-Aurèle (176), reçurent un traitement régulier.

Depuis lors, le déclin fut rapide. La chute du paganisme et les progrès du christianisme, que St Paul avait prêché à Athènes en 54 ap. J.-C., furent les causes principales de sa décadence et de la ruine de ses chefs-d'œuvre. Les barbares viennent troubler sa longue paix. En 267, sous Gallien, les Goths et les Hérules s'emparent de la ville, mais en sont chassés par le général athénien Dexippos. En 396, Alaric se présente sous les murs de la ville, mais, impressionné par la vue de l'Athéna Promakhos, se retire sans l'attaquer.

Moyen âge byzantin et franc. — Le paganisme subsistait encore entretenu par les écoles des philosophes, notamment par les néo-platoniciens (en 400, Proclus visita l'Acropole), qui portaient ombrage à l'empereur d'Orient Théodose II (408-450). Les cérémonies des Panathénées continuaient à être célébrées. La Grèce, appartenant alors au diocèse d'Illyrie, resta en dehors de l'édit de Théodose II qui ordonnait (435) la destruction des temples païens dans le diocèse de Constantinople. C'est sous Justinien que les écoles furent fermées (529) et les temples convertis en églises (p. 47) ou dépouillés au profit de Ste-Sophie. Cependant Justinien fit réparer les murailles d'Athènes. Durant le moyen âge byzantin, Athènes est à peine mentionnée par les historiens. En 1040, les Normands, sous Harold Haardrade, enlèvent d'assaut le Pirée. L'évêché institué par Dioclétien reçut au VIe s. le Parthénon, consacré à la Vierge Théotokos comme église métropolitaine; il fut ensuite converti en archevêché (857). L'archevêque obtint environ 10 ans après le rang de métropolitain et résida sur l'Acropole. En 1019, Basilios II le Bulgaroctone vint célébrer sa victoire au Parthénon et l'enrichit de présents. De cette époque datent aussi l'église de l'Érechtheion, et plusieurs des petites églises byzantines d'Athènes, telles que *Kapnikaréa* (p. 145). En 1146, Athènes fut prise par Roger de Sicile.

Après la prise de Constantinople par les Francs en 1204, Athènes fut attribuée, avec le reste de la Grèce, au roi de Salonique, Boniface III, marquis de Montferrat, qui la donna en fief avec la Béotie au seigneur bourguignon **Othon de la Roche**, avec le titre de *Mégaskyr* (grand seigneur). Othon s'installa, avec un archevêque latin, sur l'Acropole convertie en château fort (1205-1225). En 1260, **Guy de la Roche** reçut de saint Louis le titre de duc d'Athènes. Le chroniqueur espagnol Raymond Montaner célèbre le faste de la cour des ducs d'Athènes, la pureté de son parler parisien et la prospérité du pays, bien cultivé et couvert de villages. En 1308, le duché d'Athènes passa à **Gauthier de Brienne**, qui fut renversé et tué par les grandes compagnies catalanes (1311). Les Catalans nommèrent duc d'Athènes leur chef, un seigneur français, *Roger Deslaur*, puis offrirent le duché aux rois d'Aragon et de Sicile, Frédéric II, Frédéric III et Pierre IV. En 1385, le Florentin Rainerio ou **Nério Acciauoli**, seigneur de Corinthe et de Vostitza, s'empare d'Athènes ; après un siège de 2 ans, il enlève l'Acropole aux Catalans, installe son palais dans les Propylées. Battu et fait prisonnier par une troupe navarraise en 1390, il obtient sa rançon en leur livrant les ornements d'or et d'argent de la porte de l'église Ste-Marie (Parthénon). En 1394, il reçoit du roi de Naples Ladislas le titre de duc d'Athènes, puis, avant de mourir, place son duché sous la protection de Venise, qui en prend possession en 1395. Antonio Acciauoli, fils de Nério I, reprend en 1402 le château aux Vénitiens, se fait reconnaître duc et vassal par la République et bâtit l'enceinte faussement appelée *mur de Valérien*. A sa mort (1435), son cousin Nério II (1435-1453) lui succède et devient vassal du sultan. En 1436 et en 1447 le voyageur Cyriaque d'Ancône visite l'Acropole, et laisse de la cour de Nério II une description flatteuse.

Domination turque. — En 1456, sous Mohammed II, les Turcs, commandés par Omar, fils de Tourachan, s'emparent d'Athènes et, après une résistance opiniâtre, de l'Acropole (1458), dont le sultan visita et admira les antiquités. Le Parthénon fut alors, semble-t-il, rendu pour quelques temps au culte grec, puis converti en mosquée avec minaret (après 1466). C'est entre 1458 et 1460 que fut rédigée la description d'Athènes par le Grec connu sous le titre d'Anonyme de Vienne. Le gouverneur turc ou *disdar*, relevant du chef des eunuques de Constantinople, installa son harem dans l'Érechtheion. En 1464 le général vénitien Capello ravagea le Pirée, Athènes et occupa l'Eubée. Au XVIe et au XVIIe s. Athènes n'est plus qu'une bourgade de 8 à 9,000 habitants enfermée dans une étroite enceinte, et que visitent de temps en temps quelques humanistes et les ambassadeurs du roi de France à la Sublime Porte. En 1630, visite du sieur Louis des Hayes, ambassadeur de Louis XIII. Vers 1645, a lieu l'explosion des Propylées (p. 36). En 1669, les Capucins français succédant aux Jésuites installés dès 1645, établissent leur hospice autour du monument de Lysicrate, converti en bibliothèque, et dressent le 1er plan d'Athènes. En 1672, Babin écrit à l'abbé Pécoil une description détaillée d'Athènes. 1674 : visite du *Marquis de Nointel*, ambassadeur de Louis XIV, à l'Acropole, accompagné d'un peintre flamand (peut-être Rombaut Faidherbe), qui dessine les sculptures du Parthénon, dessins qu'on a longtemps et faussement attribués au peintre troyen Jacques Carrey. 1679 : lettre de l'Anglais Francis Vernon à la Société royale. 1676 : voyage de *Spon* et *Wheler*, qui rédigent une intéressante description des monuments d'Athènes, avant leur ruine. 1686 : *Graviers d'Olières*, assisté de plusieurs officiers français, relève et dessine les monuments de l'Acropole. En 1687, le doge **Francesco Morosini**, avec le contingent allemand du comte *Königsmark*, assiège Athènes et s'en empare (26 sept.) : une bombe fait sauter la poudrière du Parthénon. Déjà les Turcs avaient démoli le temple de la Victoire Aptère pour établir un bastion. L'ingénieur vénitien Verneda dresse le plan de l'Acropole. Quelques mois après son succès (4 avril 1688), Morosini se retirait, abandonnant la ville à la vengeance des Turcs. En 1751-1755, les Anglais *Stuart* et *Revett* dessinèrent les monuments d'Athènes; d'autres artistes et touristes les visitent, et dessinent ou même rapportent dans leur pays les antiquités d'Athènes au cours du XVIIIe s. : David le Roy en 1755, **Choiseul-Gouffier** assisté de **Fauvel** en 1787-88; de 1800 à 1803, *lord Elgin*, muni de firmans, saccage les monuments de l'Acropole; Fauvel, consul de France à Athènes en 1803, se signale par son zèle éclairé pour les antiquités.

Époque contemporaine. — L'insurrection de 1821 amena le dictateur **Odysseus** à prendre possession d'Athènes et de l'Acropole, où les Turcs lui résistèrent pendant un an. Odysseus fit construire, pour abriter la fontaine Clepsydre (p. 69), le bastion qui portait son nom et qui a été démoli en 1888-9. En 1826-7, l'Acropole, assiégée par Reschid-Pacha, après la chute de Missolonghi, fut bravement défendue par 470 hab. sous les ordres du chef Klephte Gouras, successeur d'Odysseus, mort en 1824, puis, après sa mort, par le colonel français **Fabvier** et son lieutenant Robert, qui, avec une troupe de 650 h. et des munitions, avaient réussi à forcer dans l'Odéon le blocus des Turcs. Les Propylées, l'Érechtheion et le Parthénon, le monument de Thrasyllos eurent beaucoup à souffrir du bombardement, qui jeta sur l'Acropole 500 bombes et autant de boulets. La citadelle se rendit le 24 mai 1827. Le 23 avril 1827, **Karaïskakis** avait été tué en donnant l'assaut au camp de Reschid, et l'amiral anglais *Cochran* et le général *Church* tentèrent vainement de débloquer Athènes. L'Acropole ne fut évacuée par les Turcs que le 12 avril 1833, jour où le colonel Baligand en prit officiellement possession au nom du roi Othon. En 1834, Athènes devint la capitale du royaume de Grèce. Le service des antiquités, organisé par l'Allemand **Ross**, en 1835, entreprit, avec le concours d'architectes étrangers, le déblaiement et la restauration des ruines de l'Acropole. Cette œuvre fut continuée par l'éphore *Pittakis* en 1836, par Beulé en 1852-3, par les éphores *Eustratiadis* de 1864 à 1884, *Stamatakis* et surtout *Kavvadias* depuis 1885 jusqu'à ce jour.

La nouvelle capitale ne fit que s'accroître, et elle est redevenue comme jadis le centre de l'hellénisme. La population a passé de 12,000 hab. en 1822, à 66,834 en 1879, 84,903 en 1884, 107,251 en 1889, 128,735 en 1896.

Les Légations et les Instituts archéologiques étrangers, les Ministères, le Parlement, l'Université, les Musées, les monuments élevés par de riches Hellènes, les églises, les grands hôtels, les gares, les magasins modernes, ont de jour en jour rendu l'aspect d'une grande ville à l'humble bourgade turque. La reprise de l'exploitation du Laurion, la création des lignes de chemin de fer, la culture des vignes, l'essor industriel et commercial du Pirée, la remarquable activité de son port, qui fut jusqu'en 1890 le port d'attache de la station navale française du Levant, et qui est actuellement le 3e port commercial de la Méditerranée, enfin l'afflux croissant des étrangers ont inauguré pour l'Attique une ère nouvelle de prospérité. En avril 1905, Athènes a été le siège d'un important congrès archéologique international, où l'on a agité notamment la question de la remise en place des débris des monuments antiques.

BIBLIOGRAPHIE[1]

STRABON. *Géographie*, l. IX (trad. Tardieu, t. II, Hachette, 1873).

PAUSANIAS. l. I, *Attika* (trad. Clavier, t. I, 1817; — édit. Hitzig et Blümner, t. I, 1896. — Copieux commentaire en anglais par Frazer. *Pausanias*, t. II, 1898).

IUDEICH. *Topographie von Athen* (*Handbuch d. Klassich. Alterth. d'Iwan Müller*, III, 2, 1905.) L'ouvrage le plus complet sur la matière, mais avec quelques théories contestables.

LEPSIUS. *Geologie von Attika*, 1893.

SCHMIDT. *Météorologie et phénoménologie de l'Attique*, 1884.

ÆGINITIS. *Le climat d'Athènes*, 1897 (Annales de l'Observatoire d'Athènes, I).

CURTIUS ET KAUPERT. *Karten von Attika*, 1881-1903, f°. Texte explicatif par Milchhöfer (très belles cartes dressées par l'Etat-major prussien).

STUART ET REVETT. *Les antiquités d'Athènes*. 5 vol. f°, Paris, 1808 (donnent le dessin de quelques monuments disparus).

CURTIUS. *Atlas von Athen*, 1878.

WACHSMUTH. *Die Stadt Athen im Alterthum*, 2 vol., 1874-1890 (inachevé). Art. *Athenai*, dans la *Realencyclopädie* de Pauly-Wissowa. Supplément 1903.

CURTIUS. *Die Stadtgeschichte von Athen*, 1891, 339 p. 8° (précédé d'un précieux recueil, par Milchhöfer, des textes anciens, et accompagné d'excellentes cartes et plans; mais les aperçus historiques sont souvent trop fantaisistes).

GREGOROVIUS. *Geschichte der Stadt Athen im Mittelalter*, 2 v. 8°, 1889.

J. HARRISSON. *Mythology and monuments of ancient Athens*, 1890, 635 p. 8° (substantiel et pratique, avec illustrations).

MIDDLETON. *Plans and drawings of Athenian buildings* (édités par Gardner, dans les *Papers of the Soc. of hellenic. Studies*, 1900. Précieux relevés et croquis d'après les dernières fouilles).

E. GARDNER. *Ancient Athens*, 1902, 579 p. 8° (bon livre de vulgarisation, avec illustrations, quoique un peu sommaire).

BEULÉ. *L'Acropole d'Athènes*, 2 v. 8°, 1853-1854 (d'une lecture toujours agréable, quoique vieilli et superficiel).

BURNOUF. *La ville et l'Acropole d'Athènes aux diverses époques*, 210 p. 8°, 1877 (quelques idées personnelles intéressantes, mais peu sûr en général).

BŒTTICHER. *Die Akropolis von Athen*, 295, p. 8°, 1888 (texte et illustrations également médiocres).

O. JAHN et A. MICHAELIS. *Arx Athenarum a Pausania descripta*, 4°, 1901 (édition commentée et illustrée de la description de Pausanias. Recueil très complet de textes et de plans. Le meilleur ouvrage documentaire pour l'étude de l'Acropole).

H. LECHAT. *Au Musée de l'Acropole d'Athènes*, 468 p. 8°, 1903 (très fines études sur les sculptures archaïques de l'Acropole, complétées par *La sculpture attique avant Phidias*, 510 p. 8°, 1904 (l'ouvrage le plus important sur le sujet).

DE LABORDE. *Athènes aux XVe, XVIe et XVIIe s., d'après des documents inédits*, 2 v. 8°, 1854.

1. Limitée aux ouvrages vraiment utiles. Pour les études de détail les plus notables, on trouvera des références dans le texte.

Omont. *Athènes au XVIIe s.*, f°, 1898 (belle publication de vues, plans et dessins anciens, y compris ceux des sculptures du Parthénon faussement attribués à Carrey).

Wiegand. *Die archaische Poros Architektur der Akropolis zu Athen*, 1 v. 4°, 1904 (avec atlas sur les monuments archaïques de l'Acropole en tuf polychromé).

Route 1. — ATHÈNES

Arrivée. — On arrive à Athènes (*V. Rens. pratiques*) : 1° *par le Pirée* (p. 156). — Dans ce cas, le voyageur prend au Pirée, après les opérations du débarquement et de la visite des bagages en douane, une voiture, qui le conduira directement à son hôtel par la route carrossable (p. 156) : arrêt au bureau de l'octroi (δημοτικός φόρος) et au khani de la route. Le voyageur sans bagages pourra, du quai de débarquement, se rendre en tram à la gare du chemin de fer électrique Pirée-Athènes (p. 154) : à Athènes, il descendra à l'une des stations indiquées p. 19 (emploi du temps).

2° *Par la ligne Patras-Athènes*. On descend à la *gare du Péloponnèse* (*R. P.*), où a lieu la visite de l'octroi et où l'on trouve des voitures (*R. P.*) pour se faire transporter à l'hôtel.

3° *Par la gare de la ligne Athènes-Larissa* (pl. C, 2)) si l'on est venu par Patras (ou Corinthe), Itéa-Delphes-Livadie.

Les principaux hôtels fréquentés par les étrangers sont situés aux abords de la place de la Constitution (p. 18) et de la place de la Concorde (p. 18). A l'aide du plan, le touriste trouvera aisément la route à suivre pour rejoindre les points de départ des itinéraires ci-dessous décrits.

Principales curiosités. — Monuments anciens : l'**Acropole** (Propylées, Parthénon, Erechthéion, Musée de l'Acropole, p. 25 et suiv.), Stade (p. 113), source Kallirrhoé (p. 111), Olympieion (p. 109), arc d'Hadrien (p. 109), **Théâtre de Dionysos** (p. 73), Asklépieion (p. 78), Odéon (p. 80), Pnyx (p. 85), Aréopage, Monument de Philopappos, « **Théseion** », Porte de l'Agora, Tour des Vents (p. 105), Portique d'Attale (p. 103), Bibliothèque d'Hadrien (p. 107), Monument de Lysicrate (p. 71), cimetière du Céramique. **Musée national** (p. 115). — Edifices byzantins : **Ancienne Métropole** (p. 144), H^{oi} Théodoroi (p. 145), Kapnikaréa. — Edifices modernes : Académie, Université, Bibliothèque, Polytechnikon (p. 146), Nouvelle Métropole (p. 144). — Promenades : Jardin Royal (p. 143), Lycabette (p. 150), Colone (p. 152), cimetière moderne (p. 150). — V. le plan d'Athènes, dans a pochette.

Situation. — Aspect général.

ATHÈNES (en grec mod. αἱ Ἀθῆναι, prononcez *è Aϑiné* ; le peuple dit, au singulier, ἡ Ἀθήνα, *i Aϑina*), capitale du royaume de Grèce, est située par 37°58′8″ de latit. N. et 21°23′29″ de longit. E. par rapport au méridien de Paris. La ville moderne s'étend du N. au S. entre le ravin de l'Ilissos, au S.-E., le bois d'oliviers au N.-O. qui commence à la butte de Colonos. Elle est complètement ouverte et n'est défendue par aucun ouvrage de fortification. Ses limites indécises lui donnent environ 4 kil. du N. au

S. et 3 de l'E. à l'O., avec une superficie de 13 à 14 kmq. La ville suit un plan incliné du S.-E. au N.-O. s'appuyant sur le versant O. de la petite chaîne qui prolonge le *Tourko-Vouni* (anc. Anchesmos), par le *Stréphis*, le *Lycabette* (H[os] Georgios), l'*Acropole*, les collines des *Nymphes*, de la *Pnyx* et du *Mouseion*. Ses faubourgs se développent dans la vallée du *Céphise* au N., à l'E. dans celle de l'Ilissos et sur les flancs du Lycabette. C'est donc surtout vers le N. et l'E. du côté de l'intérieur que la ville tend à s'accroître, contrairement à la plupart des capitales européennes, qui se développent du côté de la mer : l'influence prédominante des vents du N. et l'insalubrité de la plaine basse qui la sépare du Pirée expliquent son mouvement ascendant. Les constructions nouvelles montent de jour en jour à l'assaut des pentes du Lycabette et du Stréphis, et, par delà l'Ilissos, grimpent sur les projections extrêmes de l'Hymette. Elles y trouvent un abri contre l'âpreté du Vorias (vent du N.), et une exposition à la brise de mer.

Avant la constitution du royaume de Grèce en 1834, Athènes n'était qu'une bourgade gréco-albanaise de 300 maisons tassées sur le versant N. de l'Acropole. La ville actuelle est une création des architectes bavarois qui accompagnaient le roi Othon. Le tracé des rues, encore irrégulier aux environs du noyau primitif de l'Agora, s'est fait de plus en plus rectiligne, à mesure qu'il s'en éloigne. Tous les quartiers neufs, construits vers la fin du XIXe s. ont des rues parallèles qui se coupent à angle droit. Ce n'est, il faut l'avouer, ni le goût ni une intelligence très pratique du climat qui ont présidé à l'élaboration rapide de cette jeune capitale. Grâce au prestige de la lumière, à la splendeur du marbre surabondant, aux contours précis et aux escarpements colorés du rocher de l'Acropole, dont la masse s'impose d'emblée au regard, l'aspect général ne manque ni d'éclat ni de grandeur. Mais la ville est mal défendue contre l'aveuglante réverbération, contre la poussière et le vent qui font rage dans ses avenues découvertes, torrides en été, glaciales en hiver. Le voyageur aimerait à retrouver ici l'ombre et le refuge des arcades italiennes, ou de ces longs portiques dont les Athéniens avaient su faire l'ornement de leur ville.

Les maisons, uniformément blanches et carrées, à 2 ou 3 étages, couvertes de tuiles ou de terrasses, manquent trop souvent de caractère et de variété. Toutefois, on rencontre dans les quartiers neufs et riches, sur les routes de Képhissia et de Patissia, dans les rues d'Amalia et du Stade, quelques jolies habitations de style néo-grec. Réduite à de modestes proportions, cette architecture pseudo-classique, avec ses colonnettes ioniques détachant leurs volutes sur le fond rouge des loggias, n'est ni déplaisante ni déplacée. Mais la cherté des terrains pousse depuis quelques années les architectes à une affligeante mégalomanie. L'étranger ne verra pas sans regret certaines bâtisses colossales, imitées des grands immeubles européens :

la décoration des ordres antiques, plaquée sur des façades d'une hauteur démesurée, y accuse maladroitement le manque d'harmonie entre les proportions. Outre que ces casernes jurent par leur lourdeur avec l'élégance minuscule des chapelles byzantines et des petites maisons anciennes, elles détruisent tout le charme des perspectives athéniennes, en fermant les échappées sur les falaises de l'Acropole, sur la superbe envolée du Parthénon et des Propylées, sur le décor lointain des montagnes au fond de l'horizon. Ici, comme ailleurs, le progrès se manifeste par des crimes de lèse-beauté.

Malgré l'absence de pittoresque et de véritable originalité, grâce à ses boulevards bordés de trottoirs en marbre pentélique, plantés d'arbres exotiques, éclairés à l'électricité et sillonnés de tramways, avec l'animation de ses rues qu'emplissent les cris des « loustros » et des vendeurs ambulants, de ses places vivifiées par le bourdonnement des terrasses de cafés, Athènes fait bonne figure parmi les capitales de second rang. La couleur orientale n'apparaît guère que dans une ou deux petites rues de l'Agora, où l'entassement des cuirs et des étoffes multicolores évoque des visions de bazars levantins. Mais l'aspect de la plupart des rues populaires est plutôt morne; la classique épigraphie des enseignes intrigue la curiosité philologique de l'étranger, mais sans lui dissimuler ni la saleté morose des *magazia* (estaminets), où les relents de l'alcool se combinent avec ceux des salaisons, ni l'absence complète de fantaisie et de cachet dans les étalages et les devantures. A ce point de vue, les rues d'Athènes réservent beaucoup moins de surprises amusantes que celles des localités de l'intérieur, comme Argos, Nauplie, ou les quais du Pirée et de Syra.

Il est facile de s'orienter dans Athènes. La **place de la Concorde** (πλατεῖα τῆς Ὁμονοίας) marque le centre géométrique de la ville et le centre du mouvement, d'où rayonnent les principales rues, les tramways et les chemins de fer du Pirée, de Képhissia, du Laurion. Elle communique avec la **place de la Constitution** (πλατεῖα τοῦ Συντάγματος) par deux larges voies, la **rue du Stade** (ὁδὸς Σταδίου), la première rue d'Athènes, centre du commerce de luxe et des grands magasins, et la **rue de l'Université** (ὁδὸς Πανεπιστημίου), bordée de grands édifices publics. La place de la Constitution, en contre-bas du Palais royal, à proximité des grands hôtels fréquentés par les étrangers et des plus beaux boulevards, est le lieu d'élection de la société athénienne pour les promenades et les flâneries.

Les deux places de la Concorde et de la Constitution communiquent avec les vieux quartiers commerçants de l'Agora et du bazar par deux rues qui se croisent en équerre : 1° **la rue d'Eole**, qui relie la place de la Concorde à la tour des Vents; elle est doublée par la **rue** parallèle **d'Athéna**, qui relie la place de la Concorde à la station « *Monastiri* » du ch. de fer du Pirée; 2° la **rue d'Hermès**, qui relie la place de la Constitution à la même station. Les deux rues d'Eole et d'Athéna desservent la *Démarchie* (Hôtel de Ville), le *Marché*, la *Banque nationale*, l'*Hôtel des Postes*; là se tiennent les changeurs (σαραφίδες) et les boutiques du petit commerce de détail et de confection. La rue d'Hermès est bordée de magasins de nouveautés ou de bijouterie et de passages couverts.

La rue du Stade forme la limite de l'ἄστυ, ou cité des affaires. Le triangle qu'elle forme avec les rues d'Eole et d'Hermès englobe le **quartier des Ministères et du Parlement.** En bordure de l'autre côté s'étend le **quartier universitaire,** et, au delà, tout autour du Lycabette, les quartiers bourgeois de la **Néapolis,** avec les Ecoles étrangères, les Légations; les hôtels particuliers qui bordent les grandes avenues latérales du Jardin Royal, les **boulevards de Képhissia** (ὁδός Κηφισίας), **d'Amélie** (ὁδὸς 'Αμαλίας), d'*Hérode Atticus* (ὁδ. 'Ηρώδου 'Αττικοῦ), et la *rue des Philhellènes* (ὁδ. Φιλελλήνων).

Le **Musée national** se trouve dans un quartier excentrique sur la route de Patissia.

Le quartier excentrique du Céramique, entre la porte Dipyle et le faubourg de Kolokythou, de chaque côté de la **rue du Pirée** (ὁδ. Πειραιῶς), est toujours le quartier industriel, dont les fabriques, forges et ateliers s'étendent dans la direction du port.

N. B. — Les Grecs n'emploient guère que le mot ὁδός pour désigner toutes les voies de communication, et, par exception, le terme de λεωφόρος (boulevard ou avenue). Les noms des rues sont historiques ou topographiques. Quelques-uns prétendent rappeler l'emplacement probable des monuments disparus de l'Athènes antique, mais, en général, leurs indications ne répondent plus à l'état actuel de nos connaissances sur la topographie antique.

Emploi du temps.

Pour la clarté de la description, l'Athènes antique a dû être séparée de l'Athènes moderne. Les quelques monuments intéressants de celle-ci peuvent être vus en passant, quand on va à l'Acropole ou qu'on en revient. Avec l'aide du plan et de la division en régions, le touriste saura facilement les situer sur son passage, et combiner la visite des églises byzantines avec celle des antiquités. En principe, il est préférable, pour économiser son temps, de passer la matinée au Musée national, dont l'ouverture l'après-midi en été est tardive (p. 115), et l'après-midi à l'Acropole ou sur les collines voisines, de façon à jouir de la vue au coucher du soleil.

Bien qu'une semaine ne soit pas de trop pour étudier Athènes, ses musées et ses environs, le voyageur pressé pourra en quelques heures ou en trois jours en prendre une idée sommaire.

Programmes. — *1° pour une escale de 4 à 5 heures au Pirée.* — Débarquement sur le quai de la Douane (p. 159). Monter dans le tram qui conduit (10 min.) à la gare du Pirée-Athènes (p. 154), prendre un billet pour la *station du Théseion*, où l'on descendra (25 min.) et où l'on prendra une voiture à l heure (*R. P.*) qui conduira d'abord au « *Théseion* » (p. 98, 10 min.), puis, en 10 min., par le boulevard de l'Apôtre Paul, au pied de l'*Aréopage* (p. 91) et de la *Pnyx* (p. 85), et de là à l'*Acropole* (p. 25). — Visite de l'Acropole et de son Musée (1 h. 30.) Reprendre la voiture pour se rendre au *Musée national* (20 min.) par le boulevard de Denys l'Aréopagite (coup d'œil sur l'*Odéon d'Hérode Atticus*, p. 80, et le *Théâtre de Dionysos*, p. 73), la rue de Dionysos (*Monument de Lysicrate*, p. 71), le boulevard d'Amélie (*Arc d'Hadrien*, p. 109; *Olympieion*, p. 109; la place de la Constitution, *Palais Royal*, p. 142), et le boulevard de l'Université (coup d'œil sur l'*Académie*, p. 148; l'*Université*, p. 147; la *Bibliothèque* p. 147); la route de Patissia (parcourir le *Musée central* : 1 h.). Revenir à la station du Théseion (10 min.) par la route de Patissia, la place de la Concorde, la route du Pirée et s'arrêter (15 min.) au *Cimetière du Céramique* (p. 93). Retour au Pirée en ch. de fer (25 min.) et au quai de la Douane (10 min.). Total : 4 h. 35 min. avec la ressource d'abréger la visite de l'Acropole et du Musée central et de supprimer celle du Céramique. — Du Musée central à la Douane du Pirée directement en voiture, 11 k., 1 h. 1/4, 6 à 8 d.

2° Pour 3 jours. — **1re journée.** — MATINÉE : *Musée national* (de 9 h. à midi). — APRÈS-MIDI : *l'Acropole et son musée*, jusqu'au coucher du soleil. — **2° journée.** — MATINÉE : *le Lycabette* (1 h. 1/2 à 2 h., p. 150) et *Colone* (1 h. 1/2, p. 152). — APRÈS-MIDI : *Jardin Royal*, *Stade* (p. 113), *Kallirrhoé* (p. 111), *Olympieion*, *Arc d'Hadrien*, *Monument de Lysicrate*, *Théâtre de Dionysos*, *Odéon d'Hérode Atticus*, *Monument de Philopappos*, *Aréopage*, *Pnyx* (4 à 5 h.). — **3° journée.** — MATINÉE : Boulevard de l'Université, rue d'Hermès, *Kapnikaréa* (p. 145), *ancienne Métropole*, *Tour des Vents* (p. 105) et *Agora* (p. 105), *Bibliothèque d'Hadrien* (p. 107), *Portique d'Attale* (p. 103), *Théseion*, *Céramique* (3 à 4 h.). — APRÈS-MIDI : excursion à Daphni et à Eleusis.

3° Pour une semaine. — On peut retourner plusieurs fois à l'Acropole et au Musée national, et ajouter au programme précédent une visite au au Pirée et à Salamine, des excursions au Laurion et à Sounion, au Pentélique, à Képhissia ou à Tatoï.

ATHÈNES ANTIQUE

1° Histoire monumentale (*V.* plan *Athènes comparée*).

Époque primitive. — Les débuts de la ville d'Athènes ressemblent à ceux de la *Roma quadrata*. La ville primitive était réduite au château fort de l'Acropole, désignée par le terme de πόλις. Une enceinte d'appareil cyclopéen (non pélasgique), analogue à celle de Mycènes, enfermait le palais du roi (p. 63) et les habitations des Eupatrides. Le palais ou maison d'Erechthée servait aussi de sanctuaire à Athéna Polias (Homère, *Iliad.*, II, 549. — *Odys.*, VII, 81) : il était desservi par une porte spéciale au N. (p. 57); l'entrée principale de la citadelle était défendue, à l'O., par une enceinte inférieure avancée, le *Pélargicon*, appelé aussi *Ennéapylon* (p. 27). Les grottes et rochers voisins étaient consacrés à Apollon, à Aglaure, aux Euménides (p. 70). Le Prytanée et le Bouleutérion panattiques furent fondés par Thésée (p. 7), peut-être sur l'Acropole. Mais vint un temps où l'enceinte cyclopéenne ne suffit plus à la cité agrandie par Thésée. Une ville basse se constitua au pied de la ville haute, sur les bords de l'Ilissos, près de l'abondante *fontaine Kallirrhoé*, dans le

ATHÈNES COMPARÉE

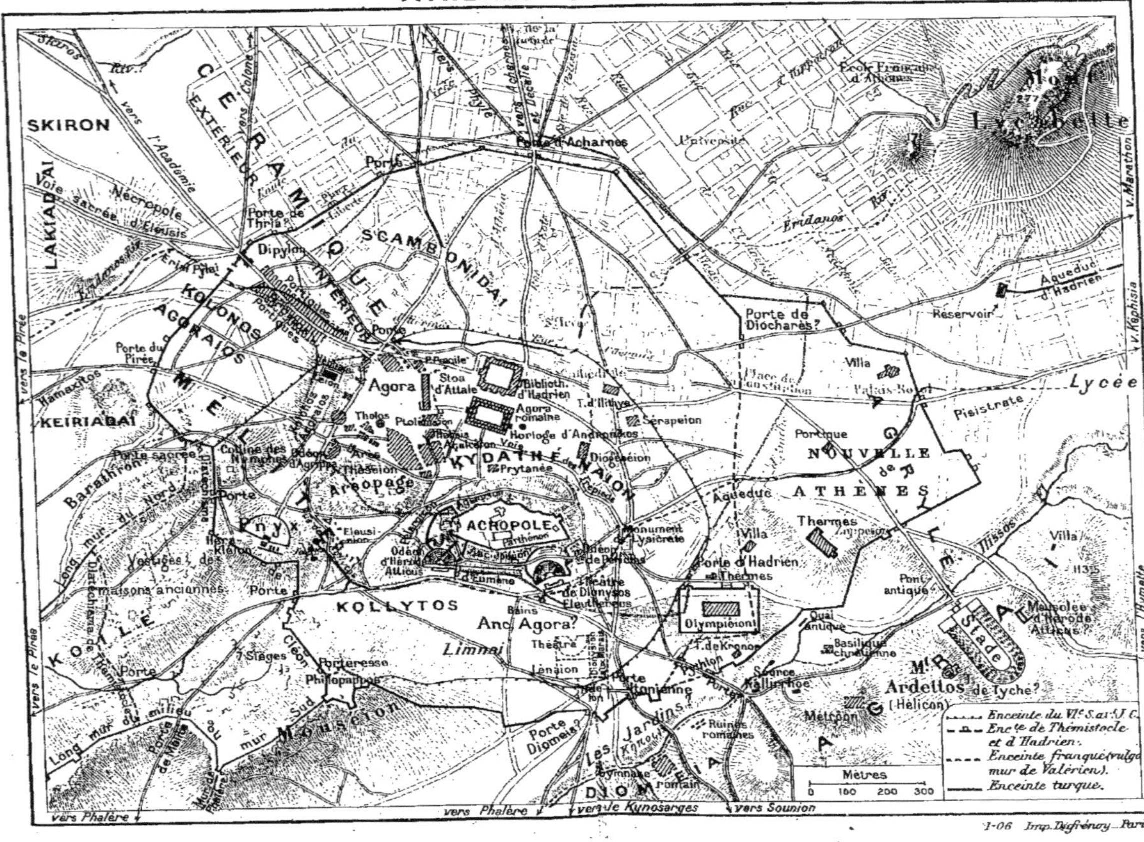

1-06 Imp. Dufrénoy _ Paris.

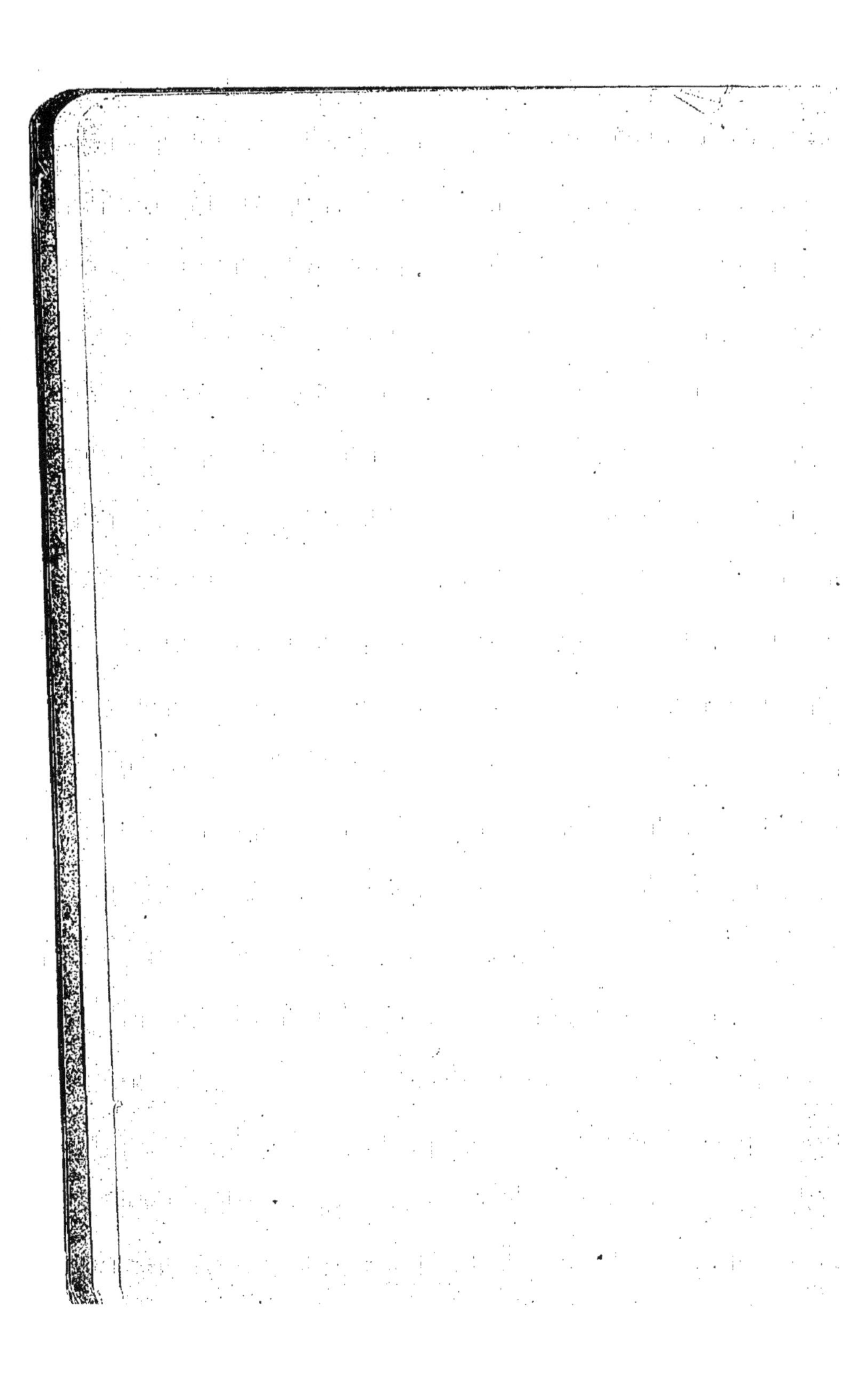

voisinage des sanctuaires les plus anciens du *Néleion* (p. 82), du *Dionysion aux Marais* et du *Lénaion* (p. 82), de Gé et de Zeus Olympien (p. 109), du *Pythion* (p. 111). Là s'établit la vieille ville aristocratique décrite par Thucydide (II, 15). Il y eut là sans doute aussi une ancienne agora, dans le voisinage du Lénaion. A côté de cette ville eupatridique (*asty*), des agglomérations faubouriennes se formèrent au N.-E. et au N. de l'Acropole, dans les quartiers ouvriers et commerçants de *Mélité*, du *Céramique*, de *Kollytos*. La place du Marché, dans le Céramique ou quartier des potiers, forgerons, etc., adorateurs du dieu ouvrier Héphaistos, était déjà, au VIe s., le cœur de la ville populaire, reliée à la ville aristocratique et religieuse du S. par la rue qui passait entre la Pnyx et l'Acropole (p. 88); le faubourg des artisans devint à son tour le centre de la vie active et de la richesse, une seconde *asty* moderne et démocratique. L'*agora du Céramique* supplanta celle des quartiers S., devenus de plus en plus solitaires et dont certaines fêtes faisaient seules l'animation. Autour d'elle, la démocratie concentra, au VIIe et au VIe s., tous les organes vitaux de la cité : l'*autel des 12 Dieux*, le *Prytanée* ou foyer commun de toute l'Attique, le *Boucoleion* pour les sacrifices, le *Léocorion* pour les fêtes, le *Bouleutérion*, lieu de réunion du Sénat, et les locaux où siégeaient les archontes et les stratèges, le *Portique royal*, le *Thesmothésion*, le *Stratégeion*, le *Métrôon*, plus tard dépôt des lois et des archives. L'assemblée du peuple se tenait aussi sur l'Agora. De l'*autel des 12 Dieux*, sur la place, rayonnaient les routes qui reliaient la capitale aux bourgs ruraux. Au VIe s. la ville fut entourée d'une enceinte fortifiée, dont le tracé peut être approximativement reconstitué grâce aux découvertes de tombeaux archaïques qui se trouvaient en dehors de cette enceinte : en dehors de la porte de Thria, conduisant du Céramique à Eleusis, s'étendait le plus important des cimetières, dans le faubourg du Céramique extérieur (p. 93).

VIe siècle. — L'époque de Solon et de Pisistrate fut marquée par d'importantes constructions. De la fin du VIIe s. datent les petits trésors ou temples en tuf de l'Acropole (p. 65), du temps de Solon l'*ancien Hékatompédon* (p. 63), construit sur les ruines du palais d'Erechthée (p. 63), et les 1res pistes (*dromoi*) du gymnase de l'*Académie*. Pisistrate et ses fils firent exécuter les travaux suivants : 1° un aqueduc amenant l'eau de l'Hymette dans la ville (p. 89); 2° la transformation de la Kallirrhoé en fontaine monumentale à 9 bouches d'eau ou *Ennéacrounos* (p. 111); 3° la réfection de la rampe d'accès et du Propylée de l'Acropole (p. 40); 4° l'agrandissement de l'*Hékatompédon*; 5° la construction d'un vaste *Olympieion* (p. 109); 6° celle d'un nouveau Pythion (p. 111); 7° celle du 1er temple de Dionysos Eleuthéreus (p. 74) avec une *orchestra* pour les chœurs des Grandes Dionysies instituées par eux avec concours dramatiques; 8° peut-être un stade pour les concours des Panathénées, à qui ils donnèrent plus d'éclat; 9° de nouvelles pistes et des xystes au gymnase de l'Académie, et peut-être les 1res installations du gymnase du Lycée; 10° le *Brauronion* (p. 44); 11° le *Télestérion* archaïque et l'enceinte d'Eleusis; 12° la forteresse de Mounichie. Les carrières du Pentélique étaient exploitées depuis 570 ou 560. C'est probablement sous Clisthène que fut aménagé le lieu de réunion de l'assemblée du peuple sur la Pnyx (p. 85) et que furent consacrés la *Tholos*, lieu de réunion des Prytanes, et les statues des 10 Eponymes.

Les fortifications de l'Acropole, qui avaient servi de refuge à Cylon et aux Tyrans, furent en partie démantelées à la fin du VIe s. ainsi que le *Pélargicon*. En 506 eut lieu la consécration du Portique des Athéniens à Delphes; vers 505 Anténor exécuta pour l'Agora le groupe des Tyrannoctones; Xerxès l'emporta à Suze; Alexandre ou ses successeurs le restituèrent aux Athéniens. Vers la même époque fut commencé le 1er Parthénon, faussement attribué à Cimon (p. 46).

Travaux de Thémistocle. — En 493, Thémistocle, archonte, fait commencer les ports et l'enceinte du Pirée. Après Marathon (août 490), les Athéniens consacrent un *Trésor* à Delphes. Les Perses avaient détruit à 2 reprises, dans l'automne de 480 et l'été de 479 les monuments de l'Acropole et tous les quartiers de la ville où ils n'étaient pas cantonnés. Aussitôt après Platées (hiver 479-8), Thémistocle fait relever à la hâte, en éludant la surveillance jalouse de Sparte, l'enceinte d'Athènes, sur un tracé plus vaste [environ 6 k. de périmètre; le texte de Thucydide (II, 13) qui donne 7 k. ou 43 stades est altéré. Peut-être faut-il lire 33 stades de 164 m.]. L'enceinte fut ensuite plusieurs fois restaurée, sans que le tracé fût modifié avant Hadrien. Le mur se composait d'un socle de maçonnerie de 1 m. de haut dans les fondations duquel furent insérés des matériaux de fortune (stèles funéraires, marbres sculptés, etc.) empruntés aux monuments ruinés par les Perses. Le corps du mur épais de 2 m. 40 était en brique crue, avec tours de flanquement, créneaux et toiture. L'enceinte du Pirée fut achevée en matériaux plus solides et mieux appareillés : elle était toute en pierres de taille, liées par des crampons de fer, sans mortier (p. 24) et avait un circuit de 60 stades. Périclès appela l'architecte milésien Hippodamos pour tracer le plan de la ville du Pirée. Mais, c'est à Thémistocle que doit être attribuée la construction du mur N. de l'Acropole, élevé avec les matériaux du Parthénon inachevé. En 477-6, un nouveau groupe en bronze des Tyrannoctones, par Critios et Nésiotès, est consacré sur l'Agora.

Travaux de Cimon. — Après l'exil de Thémistocle (471), Cimon entreprit quelques travaux : 1° avec le butin de l'Eurymédon (468), il achève l'enceinte de la ville et continue celle de l'Acropole (mur S.); 2° il fait jeter vers 461 les fondations des Longs Murs du Pirée et de Phalère, avec couche de sable et de grosses pierres dans les parties marécageuses; 3° après 473, il bâtit à l'E. de l'Agora l'hérôon de Thésée, dont il avait rapporté les restes à Athènes : le monument fut ensuite décoré de peintures par Polygnote et Micon ; 4° son parent Peisianax élève le Portique appelé plus tard *Pœcile* quand il eut reçu les peintures de Polygnote, Micon, Panaenos; 5° l'Agora est plantée de platanes et bordée au N. d'une ligne d'Hermès (p. 102); 6° l'Académie est arrangée en parc et devient la promenade favorite des Athéniens; 7° en 464 est construit le *Polyandrion* ou monument funéraire collectif du Céramique, pour les cendres des guerriers morts à Drabescos, en Thrace; 8° au N. de l'Acropole est construit l'*Anakeion* ou petit temple des Dioscures.

La date exacte du relèvement des autres édifices voisins de l'Agora, Stoa Basileios, Bouleutérion, Stoa Eleuthérios, Tholos, Prytanée, temple ionien de l'Ilissos (p. 114), gratuitement attribué à Cimon et à l'architecte Callicratès, n'est pas connue.

Travaux de Périclès. — En 457, sont achevés le Long Mur du Pirée et celui de Phalère. En 450, Périclès fait construire par Callicratès le 3° mur intérieur (p. 24). Les autres monuments élevés ou consacrés par les soins de Périclès sont les suivants : 1° vers 449, statue colossale en bronze d'Athéna « Promachos » et vers 447 Athéna Lemnia, toutes deux par Phidias; 2° l'Odéon (avant 446); 3° le Parthénon (447-434); 4° les Propylées (437-432); 5° le Métrôon; 6° les temples de Poseidon et d'Athéna au Sounion; 7° temple de Némésis à Rhamnonte; 8° le grand *Télestérion* d'Eleusis; 9° l'agrandissement du Lycée; 10° achèvement des ports du Pirée (loges de navires, Skeuothèque du ve s., 5 portiques autour du port de commerce, dock au blé ou *Alphitopolis*).

Vers l'époque de la paix de Nicias (421) se placent : 1° le temple d'Athéna Niké, dont le socle avait été construit vers 450 (p. 40); 2° l'Erechtheion, terminé en 407 (p. 57); 3° l'Asklépieion, au S. de l'Acropole (p. 78); 4° nouveau temple de Dionysos Eleuthéreus (p. 74), avec une statue par Alcamène; 5° temple d'Héphaistos, vulgo « Théseion ». En 411, les 400 construisent une forteresse et un portique à Eétioneia, au Pirée (p. 159).

IVe siècle et suivants. — 395 : restauration de l'Erechtheion endommagé par un incendie. — 393 : restauration par Conon des murs du Pirée et des Longs Murs rasés par Lysandre. — Aphrodision du Pirée (p. 159).

Sous Lycurgue (338-324), réédification en pierre du théâtre de Dionysos (p. 74), du Stade panathénaïque (p. 113), du gymnase du Lycée; réfection des loges de navires au Pirée, et en 329, Skeuothèque de Zéa par Philon (p. 153). — 334 et 320 : Monuments choragiques de Lysicrate (p. 71), de Thrasyllos (p. 77), de Nicias (p. 79). — 318 : Monument de l'Agora, commémoratif d'une victoire sur Cassandre. — 311 : Portique du Télestérion d'Eleusis, par Philon. — 307/6 : restauration de l'enceinte d'Athènes, sous Habron, fils de Lycurgue. — 295 : Démétrius Poliorcète construit la *forteresse du Musée* (p. 82). — 275 (?) : le gymnase *Ptolémaion* (p. 104). — 229 : le *Diogéneion* (p. 107). — 228 : *Ex-voto d'Attale I* sur l'Acropole (p. 56); nouveaux jardins de l'Académie. — Eumène II (197-159) fait cadeau du *Portique d'Eumène* (p. 81), et Attale II (158-139) du *Portique d'Attale*. — 174 : Antiochus Epiphane, roi de Syrie, commence la reconstruction de l'*Olympieion* (p. 109), — Entre 100 et 28 av. J.-C., *Horloge* d'Andronicos de Kyrrhos, dite *Tour des Vents* (p. 105). — De 65 à 52, Ariobarzane II Philopator, roi de Cappadoce, reconstruit l'Odéon de Périclès incendié par Sylla en 86.

Epoque romaine. — 48 : Petits Propylées d'Appius Claudius Pulcher à Eleusis. — Vers 27, *Agrippeion*, salle de conférences, au Céramique, offerte par Agrippa? — Entre 27 et 12, *Statue* en char d'*Agrippa* à l'Acropole (p. 33). — Entre 23 et 2, *Temple de Rome et d'Auguste*, sur l'Acropole (p. 56). — De 12 à 1, Porte d'Athéna Archégétis et Agora romaine (p. 105).

40 après J.-C., sous Caligula : partie supérieure de l'escalier romain de l'Acropole (p. 35). — 114-116 (sous Trajan) : *Monument de Philopappos* (p. 82). — De 117 à 138, sous Hadrien, consécration du nouvel *Olympieion* en 129 (p. 109); agrandissement de l'enceinte à l'E. (*Arc d'Hadrien*, p. 109) et quartier de la Nouvelle-Athènes. — *Bibliothèque d'Hadrien* (p. 107). — *Gymnase* (p. 82). — *Réservoir* du Lycabette et aqueduc à arcades, terminé par Antonin. — Temple d'Héra et de Zeus Panhellénien. — Restauration du théâtre de Dionysos. — Panthéon.

Hérode Atticus (100-175), consul en 140, construisit un *Odéon* (après 161 (p. 80); un temple de Tyché, un pont sur l'Ilissos (p. 113) garnit le *Stade* (p. 113) de sièges en marbre, et restaura l'*Agoranomion* (p. 105).

Sous Marc-Aurèle et Septime-Sévère, construction de l'Entrée O. de l'Acropole (*Porte Beulé*), avec les tours ou *pylones* adjacents et de la partie inférieure de l'escalier romain (fin IIe s. après J.-C.; p. 34); *bains romains* (p. 74). — 224-325, sous Alexandre Sévère, l'archonte Phaedros restaure la *scène du théâtre de Dionysos*. — IVe s. : constructions de salles et portiques pour les élèves des diverses écoles philosophiques (stoïciens, cyniques, etc.)

Sous Valérien (253-260) et sous Justinien, restauration des murs d'enceinte.

2° Topographie.

En dehors de l'Acropole et de quelques monuments identifiés avec certitude, les détails les plus essentiels de la topographie d'Athènes restent imprécis : le site même de l'Agora et des édifices voisins n'est déterminé qu'approximativement. Notre plan permettra de distinguer les restes authentiques et les identifications conjecturales, et de discerner la situation respective de la ville antique et de la ville moderne. L'itinéraire suivi par Pausanias est également incertain. Le tracé de l'enceinte est établi en partie d'après les restes qui subsistent, en partie par hypothèse. Il y avait 9 portes principales. Le plan en indique l'emplacement certain ou probable, avec les noms, et la direction des routes qui en débouchaient. Comme rues intérieures, on connaît le *Dromos*, dans le Céramique, entre la porte Dipyle et l'Agora, la *rue des Trépieds* (p. 71) et la *rue de Kollytos* (p. 89). Les rues étaient étroites et non pavées. Athènes était divisée en dèmes urbains, dont les limites étaient indiquées par des bornes et des hermès. Xénophon comptait 10,000 maisons dans la ville. En général, c'étaient de modestes logis à un étage, aux murs de brique crue, que les voleurs perçaient aisément.

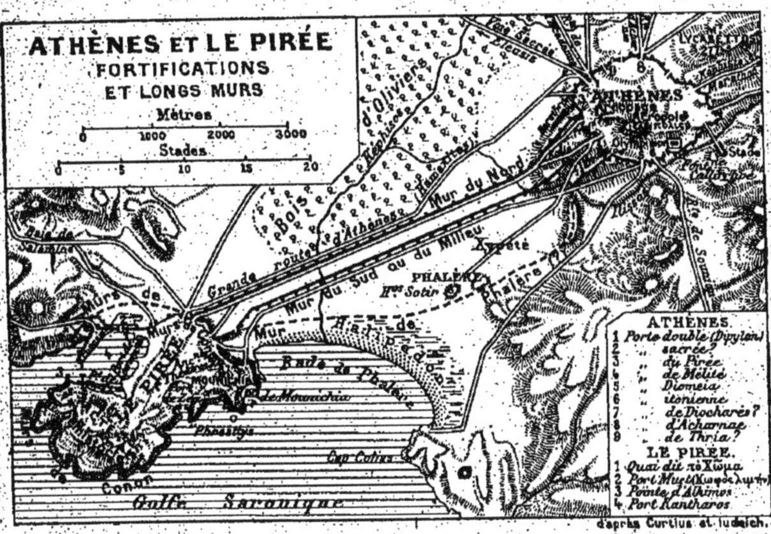

La question des Longs-Murs est encore controversée. Des textes précis attestent qu'il y en avait 3 : 1° le *mur du Pirée* ou *mur Nord*; 2° le *mur de Phalère*, tous deux commencés vers 461 par Cimon; 3° le *mur du milieu* (διὰ μέσου τεῖχος) ou *mur Sud*, construit par Périclès et Callicratès vers 445, pour suppléer à la faiblesse défensive du mur de Phalère. On a voulu nier l'existence de celui-ci, tel que notre plan l'indique, sous prétexte qu'il n'en subsiste aucune trace. La construction du mur de Périclès le rendait inutile; il disparut avec les deux autres, rasés par Lysandre, et ne fut pas reconstruit par Conon. De fait, deux murs restent seuls connus à partir du ɪᴠᵉ s. sous les noms de σκέλη (jambes), ou de *Mur Nord* et *Mur Sud*. Ils étaient de longueur égale soit environ 6,400 m. qui répondent assez exactement aux 40 stades (de 164 m.) indiqués par Thucydide (II, 13). Les 2 σκέλη bordaient une zone rectiligne d'un stade de large; c'était la route militaire, moins fréquentée en temps de paix que la route carrossable (ἁμαξιτός) partant de la porte du Pirée. Les arcs des enceintes des deux villes compris entre les extrémités des

ACROPOLE D'ATHÈNES

Constructions:

Pélasgiques
Helléniques
Hellénistiques ou Romaines
Médiévales ou Modernes
Tracés reconstitués
Chemins antiques

Mètres

0 50 100

L. Hermann del.

3-06 · Imp. Dufrénoy _ Paris.

Longs-Murs s'appelaient διατειχίσματα; l'arc intérieur compris entre la colline des Nymphes et celle du Mouseion fut construit en 425 par Cléon, afin de réduire le périmètre de rempart à garnir de défenseurs.

3° L'Acropole et ses dépendances.

A. Les Monuments et le Musée de l'Acropole.

Jours et heures d'ouverture. — Entrée libre de l'Acropole du lever au coucher du soleil. Pour la visite au clair de lune (très recommandée), il faut une permission de l'Ephorie générale des antiquités (V. p. 145), qui la délivre gratuitement; mais il est alors d'usage de donner une gratification aux gardiens (5 dr. pour un groupe). Le Musée est ouvert t. l. j. de 9 à 12 h., et de 3 à 6 h. (fermé le dim. matin).

La visite approfondie de l'Acropole demande au moins deux jours. Le touriste très pressé pourra la parcourir en 1 h. 30, en négligeant le détail, de la façon suivante : de la porte Beulé gagner la plate-forme du temple de la Victoire Aptère (beau coup d'œil sur la mer), traverser les Propylées, visiter le Parthénon et le Musée, de là se rendre au Belvédère (panorama de la ville et de la plaine), faire le tour de l'Erechtheion et redescendre par la porte Beulé.

Les voitures montent par une route en lacets, au bout du boulevard de Denys l'Aréopagite, et s'arrêtent au rond-point, en bas de la porte Beulé, qui est l'unique entrée. Des sentiers mal tracés aboutissent au rond-point par le versant N. : on peut s'en servir pour redescendre rapidement à pied au centre de la ville par la Tour des Vents et la rue d'Eole.

Structure du rocher (V. pl. p. 26, 28). — L'Acropole est un rocher calcaire dont le sommet est à 156 m. 20 (V. pl. p. 26) au-dessus du niveau de la mer, à 76 m. au-dessus de l'Olympieion et à 92 m. au-dessus de la ville basse (station de Monastiri). Il a une forme ovale irrégulière, de 270 m. dans sa plus grande longueur (des Propylées à l'angle S.-E.) sur 156 m. de largeur maxima, entre les murs N. et S. Du sommet principal au N.-E., descendent vers l'O. deux croupes : l'une, la plus haute et la plus large, au S.-O., se termine au bastion de la Victoire; l'autre, au N.-O., s'incline vers la source Clepsydre. La seule pente accessible suit la dépression intermédiaire, qui s'ouvre à l'O. Tous les autres versants sont taillés en escarpements à pic ou même surplombants, creusés de grottes et de crevasses, tantôt parallèles au grand axe (2), tantôt perpendiculaires (3). La superficie de l'aire enclose par les murs, à partir de l'entrée des Propylées, est d'un peu moins de 3 hectares (29,488 mq.).

Enceinte primitive. — Les fouilles exhaustives, dirigées par M. Kavvadias de 1882 à 1889, ont mis partout le roc à nu et retrouvé des tronçons de l'enceinte et des constructions primitives (V. pl. p. 26). Cette enceinte se composait d'un ouvrage extérieur, défendant les approches de l'entrée à l'O. et percé de 9 portes : le **Pélargicon** ou *Ennéapylon*. Il enfermait la source Clepsydre (4), et quelques autels et sanctuaires extérieurs; il pouvait servir de refuge à la population de la plaine en cas d'attaque, comme l'enceinte basse de Tirynthe. Son nom populaire de *Pélargicon* ou *mur aux cigognes* (sans doute de ce que ces oiseaux construisaient leurs nids sur ses créneaux) fut transformé plus tard en *Pélasgicon*, et la légende attribua cette construction aux soi-disant Pélasges attiques. Il fut démantelé après la chute des Pisistratides; son enclos fut déclaré maudit et un oracle de Delphes défendit qu'on y touchât. Vers 445, une loi dut rappeler

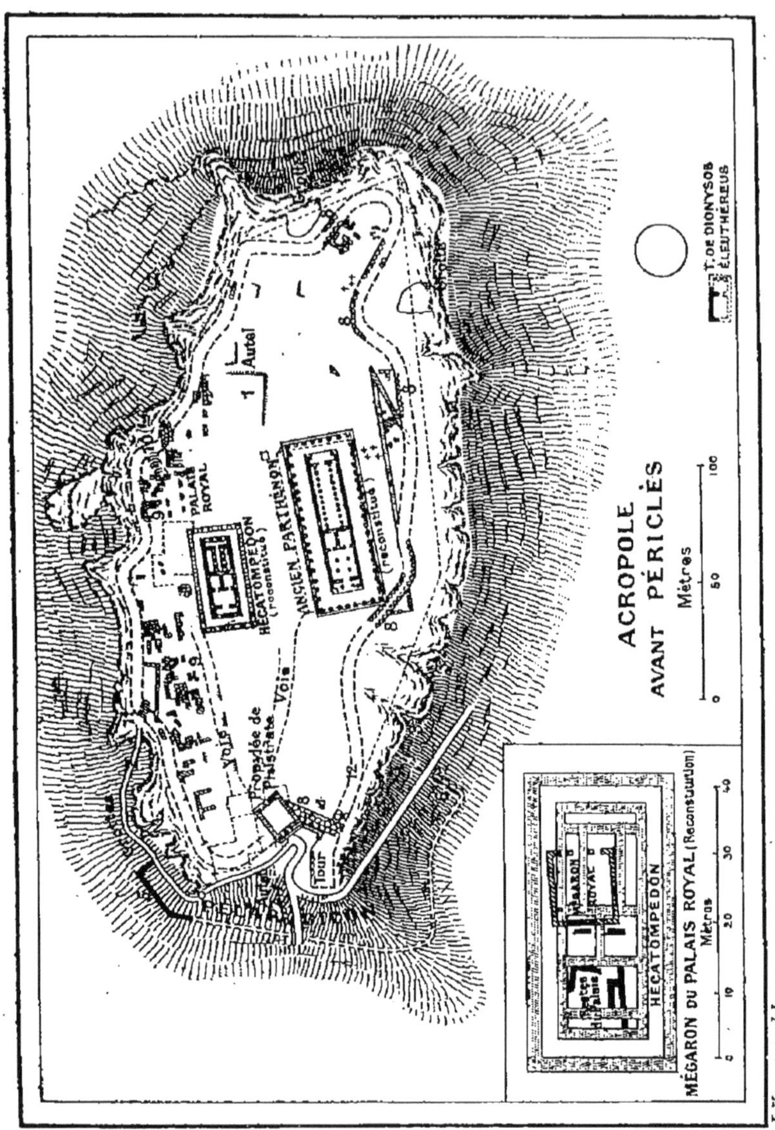

cette prescription aux Athéniens qui l'exploitaient comme carrière, ou y élevaient de nouveaux autels, et en confia la surveillance à des fonctionnaires spéciaux (*paredroi*). Toutefois, l'interdiction fut levée provisoirement en faveur des campagnards réfugiés pendant la g. du Péloponnèse. Du temps de Lucien (IIe s. ap. J.-C.) le Pélargicon formait encore, au N.-O. de l'Acropole, un amas de décombres. On a retrouvé sous la grotte d'Apollon l'amorce d'un mur (5) qui paraît suivre le tracé du rempart primitif, et dut être construit vers 445, lors de la délimitation du terrain maudit. On retrouve des traces d'un péribole pélasgique au-dessus de l'Odéon d'Hérode Atticus (6). Au S. le point où le Pélargicon rejoignait la falaise n'est pas connu : les uns le placent à l'O., les autres à l'E. de l'Odéon d'Hérode Atticus, et même de l'Asclépieion et de sa source. A l'intérieur du Pélargicon, l'entrée primitive suivait une large rampe, dont le soutènement (7), d'appareil polygonal, date des Pisistratides. Elle obligeait, comme celle de Tirynthe et de Mycènes, l'assaillant à présenter le flanc droit non protégé par le bouclier aux coups des défenseurs postés sur le saillant S.-O., aménagé en tour au VIe s. (restes de l'appareil polygonal sous la maçonnerie du Ve s.). Le chemin praticable aux chars aboutissait au Propylée de Pisistrate (*V.* p. 40).

L'enceinte supérieure était d'appareil *cyclopéen*, analogue à celui des fortifications mycéniennes. Il se composait de deux parements de gros blocs bruts, dont les interstices étaient garnis de menus moellons; l'intervalle était rempli d'un fort blocage, le tout lié au mortier de terre. L'épaisseur varie entre 6 et 4 m. 50. Les tronçons (8,8) qui en subsistent indiquent un tracé sinueux : au N. la ligne suivait la crête de l'escarpement appelé les *Longues Roches*; elle servit en partie de socle au mur de Thémistocle. A l'O. et au S., elle serrait de plus près que le mur de Cimon la croupe S.-O. dont elle épousait les ondulations. Les habitations primitives (9,9) s'alignaient le long du mur N., aux environs du *palais royal* dont le *mégaron* a été retrouvé sous l'Hécatompédon (*V.* le détail en bas du Pl. p. 26). Un escalier de 12 marches (10) taillé dans le roc, au N.-E., et entouré de soutènements desservait le palais par une petite poterne. Un autre escalier (11), au N.-O., conduisait à une longue crevasse en forme de couloir (2) qui aboutissait à la source Clepsydre, dans le Pélargicon (4). Enfin, sur le sommet (1) se trouvait le grand autel d'Athéna Polias. Telle était l'enceinte qui défendit les Pisistratides contre les Spartiates.

En 480, les Perses trouvèrent le rempart démantelé. Les prêtres d'Athéna, aidés de quelques citoyens restés sur place, improvisèrent des barricades sur les restes du Pélargicon. Les Perses les détruisirent, mais ne purent approcher du Propylée, écrasés qu'ils étaient par les grosses pierres rondes que les défenseurs faisaient rouler sur la rampe d'accès. Quelques hommes ayant réussi à escalader les escarpements près de la grotte d'Agraule (p. 71), ils coururent ouvrir la porte. Puis le sanctuaire fut saccagé et incendié.

Enceinte du Ve s. — Après les g. médiques, le mur N. fut relevé sur les arrachements pélasgiques (*V.* pl. p. 28). Cet ouvrage hâtif porte bien la marque des procédés préconisés par Thémistocle : c'est le même emploi des ruines récentes que dans les fondations de l'enceinte de la ville (p. 22). Ici on encastra tels quels des tambours de colonnes et des fragments de l'entablement en pôros de l'Hékatompédon des Pisistratides (p. 63) et 12 tambours en marbre non encore cannelés provenant du chantier du 1er Parthénon (p. 46) et sur lesquels on a pu reconnaître la trace de l'incendie de 480. Malgré la hâte du travail, ces matériaux de fortune furent disposés avec un certain souci de l'effet décoratif : la frise, avec ses triglyphes de tuf et ses métopes de marbre surmontait l'architrave, le tout couronné par l'attique. Ce dispositif, reconnaissable à distance, offrait aux regards des Athéniens un souvenir toujours présent du vandalisme barbare. On a voulu, sans preuves, reconnaître dans ce mur N. l'œuvre de Cimon et même de Périclès. Le mur se composait d'un massif de 5 m de hauteur au-dessus du roc, sur 4 m. d'épaisseur, et d'un parapet de 2 m. 80 de haut sur 0 m. 60 d'épaisseur, sans tours de flanquement.

Les murs E. et S., avec leur belles assises régulières de pôros en retrait les unes sur les autres, sont d'une exécution plus soignée. Cimon, qui les fit construire avec le butin de l'Eurymédon après 468, reporta le tracé à quelques mètres au S. du mur pélasgique, de façon à agrandir le plateau, et le tracé se réduisit à deux lignes droites formant un angle obtus. La base du mur S. se trouve à 12 m. plus bas que celle du mur N. Il avait 18 m. de hauteur en massif, sur 7 m. 50 d'épaisseur à la base et 5 m. 40 au sommet, plus le parapet. Cette puissance et ce profil pyramidant devaient contrebuter la forte poussée des terres sur cette déclivité

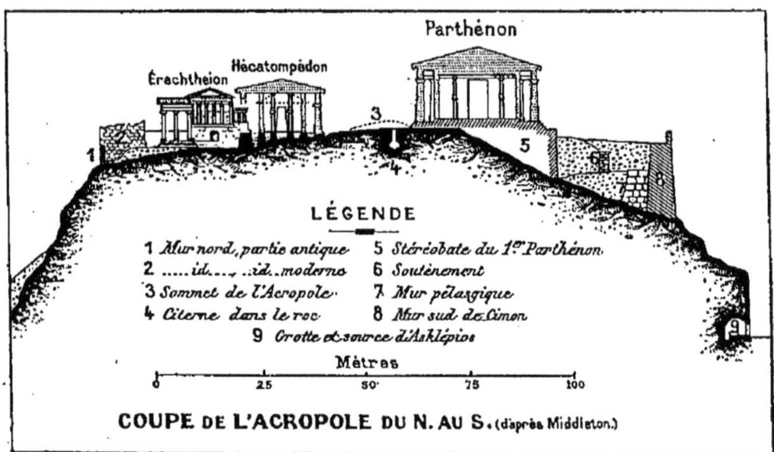

COUPE DE L'ACROPOLE DU N. AU S. (d'après Middleton.)

du rocher. La coupe ci-dessus montre comment les restes du mur pélasgique et les soutènements intérieurs s'opposaient au glissement des terres supérieures et soulageaient d'autant le rempart. Au S.-E., un dallage de terrasse en pôros bordait le parapet à l'intérieur. Au S.-O., le nouveau mur venait se souder (12, pl. p. 26) à un tronçon subsistant du mur pélasgique, auquel il ne formait plus qu'un mince revêtement à assises régulières disssimulant l'appareil cyclopéen.

En 1401, les Vénitiens, pour protéger les remparts contre l'artillerie, les renforcèrent d'un blindage extérieur en maçonnerie, de contreforts et de parapets crénelés.

I. DE LA PORTE BEULÉ AU TEMPLE DE LA VICTOIRE APTÈRE. — (*V.* Pl. p. 30). On entre à l'Acropole par la porte dite **Porte Beulé**, du nom de l'archéologue français, Charles Beulé, membre de l'École française en 1852, dont les fouilles célèbres la retrouvèrent sous un bastion turc. Une inscription en grec que Beulé a fait graver sur une plaque antique (au S. de l'entrée, à l'intérieur) rappelle que « la France a mis au jour la porte de l'Acropole, les murs, les tours et l'escalier enfouis. 1853. Beulé les a découverts ».

La porte, située à 36 m. en avant des Propylées, à 16 m. au-dessous des degrés de leur stylobate, et dans l'axe de leur entrée centrale, s'ouvre au milieu d'un mur de 6 m. 74 de haut sur 7 m. 20 de large, composé de marbres rapportés et disposés en façade dorique. Les triglyphes, l'attique, le cadre de la porte, proviennent du monument choragique consacré par un certain Nicias en 319 av. J.-C. et démoli un peu après 160 ap. J.-C. Les fouilles ont notablement abaissé le sol au-dessous du seuil. La porte, de forme dorique pyramidante, mesure 3 m. 87 de haut, 1 m. 89 de large à la base et 1 m. 73 au sommet. De chaque côté, deux tours ou plutôt deux **pylônes** de forme irrégulière et d'un caractère plutôt décoratif que militaire (les murs n'ont que 0 m. 56 d'épaisseur) en saillie de 5 m. 20, flanquaient l'entrée. Les marques de tâcherons relevées sur les pierres indiquent une construction de l'époque impériale, qu'on peut peut-être identifier avec les « pylônes » élevés sous Septime-Sévère (fin IIe s.) par le flamine Fl. Septimius Marcellinus. Le pylône N., qui est presque le double de l'autre en largeur, a été restauré. La porte franchie, on a devant soi une **rampe** (ἀνάβασις) rectangulaire, large de 23 m. sur 39 m. de long, divisée vers son milieu en 2 sections par un palier : 1° la section inférieure est bordée au N. par un mur latéral à assises antiques de pòros posées obliquement (revêtement et contreforts extérieurs du XVe s.), au S. par un fragment de mur analogue, restauré, et continué par une grille; 2° la partie supérieure est encadrée par deux socles qui se font vis-à-vis, au S. le saillant en forme de tour ou **pyrgos** du temple de la Victoire Aptère, à laquelle fait pendant le **piédestal** du monument d'Agrippa entouré d'une terrasse. Dans ce cadre viennent expirer les dernières pentes du roc : au N. et au S. les pointes des 2 croupes décrites plus haut; au milieu, sous les Propylées, le rebord arrondi de la dépression centrale : par endroits, le roc affleure; ailleurs il se dérobe jusqu'à 6 ou 7 m. de profondeur. Les restes d'un large escalier de marbre, en grande partie coupé dans sa largeur et sa profondeur, constituent le motif caractéristique de la montée jusqu'à la base des Propylées.

Le seuil de la porte Beulé se continue d'abord par un escalier étroit de 7 marches, que flanquaient 2 petits escaliers latéraux (quelques marches au S.; au N. la place est vide) conduisant à 2 paliers dallés, qui formaient le sol d'un *portique voûté* adossé au mur de la porte et des pylônes. Ceux-ci servaient de corps de garde et de loge de portier; celui du N. a conservé les traces d'une voûte byzantine en briques; devant sa porte, sur le palier, s'ouvre un *puits ancien*, dont le fond est à 15 m. 50 au-dessus du réservoir de la Clepsydre (p. 69).

En haut du petit escalier de la porte commence le **grand escalier**, dont les 4 premières marches tiennent toute la largeur de la rampe, et qui se continuent, au S., par un tronçon de 12 marches. Cette partie de l'escalier est contemporaine de la porte, des pylônes et des murs latéraux (fin du IIe s. après J.-C.).

LÉGENDE.

—

1. Chemin de l'Asklépieion.
2. Soutènements de la rampe du VIe s.
3. Mur de la terrasse inf.
4. Escalier de Caligula.
5. Restes de la piste médiane.
6. 7',7". Murs de la terrasse supérieure.
8. Entailles dans le roc.
9. Escalier du Pyrgos.
10. Ante de la Pinacothèque.
11. Piédestal d'Agrippa.
12,12'. Mur de clôture latérale au Ve s.
13. Escalier moderne de la Clepsydre.
14. Soubassement de la Pinacothèque.
15. Pilastre de l'aile S. des Propylées.
16. 17. Antes des portiques latéraux non construits.
18. Angles en biseau des Propylées.
19. 20. Exèdre archaïque.
21. 22. Vestiges du Propylée de Pisistrate.
23. Restes du Pyrgos pélasgique.

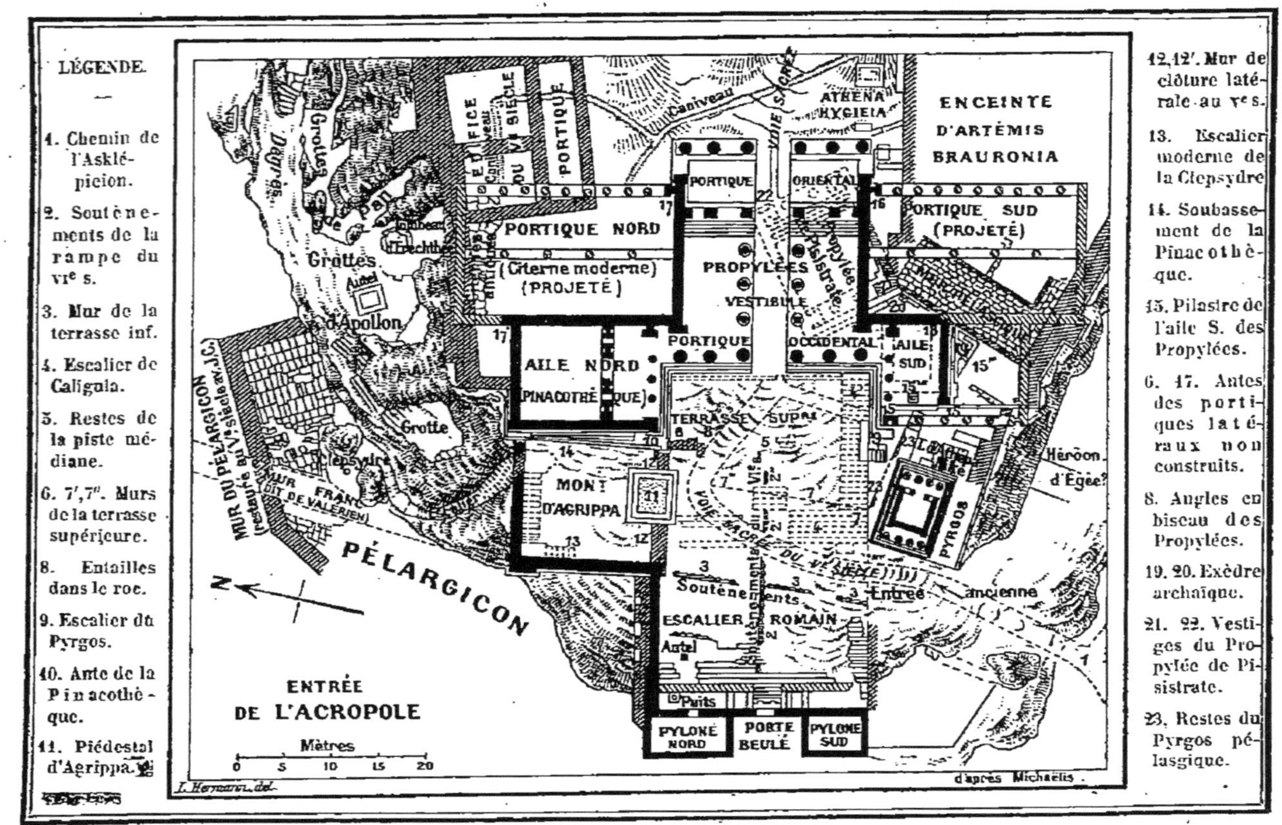

Divers fragments de sculptures trouvés dans cette région sont disposés çà et là : contre la porte, à g. un *torse de taureau archaïque*, provenant peut-être d'un ex-voto qui représentait Thésée amenant sur l'Acropole le taureau de Marathon, monument consacré entre les Propylées et l'Erechthéion par le dème de Marathon; deux lions vénitiens, sur les marches; près du mur latéral, au N. se trouve encore en place un *autel* du VIe s. av. J.-C. en pierre de l'Hymette, sans doute un des autels consacrés dans le Pélargicon. Sur la tablette du mur latéral S., contre la grille, sont déposés les fragments d'une architrave du IVe s., ornée de colombes et de bandelettes en relief, avec une *dédicace à Aphrodite Pandémos*, dont le temple était en contre-bas de l'entrée au S.-O. : ces fragments en proviennent.

Au delà des 12 marches, le rocher affleure et présente une série de stries ou de trous ronds, qui décrit une courbe à l'angle du pyrgos de la Victoire et se perd sous l'escalier supérieur. C'est là qu'étaient, à la place qu'occupe la porte de la grille, [c.-à-d. au-dessus de la jonction, dans l'enceinte du Pélargicon, du chemin de l'Asclépieion (1), avec le chemin montant du quartier O. (p. 88)], le passage de la **voie sacrée** et l'unique **entrée** publique de l'Acropole connue de Pausanias avant la construction de la porte Beulé. Les entailles, creusées de main d'homme, ont été peu à peu polies par l'usage. Dominant le chemin, dans la paroi O. du pyrgos, deux *niches* antiques, consolidées par des piliers modernes, abritaient des statues de dieux. Enfin, au milieu même de la rampe, suivant l'axe central des Propylées et de la porte Beulé, une ligne (2) de parement polygonal à joints vifs (face au N.), en calcaire de l'Acropole, représente le mur élevé au VIe s. pour soutenir la rampe carrossable qui donnait accès au Propylée ancien (p. 40). Il fut dégradé au Ve s. pour être mis au niveau de la rampe plus large qui faisait face aux nouveaux Propylées. Un tronçon de 4 m. 50 de hauteur s'est conservé dans un creux du rocher, et de petits arrachements reparaissent plus haut et plus bas (2′, 2″, etc.) coupés par l'escalier ultérieur. Les soutènements transversaux en pierres sèches (3) sont en partie modernes, mais établis sur la ligne de soutènements anciens, qui limitaient de ce côté la rampe jusqu'au IIe s. après J.-C.

La section inférieure de la rampe aboutit à un palier dallé où débouche le chemin latéral. Au delà, la section supérieure est inégalement occupée par des degrés de marbre, irrégulièrement posés et faits de pièces disparates, du côté du piédestal d'Agrippa. Ce sont les restes du 1er escalier monumental, construit sous Caligula vers 40 après J.-C. (antérieur par conséquent de plus d'un siècle à l'escalier situé entre le palier et la porte Beulé). Les Francs et les Florentins le remanièrent. Il tenait sans doute toute la largeur de la rampe; l'empreinte des marches supérieures est encore visible contre le soubassement en pôros de l'aile N. des Propylées (ne pas les confondre avec les joints dégradants des assises). L'escalier continu de 38 marches étroites (4′) qui accède aux Propylées du côté

S. est une restauration partielle exécutée en 1850 par l'éphore Pittakis, en suivant plus ou moins exactement les empreintes observées le long de la base du pyrgos. Les 8 marches inférieures, plus longues (4), n'ont pas été prolongées jusqu'à la rencontre des degrés correspondants, contigus au piédestal d'Agrippa. C'est que l'escalier romain était coupé en son milieu, à partir du palier, par une piste dallée et striée large de 3 m. 50, qui prolongeait la voie sacrée et permettait aux bêtes de sacrifice et même aux cavaliers de monter au passage des Propylées : un fragment se voit encore en place (5).

L'aménagement de la rampe au ve s. ne comportait pas d'escalier ; et la voie sacrée, au lieu de monter en ligne droite aux Propylées, décrivait un lacet du S. au N. d'un bord à l'autre de la rampe. Le rocher était ballasté par un *remblai en pente* qui dissimulait des deux côtés les assises inférieures, frustes, aux emmarchements saillants et irréguliers, du soubassement du pyrgos et des Propylées (remarquer, notamment sous l'aile N., la partie supérieure du parement en marbre, la partie inférieure en pôros, suivant une ligne ascendante jusqu'aux degrés du stylobate). Mais la pente du remblai lui-même ne pouvait, vu la forte déclivité, se présenter d'une seule venue. Elle devait être soutenue au point où le roc se dérobe brusquement. Précisément à cet endroit, au pied du pilastre N.-O., on remarque (6) un tronçon, long de 4 m., d'un *mur transversal* en pôros, dont il subsiste 2 assises, et dont la face O. est seule dressée : il est engagé sous le soubassement et se termine par une pierre saillante, base de pilastre ou de montant de porte. A cette amorce, correspond dans le mur du pyrgos au S. une légère saillie en biseau (7) et un trou qui marquent l'amorce d'un autre mur transversal, supprimé par le grand escalier. Ce mur (7', 7") avait une direction parallèle au prolongement du tronçon N., et il s'arrêtait dans la normale du pilastre, mais à 4 ou 5 m. plus à l'Ouest. Ces 2 murs, ainsi séparés par cette ouverture, formaient le soutènement de la rampe supérieure du remblai. Quant à la *voie sacrée*, elle se dirigeait obliquement de l'angle du Pyrgos vers le N., maintenue en contre-bas par la ligne du soutènement 3, 3, parallèle au mur 6 ; puis elle faisait un coude entre l'extrémité des 2 murs supérieurs et gagnait le passage des Propylées. (Les 5 stries qu'on remarque sur le roc en 8' correspondent au chemin primitif qui desservait la Clepsydre : ce roc n'était plus à nu au ve s. av. J.-C.) Ce tracé sinueux était imposé par la raideur de la pente, et la largeur de la rampe avait été calculée à cet effet. La voie était bordée de chaque côté de stèles et d'ex-voto.

Un embranchement de la voie se dirigeait au S. vers le **petit escalier spécial** (9) qui permettait l'accès de la plate-forme du Pyrgos sans passer par les Propylées. L'escalier était coudé à angle droit ; la partie supérieure, engagée dans le pyrgos, entre 2 pilastres, subsiste seule ; le perron inférieur, avec le palier et l'escalier latéral, dirigé vers l'E., est réduit à des arrachements. Le pilastre E. de la cage est couronné par une *plinthe* en pierre de l'Hymette, dont la face supérieure porte les traces d'une statue équestre en bronze : sur la tranche N. se lit, sens dessus dessous, une dédicace en lettres du ve s., des cavaliers athéniens qui ont consacré, avec le butin fait sur l'ennemi (campagne d'Eubée en 446?), ce monument signé par Lykios, fils de Myron. A cette inscription renversée correspondent, sur la face inférieure (non visible) de la pierre, d'autres traces de statue équestre, tandis qu'aux traces de la face supérieure correspond, sur la tranche S., une copie ultérieure de la même dédicace. Enfin, sur l'assise au-dessous de la dédicace renversée, se lit une autre dédicace du peuple athénien en l'honneur de Germanicus, qui visita Athènes en 18 ap. J.-C. Il résulte de ces remaniements que la statue du ve s. avait dû être enlevée (par Sylla?); la plinthe retournée fut ensuite utilisée pour une statue de Germanicus, mais par respect pour la dédicace des cavaliers devenue illisible, on la fit recopier de l'autre côté. Un autre monument semblable faisait sans doute pendant à celui-ci sur le pilastre de l'angle N.-O. de la Pinacothèque (10), au-dessus du mur 6 : on a retrouvé les débris d'une autre plinthe avec la dédicace des mêmes cavaliers et Pausanias parle *des* statues des cavaliers.

Le **piédestal du monument d'Agrippa** (11) en marbre de l'Hymette mesure, au-dessus d'un soubassement de 3 m. en pôros, 8 m. 91 de haut, 3 m. 31 de large sur le front O. et 3 m. 80 sur les côtés S. et N. L'inscription, très mutilée (invisible sans lorgnette), est gravée sur les 3e et 4e assises supérieures du front O. C'est une dédicace du peuple athénien à son bienfaiteur, M. Vipsanius Agrippa, gendre d'Auguste; le monument fut élevé entre l'an 27, année du 3e consulat d'Agrippa, et l'an 12, date de sa mort. On ignore les bienfaits d'Agrippa envers Athènes; on sait seulement qu'un Odéon du Céramique portait le nom d'*Agrippeion*. La statue était probablement montée sur un quadrige en bronze, regardant l'O., mais disposée pour être vue de côté, au débouché de la voie sacrée au S., comme l'indique la position de biais du piédestal, placé en bordure sur la courbe de la voie montante. Ce détail prouve à lui seul que l'entrée n'était pas encore à l'O. et que l'escalier n'existait pas, car le piédestal eût alors été placé dans l'alignement, au lieu de mordre sur les marches.

Le piédestal lui-même est à cheval sur les restes d'un mur plus ancien (12, 12') qui fermait la rampe de ce côté au ve s. Au N. de ce mur le versant de la Clepsydre appartenait au Pélargicon. Le mur en question fut démantelé, peut-être par Lysandre, et l'on construisit au IIe s. après J.-C. le bastion rectangulaire qui renfermait la partie supérieure de la Clepsydre, et dont les murs, plusieurs fois remaniés, ont été restaurés récemment. — L'entrée de l'escalier est à l'angle N.-O. du bastion (13); en bas de quelques marches modernes commencent les degrés antiques taillés dans le roc; la rampe est couverte d'une voûte médiévale, et l'issue en est actuellement bouchée par un mur. La partie inférieure de l'escalier et la Clepsydre elle-même ne sont accessibles que du dehors (p. 69); mais on peut les voir par la fenêtre encadrée de fragments byzantins, percée au moyen âge pour éclairer la cage une fois voûtée.

De la plate-forme du bastion on peut étudier les assises, formant contrefort en éventail (14), du soubassement de l'aile N. des Propylées. Les fragments de stèles funéraires turques déposés autour du piédestal proviennent d'un petit cimetière turc jadis installé en contre-bas du mur 3.

Histoire et reconstitution de l'entrée. — L'existence du grand escalier, pressentie d'abord par l'architecte Titeux et démontrée par les fouilles de Beulé, avait fait croire à celui-ci que la porte et les degrés par lui mis au jour avaient été compris dans le projet original de Mnésiclès. Cette théorie n'est plus défendable. L'entrée sacrée a toujours été au S., au pied du Pyrgos. Sous les Pisistratides, une rampe droite (*V.* Pl. p. 26) portait la voie carrossable directement vers l'E. (remarquer que les entailles du roc, au lieu de se diriger au N., font un coude brusque à l'E. sous l'escalier de Pittakis), pour aller rejoindre le passage du Propylée ancien,

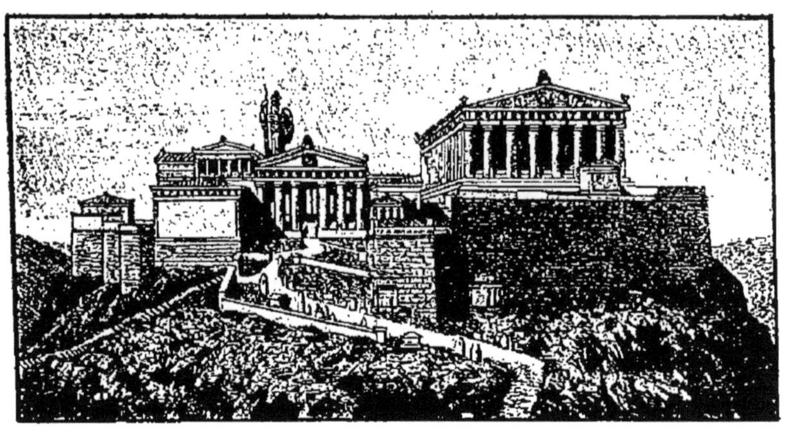

Reconstitution de l'entrée de l'Acropole au ve s.
(A g., en bas, mur 3 ; à g. mur 12 ; au milieu, mur 6, 7". — A dr. l'Ægeion).

orienté du S.-O. au N.-E., c'est-à-dire dans la direction du quartier primitif, serré contre le mur N. de l'Acropole. La rampe primitive (ἄνοδος d'Hérodote, VIII, 51) avait une largeur de 10 m. permettant aux chars d'évoluer plus librement, en dehors de la piste entaillée. Sous Périclès, le changement d'orientation de l'axe des Propylées, tracé parallèlement à celui du Parthénon et de l'Erechtheion déjà projeté, fit reporter un peu plus au N. la rampe d'accès, et sur cette rampe élargie de plus du double et subdivisée en deux terrasses par les murs transversaux 3 et 7, la voie sacrée décrivit le lacet dont il a été parlé. Il n'y avait pas d'autre clôture, au N. et à l'O., que le mur droit 12, 12', et le soutènement inférieur en contre-bas de la voie (3, 3). Le mur du Pélargicon, restauré vers 445, était alors la véritable enceinte extérieure de l'Acropole. D'ailleurs, pendant toute la durée des grands travaux, il fallait des pentes douces pour la montée des gros matériaux : de plus, la démocratie se défiait d'une citadelle inexpugnable. La section supérieure du grand escalier, avec le palier et la piste médiane, fut construite sous Caligula entre 37 et 41 ap. J.-C. par la corporation des *pylores* ou gardiens de l'Acropole. L'entrée restait toujours au S. Quand Pausanias visita l'Acropole, entre 150 et 160 ap. J.-C., il ne connut qu'une entrée, celle du S. Il n'a certainement pas vu la porte Beulé, car il déclare que la construction de l'Odéon d'Hérode Atticus, en souvenir de Régilla morte en 161, est postérieure à sa description de l'Attique. Or, la porte Beulé fut construite avec les débris d'un monument sacrifié pour faire place à l'Odéon (p. 29). Donc la nouvelle entrée avec ses pylônes, les murs latéraux et le bastion de la Clepsydre fut construite après 160; ces travaux répondent peut-être au φρούριον et aux πυλῶνες mentionnés par des inscriptions de la fin du IIe s. ap. J.-C. (sous Septime-Sévère). L'ouverture de la porte O. entraîna alors seulement la réfection totale de la rampe inférieure et sa transformation en escalier. Le grand escalier supérieur, à cause de la pente brusque, ne put être pro-

Reconstitution de l'entrée de l'Acropole au IIe s. ap. J.-C.
D'après Springer et Michaëlis (*Kunstgeschichte*). Seemann, éditeur.

longé jusqu'au ras de la porte; il fut continué par l'escalier étroit qui rejoint le seuil. L'ascension des bêtes étant impossible par cette pente raide, celle-ci ne fut pas pourvue d'une piste médiane, comme la section supérieure. L'ancienne porte S. resta donc réservée aux animaux sacrés et la porte Beulé devint l'entrée d'honneur des cortèges, pour la fête de l'Empereur combinée avec celle des anciennes Panathénées. Tous ces changements paraissent avoir été la conséquence de la construction de l'Odéon d'Hérode, qui obligea à reporter les anciens chemins vers l'O. Une route nouvelle mit en communication la porte Beulé avec la rue située en contrebas (p. 88). Les 2 restaurations ci-jointes montrent la différence d'aspect des deux dispositifs; une monnaie athénienne du IIe s. ap. J.-C. montre, à côté de la grotte de Pan, le grand escalier, considéré comme un travail remarquable de l'époque. De fait cette conception d'un escalier monumental n'est pas grecque : les Grecs préféraient aux escaliers le système des rampes, qui ne rompaient pas les grandes lignes architecturales et gênaient moins la démarche des cortèges habillés de longues robes.

Acropole. — D'après une monnaie de bronze.

Les Propylées[1]. — Ils se dressent au sommet de l'escalier de Pittakis.

Les Grecs appelaient, au singulier, πρόπυλον ou *Propylée* le vestibule simple situé en avant d'une entrée de sanctuaire, de palais, d'agora (cf. à Cnossos, à Tirynthe, et, au pluriel, προπύλαια (s.-e. ἔργα) ou *Propylées*, les entrées monumentales plus complexes (cf. Olympie, Epidaure, Corinthe, Sounion, Eleusis). — Les Propylées de Périclès, destinés à remplacer le Propylée simple de Pisistrate (p. 40), ne purent être commencés qu'en 437, après l'achèvement du Parthénon dont le chantier occupait les meilleurs ouvriers et dont les gros matériaux exigeaient le libre passage par la rampe O. Les travaux durèrent 5 ans et furent interrompus par la guerre du Péloponèse en 432, avant que la dernière main eût été donnée aux parements et à la décoration. Le monument, œuvre de l'architecte Mnésiclès, coûta 2,012 talents (plus de 12 millions de francs) : il fut tout entier construit, à partir du soubassement, en marbre pentélique, sur un plan tout différent du Propylée, détruit par les Perses, dont ils prenaient la place. Mnésiclès dut, faute de crédits et pour d'autres raisons (p. 39), n'exécuter que les 2/3 de son projet primitif. Mais les anciens, frappés des difficultés vaincues, égalaient dans leur admiration les Propylées au Parthénon et même les préféraient : Epaminondas disait que pour être l'égale d'Athènes, Thèbes aurait dû transporter les Propylées de l'Acropole à la Cadmée. L'édifice se conserva presque intact jusqu'au XIIIe s. Les ducs d'Athènes installèrent leurs bureaux dans l'aile N. surélevée, et, en 1387, Nério Acciauoli établit son palais dans les autres parties et surmonta l'aile S. d'une haute tour carrée. Les Turcs couvrirent le vestibule central d'une coupole et en firent un dépôt d'armes et de poudre. L'aga s'y installa. En 1645 (1656, d'après Spon), la foudre y mit le feu et le monument sauta. La couverture antique du vestibule fut emportée, avec ses caissons et ses tuiles de marbre. Les architraves, longues de 7 m., tombèrent et se brisèrent. Deux colonnes ioniques furent renversées; les autres restèrent debout, ainsi que la façade avec son fronton. Mais la destruction continua lentement par la main des hommes. Un bastion turc fut installé entre le Pyrgos et l'aile S. Des colonnes servirent à faire de la chaux. Les derniers dégâts eurent lieu pendant le siège de 1827. En 1836, Pittakis fit dégager les restes antiques des constructions franques et turques. La *tour franque* ne fut démolie qu'en 1875, aux frais d'H. Schliemann.

Les Propylées se composent d'un propylée central et de deux ailes en retour, le tout établi sur un soubassement en pôros qui rachète les inégalités du roc et occupe presque toute la largeur de l'Acropole entre les deux enceintes, sur un développement de 74 m.

Partie centrale. — Le propylée central forme un rectangle de 24 m. de long sur 18 m. 20 de large, entre deux murs latéraux terminés par des antes et des portiques. Il est divisé dans sa largeur par un mur transversal percé de 5 portes. La partie en avant des portes à l'O., ou propylée proprement dit, se compose d'un **vestibule**, précédé à l'O., d'un **portique d'entrée**, de 6 colonnes doriques en façade (haut. 8 m. 53 aux angles, 8 m. 57 au milieu, y compris le chapiteau de 0 m. 702; fût renflé de

1. Bohn, *Die Propyläen der Akropolis zu Athen*, in-f°, 1882. — Dörpfeld, *Athenische Mittheilungen*, X, 1885, p. 38, p. 131.

1 m. 60 de diam. au pied, 1 m. 20 au sommet, creusé de 20 cannelures à arêtes vives), et divisé en profondeur en 3 nefs par une double rangée intérieure de 3 colonnes ioniques (haut. 10 m. 25, y compris la base à tore de 0 m. 45 et le chapiteau de 0 m. 70; fût de 0 m. 97 de diam. inférieur, à 24 cannelures à arêtes aplaties). Les colonnes de façade reposent sur un stylobate à 3 assises de marbre pentélique établi lui-même sur une assise de réglage, qui, dans les ailes, est en marbre bleu d'Eleusis. Les marches (degrés architecturaux de stylobate, non d'escalier) mesurent : haut. 0 m. 35, prof. 0 m. 40.

Les rainures verticales et horizontales qui accompagnent l'intersection des degrés et celles qui cernent le pied des colonnes n'étaient pas destinées à l'écoulement des eaux, comme on le dit d'ordinaire : c'étaient les amorces du parement définitif qui ne fut pas exécuté. Dans les appareils très soignés, pour parer aux éclats lors de la mise en place et pendant les travaux, on laissait aux pierres un excédent de surface provisoire. Après l'ajustage, on indiquait par des refends ciselés et polis, le long des joints, l'amorce du niveau définitif, mais celui-ci n'était exécuté qu'en dernier lieu. Ici, l'inachèvement des travaux de dernière main a fait ajourner le ravalement et le polissage de l'excédent de surface. Il en est de même des refends qu'on observe aux parois des murs, autour des joints, et des tenons saillants qui servaient au montage et au bardage des pierres, et qui devaient aussi être ravalés.

La façade était couronnée d'un entablement dorique et d'un fronton sans sculptures : les métopes et le tympan étaient lisses, au temps de Spon et Wheler en 1676. Ils devaient, sans doute, porter une décoration peinte ou des ornements en bronze. Les lignes de l'entablement, légèrement convexes, comme celles du Parthénon (p. 54), avaient une flèche de 0 m. 04 au milieu. Il ne subsiste que des fragments des chapiteaux ioniques, d'un style plus sévère que ceux de l'Erechtheion, et quelques débris des caissons du plafond : ceux-ci étaient peints en bleu et décorés d'une étoile en bois doré. On voit aussi par terre, brisée en 3 morceaux, une des poutres de plafond qui portaient sur la colonnade ionique : elle a 6 m. 30 de long.

L'entrecolonnement du milieu est plus large que les autres (3 m. 85 au lieu de 2 m. et 1 m. 80) pour laisser passage au prolongement de la voie sacrée. Le soubassement, le stylobate et le dallage intérieur s'interrompent dans la nef centrale. Le radier de ce chemin creux taillé dans le roc est aujourd'hui à nu, avec un caniveau pour la descente des eaux. Originairement, il était remblayé au-dessus du caniveau et recouvert de dalles en pôros formant une pente douce par où défilait le cortège, avec les animaux de sacrifice, et par où pouvaient aussi être introduits, au besoin, d'assez gros matériaux, comme ceux qui ont récemment servi à la restauration du Parthénon. On remarque aussi, dans ce chemin creux, les traces de l'ancien Propylée de Pisistrate (*V.* p. 40).

Le mur de fond du vestibule est encore assez bien conservé (haut. 8 m. 50; ép. 1 m. 275) : il représente proprement la clôture ou péribole de l'enceinte sacrée. Il repose sur un soubassement surélevé à 4 marches en marbre pentélique (haut. 0 m. 28; prof. 0 m. 40) surmontées d'un seuil en marbre bleu d'Eleusis (haut. 0 m. 32). Des 5 portes qui le percent, celle du milieu, la plus haute (7 m. 378) et la plus large (4 m. 185), livre passage au chemin creux; les 2 portes intermédiaires mesurent 5 m. 403 de haut et 2 m. 926 de large et les 2 petites portes près des murs 3 m. 44 de haut sur 1 m. 472 de large. Ces 5 baies étaient fermées par de lourdes portes en bois dont parle Aristophane. Les montants sont creusés de trous de scellements et de larges refends où s'emboîtaient les bâtis en bois qui soutenaient les battants. A l'intérieur de la porte centrale on voit encore à dr. et à g. les fragments d'un grand tableau de marbre substitué à l'époque romaine à l'ancien bâti en bois.

Au delà du mur à l'E. le vestibule se continue par un **portique oriental** de 6 colonnes doriques (haut. 8 m. 53 aux angles avec chapiteau, 8 m. 57 au milieu; fût renflé, de 1 m. 558 de diam. inférieur, 1 m. 216 de diam. supérieur avec 20 cannelures), reposant sur un stylobate à 2 degrés (haut. 0 m. 32 et 0 m. 15). Cinq ont conservé leurs chapiteaux; deux restent unies par un morceau de l'architrave; un fragment de celle-ci (long. 5 m. 44, haut. 1 m. 15; larg. 1 m. 445) se voit aussi à terre. L'entrecolonnement central est de 5 m. 440 d'axe en axe, les autres de 3 m. 628 et 3 m. 385. La différence de niveau avait obligé Mnésiclès à donner à ce portique une toiture indépendante, dominant celle du vestibule (V. p. 35). Le raccord harmonieux de toutes ces parties entre elles et avec les ailes constituait la difficulté de sa tâche.

Aile nord. — Ces deux ailes étaient plus basses que la façade O., la corniche de leur entablement n'arrivant pas à la hauteur des gorgerins des chapiteaux doriques. La mieux conservée est l'aile N. Elle repose sur un stéréobate élevé à assises de pôros et de marbre (p. 32); elle n'était accessible que par la colonnade centrale. Elle se compose: 1° d'un vestibule à 3 colonnes doriques *in antis* (haut. 5 m. 776 avec le chapiteau de 0 m. 41; fût renflé de 1 m. 025 de diam. infér. et 0 m. 704 de diam. supér). Les chapiteaux, l'architrave et la frise à triglyphes sont conservés; 2° d'une salle rectangulaire (larg. 10 m. 76; prof. 8 m. 96), séparée du vestibule par un mur percé d'une porte (haut. 4 m. 30; larg. 2 m. 85), et de deux fenêtres encadrées de pilastres dont les chapiteaux ont conservé les traces de leur décoration polychrome. Cette pièce répond à la *salle aux peintures*, vulgo **Pinacothèque**, mentionnée par Pausanias, qui en décrit les tableaux. Ceux-ci ne pouvaient être des fresques murales, mais de petits panneaux mobiles de bois, marbre ou terre cuite, consacrés comme offrandes et montés sur socles ou chevalets. Les murs ne portent aucune trace d'apprêts pour fresque ni de clous de suspension. Le polissage en est même resté inachevé. Cette salle, d'ailleurs médiocrement éclairée, n'était pas destinée à l'origine à servir de galerie de peinture. Des trous carrés ont été creusés dans les murs pour recevoir le plancher de l'étage supérieur élevé par les ducs d'Athènes : les 3 fenêtres de la paroi E. datent de la même époque (p. 36).

Aile Sud — Beaucoup plus petite que l'aile N., elle ne se compose que d'une salle de 8 m. sur 4 m., fermée à l'E. et au S. par un mur continu (qui a servi de base à la tour franque) et ouverte sur les deux autres côtés : sur le N. par une ligne de 3 colonnes doriques (deux subsistent, empreinte de la 3e sur le dallage) *in antis* [l'ante N.-O., marquée sur le dallage, formait pilastre d'angle (15) en saillie sur la façade O.]; sur l'Ouest, c'est-à-dire sur la plate-forme du pyrgos, par une façade ouverte, en retrait sur le pilastre avancé N.-O. et divisée en deux baies par un pilier central (15‴).

Projet primitif. — L'exiguïté de cette aile qui semble étriquée si on la compare à l'aile N. et l'irrégularité du plan attestent les réductions imposées au projet primitif de Mnésiclès. Il est inadmissible que Mnésiclès ait conçu de 1er jet le motif incohérent de ce pilastre de pure parade, lancé dans l'isolement du coin N.-O., uniquement pour faire vis-à-vis à l'ante S.-O. de l'aile N., et sans même déterminer l'alignement de la face O., qui demeure en retrait derrière lui. En réalité, dans le projet original, toute l'aile S. devait faire le pendant symétrique de l'aile N., avec vestibule, puis salle carrée analogue à la Pinacothèque, et façade ouverte à l'O., par une colonnade de 4 colonnes, sur le Pyrgos. Mais ce projet (figuré en hachures sur le Pl. p. 30) dut soulever l'opposition du clergé d'Athéna Niké qui défendit contre les empiétements d'une construction toute profane les droits d'un sanctuaire déjà si exigu. Le parti conservateur, ennemi de Périclès, dut se faire l'écho de ces protestations, et Mnésiclès se vit contraint à une cote mal taillée. De son aile S. il n'a pu construire qu'un vestibule irrégulier.

Ce n'est pas, d'ailleurs, le seul sacrifice que lui imposèrent les nécessités budgétaires autant que l'opposition sacerdotale. Les architectes Bohn et Dörpfeld ont pu, d'après certains détails, reconstituer dans toute son ampleur le projet original des Propylées. Comme le montre le Pl. p. 30, le Propylée central devait être extérieurement flanqué de deux grands portiques latéraux à double colonnade, allant rejoindre au N. et au S. le mur d'enceinte. Les amorces de ces deux annexes sont d'abord marquées par les traces de deux pilastres saillants (16 et 17) adossés aux parois extérieures S. et N. du Propylée central. De plus, au-dessus de la trace verticale du pilastre 17, on remarque une longue entaille oblique, évidemment correspondante à la pente du toit projeté : ce toit à un seul versant devait reposer sur une panne centrale ou grande poutre longitudinale, pour laquelle a été préparé le grand trou carré creusé en haut, dans le milieu du mur. Au-dessous, une trace horizontale correspond à la ligne du plafond, qui, sous la poutre du toit, reposait directement sur une colonnade médiane située dans le plan du trou carré. Les poutres transversales du plafond reposaient sur la corniche du mur E. de la Pinacothèque, et les chevrons du toit sur le couronnement qui a disparu. On observera enfin que l'angle extérieur N. de la Pinacothèque, au lieu de finir en arête vive, se prolonge par une saillie 17′ qui atteste clairement le projet de continuer le mur dans cette direction. De ce côté, où aucun sanctuaire ne gênait l'architecte, la construction du grand portique latéral dut être arrêtée par la guerre. Au moyen âge, le sous-sol fut creusé et aménagé en une vaste citerne voûtée sur laquelle les Florentins installèrent la chapelle de leur palais; ils creusèrent pour cela une ligne de trous carrés dans le mur E., déjà percé par eux de fenêtres pour éclairer les étages supérieurs élevés sur la Pinacothèque.

De l'autre côté, au S., le portique latéral en est resté à l'amorce de l'ante 16. De ce côté, l'opposition des défenseurs du téménos d'Artémis Brauronia arrêta le développement de l'aile S., déjà entravé à l'O. par le téménos d'Athéna Niké. L'enceinte d'Artémis avait pour péribole le fragment oblique du rempart pélasgique, dont la démolition fut sans doute refusée à Mnésiclès : d'où l'obligation d'arrêter contre cet obstacle l'angle extérieur S.-E. de l'aile, qui dut même, pour gagner de la place, être émoussé en biseau (18).

Les Propylées de Périclès recouvrent les restes d'un Propylée plus ancien, ou **Propylée de Pisistrate.** Si l'on monte sur la crête du mur pélasgique (p. 27), haut à cet endroit de 2 m. sur 5 m. 70 d'épaisseur, on remarque, dans les deux encoignures entre le mur et l'aile N., les restes d'une **exèdre** (19) en marbre coupée par l'angle des Propylées. Ce petit monument fut construit au VIe s. avec des fragments de l'ancien Hécatompédon (p. 64), dont les métopes (haut. 1 m. 31, larg. 1 m. 23 à 1 m. 01, ép. 0,10) furent employées ici au revêtement de la base du mur pélasgique; plus bas, courait un soubassement de 3 degrés de marbre; dans l'angle, une base de trépied (20), en place. Cet édicule décoratif bordait au S.-E. la rampe d'accès du Propylée primitif, dont les restes se voient à l'E. de la base du trépied. C'est d'abord, engagé dans le mur pélasgique, un mur d'ante en pôros, terminé par une ante en marbre (21) (haut. 3 m. 515), et recoupé à angle droit par un tronçon de mur latéral (haut. 1 m. 76; long. 4 m. 65); le tout, sur un stylobate en marbre à 3 degrés, avec des restes de dallage intérieur et un socle d'Hermès adossé à l'E. de l'ante. Puis, dans le chemin creux des Propylées, les traces sur le roc (22) des emmarchements intérieurs et du stylobate primitif qui portait les antes et les colonnes ou piliers du côté E. Le plan indique en ponctué la disposition générale du monument : un rectangle de 11 m. de large sur 13 m. 50 de long, orienté du S.-O. au N.-E., avec 2 colonnes *in antis* sur chaque face. Ce Propylée fut probablement élevé sous Pisistrate : on sait que le tyran habitait l'Acropole et y accédait en char (*V.* pl. p. 27).

Temple de la Victoire Aptère. — De l'aile S. des Propylées on accède à la plate-forme du petit temple, dit de la *Victoire Aptère* (sans ailes), ou plus exactement d'*Athéna Niké.* — Ce temple repose sur un socle massif en pôros, haut de 8 m., qui recouvre l'extrémité du rocher et les restes d'un bastion du VIe s. (23 et p. 27). Le socle, ou *pyrgos*, est antérieur à la construction des Propylées dont il dépassait le niveau; peut-être date-t-il de Cimon? Une inscription trouvée en 1897 et datant de 450 environ atteste que l'érection d'un temple à Athéna Niké faisait partie du programme de Périclès : la commande du plan était attribuée, avec celle d'une porte et d'un autel de marbre, à l'architecte Callicratès, constructeur des Longs-Murs et collaborateur d'Ictinos. Mais la construction n'eut pas lieu de suite; car le style de l'architecture et des sculptures indique une date plus récente, qui pourrait être placée un peu avant la guerre du Péloponnèse, aux environs de 430. Les Propylées étant alors achevés, et une transaction étant intervenue entre le projet de Mnésiclès et celui de Callicratès, la plate-forme de la terrasse fut abaissée et revêtue d'un dallage qui présente, ainsi que la partie supérieure du petit escalier latéral (construit en même temps que le socle) des irrégularités significatives dans son raccord avec les Propylées. La place de l'autel étant consacrée par la tradition, le nouveau temple dût être relégué jusqu'au bord même du pyrgos dont il suivit l'orientation. Une moulure en marbre couronnait la crête du pyrgos, dont les 3 assises supérieures portaient des ornements ou des ex-voto fixés par des crampons qui ont laissé des entailles, espacées de 1 m., encore visibles sur l'appareil.

Le temple était encore debout en 1676; démoli en 1687 pour faire place à un bastion turc, il fut relevé en 1835 par les archéologues et architectes Ross, Schaubert et Hansen, qui le reconstituèrent pièce à pièce avec les débris retrouvés dans les décombres du bastion.

L'édifice est tout entier en marbre pentélique, sur un stylobate (long. 8 m. 27, larg. 5 m. 44) à 3 degrés apparents (haut. 0 m. 26, prof. 0 m. 31), dont il manque un morceau sous l'entrée. Il se compose d'une cella (larg. 4 m. 19, prof. 3 m. 78) avec un portique ionique à 4 colonnes (haut. 4 m. 006, y compris la base de 0 m. 272 et le chapiteau de 0 m. 367; fût monolithe de 0 m. 52 de diam. inférieur et 0 m. 43 de diam. supér.) sur les deux façades (1 m. 67 de prof. à l'E.; 1 m. 70 à l'O.) : le temple est donc *amphiprostyle tétrastyle*. A la base des colonnes répond le profil mouluré de la plinthe du mur de cella. Celle-ci s'ouvre à l'E. par 3 baies comprises entre les antes et 2 piliers à chapiteaux dont le profil se reproduit dans le couronnement du mur. Des grilles de bronze montant jusqu'aux chapiteaux fermaient les 2 baies latérales. L'entablement se compose d'une architrave à 3 registres, surmontée d'une frise continue de 0 m. 44 de haut, ornée de bas-reliefs. Des frontons aux tympans lisses (comme dans les temples ioniques) on n'a retrouvé que de menus fragments. Les 2 portiques ont encore les soffites et caissons de leurs plafonds.

La statue de culte était une reproduction d'un très ancien *xoanon* ([S] de bois), probablement détruit par les Perses. La déesse tenait dans la main dr. une grenade, symbole de la fertilité protégée par l'Athéna pacifique, et dans la g. le casque de l'Athéna guerrière. Son nom liturgique, attesté par les inscriptions, était *Athéna Niké*, c'est-à-dire Athéna déesse de la Victoire. Elle n'avait pas les ailes des Victoires proprement dites dont elle était distincte à l'origine. Mais peu à peu ce type d'Athéna Niké se confondit avec celui de la Niké simple et lui emprunta ses ailes : il y avait sur l'Acropole d'autres statues, ailées celles-là, d'Athéna Niké. Par contraste, le vieux xoanon sans ailes du petit temple finit, dans la langue des cicérone, dont Pausanias n'est que l'écho, par être désigné sous le nom impropre de la *Victoire sans ailes* (aptère), et l'on imagina d'expliquer cette épithète en disant que les Athéniens avaient supprimé les ailes de la Victoire pour qu'elle restât chez eux. Le service de la déesse ne pouvait être confié qu'à une Athénienne de naissance.

Les bas-reliefs de la **frise**, qui courait autour du temple sur une longueur de 26 m. 30, ont été presque tous retrouvés, mais seuls ceux des façades E. et S. ont pu être restitués au temple; les autres, emportés à Londres par lord Elgin, ont été remplacés au N. et à l'O. par des moulages en terre cuite d'une teinte noirâtre fort laide : d'ailleurs, la répartition de ces fragments reste toujours discutable. Ils sont fort mutilés, les têtes ont toutes disparu, ainsi que presque tous les attributs : l'interprétation du sujet et des figures reste très obscure. La frise de l'Est représente, comme au Théseion (p. 100), au Parthénon (p. 53) et à Delphes, une assemblée des dieux : au milieu, Athéna, reconnaissable à son bouclier, debout entre Zeus et Poseidon assis; au-dessus de Zeus, on distingue les restes d'une petite figure qui serait celle de Ganymède ou de Pan; à l'extrémité S., Peitho et Aphrodite, qui saisit Eros de la main dr. Athéna est là, pour plaider devant les dieux la cause des Athéniens dans les combats figurés sur les autres côtés. En effet, au S. et au N., on voit des Grecs combattant contre des cavaliers barbares, Perses (ou Amazones?); à l'O., un combat entre Grecs, peut-être celui des Athéniens, à la bataille de Platées, contre les Béotiens alliés des Perses.

La corniche de marbre qui couronne le bord du pyrgos, était surmontée d'une **balustrade** en marbre composée de plaques de 1 m. 05 de haut, dont la face extérieure était ornée de bas-reliefs : elle servait elle-même de socle à une grille en bronze. On reconnait encore les traces de ce parapet sur le dallage, à l'O. et au N. Il avait 32 m. env. de longueur et longeait la crête du pyrgos à partir du petit escalier jusqu'au point correspondant de la face S., sans retours du côté E. D'importants fragments, retrouvés de 1855 à 1893, sont conservés au Musée de l'Acropole (p. 69) : les reliefs représentaient des *Victoires ailées* préparant le sacrifice, à la déesse Athéna Niké, de la victime rituelle, une génisse choisie parmi les plus belles, qu'on immolait sur l'autel. Athéna présidait à ces apprêts, assise sur un trône, comme déesse des victoires sur terre, ou debout sur la proue d'un navire, comme déesse des victoires navales. Des Victoires conduisaient les animaux sacrés à l'autel; une autre immolait, d'autres dressaient des trophées avec les dépouilles des barbares ou pour glorifier une victoire sur mer; une autre, célèbre entre toutes, rattachait sa sandale (p. 69). Le style de ces bas-reliefs indique une date plus récente que celle du temple. La balustrade dut être exécutée vers 409, pour commémorer les campagnes d'Alcibiade sur l'Hellespont en 411-410.

Devant l'entrée du temple se dressait l'*autel*, dont on reconnaît les traces dans une couche du sous-dallage en pôros et, tout auprès, une statue de la triple Hécate. Mais le plus intéressant est le panorama que l'œil embrasse du haut de la terrasse, au S.-O. du temple. La légende plaçait là, au dire de Pausanias, l'observatoire d'où Egée guettait le retour de son fils Thésée; c'est de là qu'il aurait aperçu la voile noire au lieu de la voile blanche qui devait lui annoncer la victoire sur le Minotaure, et qu'il se serait précipité au pied du rocher, accomplissant un rite primitif (*katacrémnismos*), comme les filles de Pandrose sur la falaise N. de l'Acropole : son Hérôon se trouvait en bas du pyrgos (p. 34). La vue s'étend sur presque tout le golfe Saronique; à g. la côte attique jusqu'à l'île Gaïdaronisi située à 42 k. d'Athènes à vol d'oiseau, puis l'île d'Hydra et les montagnes de l'Argolide, Egine avec le piton d'H[os] Ilias, la baie de Phalère, Mounichie, le Pirée, Salamine, l'îlot de Psyttalie avec son phare; à dr. la baie d'Eleusis et l'Acro-Corinthe massive, dominée par les monts du Péloponnèse qui ferment l'horizon. Tout auprès de l'Acropole, à l'O., le monument de Philopappos, la Pnyx, la colline de l'Observatoire; au delà, la longue bande verte du bois d'oliviers, et, fermant la plaine à l'O., l'Ægaléos, et la silhouette lointaine des M[ts] Géraniens. Les détails sont d'une netteté admirable au coucher du soleil.

*II. **DES PROPYLÉES AU PARTHÉNON*** (Pl. de l'Acropole, hors texte). — Revenant au débouché du chemin creux des Propylées, on voit se détacher en pleine valeur sur le roc désert la majestueuse colonnade du Parthénon, solidement assise sur son socle massif, et les élégants profils de l'Erechthéion. Autrefois la perspective était moins dégagée; l'œil rencontrait d'abord la colossale statue d'Athéna « Promachos » (p. 44), puis les grandes façades des portiques du Brauronion et de la « Chalcothèque », et les innombrables stèles et monuments votifs énumérés par Pausanias, qui peuplaient le rocher de chaque côté du chemin. Leurs traces et trous de scellements, ainsi que les entailles creusées dans le roc pour assurer la marche, déterminent le tracé de la **Voie sacrée** (3) qui conduisait des Propylées à la façade E. du Parthénon. Cette voie est différente du chemin primitif, également marqué sur le rocher (4), qui reliait directement le Propylée archaïque à l'ancien Erechthéion.

Au S. (à dr.) du chemin en avant des Propylées se trouvait le **téménos d'Athéna Hygieia** (Athéna déesse de la santé), occupé par un groupe de monuments divers, rectangulaires et demi-circulaires, implantés sur le roc aplani ou creusé. Adossée à la colonne de l'angle S. des Propylées est la base (5, *V.* pl. p. 30) demi-circulaire, en marbre, de la statue en bronze de la déesse, œuvre du sculpteur Pyrrhos, consacrée par les Athéniens sans doute à l'occasion de la peste de 429.

Plutarque rapporte que la statue aurait été dédiée par Périclès, pour remercier Athéna de lui avoir indiqué en songe le moyen de guérir un ouvrier tombé des Propylées pendant la construction.

Devant ce socle, se voit une base rectangulaire de table à offrandes, et à 2 m. 50 à l'E. le soubassement carré (2 m. 60) de l'autel.

A l'E. et au N. court un caniveau creusé dans le roc pour desservir la citerne n° 37; au S., au pied d'une paroi rocheuse de 2 m. de haut, règne une ligne de cavités destinées à recevoir des stèles. Au bout de 20 m. à l'E. cette ligne décrit un angle droit vers le S., en bordure d'un escalier rocheux de 8 marches (6) par où l'on accède à l'esplanade du **Brauronion** ou téménos d'**Artémis Brauronia**, la déesse-ourse, dont le culte, importé du dême de Brauron, était surtout célébré par les j. filles et les femmes. Le téménos forme un trapèze, limité à l'O. par le mur pélasgique (19 m.), au N. par le talus artificiel du roc (42 m.) couronné par un mur de péribole en pôros, au S. par le mur de Cimon (36 m.), à l'E. par les restes d'un portique de 29 m. sur 6, divisé en 3 salles (7). Dans l'angle S.-E. (8) subsistent les restes d'une galerie large de 8 m., qui était adossée au mur d'enceinte. La chapelle de la déesse se trouvait peut-être dans l'un de ces portiques, avec le xoanon archaïque et la statue exécutée par Praxitèle. L'esplanade servait à la célébration des fêtes et les portiques abritaient les menues offrandes. Près de l'entrée du Brauronion, au S. de la voie sacrée, se dressait le *Cheval dourien* (cheval de bois), ex-voto en bronze exécuté par Strongylion (fin ve s.), et qui figurait le cheval de Troie. Il reste deux morceaux de la plinthe en marbre, de 3 m. de long, avec une inscription (déposés dans le Brauronion (9), en face l'angle du portique E. des Propylées). Les autres débris qui jonchent l'esplanade proviennent surtout de l'entablement et du plafond des Propylées; on remarque aussi quelques restes d'habitations primitives, le long du mur pélasgique.

De l'escalier du Brauronion, en poussant 15 m. vers le N.-E., au delà de la Voie sacrée, jusque dans l'axe du chemin des Propylées, on rencontre deux aires rectangulaires, en partie taillées dans le roc : la 1re, qui touche au S. à la Voie sacrée, formait un rectangle de 8 m. 50 sur 5 m. : par ses dimensions, elle répond au socle de l'Athéna colossale en bronze, dite « **Athéna Promachos** », de Phidias, en réalité une Athéna Polias.

Cette statue, commandée à Phidias par Périclès, vers 449, était un ex-voto élevé, d'après Démosthène, avec la dîme du butin des guerres médiques, avec le butin de Marathon, d'après la tradition ultérieure. Les médailles qui la représentent nous montrent la déesse debout, armée, dans une attitude de repos, le bras droit appuyé sur la lance, et le bras gauche tenant le bouclier décoré de reliefs au repoussé, exécutés par Mys (combats de Lapithes et de Centaures). L'épithète impropre de « Promachos » (c.-à-d. qui combat au 1er rang) est postérieure. Le colosse mesurait près de 9 m. de hauteur; sur sa base, il dominait les Propylées, et les navigateurs, après avoir doublé le cap Sounion, voyaient, disait-on, briller la pointe de sa lance et l'aigrette de son casque (V. les gravures p. 34, 35). Il fut emporté à Constantinople sous Justinien.

Au N., attenant au précédent, et situé exactement dans l'axe des Propylées, est un soubassement carré de 5 m. 5 de côté qui a conservé quelques blocs d'assises en pôros : on y reconnaît le socle du *quadrige en bronze* consacré par les Athéniens après la victoire de 506 sur les Béotiens et les Chalcidiens.

Hérodote le vit devant l'entrée des Propylées; il fut ensuite transporté à l'intérieur de l'Acropole, où Pausanias le signale près la « Promachos ».

Revenant vers le S. on contourne l'extrémité N. du portique E.

du Brauronion, bordée d'un triple rang de cavités pour stèles (10), et l'on arrive à une esplanade contiguë à celle du Brauronion, mais plus haute d'environ 2 m., dont la partie E. est taillée dans le roc aplani. Elle forme un quadrilatère ouvert au N. et limité à l'E. par le Brauronion, au S. par le mur de Cimon, à l'O. par la terrasse O. du Parthénon. C'était un téménos qu'on a longtemps identifié avec l'**enceinte d'Athéna Erganè** (c.-à-d. ouvrière). Cette identification, contestée sans raisons péremptoires, cadre assez bien avec l'énumération de Pausanias. Du temple de la déesse, il ne reste rien. Dans cet enclos étaient déposées les innombrables offrandes consacrées par les ouvriers et par les femmes sur le produit de leur travail. Au S. une vaste salle rectangulaire de 41 m. de long sur 15 de large (le toit reposait probablement sur une colonnade intérieure), adossée au mur de Cimon et précédée au N. par une galerie de portique de 3 m. 50 de large. Cet édifice répondrait, suivant Dörpfeld, à la **Chalcothèque**, ou dépôt des bronzes, des armes et éperons de navires, tous produits de l'industrie manufacturière, dont Athéna Erganè était la protectrice. D'autres archéologues reportent la Chalcothèque dans un bâtiment de l'angle S.-E. de l'acropole (petit musée) et veulent retrouver ici l'*Opisthodome* considéré comme un édifice indépendant du Parthénon, et servant de dépôt pour les trésors de la déesse (p. 52).

Sur le mur N. (11) sont déposés 4 dés provenant d'un monument votif voisin, consacré par 2 Athéniens, Pandaitès et Pasiclès, du dème de Potamos, avec les statues, par les sculpteurs Sthennis et Léocharès, de 5 membres de leur famille (une base manque). Ces bases, retournées à l'époque romaine, reçurent de nouvelles inscriptions et des statues d'Auguste, Drusus, Germanicus et Trajan.

Le talus rocheux, à l'E. du téménos, est aménagé en gradins (12), dont les degrés de 0 m. 40 de prof. au nombre de 8, taillés dans le roc, sont complétés en haut par des marches de pôros. C'était à la fois un escalier conduisant à la terrasse du Parthénon et une étagère pour l'exposition de stèles votives, sculptées ou peintes, emboîtées dans des trous encore visibles.

Au N. des gradins se voit le piédestal d'une statue, consacrée par Hermolycos, fils de Diitréphès, signée par Crésilas (milieu ve s.). On a voulu rapporter ce socle à la statue, citée par Pausanias, de Diitréphès, le stratège athénien dont les mercenaires thraces saccagèrent Mycalessos en 413, et qui était représenté percé de flèches.

On rejoint, au delà de l'angle N. des gradins, la Voie sacrée, qui se dirige sur le roc brut, entre l'Hécatompédon et le Parthénon, au milieu des tambours de colonnes et fragments d'architrave, en contrebas d'une terrasse jadis remblayée qui cachait les assises inférieures du soubassement du Parthénon. A une distance de 9 m. du Parthénon, à la hauteur de la 7e colonne, à partir de l'O., se trouve (13) une grille encadrant une inscription gravée sur le roc : cet endroit avait été consacré, sur un oracle, à *Gè Karpophoros* (la terre porteuse de fruits) : à côté se dressait la statue, citée par Pausanias, de Gè implorant de Zeus la pluie. Un peu plus au S. se trouvent des restes de la *base circulaire* qui portait les statues de Conon et de Timothée, et, sur la même ligne vers l'E. (14) une suite de 5 citernes en forme de silos creusés dans le roc pour recueillir les eaux de pluie du Parthénon.

La Voie sacrée contourne l'angle N.-E. du Parthénon, près duquel des arasements du roc (15) marquent la place du *sanctuaire de Zeus Policus*. On se trouve alors devant l'entrée même du Parthénon [1].

Le Parthénon. — Le Parthénon est appelé par les inscriptions tantôt le *grand temple*, tantôt le *temple d'Athéna Polias*.

Le nom de Parthénon, c'est-à-dire l'appartement des vierges, emprunté à la terminologie de l'Hécatompédon (p. 64), ne désignait d'abord qu'une des pièces de l'édifice; il ne s'étendit au temple tout entier qu'au IVe s. Il paraît pour la 1re fois en ce sens dans un discours de Démosthène de l'an 355. Ce terme lui-même fut interprété comme signifiant le temple de la Vierge ou d'Athéna Parthénos, bien que cette épithète ne fût pas proprement rituelle. Ce sont les cicerone de l'Acropole qui ont désigné à Pausanias l'Athéna de Phidias sous ce titre d'Athéna Parthénos, bien que cette statue représentât, en réalité, Athéna Polias. Dans la pensée de ses constructeurs le Parthénon devait être un agrandissement de l'Hécatompédon, c'est-à-dire un temple exclusivement consacré à Athéna Polias et disposé de façon à abriter l'effigie de la déesse et ses trésors sans cesse accrus. Toutefois, le nouveau temple ne supplanta jamais l'Erechthéion dans la vénération des Athéniens, qui l'honoraient plutôt comme le chef-d'œuvre de l'art et comme le trésor de la République que comme un lieu saint consacré par la tradition : l'anecdote de Démétrius Poliorcète (p. 47) est significative à cet égard. On ne sait pas exactement quel était le rôle du monument dans la célébration des Panathénées.

L'idée de rivaliser avec la pieuse libéralité des Alcméonides, qui s'étaient rendus célèbres en construisant le grand temple périptère de Delphes, avait suggéré aux Pisistratides la transformation de l'ancien Hécatompédon *in antis* en temple périptère (p. 64). Cette idée fut reprise vers la fin du VIe s., peut-être par Clisthène, sous une autre forme. On décida d'élever un temple tout nouveau, indépendant de l'Hécatompédon archaïque dû aux tyrans. Ce projet d'un Parthénon primitif reçut un commencement d'exécution; c'est Ross qui découvrit le 1er en 1835 sous le Parthénon de Périclès l'existence d'un temple plus ancien, dont les récentes recherches de Dörpfeld ont précisé l'histoire. Vers 506, on éleva le stéréobate en pierres équarries d'un temple dorique périptère qui devait être tout entier en pôros. Avec les déblais de la fouille, on aménagea au S. une terrasse maintenue à 10 m. du stéréobate par un soutènement latéral d'appareil polygonal (16) avec un escalier (17) communiquant avec la base du rempart pélasgique (p. 55). Après Marathon, en 489, Aristide (?) fit adopter un nouveau projet : le soubassement fut surélevé et le temple devait être tout entier en marbre. On élargit aussi la terrasse du S. jusqu'au rempart pélasgique, exhaussé et complété par un 2e soutènement (18). Le stylobate en pierre de l'Hymette, les tambours inférieurs des colonnes non encore cannelées et les 1res assises en marbre des murs

1. Michaëlis, *Der Parthenon*, 1871. — Dörpfeld, *Athenische Mittheilungen*, 1902. — Magne, *Le Parthénon*, 1895.

étaient en place, quand les Perses, à deux reprises, en 480 et en 479, firent un bûcher avec les bois du chantier : des traces de calcination sont encore visibles, sous le stylobate plus récent (à l'O., près de l'angle N.), ainsi que sur les tambours des colonnes encastrés dans le mur de Thémistocle (p. 27). Cimon ne fit qu'élargir la terrasse du S. par la construction de son mur d'enceinte, enfouissant sous les déblais les soutènements antérieurs et le rempart pélasgique. C'est Périclès qui proposa l'édification d'un temple neuf en marbre pentélique; ce projet définitif était donc le 3e. Les proportions et l'implantation furent modifiées. Le temple de 489 mesurait 75 m. 06 sur 29 m. 60 avec 8 colonnes de façade et 19 de côté (pl. p. 26), plus long de 5 m. 55 et moins large de 1 m. 26 que le nouveau Parthénon. L'assiette de celui-ci fut reportée vers le N. et vers l'O., laissant l'ancien soubassement déborder de 5 m. à l'E et de 2 m. au S. (19, 19) : le raccord des deux soubassements est très apparent vers l'angle O.-N. En même temps fut aménagé sur la terrasse S. l'atelier des maquettes (20, p. 56). Les travaux du temple commencèrent en 447 et durèrent jusque vers 434. Dès 438, aux Grandes Panathénées, fut inaugurée dans la cella la statue de Phidias. En 435, l'opisthodome fut affecté à la conservation des trésors sacrés, et les 1ers inventaires commencent en 434. A cette date, les sculptures étaient sans doute terminées.

Périclès dirigeait et contrôlait comme administrateur la marche des travaux, avec son ami le sculpteur Phidias, comme maître d'œuvre. Sous les ordres de Phidias, et chargés des travaux d'architecture, étaient Iktinos, qui dirigeait sans doute en même temps les travaux d'Éleusis, et l'entrepreneur Kallicratès qui avait élevé le Long-Mur du milieu. Les sculpteurs les plus célèbres d'Athènes, élèves de maîtres divers, et les uns rivaux, les autres disciples de Phidias, comme Agoracritos et Alcamène, se partagèrent l'exécution des frontons, de la frise et des métopes, sous la surveillance et le plus souvent d'après les dessins de Phidias. Celui-ci s'était réservé la statue colossale d'Athéna, en or et en ivoire, destinée à la cella

Le Parthénon resta longtemps intact, et s'enrichit de nouveaux ornements, tels que les boucliers de bronze doré consacrés par Alexandre (p. 49). En 304-5, Démétrios Poliorcète donna le signal des profanations, en s'installant avec ses courtisanes dans la partie O. de l'édifice (p. 51), En 298, il revint assiéger Lacharès qui s'enfuit en emportant les ornements en or du temple et les joyaux de la statue. Respecté par les Romains, le Parthénon fut bouleversé au VIe s. par sa transformation en église chrétienne. La statue de Phidias avait été emportée à Constantinople dès le IVe s. Sous Justinien, le Parthénon d'abord consacré à sainte Sophie, puis à la Vierge Mère de Dieu (*Théotokos*), devint l'église métropolitaine d'Athènes. L'entrée fut reportée à l'O. L'opisthodome devint le pronaos byzantin et le Parthénon intérieur devint le narthex; le mur séparatif entre le Parthénon et la cella fut percé de 3 portes, dont deux donnaient accès par des escaliers latéraux aux galeries des femmes installées sur les arcades de la double colonnade byzantine qui remplaça le péristyle intérieur de la cella convertie en *catholicon* ; les parois furent couvertes de fresques et le plafond remplacé par une voûte en berceau. Le pronaos fut aménagé en abside pour recevoir l'autel. De petits escaliers donnèrent accès à l'E. et sur les côtés aux galeries du péristyle, en partie fermées par un mur remplissant les entrecolonnements. Au XVe s. (après 1466) l'église, convertie en mosquée, reçut un minaret, installé dans l'angle S.-O. de l'opisthodome (p. 51).

Il est ensuite question du Parthénon dans la lettre du P. Babin en 1672 (p. 13), puis à propos de la visite du marquis de Nointel en 1674 (p. 13) et des dessins qu'il en fit faire; en 1675, Spon et Wheler furent les derniers qui l'aient encore vu complet, avant la catastrophe de 1687. Le 26 septembre de cette année, à 7 h. du soir, un mortier installé par Morosini (p. 13) sur le Musée et pointé par un lieutenant luncbourgeois fit sauter le monument, où les Turcs avaient déposé de la poudre, et tua 300 h. « Presque toute la cella et sa frise, 8 colonnes du portique N., 6 du portique S., avec leur entablement, furent renversées; le temple resta coupé comme en deux corps de ruine. Morosini, vainqueur, continua une destruction qui n'avait plus les nécessités de la guerre pour excuse. Par son ordre, on enleva du fronton les chevaux et le char d'Athéna, si admirablement conservé que les voyageurs les plus indifférents en parlaient avec enthousiasme. L'opération fut si mal conduite, que tout le groupe tomba et se brisa sur le rocher » (Beulé). Depuis le XVIIe s. jusqu'à l'affranchissement de la Grèce, le temple eut peu à souffrir. Mais « le goût pour les sculptures antiques, qui commença à se développer parmi les nations européennes, devait être pour l'Acropole une cause nouvelle de pertes et de dégradations. Le comte de Choiseul-Gouffier rapporta en France (en 1787) un morceau de la frise du Parthénon, un seul, et détaché depuis longtemps puisqu'il appartenait au côté oriental entièrement ruiné depuis cent ans. Cet exemple, que lord Elgin déclare si haut n'avoir fait que suivre, justifie-t-il l'acte de vandalisme qui a soulevé la réprobation universelle? Plus de 200 pieds de la frise et presque toutes les statues des frontons furent enlevés; les métopes furent arrachées de leurs coulisses, et le marteau fit voler en éclats les triglyphes et les corniches; on emporta en outre des fragments d'architecture, tambours de colonnes, chapiteaux, entablement, corniche » (Id.). Lord Elgin avait su se procurer un firman pour « l'enlèvement de quelques blocs de pierre avec inscriptions et figures ». Le pillage fut dirigé par le peintre Lusieri et coûta 900,000 fr. Toutes les pièces et statues ainsi dérobées entrèrent en 1816 au Musée Britannique, achetées non sans résistance par le Parlement.

Les travaux de restauration et de dégagement commencés en 1834 par Klenze permirent les études et relevés de Pennethorne (1844), Paccard (1845), Penrose (1851), Loviot (1878). Après le tremblement de terre de 1894 qui mit en péril les parties les plus endommagées, une restauration discrète, dirigée par M. Magne, remplaça quelques morceaux d'architrave et de chapiteaux de la façade O. En avril 1905, le congrès international d'archéologie tint au Parthénon sa séance d'ouverture; la question du redressement des colonnes a été posée dans ce congrès (p. 55).

Soubassement. — Le stéréobate en pierres de pôros équarries forme un massif plein d'inégale hauteur, suivant la déclivité du rocher à racheter (*V.* p. 28). A l'angle S.-O. la hauteur est de 22 assises et de 10 m. 77 sous les degrés en marbre. L'appareil est hellénique, à parement brut; les arêtes verticales des angles, ainsi que les joints de la 3e assise de pôros, sont cernés de refends ciselés. Toute cette partie, aujourd'hui dégagée, devait être cachée par les terre-pleins qui entouraient le soubassement. A l'angle O.-N. (21) une reprise de maçonnerie indique le point où l'ancien stéréobate a été prolongé. Au N.-E. et à l'E.-N., les degrés de marbre posent directement sur le roc, avec quelques cales partielles; à l'E. et au S. on voit dépasser le rebord inutilisé de l'ancien stéréobate (19). Sur la dernière assise de pôros règne une assise basse en marbre, qui a servi à régler la pente et la courbure de la plate-forme : celle-ci, en effet, tant pour l'écoulement des eaux que pour des raisons d'optique (p. 54), n'est pas strictement horizontale, mais légèrement convexe.

Cette courbure se transmet aux 3 degrés de marbre supérieurs (haut. 0 m. 51 à 0 m. 55). Le stylobate, haut de 0 m. 55 sur 2 m. 01 de profondeur, forme la base de la colonnade sur une longueur de 69 m. 51 et une largeur de 30 m. 86.

Ordre extérieur. — Le temple est un dorique périptère amphiprostyle, bâti tout entier en marbre pentélique. Le péristyle extérieur comprend 46 colonnes, dont 8 sur les façades et 17 sur les côtés longs (en comptant 2 fois les colonnes d'angle). Leur hauteur moyenne, chapiteau compris, est de 10 m. 43, avec un nombre de 10 à 11 tambours de hauteur variable; un diamètre inférieur de 1 m. 905 (1 m. 968 aux colonnes d'angle), un diamètre supérieur de 1 m. 481 : le fût, creusé de 20 cannelures, présente donc un galbe (ἔντασις), destiné à renforcer le contour du cylindre (p. 54). Le chapiteau est à 4 cordons, avec échine presque sans galbe. Les entrecolonnements sont de 2 m. 25 à l'E. et à l'O.; de 2 m. 47 à 2 m. 51 sur les côtés.

L'*architrave*, épaisse de 1 m. 80, est faite de 3 poutres juxtaposées sur les entrecolonnements, en monolithes de 4 m. 29 de long, sur 1 m. 345 de haut et 0 m. 55 à 0 m. 65 d'épaisseur. La surface extérieure était décorée d'appliques en bronze (guirlandes ou couronnes) dont les trous de scellement subsistent; à l'E. et à l'O. on remarque aussi des empreintes rondes laissées par les boucliers dorés (14 à l'E., 8 à l'O.), offerts, croit-on, par Alexandre après la prise du Granique en 334 et volés par Lacharès en 298. En outre, à l'E., entre les traces des boucliers, d'autres petits trous maintenaient les lettres en métal d'une inscription de l'an 61 en l'honneur de Néron.

La *frise*, ornée de triglyphes et de métopes sculptées, se composait de deux pièces séparées par un couloir intérieur de 1 m. 345 de haut destiné à alléger la charge des chapiteaux. La *corniche* décorée d'un larmier à mutules se composait d'une tablette occupant l'épaisseur de la frise et dont la saillie en balcon (0 m. 91) supportait les sculptures des *frontons*. Au-dessus, une ligne de plaques dressées constituaient le tympan (larg. 28 m. 35; haut. au sommet 3 m. 46), appuyé contre un mur de fond dont le poids équilibrait sur la corniche celui des sculptures. Une *cimaise* triangulaire (13° 1/2 au sommet) encadrait les frontons et se prolongeait sur les côtés par une corniche décorée d'antéfixes, et, aux angles, de faux chêneaux en mufles de lions. Les angles et les faîtes des frontons étaient surmontés d'acrotères en bronze (vases et rosaces).

Les galeries du péristyle étaient couvertes par un plafond de dalles de marbre, creusées de caissons et reposant sur des poutres de marbre ou *soffites* (visibles à l'O.), assemblés d'onglet sur les entablements extérieur et intérieur.

Plan intérieur. — A l'intérieur de cette colonnade décorative, le temple ou *sécos* forme un rectangle de 59 m. 02 de long sur 21 m. 72 de large, reposant sur un socle surélevé de 2 degrés (0 m. 30 et 0 m. 39) au-dessus du stylobate. Il est limité sur les côtés longs par 2 murs terminés par des antes et ouvert à l'E. et à l'O. par des portiques de 6 colonnes doriques (haut. 10 m. 08) toutes égales et aux axes verticaux. Le plan intérieur inspiré par celui de l'ancien Hécatompédon (p. 64) diffère du plan traditionnel des temples doriques à 3 divisions. Il se décompose en 2 parties principales séparées par un mur de refend et précédées chacune d'un portique : la partie E. (pronaos et cella) constitue le sanctuaire de la déesse et l'écrin de sa statue; la partie O. (Parthénon et Opisthodome), non affectée au culte, abritait ses trésors.

1° Le **pronaos**, ou portique d'entrée (21 m. 72 sur 5 m. 83), s'ouvre sur le péristyle E. auquel on accédait par des marches intermédiaires en bronze, insérées sur les hauts degrés du soubassement, dont ils coupaient la hauteur : on en voit encore la trace devant l'entrée. Clos par de hautes grilles reliant les colonnes entre elles et aux antes (traces des scellements), il renfermait de riches offrandes. Il était fermé à l'O. par un mur épais de 2 m. 06 (il n'en reste que des arrachements) et percé d'une porte (4 m. 92 de large sur 10 m. de haut) à 2 battants (empreintes circulaires sur le dallage), qui le faisait communiquer avec la cella.

2° La **cella** ou *Hécatompédos néôs*, c'est-à-dire sanctuaire long de 100 pieds, dont le nom et les dimensions rappelaient l'ancien Hécatompédon (p. 64), mesurait entre murs, 19 m. 19 de large sur 29 m. 89 de long, soit 100 nouveaux pieds attiques de 0 m. 296 ou, en mesures extérieures, 32 m. 84, soit 100 pieds anciens de 0 m. 328. Elle était subdivisée en 3 nefs (nef centrale 9 m. 82, nefs latérales 3 m. 25) par un péristyle dorique composé de deux files de 9 colonnes (diam. infér. 1 m. 11) et de 3 colonnes de fond entre 2 piliers d'angle. L'implantation des colonnes est visible à la lumière frisante sur le stylobate intérieur, surélevé de 0 m. 04 (ne pas confondre ces traces avec celles des petites colonnes byzantines lisses qui n'ont que 0 m. 64 de diam.). Sur cet ordre se superposait une colonnade supérieure plus menue qui supportait soit un plafond horizontal en bois orné de caissons peints, soit le comble apparent. L'existence de galeries latérales de 1er étage n'est plus admise, non plus que celle d'un *hypèthre* ou ouverture du toit pour éclairer la cella : celle-ci, comme dans tous les autres temples, ne recevait de jour que par la porte. Le plancher était formé par un beau pavement en dalles de marbre (1 m. 63 sur 1 m. 30) posées sur le massif en pôros du soubassement. Des barrières de marbre coupaient la nef centrale à 7 m. 59 de l'entrée et à 9 m. 58 plus loin, et se repliaient sur les côtés pour fermer les entrecolonnements. La nef était ainsi divisée transversalement en 3 enclos dont le dernier était réservé à la statue de la déesse. La place de celle-ci est indiquée sur le pavement, à la hauteur des traces de la seconde barrière, par un rectangle dallé en tuf (8 m. 04 sur 4 m. 09) et creusé en son milieu d'un évidement rectangulaire de 0 m. 40 de profondeur. La statue, toute d'or et d'ivoire (chryséléphantine), sculptée par Phidias, mesurait environ 26 coudées de hauteur ou 12 m., soit env. 15 m. avec sa base (p. 124).

Les murs latéraux, dont quelques pans ont été reconstitués à l'O., se composaient d'une assise de socle ou *orthostate* et d'assises alternantes de parpaings et de pierres de parement séparées par un petit vide intérieur. La cella se terminait à l'O. par un mur plein, aujourd'hui disparu (traces de l'implantation sur le dallage) qui l'isolait de la partie O. du monument, composée du Parthénon et de l'Opisthodome.

3° Le **Parthénon** proprement dit ou *salle des Vierges*, dénomination attestée par les inventaires et empruntée à l'Hécatompédon (p. 64), formait une pièce de 19 m. 19 de large sur 13 m. 37 de profondeur. Au centre 4 colonnes ioniques supportaient le plafond de bois ou le comble (traces de l'implantation sur 4 dalles carrées plus larges que les autres). Le mur de fond à l'O. (traces de peintures byzantines) était percé d'une porte analogue à celle de l'entrée E. (4 m. 92 sur 10 m.) et défigurée par les jambages byzantins appliqués aux pieds-droits (c'était l'entrée de la métropole byzantine) et par la réfection en briques du linteau (il est question de le restaurer en marbre). La porte était fermée par une grille ouvrant sur l'intérieur (traces sur le dallage), et par une porte pleine ouvrant sur l'Opisthodome.

4° L'**Opisthodome**, ou portique d'arrière, était fermé par des grilles comme le pronaos. — Son plan est encore défiguré, au S., par la cage de l'escalier du minaret turc construit après 1466 avec des pierres enlevées aux murs, et qui masque l'ante et les 2 colonnes de l'angle S.-O. Une petite porte, percée dans le mur du Parthénon, donne accès à cet escalier : elle est ordinairement fermée : on peut obtenir de la faire ouvrir par un gardien. Du haut de l'escalier, on voit la frise de près, et l'on peut même gagner par les soffites le devant du fronton, d'où la vue est fort belle : mais la tentative est périlleuse.

La destination du *Parthénon* intérieur et celle de l'opisthodome sont encore discutées. Il est probable qu'on doit appliquer à toute la partie O. du monument la même théorie qu'à l'ancien Hécatompédon dont il est la copie agrandie (p. 64). Toute cette partie paraît avoir été une annexe du sanctuaire proprement dit, une sorte de magasin sacré ou de trésor non consacré au culte, plutôt qu'un 2e sanctuaire affecté à une autre divinité, comme dans l'Erechthéion. On a supposé, sans aucune preuve, que le *Parthénon* proprement dit servait d'atelier aux vierges chargées de tisser le péplos sacré, tandis que l'opisthodome contenait les trésors sacrés qui furent transférés de l'Hécatompédon au Parthénon vers 435, et qui étaient alimentés par une dîme ou prélèvement sur les tribus des alliés. Il est plus plausible d'admettre que ce numéraire était conservé dans la salle close du Parthénon; l'opisthodome servait seulement à la vérification par les trésoriers : la caisse d'Athéna, d'après les inventaires, était comptée à droite, celle des autres divinités à g. A partir de 385, ces trésors sacrés, considérablement diminués, furent transportés dans la cella, et ce fut le trésor de la République qui en prit la place dans les locaux de la partie ouest de plus en plus dépourvus de caractère sacré; l'épistate des prytanes en détenait les clefs. Toute cette partie était couramment désignée sous le terme général d'opisthodome, appliqué au petit Parthénon et à son vestibule O. Ainsi s'explique qu'en 304 Démétrius Poliorcète ait pu s'installer avec ses courtisanes dans l'*Opisthodome*, c'est-à-dire non seulement dans le vestibule O., trop exigu et trop ouvert pour constituer à lui seul un appartement, mais aussi dans le petit Parthénon : à cette époque, il n'y avait plus de trésor public et le local pouvait être affecté par les Athéniens au logement honorifique d'un maître divinisé par leur adulation. On a aussi voulu considérer l'opisthodome comme un édifice indépendant du Parthénon et l'identifier avec d'autres bâtiments (Chalcothèque, Petit musée, édifice n° 36).

L'Opisthodome débouche sur le péristyle O. dont les degrés ont été entaillés par les Byzantins pour faciliter l'accès de l'église. Dans l'antiquité, une terrasse de 10 m., sans doute dallée en marbre, s'étendait en avant du soubassement jusqu'aux degrés taillés dans le roc (p. 45).

Sculptures. — Les **frontons** étaient décorés de sculptures en marbre, dans l'exécution desquelles Phidias a dû intervenir. Le *fronton E.* représentait la naissance d'Athéna s'élançant de la tête de Zeus. Il a presque entièrement disparu, ruiné par la construction de l'abside byzantine, puis par l'explosion de 1687 et par les rapts de lord Elgin. Des statues, il ne subsiste que quelques têtes des 2 extrémités : 2 des 4 chevaux d'Hélios qui s'élevait à l'angle E. marquant l'apparition du jour; 1 des chevaux de Séléné, qui disparaissait à l'angle opposé : ce dernier méconnaissable, les autres mutilés; mais leur cou est admirable de conservation. Les principaux morceaux sont à Londres, des moulages et quelques fragments au musée de l'Acropole (p. 68). — Le *fronton O.* représentait la dispute d'Athéna et de Poseidon. Les 2 divinités occupaient le centre, debout et séparées par l'olivier qui avait valu la victoire à Athéna. Deux figures seulement restent en place à l'angle N.-O. (Cécrops et sa fille Agraulos?) : c'est le morceau le plus beau et le plus complet qui soit resté à Athènes. A l'angle S.-O., une figure de femme étendue (Kallirrhoé?). Pour les autres, *V.* p. 68.

Des 92 *métopes*, très peu sont restées en place, et la plupart mutilées et méconnaissables : 28 à l'E. et à l'O.; 13 au N.; 1 au S.; 15 autres provenant du côté S. sont à Londres et 1 à Paris. Les métopes de l'E. représentent des scènes de Gigantomachie, où figure Athéna; celles du S., les combats des Lapithes, secourus par les Athéniens, contre les Centaures (à l'angle S.-O. un Centaure tient sous son bras la tête d'un Athénien); celles de l'O., les combats des Athéniens contre les Amazones; celles du N., également des combats (à l'angle N.-E., 1 figure derrière un cheval; parmi les 9 autres, vers l'O., quelques traces de chevaux).

Ces métopes, dues à des artistes divers, sont de valeur fort inégale. Mais pour s'en faire une idée, il faut se représenter la vigoureuse saillie du relief sur le fond peint, avec la polychromie des draperies et des accessoires (*V.* p. 55).

La célèbre **frise de la cella** est en meilleur état. Elle offrait une suite ininterrompue de bas-reliefs (159 m. 42 de long, 1 m. de haut), encerclant tout le sécos à une hauteur de 11 m. 90 au-dessus du stylobate.

Elle représentait la procession des Grandes Panathénées, pendant laquelle, tous les 4 ans, les citoyens athéniens accompagnés des métèques (étrangers domiciliés), avec un cortège de magistrats, de sacrificateurs, de musiciens, de jeunes filles porteuses d'offrandes, et une escorte de cavaliers éphébiques, portaient le nouveau péplos sacré tissé par les Arrhéphores (p. 65) pour habiller la vieille statue d'Athéna Polias, dans l'Erechthéion (p. 60). Le cortège partait du Dipylon (p. 97), contournait l'Agora et les versants N.-E. et S. de l'Acropole s'arrêtait au Pythion et à l'Eleusinion, pour aboutir au Pélargicon et à l'entrée S.-O. La pompe finissait par des sacrifices sur le grand autel (p. 57) et par la remise du péplos dans l'Erechthéion. Il est probable qu'elle s'arrêtait aussi devant le Parthénon, où les vainqueurs aux jeux panathénaïques étaient couronnés de laurier.

La plus grande partie de la frise est à Londres; il ne reste en place que la frise O. (moins 3 figures); plus de la moitié de la frise N. est au musée de l'Acropole (p. 69), avec 2 figures de la frise E. et un tiers de la frise S. Le Louvre possède 8 figures de la frise E.

On peut étudier la disposition générale de la frise au musée de l'Acropole, où les gravures de l'Atlas de Michaëlis sont disposées sur un châssis en bois ayant la forme de la cella. La composition part de l'angle S.-O. où elle se divise en 2 files parallèles courant de chaque côté de l'édifice, pour se rejoindre au milieu de la frise E. au-dessus de l'entrée : là est l'aboutissement du cortège, dont l'homogénéité se reconstitue en faisant abstraction de l'épaisseur du monument. La scène finale a un caractère symbolique : elle représente, devant la tête du cortège, la remise du péplos par l'archonte-roi et la *reine* sa femme, admis à prendre place sur des sièges apportés pour eux dans l'assemblée des divinités de l'Olympe, assises en cercle. — Comme les métopes, les diverses parties de la frise sont de valeur inégale, mais la conception de ce vaste ensemble revient à Phidias, dont l'esprit est répandu sur l'œuvre entière : certains morceaux de maîtrise ont dû être directement inspirés par ses dessins.

La frise O. est encore en place; mais le marbre s'effrite sous l'action de l'air, et il est question de la protéger par un vitrage. Elle forme comme la préface de toute la composition : elle représente les préparatifs et la mise en train des jeunes cavaliers qui escortaient le cortège. C'est un morceau à part : l'artiste, au lieu de couper la queue du cortège en 2 tronçons se tournant le dos au milieu de la façade O. pour rejoindre leurs files respectives sur les côtés, lui a conservé son unité de direction en adoptant l'angle S.-O. comme point de départ. On voit d'abord à dr. les débuts des préparatifs, rendus dans toute leur simplicité familière : un éphèbe nu derrière son cheval passe sa chlamyde; un autre attache sa chaussure, tandis qu'un serviteur bride son cheval. C'est ensuite un cavalier qui essaie, avec l'aide d'un camarade, de monter son cheval récalcitrant, puis un cheval en liberté, un autre tenu en bride, puis un autre qui, tenu par un éphèbe, se frotte les naseaux entre les jambes, tandis qu'un rhabdophore, son bâton sur le bras gauche, fait du bras droit un geste aux cavaliers lancés en avant. Un petit garçon se tient derrière lui. Viennent ensuite les premiers montés, qui galopent pour prendre leur rang : quelques-uns sont coiffés du pétase et chaussés de bottes à revers; les officiers ou *phylarques* sont reconnaissables à leur casque et à leur barbe. Dans l'angle, à g., se tenait un héraut chargé de régler le cortège. Puis la cavalcade se poursuivait, en rangs bien ordonnés, sur les côtés N. et S. et se continuait par le double défilé des chars, des stéphanéphores, thallophores, canéphores, musiciens, sacrificateurs, magistrats.

Particularités de construction. — *Courbes et inclinaisons.* — Penrose a signalé le 1er un raffinement de construction qui consiste dans la légère convexité donnée aux lignes horizontales du soubassement et de l'entablement. Par là s'expliquent les différences de hauteur des colonnes, aux Propylées comme au Parthénon. Par cet artifice l'architecte obtenait un triple avantage : il résolvait d'abord le problème de l'écoulement des eaux, puis il compensait l'impression de sécheresse et de raideur des lignes strictement droites, enfin il corrigeait cette erreur d'optique qui déforme les longues lignes horizontales isolées dans le vide d'une colonnade : il se produit alors un effet de plongée et les lignes droites paraissent concaves. Pour les relever, l'architecte les a légèrement bombées. La convexité était transmise aux degrés du soubassement par l'assise de réglage décrite p. 48 : sur les petits côtés E. et O., la flèche tombe au milieu de la ligne et mesure de 7 à 8 c. sur 30 m. 89; sur les côtés longs, « le point culminant est situé à peu près au quart de la longueur en partant de l'angle N.-O. A partir de ce point, la courbe va s'infléchissant vers l'E., donnant à tout le plateau une inclinaison générale de l'O. à l'E. La différence de niveau atteint 0 m. 058. » (Magne.) A l'entablement la courbure était transmise par les tambours supérieurs des colonnes, qui vont se surélevant légèrement, tandis que la hauteur de l'architrave ainsi bombée reste constante.

Une autre erreur visuelle est celle qui fait diverger les lignes verticales isolées dans le vide : d'où la nécesité d'incliner les axes verticaux vers l'intérieur, pour empêcher la colonnade de « pousser au vide », sous la masse du faîtage. Aux angles, l'inclinaison part du pied et se poursuit dans toute la hauteur de l'entablement : elle est de 0 m. 07. Toutes les colonnes sont ainsi élevées « à fruit » dans la direction du centre, donnant à l'édifice une forme pyramidante. Cette inclinaison de l'axe est indépendante du galbe des contours, qui, dans l'architecture dorique, a pour but d'empêcher qu'un cylindre exact ne paraisse étranglé en son milieu. Les courbures et l'inclinaison n'existent pas dans les ordres intérieurs.

Enfin, comme les colonnes d'angle, isolées dans l'atmosphère, paraîtraient plus maigres que les autres, leur diamètre est renforcé de 0 m. 064 et leur écartement est réduit par rapport à leurs voisines.

Assemblages. — Toutes les pièces de l'édifice étaient assemblées à joints vifs et reliées par des agrafes de fer. On peut étudier sur les tambours des colonnes épars autour du monument leur mode d'assemblage : au milieu de la surface de lit exactement dressée et polie un évidement annulaire assure le contact parfait du centre, creusé d'un trou carré dans lequel s'emboîtait un goujon en bois dur (spécimens au Musée de l'Acropole, p. 66). Pour éviter l'écrasement des arêtes des cannelures au-dessous du chapiteau qui transmet la charge, le joint inférieur du chapiteau est dégagé par une ciselure sur ses bords.

Couverture et éclairage. — Le toit était couvert de tuiles en marbre; mais on n'a aucune donnée sur la disposition de la charpente qui supportait cette masse. On ignore si, dans la cella, elle était apparente, formant 2 versants, décorés de caissons peints, suivant le dispositif de la cathédrale de Messine, ou si elle était cachée par un plafond horizontal en bois, analogue aux plafonds de marbre du péristyle. En tout cas, tous les systèmes imaginés pour l'éclairage de la cella par des ouvertures du toit reposent sur une erreur (*V.* p. 50).

Polychromie. — Les membrures du Parthénon étaient rehaussées par une polychromie discrète : les traces en subsistent, à l'O. sur le listel de l'architrave extérieure et sur la moulure de la frise (grecque en brun, feuilles ou rais de cœur blancs et rouges, bandes rouges, filets dorés). Un contour gravé cernait les motifs à décorer. Aucun trait de ce genre ne subsiste sur les chapiteaux et sur l'architrave; mais on a reconnu dans les canaux des triglyphes et sur les mutules des traces de ton bleu, et de ton rouge sur les gouttes. On suppose que le fond des métopes était rouge et celui des frontons bleu. Les draperies et autres détails des métopes et de la frise étaient peints; mais ce qui est plus sûrement attesté, c'est l'emploi d'accessoires en métal doré, brides des chevaux, bâtons des hérauts, couronnes, acrotères. On croit que les murs intérieurs de la cella étaient peints en rouge foncé. Les caissons des plafonds étaient aussi peints et décorés de rosaces et de feuilles.

Des deux côtés du Parthénon gisent les tambours des colonnes renversées, offrant un tableau plus spécieux que réel des effets de l'explosion. Leur répartition, en partie récente, tend à suggérer l'idée d'un redressement facile des colonnes; mais, vu l'inégalité du nombre des tambours par colonne et la variété de leur coupe, leur identification peut sembler problématique.

III. DU PARTHÉNON A L'ÉRECHTHEION PAR LE SUD ET LE SUD-EST. — En se dirigeant du péristyle O. du Parthénon vers le mur S. de l'Acropole, on rencontre (22) un trou entouré de blocs en pierre de l'Hymette provenant du péristyle de l'Hécatompédon et de tambours du Parthénon archaïque, puis (18) une fosse aménagée après les fouilles pour montrer l'angle du 2e mur de soutènement, d'appareil hellénique en pôros, élevé pendant la construction du soubassement de l'ancien Parthénon (p. 46); plus loin, à l'E, une autre fosse (17) laisse voir le 1er soutènement (p. 46), en appareil polygonal avec l'escalier qui conduisait à la terrasse primitive, à la jonction de ce mur avec le rempart pélasgique. Quelques mètres plus loin à l'E. (20) ont été découverts les restes (auj. enfouis) d'un bâtiment rectangulaire en pôros, du ve s., adossé au mur de Cimon et divisé en 2 pièces séparées par un couloir : celle de l'E. a les mêmes dimensions que la nef centrale de la cella du Parthénon entre la porte d'entrée et le piédestal de la statue de Phidias : on en peut conclure que là se trouvait, comme à Olympie, un **atelier** provisoire où le sculpteur dressa sa maquette et essaya le montage de la statue. L'autre pièce pouvait servir d'atelier aux autres sculpteurs. Une fosse (24) contre le mur de Cimon laisse voir le dallage de terrasse qui renforce le mur à partir de cet endroit.

C'est sur cette terrasse, contre le mur S.-E., qu'Attale I avait consacré vers 228 une série d'ex-voto de 2 coudées représentant des épisodes de la Gigantomachie, du combat des Athéniens contre les Amazones, de la bataille de Marathon, et de la défaite des Galates. De là le regard plonge sur le talus du mur haut de 29 assises et de 14 m., et sur tout le versant méridional de l'Acropole (Asklépicion, Théâtre de Dionysos, etc.).

On atteint ensuite la dépression dans laquelle se dissimulent les deux bâtiments du Musée (p. 63). A l'O. et au N. du grand Musée gisent des tambours non terminés, dont les uns proviennent de l'ancien Parthénon, les autres sont des rebuts de chantier du nouveau Parthénon, abandonnés pour quelque tare du marbre, et enfouis dans les remblais. Le petit Musée, dans l'angle S.-E., est bâti sur les fondations d'un long bâtiment rectangulaire en pôros (long. 40 m., larg. 16 m.), divisé en plusieurs salles et plus ancien que le mur de Cimon : il représente probablement l'*agence des travaux* de l'ancien Parthénon, utilisée aussi pendant les travaux ultérieurs. On a voulu, mais à tort, y retrouver soit la Chalcothèque, soit l'Opisthodome (p. 51). Il est adossé à l'E. à un tronçon du mur pélasgique.

Au N. du grand Musée, à 23 m. à l'E. du Parthénon, on rencontre les restes d'un soubassement carré en tuf, qui portait un petit temple rond monoptère, de 7 m. 45 de diamètre, avec une colonnade ionique de 9 colonnes, dont les chapiteaux sont une imitation de ceux de l'Erechthéion. L'inscription de l'architrave le désigne comme un **temple de la déesse Rome et d'Auguste**, élevé après l'an 27 av. J.-C. par le peuple athénien.

En se dirigeant à l'E., on passe près d'un carré de roc (25) aplani pour recevoir quelque autel ou édicule votif, et l'on gagne le *Belvédère* construit par la reine Amélie à la place d'une tour turque (jolie vue sur Athènes, dont on reconnaîtra sans peine les monuments à l'aide du plan).

En retournant vers l'O. dans la direction de l'Erechthéion, on entre dans le quartier de la *Polis* préhistorique, où se concentrait la vie des premiers habitants dans de petits logis massés autour du palais et du sanctuaire primitifs. On rencontre d'abord (26), bordé d'une ligne de trous à stèles, les traces sur le roc d'un édicule rectangulaire, puis, autour du point culminant de l'Acropole (156 m. 20), des lignes de fondations (27 m. sur 17) polygonales au N. et de murs en tuf au S. Elles représentent la ceinture ou κρηπίς de la terrasse du grand **autel d'Athéna Polias** où étaient sacrifiées, aux petites et aux grandes Panathénées, les génisses dont les portions étaient ensuite distribuées au peuple. Dans le mur d'enceinte, au N., une fosse (27) permet de voir 5 chapiteaux et tambours en pôros provenant de l'Hécatompédon et encastrés dans le mur. Tout près, dans une rampe profonde entourée de soutènements pélasgiques doublés par une maçonnerie moderne, un *escalier pélasgique* de 16 degrés taillés dans le roc plonge sous le mur : l'issue, bloquée par un petit mur romain ou médiéval, communiquait avec un sentier extérieur. Cet escalier desservait le palais primitif (28) dont les fondations, d'appareil préarchaïque en calcaire de l'Acropole, ont été retrouvées à l'E. de l'Erechthéion : c'est là l''Ἐρεχθῆος πυκινὸς δόμος de l'Odyssée (VII-81); le *mégaron* ou salle principale se trouvait à la place de l'Hécatompédon (pl. p. 26 et p. 63); le corps des murs était en brique crue. A quelques mètres au N. une fosse (29) laisse voir les fondations du mur de Thémistocle, avec des restes de muraille pélasgique, les tambours en marbre du Parthénon archaïque encastrés dans le rempart (p. 27).

L'Erechthéion. — Il s'élève tout près de là : c'est, plus exactement le *temple d'Athéna Polias et de Poseidon-Erechthée.*

L'édifice actuel fut élevé sur l'emplacement des plus vieux sanctuaires de l'Acropole, groupés autour de l'endroit où la légende localisait la dispute d'Athéna et de Poseidon pour la possession de l'Attique et les signes par lesquels les deux divinités avaient prouvé leurs titres : l'olivier d'Athéna et l'empreinte du trident de Poseidon, avec le bassin d'eau salée qu'il avait fait jaillir. D'autres héros du cycle attique primitif, Erechthée, Pandrose et Cécrops, s'étaient adjoints à ce couple divin. Erechthée, ancienne personnification locale du dieu des eaux terrestres, avait été absorbé par Poseidon et s'était identifié à lui comme dieu, sous le nom de Poseidon-Erechthée; en même temps, suivant une loi mythologique, il était tombé au rang de héros et roi, fondateur du culte de Poseidon. L'union cultuelle d'Athéna et de Poseidon-Erechthée était le symbole de la fusion politique et religieuse de deux anciens états de l'Attique, l'un (Kékropia) adorateur d'Athéna Polias, l'autre (soit Eleusis, soit la tétrapole de Marathon) adorateur de Poseidon (p. 7). Les deux divinités étaient adorées dans deux sanctuaires contigus ne formant qu'un seul temple, l'ἀρχαῖος νεώς des inscriptions, situé dans une dépression attenant au palais royal, considéré comme la demeure d'Erechthée-roi (p. 20). Cet Erechtheion archaïque, en tuf polychromé, dont aucune trace n'a été retrouvée, figure sur un bas-relief du Musée de l'Acropole (p. 66).

L'accès en était interdit aux Doriens; en 507, la prêtresse voulut empêcher le roi de Sparte, Cléomène, d'y entrer. En 480, le temple fut incendié par les Perses; mais du tronc calciné de l'olivier sacré, avait surgi, disait-on, dès le lendemain, une nouvelle pousse d'une coudée. Il fut provisoirement restauré, avec l'antique statue ou xoanon de la déesse. Après 420, pendant la paix de Nicias, sa reconstruction en marbre, qui faisait partie du programme de Périclès, fut commencée. Les travaux, interrompus par l'expédition de Sicile, furent repris en 409, sous la direction de l'architecte Philoclès et terminés en 407. L'incendie de l'Hécatompédon voisin, en 406, lui causa quelques dégâts qui ne furent réparés qu'en 395. Les documents officiels continuaient de l'appeler *le vieux temple*, ou encore *le temple qui renferme la vieille statue*, ou *le temple d'Athéna Polias*. Mais, pour le distinguer du Parthénon, les cicérone de l'époque romaine prirent l'habitude de le désigner par l'une de ses parties sous le nom unique d'*Erechthéion*. Vers l'an 27 av. J.-C. il subit quelques réparations et retouches peu heureuses. Il fut intérieurement bouleversé par sa conversion en église au VIe s. ap. J.-C.; les Turcs en firent un harem pour les femmes du *disdar* ou commandant de l'Acropole, en 1463. Il eut à souffrir ensuite des rapines brutales de lord Elgin et des sièges de l'Acropole pendant la guerre de l'Indépendance. En 1838, l'éphore Pittakis fit dégager et relever en partie les murs; en 1842-44, la France fit restaurer, sous la direction de Paccard, le portique des Caryatides. Mais, le 26 octobre 1852, un tremblement de terre abattit la partie supérieure de la façade O. De 1902 à 1905, l'éphore Kavvadias confia à l'ingénieur Balanos la remise en place des fragments du toit et de l'entablement du portique N., ainsi que des demi-colonnes de la face O.

L'Erechthéion séduit à première vue par la grâce svelte et variée de ses portiques et par la finesse de sa décoration. Il « est bien le monument ionien, tout enrichi d'ornements d'applique, contrastant par ses délicatesses féminines avec la mâle beauté du Parthénon ». (Magne.)

Des guirlandes de bronze doré, des peintures, des émaux et pâtes colorées insérées dans les alvéoles des chapiteaux et des bases, dans les œils des volutes, des boutons et ornements de métal doré dans les rosaces et les caissons rehaussaient la décoration sculptée d'arcs, d'astragales, de palmettes et de rangs de perles. Tout autour de l'édifice courait une frise en marbre bleu d'Eleusis, sur laquelle se détachaient en appliques (dont les trous des scellements sont encore visibles) les figures des reliefs en marbre de Paros (quelques morceaux au musée de l'Acropole, p. 69). Les faces E. et O. portaient des frontons lisses. Sous le toit, un plafond à caissons couvrait les cellas.

La reconstitution de l'ordonnance si complexe de cet édifice est un des problèmes les plus ardus de l'archéologie grecque. Les plan et coupe ci-joints, d'après Michaëlis, en éclaireront la description. La difficulté vient de ce que la division du sanctuaire en 2 cellas se compliquait d'une différence de niveaux en longueur et en largeur. Aussi le dispositif n'a-t-il rien de régulier; Vitruve remarquait avec raison que « dans le temple de Pallas toutes les parties qu'on place d'ordinaire sur les fronts sont reportées sur les côtés ». En gros, le plan se compose d'une cella rectangulaire (20 m. 03 de long sur 11 m. 21) qui était divisée en 2 parties de niveau inégal par un mur transversal, la partie E. représentant la cella d'Athéna Polias, la partie O. celle de Poseidon-Erechthée. 3 porches (προστάσεις) débordent en saillie, à l'E., au N. et au S.

La **Cella d'Athéna Polias** était précédée, à l'E., d'un pronaos avec un portique (appelé *Portique de l'Est*) à 6 colonnes ioniques haut. 6 m. 80, y compris la base de 0 m. 275 et le chapiteau de

0 m. 58; diam. infér. 0 m. 75; 24 cannelures à arêtes plates); celle du N. a été arrachée par lord Elgin; elle est représentée par une base rapportée. La colonnade, surmontée de son architrave à 3 registres, repose sur un stylobate à 3 degrés de marbre (haut. 0 m. 24; prof. 0 m. 34), qui fait retour au même niveau sur toute la longueur du mur S. et à 3 m. plus bas sur celle du mur N.; il s'appuie lui-même sur des assises de substructions en pôros. Les murs de cella se composent d'une haute assise

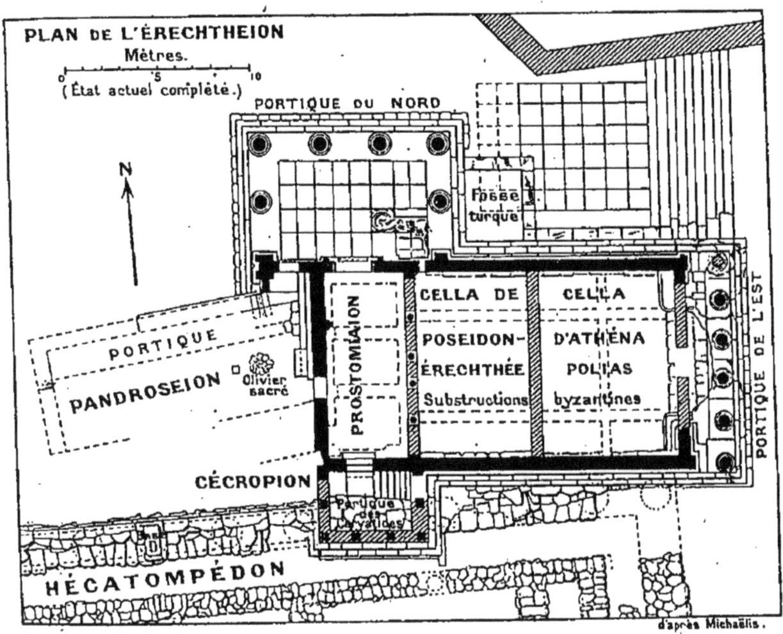

de soubassement (*orthostate*) à plinthe moulurée et de pierres équarries d'une longueur moyenne de 1 m. 35, soit 4 pieds attiques sur 1 demi pied de haut et 2 d'épaisseur, assemblés en appareil hellénique régulier. Les angles sont décorés d'antes de faible saillie. Le mur de fond du pronaos, avec la porte d'entrée, a disparu pour faire place à l'abside byzantine, dont le tracé circulaire a entamé le dallage. De la division de l'église en 3 nefs datent aussi les 2 substructions longitudinales qui coupent le sous-sol du rectangle. Le plan ancien était tout autre, les divisions se présentant en largeur. Le niveau du pavement de la partie orientale (cella d'Athéna) se reconnaît contre la paroi N., à la limite des assises inférieures en pôros, qui devaient être cachées. Le massif intérieur avec les refends sur lesquels reposaient les dalles ont fourni les matériaux des substructions byzantines.

Quant au mur de fond de cette cella, ses amorces sont reconnaissables sur les 2 parois (surtout au S., à l'extrémité des assises de tuf, et sous le 1er trou quadrangulaire) : tout ce qui est au delà de ce rectangle de 7 m. 30 de prof. sur 9 m. 83 de large appartenait à la cella d'Erechthée.

A ce mur, complètement fermé, s'adossait sous un baldaquin la vieille idole en bois d'olivier, qu'on disait tombée du ciel, (sans doute une statue debout armée de la lance et casquée), et consacrée, disait-on, par Cécrops ou par Erichthonios (celle du ve s. ne pouvait être qu'une réplique de l'original brûlé par les Perses). Elle était revêtue du péplos brodé que les Athéniens renouvelaient tous les 4 ans, lors des grandes Panathénées. Une lampe d'or, œuvre de Callimaque, dont l'huile ne se renouvelait qu'une fois l'an et dont la mèche de lin ne se consumait pas, brûlait jour et nuit : un palmier de bronze la surmontait, formant jusqu'au plafond un conduit pour la fumée.

COUPE DE L'ÉRECHTHEION — PARTIE N. (d'après Michaëlis)

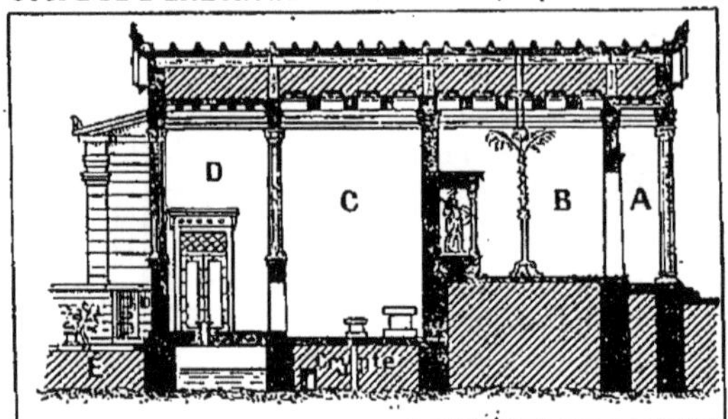

A. Pronaos — B. Cella d'Athéna Polias — C. Cella de Poseidon-Érechthée
D. Prostomiaion et mer Erechthée — E. Pandroseion

On descend au N. par un escalier moderne qui remplace, mais un peu plus vers l'E., un escalier antique dont les 12 marches masquaient les assises inférieures du soubassement N. du Portique E. (en bas, dans le coin, amorces du dallage antique de la terrasse, et retour des 3 degrés du stylobate). On arrive au *Portique N.*, nommé **Porche de l'entrée** (πρόστασις ἡ πρὸς τοῦ θυρώματος) parce qu'il précédait la porte de l'Erechthéion proprement dit dont il formait comme un pronaos latéral (10 m. 60 sur 6 m. 75). Composé d'une élégante colonnade ionique de 4 colonnes (haut. 6 m. 50) en façade et 1 en retour de chaque côté, avec son architrave, sa frise en marbre bleu d'Eleusis, son plafond décoré de caissons, et la riche ornementation de sa grande porte, ce portique passe pour un chef-d'œuvre de l'atticisme. Mais sa fonction n'était pas uniquement décorative. La restauration toute récente du plafond par M. Balanos a bien démontré son rôle sacré. Il servait d'abri aux marques du trident de Poseidon, 3 trous du rocher, profonds de 1 m. 25, 2 m. 79, 0 m. 70, qu'un caveau pratiqué dans le dallage et le soubassement, et sans doute entouré d'une margelle, laissait à nu. Un trou, dans le plafond et le toit, correspondait à ce signe céleste, de façon à le laisser à ciel ouvert, comme les lieux frappés de la foudre. La présence intentionnelle de ce trou de 0 m. 87 sur 0 m. 97 est prouvée par l'absence de la plaque de plafond qui aurait dû le combler et de tout indice de jonction sur le cadre de l'ouverture, dont les tranches droites rejoignaient la pente du toit supérieur.

Le caveau sacré communiquait sous le mur avec une crypte de la cella par une porte basse de 1 m. 22 sur 0 m. 66, cachée sous le dallage du portique. Cette porte, ménagée dès la construction (le seuil de roc est resté brut), est formée par une simple interruption des assises de fondation, dont les scellements sont apparents. Servait-elle à permettre la visite des trous du trident, ou à faire croire à une communication entre ceux-ci et la mer Erechthéis, on l'ignore. Les Turcs avaient fermé le portique converti en appartement; sur le caveau sacré, ils installèrent des lieux d'aisance avec latrine à l'O. près des trous du trident, et, à l'E., dans l'angle en dehors du portique, une fosse quadrangulaire cimentée.

Au milieu du Portique N. s'élevait l'*Autel* dit *du Sacrificateur* (τοῦ θυηχοῦ). Au fond deux portes, l'une basse (haut. 2 m. 20, larg. 1 m. 50), qui débouchait, en dehors de l'Erechthéion, au S.-O. sur le Pandroséion et l'olivier d'Athéna, l'autre (au milieu) qui servait d'entrée principale à la cella d'Erechthée. Cette porte (haut. 4 m. 50, larg. 2 m. en bas) est encadrée d'une décoration ionique célèbre pour sa beauté, qui n'est pourtant plus sans mélange. Quelque accident survenu au linteau le fit réparer (vers l'an 27 av. J.-C.), d'où la différence de travail entre les 2 consoles, entre les palmettes du linteau si inférieures à celles des chapiteaux d'antes et de la corniche; entre les rosaces du linteau et celles du jambage. De plus, le tableau intérieur a été renforcé par des plaquettes de marbre qui détruisent les proportions. Pour lui rendre toute sa richesse décorative, il faut reconstituer par la pensée le plafond aux caissons peints en bleu et décorés d'étoiles en bronze doré, les boutons en métal doré scellés dans l'évidement central des rosaces, et les grilles ouvragées qui la fermaient.

Cette porte conduisait dans le **sanctuaire d'Erechthée,** dont le dallage se trouvait à 3 m. plus bas que le plancher de la cella d'Athéna. A l'O. il était limité par une façade à colonnade surélevée (qu'on verra mieux du dehors), à l'E. par le mur plein qui le séparait du sanctuaire d'Athéna. Ce rectangle de 11 m. de profondeur (le double de l'autre cella) était divisé lui-même en 2 parties : 1° à l'E., contigu à la cella d'Athéna, le *naos* (prof. 6 m. 50), qui renfermait les autels de Poseidon-Erechthée, d'Héphaistos et du héros Boutès, avec une crypte à plusieurs compartiments, dont l'un communiquait avec le caveau du Portique N. (*V.* plus haut) et dont l'autre servait peut-être de cage au serpent sacré, gardien de l'Acropole; 2° le προστομιαῖον ou *salle de l'embouchure*, située à l'O. (9 m. 70 sur 4 m. 50), dans l'axe de la porte ionique, et séparée de la précédente par une colonnade surélevée sur un socle (traces sur les parois). Cette avant-salle devait son nom au regard en forme de margelle qui traversait le dallage épais dont les amorces subsistent contre le mur O. Ce dallage recouvrait une sorte de citerne où l'on reconnaissait la **mer d'Erechthée**, jaillie sous le trident de Poseidon (*V.* la coupe reconstituée, p. 60).

Au dire de Pausanias, on y entendait un bruit de flots quand soufflait le vent du S., effet que Beulé explique par une manœuvre des prêtres dans la crypte voisine, mais qui pouvait résulter du courant d'air s'engouffrant par le portique des Caryatides. Une citerne turque voûtée s'y est substituée; les Byzantins avaient déjà fait du rez-de-chaussée le narthex de leur église, et avaient abaissé à son niveau l'ancienne cella d'Athéna.

Outre la porte N. s'ouvraient 2 autres plus petites : l'une, au milieu de la face O., débouchait entre le Pandroséion et le Cécropion; l'autre, au S., desservait un petit escalier coudé de 11 marches, qui montait à la terrasse S. dissimulé par le portique des Caryatides, faisant fonction d'opisthodome latéral.

Au-dessus de la porte, un évidement rectangulaire était destiné à alléger le mur, dont les fondations reposaient sur le tombeau de Cécrops.

Pour gagner le Portique des Caryatides on contournera extérieurement la façade O. Elle a été récemment restaurée, non d'après le dispositif original, mais d'après le remaniement romain du Ier s. av. J.-C. (p. 58). Primitivement, elle se composait d'une colonnade de 4 colonnes ioniques complètes reposant sur un mur de socle de 3 m. 75 de haut, prolongé, dans les entrecolonnements, jusqu'au tiers de la hauteur des colonnes : au-dessus s'ouvraient de larges baies, garnies d'un treillis de bois à losanges, qui éclairaient la cella. Le remaniement transforma les anciennes colonnes en demi-colonnes engagées dans un mur qui montait jusqu'à l'architrave et percé seulement de 3 fenêtres : le style des chapiteaux et des fenêtres est médiocre.

Dans les substructions de l'angle N.-O., entre la petite porte latérale N. et la porte centrale E., des amorces de degrés de soubassement et de dallage (avec, sous la porte N., des restes de caniveau) appartiennent au **Pandroséion** ou sanctuaire de Pandrose. Il formait une cour de 15 m. de long sur 5 m. 50 de large, bordée au N. par un portique dallé. Là se trouvait, en plein air, l'olivier d'Athéna et l'autel de Zeus Herkeios (*V.* Pl. p. 59), et peut être une chapelle de Pandrose, fille de Cécrops.

Dans l'autre angle, au N. entre la porte de l'O. et les substructions de l'Hécatompédon, se trouvait le **Cécropion**, où Cécrops avait un hérôon et un tombeau : on reconnaît les amorces d'un édicule adossé à l'Erechthéion et à l'Hécatompédon dans un évidement du mur E. surmonté d'une énorme plaque de marbre (long. 4 m. 60) encastrée dans ce mur et dans le socle du Portique des Caryatides; une maçonnerie moderne bouche en partie ce trou, qui paraît avoir appartenu au tombeau de Cécrops.

Il faut contourner les substructions de l'Hécatompédon pour rejoindre le **Portique des Caryatides**, appelé par les documents *Portique attenant au Cécropion* (πρόστασις ἡ πρὸς τῷ Κεκροπίῳ). C'est le motif le plus original de l'Erechthéion. Sur un socle évidé de 2 m. 60 de haut et large de 4 m. 7, en grandes dalles dressées sur un retour saillant (3 m. 05) du soubassement à 3 degrés et de la plinthe moulurée du monument, et couronné par une tablette en corniche, se dressent en guise de colonnes 6 statues de jeunes filles (Κόραι dans les inscriptions), hautes de 2 m. 30, droites, vêtues de longues tuniques ioniennes, les bras tombant le long du corps. La tête porte un chapiteau circulaire, décoré d'oves et de fers de lance, sur lequel repose l'architrave (en partie restaurée) ornée de couronnes en relief et d'une corniche dentelée. La couverture était en dalles de marbre.

Les attitudes sont combinées de façon que les lignes extérieures restent dans la verticale, tandis que les lignes infléchies sont reportées à l'intérieur. Il en résulte un rythme de lignes rigides et de lignes souples qui associe la stabilité de la colonne inerte au mouvement de la figure vivante. Du coussinet, la charge se transmet à la nuque que renforce la masse des cheveux rejetés en arrière, et à la poitrine cambrée sans effort; de là, elle s'allège dans le mouvement alternatif des jambes droites et des jambes pliées. On a l'impression que ces jeunes filles, aux formes vigoureuses harmonieusement drapées, s'acquittent de leur fonction de supports avec aisance et noblesse. Ce motif, d'origine ionienne, était une imitation des Caryatides des trésors des Cnidiens et des Siphniens à Delphes. D'après une tradition en faveur dans les ateliers gréco-romains et relatée par Vitruve, les artistes auraient pris comme modèles de ces figures les femmes de Caryae, en Laconie, d'où le nom de Caryatides.

La 2ᵉ figure à l'O., enlevée par lord Elgin, a été remplacée par un moulage en terre cuite d'une teinte trop noire; la tête de celle de l'E. est une restauration moderne peu heureuse.

Le portique servait à masquer l'escalier qui reliait directement l'Erechthéion (c'est par là que Pausanias y est entré) à la terrasse de l'Acropole, et peut-être aussi de tribune d'où certains personnages sacrés (prêtresses, arrhéphores) pouvaient contempler le défilé de la pompe des Panathénées.

L'Hécatompédon. — Le portique repose en partie sur les substructions de l'Hécatompédon dont les ruines occupent une vaste terrasse au S. de l'Erechthéion (*V.* Pl. p. 26).

Ce temple archaïque d'Athéna Polias fut construit vers l'époque de Solon, dans le 1ᵉʳ quart du VIᵉ s., sur l'emplacement du **mégaron du palais préhistorique** (p. 27) considéré comme un lieu saint. Les restes de ce mégaron (2 bases en pôros pour colonnes en bois analogues à celles de Tirynthe, un tronçon de mur et des fragments de poterie mycénienne) ont été découverts en place à 1 m. 50 au-dessous (cf. la même substitution d'un temple archaïque au vieux palais royal à Mycènes). Le temple primitif formait un rectangle de 32 m. 80 de long, soit 100 pieds éginétiques, d'où son nom d'*Hécatompédon*, c'est-à-dire bâtiment de 100 pieds (les mesures des substructions donnent 34 m. 70 sur 13 m. 45). Il empruntait au vieux sanctuaire contigu d'Athéna et d'Érechthée sa division en 2 parties, séparées par un mur transversal. Chaque partie était précédée à l'E. et à l'O. d'un portique à 2 colonnes doriques *in antis*. Derrière le portique E., il y avait une cella à 3 nefs avec colonnade intérieure; derrière le portique O., une salle carrée (ou *Mégaron de l'O.* d'Hérodote) et deux chambres (*oikémata*) contiguës. Ce temple dorique, prototype du futur Parthénon, était tout entier consacré à Athéna Polias, dont le 1/2 sanctuaire voisin paraissait insuffisant à mesure que l'importance de la déesse grandissait avec celle de sa cité. La partie O., avec ses chambres closes, était affectée au temporel de la déesse, à ses offrandes et à ses trésors. Vers 540, le mégaron reçut les 1ʳᵉˢ statues de femmes ou κόραι (p. 67) qui firent sans doute donner à cette pièce le nom de *Parthénon*, c'est-à-dire « salle des vierges ». L'édifice était tout en calcaire, richement polychromé, sauf les métopes, en marbre lisse (p. 40). D'importants fragments de cimaises peintes et des deux frontons en tuf peint représentant à l'O. *la lutte d'Hêraklès contre Triton devant Typhon*, et à l'E. *Athéna, Zeus et Poseidon Érechthée assis entre 2 serpents* (long. des frontons 10 m., haut. au centre 1 m. 30 env.) ont été retrouvés (p. 66). Il y avait 6 métopes de face et 18 sur les côtés.

A la fin du ve s. les Pisistratides, jaloux du beau temple périptère en marbre élevé à Delphes par leurs rivaux les Alcméonides, décidèrent une luxueuse transformation de ce *naos in antis* d'un archaïsme barbare : entre 520 et 510, ils le firent agrandir en périptère par l'adjonction d'une péristasis de 6 colonnes sur les façades et 12 sur les côtés longs, ce qui entraîna le remplacement et l'agrandissement des entablements, frises et frontons, pour lesquels le marbre fut employé (*V.* fig. p. 28, le rapport des 2 constructions) : les nouveaux frontons en marbre représentaient à l'E. une *Gigantomachie*, avec un groupe central d'Athéna terrassant Encelade (p. 66); à l'O. *un combat d'animaux*, p. 66). — Fragments de la frise, p. 69. — Sous les galeries du péristyle, s'alignèrent les nouvelles statues de *korai*; mais la disposition intérieure du naos primitif ne fut pas changée; malgré ses nouvelles dimensions (43 m. 95 sur 21 m. 85) le temple conserva le nom d'Hécatompédon. Un décret de 485 ordonne aux trésoriers d'ouvrir aux visiteurs 3 jours par mois les *oikémata* de l'Hécatompédon. Après la destruction par les Perses, en 480, on se contenta de relever provisoirement le naos, ramenant ainsi l'Hécatompédon à son noyau primitif, sans péristyle; les tambours, chapiteaux et fragments d'architrave du temple périptère furent encastrés dans le mur de Thémistocle avec les tambours du Parthénon archaïque. Les débris des frontons en tuf et en marbre et des statues de *korai* furent jetés dans les déblais de la terrasse attenant au mur, où les fouilles de 1885-6 les ont retrouvés. En 454, le trésor fédéral de Délos fut déposé dans les *oikémata* de l'Hécatompédon, en attendant l'achèvement du Parthénon, puis dans celui-ci à partir de 435. Cependant l'Hécatompédon subsista, pour abriter les reliques et la statue du vieux sanctuaire d'Athéna Polias et Erechthée, que devait remplacer le nouvel Erechtheion, construit de 420 à 407. Devenu inutile et gênant à partir de 407, l'Hécatompédon fut anéanti en 406 par un incendie plus au moins fortuit : une terrasse recouvrit ses substructions, et l'Erechthéion dégagé rayonna en face du Parthénon.

Les fouilles ont aussi retrouvé les débris de 5 frontons en tuf peint (p. 65) ayant appartenu à un groupe de petits édifices, trésors ou chapelles, dont quelques-uns devaient remonter jusqu'au viie s. (fronton de l'Hydre). La place de ces bâtiments ne peut être déterminée.

Résumé historique. — Pour plus de clarté, l'histoire des temples d'Athéna sur l'Acropole peut se résumer ainsi : 1° *Palais mycénien*, dit d'Erechthée (recouvert au début du vi[e] s. par l'Hécatompédon), et *ancien sanctuaire double d'Athéna Polias et Erechthée*, détruit en 480, et reconstruit seulement en 420. 2° *Ancien temple d'Athéna Polias* ou *Hécatompédon*, en 3 états successifs : *a*) in antis (Solon); *b*) périptère (Pisistratides); *c*) réduit à la cella, restaurée après 480 et brûlée en 406. — 3° *Nouveau temple d'Athéna Polias* ou *Parthénon*, en 3 états successifs : *a*) Parthénon en tuf de Clisthène (fin vi[e] s.); *b*) Parthénon en marbre de l'Hymette, d'Aristide (vers 489); *c*) Parthénon en marbre pentélique, de Périclès (447). — 4° *Nouveau temple double d'Athéna Polias et Erechthée* ou *Erechthéion*, de Nicias, en 420.

IV. RETOUR DE L'ÉRECHTHEION AUX PROPYLÉES. — En se dirigeant de l'angle N.-O. de l'Hécatompédon vers le mur de Thémistocle, on rencontre des restes d'**habitations pri-**

mitives (30), d'appareil polygonal, comme les logis mycéniens; une citerne turque avec restes de voûte (31), des lignes de soutènement en pôros du ve s., et, un peu plus à l'E., les fondations en pôros d'un bâtiment carré (32) du ve s., de 12 m. de côté, composé d'un vestibule de 4 m. et d'une salle de 8 m. 50 sur 4 m. 50. Il recoupe les fondations d'un bâtiment un peu plus ancien (33), que son plan et ses dimensions (27 m. sur 12) désignent comme un portique; ces deux édifices représentent peut-être la maison et le *sphairistérion* (jeu de paume) des vierges arrhéphores, chargées de participer avec la prêtresse d'Athéna à la confection du péplos. La nuit qui précédait les Panathénées, elles allaient par un escalier secret porter certains objets sacrés au sanctuaire d'Aphrodite aux Jardins (p. 82).

Deux escaliers, tous deux murés, descendent de ces bâtiments, l'un (34) dans la grotte d'Aglaure (p. 71), l'autre (35) dans celles de Pan (p. 70). Le 1er, en partie moderne et voûté par les Turcs, s'interrompt à pic dans le vide et l'obscurité : on a voulu, à tort, y reconnaître le passage par où les Perses escaladèrent l'Acropole, et, avec plus de vraisemblance, l'escalier secret des Arrhéphores. (Sur le 2e, *V.* p. 71.)

Après avoir rencontré d'autres restes d'habitations primitives (30), en forme de petites chambres carrées, on atteint dans l'angle N.-O. les fondations en pôros d'un grand bâtiment (36 et pl. p. 30) de 17 m. sur 18 m. 50, composé d'un portique desservant deux salles adossées au mur d'enceinte. Il est plus ancien que les Propylées; sa destination est inconnue. L'intérieur est coupé par un réseau de caniveaux qui desservaient une citerne du vi^e s. (37), divisée en 2 réservoirs, et dont l'aqueduc aboutissait au fond de la grotte d'Apollon (*V.* pl. p. 30 et p. 70). Ce réservoir a été en partie recouvert par l'aile N. des Propylées, et par la citerne médiévale (38) contiguë à celle-ci (p. 70).

V. MUSÉE DE L'ACROPOLE (*V.* pl. de l'Acr.). — Dépôt obligatoire des cannes et parapluies : 0 fr. 20; éphore : *M. Philios*; catalogue, en grec, par Kastriotis; en français, par Kavvadias; Cf. Lechat, *Au musée de l'Acropole* (*V.* p. 15). — Ce musée, construit en 1878, renferme les objets découverts sur l'Acropole, à l'exception des bronzes et des vases, transportés au Musée national (p. 139) : il est unique au monde pour la connaissance des origines de l'art attique. L'annexe voisine ou Petit Musée sert de magasin pour les fragments non classés ou de moindre importance.

Avant-cour extérieure. — Inscriptions, fragments divers. — 1366 : siège en marbre. — 1358 : groupe de femme et d'enfant (Gè Kourotrophos?).

On traversera le **vestibule**, dont l'examen sera réservé pour la fin, et l'on tournera à g.

I. **Salle du Taureau.** — 1 (vis-à-vis l'entrée). Le plus ancien (fin vi^e s.) des frontons en tuf peint de l'Acropole, provenant d'un petit temple ou d'un trésor. Au centre, Hèraklès saisit, pour l'écraser de sa massue, une tête de l'Hydre, dont le corps s'allonge à dr. en replis tortueux; à g., Iolaos, cocher du héros, un pied posé sur le char, regarde le combat. Dans le coin g. le crabe envoyé par Héra au secours de l'Hydre pour pincer Héraklès au talon (traces de couleur noire, verte et rouge). — 3. Taureau terrassé et dévoré par un lion (groupe d'ex-voto en tuf, du VIe s.). Au-dessous, dans la vitrine, idoles en t. c. peinte (Athéna Erganê), pierres polies (amulettes), fusaïoles, poids de métier consacrés par les tisseuses à Athéna Erganê, tenons en bois de cyprès des tambours du Parthénon (p. 55); lampes. — 2 (à dr.). Fragments d'un fronton du VIe s. : *lutte d'Héraklès et de Triton* (considéré à tort comme le pendant du 1), sujet analogue à celui de la frise d'Assos au Louvre. — 11, 12. Masques de têtes d'h. en tuf, spécimens de l'application aux 1res œuvres en pierre tendre de la technique de la sculpture sur bois. — 9, 10. Figures du groupe central du fronton E. de l'ancien Hékatompédon *in antis* (p. 65) : Zeus et Athéna (10) assis. Il y avait un 3e personnage (Érechthée?) et des serpents de chaque côté (S. II, 37, 40, 41). — 13-29 (armoire). Fragments du dessous de la cimaise rampante de ce temple, ornée de fleurs de lotus rouges et d'oiseaux volant (aigles pêcheurs tenant des poissons dans leurs becs ou dans leurs serres, et cigognes). — 4. Fragment d'un groupe d'ex-voto analogue au n° 3, représentant un taureau terrassé par une lionne (pattes et mamelles). Cf. : 5, 6-8, fragments de deux autres groupes analogues.

II. Salle du Monstre aux trois corps. — 36-35 (à g. et à dr.). Deux moitiés du fronton O. de l'Hékatompédon *in antis* (p. 63) : *lutte d'Héraklès contre Triton* (36) *devant Typhon* (35) ou un dieu de l'Ouragan, monstre au triple torse humain terminé par un triple corps de dragon, avec des ailes et des serpents aux épaules, des flammèches et des oiseaux dans les mains : c'était un allié de Triton. (Remarquable polychromie à couleurs conventionnelles). — 37, 40, 41 (vis-à-vis l'entrée). Restes de deux grands serpents qui occupaient les ailes du fronton E. de l'Hékatompédon *in antis* de chaque côté du groupe central d'Athéna, Zeus et Erechthée (S. 1, 9, 10). — 42, 49, 51. Figures d'un fronton : l'*Apothéose d'Héraklès* (42) escorté par Iris (49), et Hermès (51 et fragments 32 de la S. I). — 39, 43, 48, 50. Figures d'un fronton représentant une procession d'adorants (43), se dirigeant vers l'olivier sacré de l'ancien Érechthéion, p. 57 (cf. fragments 4468 et 4470). — 52. Hydrophore. — 69-119. Fragments architectoniques de l'Hécatompédon.

III. Salle des Figurines. — 67 (dans la porte, à g.). Tablette en t. c. peinte : guerrier, avec un satyre sur son bouclier. — 68. T. c. à reliefs. — 69.-119. (Sur les rayons) fragments architectoniques en marbre et t. c. de l'Hécatompédon. — Dans les vitrines et armoires, figurines ou plaquettes de t. c. représentant les divinités de l'Acropole et offertes aux sanctuaires par les fidèles. — A B. 1-57 : Athéna debout. — C. 1329-1336, 1337, 1338 : Athéna Erganê. — 1331-1336 : Athéna casquée montant sur son char. — 1339-41 : chouette. — 1323. Héraklès.

IV. Salle des Marbres. — 120, 121 (dans la porte) : b.-r. représentant Athéna combattant (VIe s.). — 122. Tête d'animal (ourse d'Artémis Brauronia?) — 140. Statuette d'Athéna en péplos. — 142. Athéna. — 144-146. Scribes (*grammateis*) assis, écrivant sur un pupitre (VIe s.). — 631. Fragments du fronton E. de l'Hécatompédon périptère (p. 64) : scène de *Gigantomachie*. Au centre, Athéna terrassant Encelade ; des 2 côtés, dans les angles, corps de Géants allongés, une jambe ployée, le torse appuyé sur un bras. Figures intermédiaires (fragments) : dieux debout et géants à demi renversés. En tout 8 figures (fin VIe s.). Les fragments du fronton O. (lions et taureaux) sont encore dans le magasin. Dans les angles, fragments de base et de colonne d'ex-voto (124, 135, 136, 150).

V. Salle du Moschophore. — 577 (dans la porte). B.-r. Athéna Erganê recevant d'un artisan la dîme de son gain. — 581. Adorants amenant à Athéna une truie pour le sacrifice. — 590 (à g.). Cavalier. — 592. Base ronde qui portait 6 statuettes de f. drapées (ex-voto arch.). — 593. [S] de f. drapée tenant un vase et une couronne, ses offrandes (VIe s.). — 619. Id. — 594.

[S] de f. en forme de xoanon, du type de l'Héra de Samos au Louvre. — 597. Hippalectryon (cheval-coq, animal mythologique originaire de Perse) et son cavalier (ex-voto de la fin du VIe s.). — 606. Cavalier athénien en costume d'archer scythe (fin VIe s.). — 610. Base ornée de reliefs représentant la naissance d'Athéna (Zeus, Athéna, Héphaistos avec sa hache, Hermès). — 624. *Le Moschophore*, [S] en marbre de l'Hymette, d'un sacrificateur nommé Rhombos, portant un veau. Base en tuf. Les vêtements, les cheveux, la barbe étaient peints sur des fonds lisses, les yeux en incrustations. Technique de la sculpture en pierre tendre appliquée aux 1res œuvres en marbre (2e quart du VIe s.). — 618, 620-625. [S] d'Athéna assise. Il est possible que le n° 625, la plus récente (après 479), soit l'œuvre d'Endoios signalée par Pausanias près de l'autel d'Athéna (p. 57). — 622. Hermès à la syrinx (2e quart du VIe s.) — 629. Scribe (fin VIe s Cf. III, 144-146). — 630-632. Sphinx ailés d'acrotères (archaïques). — 143. Chien (archaïque). — 633. Torse d'homme drapé (prêtre?). — 665. [S] de jeune homme nu (κοῦρος) (VIe s.). — Dans une vitrine, 658-664. têtes et fragments de statuettes du type des κόραι de la salle suivante.

VI. Grande salle Archaïque. — Cette salle, d'un intérêt capital, est comme le salon d'élite de la sculpture attique au VIe s. av. J.-C. Là trônent, souriantes et coquettes, avec leurs grâces hiératiques à la fois gauches et maniérées, les principales statues de femmes découvertes en 1882 et en 1885 à l'E. du Parthénon et au N.-O. de l'Erechtheion (p. 64). Malgré la monotonie des attitudes et la raideur précieuse du port et du geste, ces figures forment un groupe aussi varié que vivant. Les nuances de facture, de costume et de type donnent à chacune sa personnalité : on étudiera avec intérêt les détails de leur attifement, la polychromie discrète qui réchauffe le marbre, l'expresion des physionomies. Et même — tant ces yeux vifs, ces lèvres colorées, relevées par la finesse du sourire avenant ou moqueur, ces carnations animées du marbre donnent l'illusion de la vie — l'observateur se sentira induit à découvrir sur chacun de ces visages le reflet d'un caractère. Pourtant ces figures ne sont pas des portraits : plus souvent l'expression que nous leur prêtons tient à un détail d'exécution où l'artiste n'avait mis aucune intention expressive. Rien ne les désigne comme des déesses ou des prêtresses, ni comme des effigies de pieuses donatrices. Elles sont en réalité de simples offrandes, consacrées par des hommes et quelquefois par des femmes, sous la forme de statues de j. filles (*korai*) aussi impersonnelles et anonymes que les Caryatides de l'Erechtheion. Leur réunion dans le mégaron et sous les galeries de l'Hécatompédon constituait le *Parthénon* ou cour de jeunes filles dont la présence embellissait le sanctuaire et réjouissait la déesse. Ces œuvres joyeuses et brillantes ont été exécutées, entre 540 et 500, par l'école de sculpteurs ioniens qui était en vogue à Athènes sous les Pisistratides Elles se répartissent en plusieurs groupes : 1° les *primitives* ou *xoanisantes*, soit en forme de gaine comme les anciens *xoana* avec des draperies raides et collantes (679, 678. Cf. V, 593, et II, 52), soit en forme de colonne (dites les *Samiennes*) : 677, cf. V, 619 ; 2° les *pures ioniennes* (682, 594, 673, 600, 670, 675) remarquables par le raffinement du costume et le type de la figure aux yeux très obliques et aux lèvres arquées ; 3° les *pseudo-ioniennes* (676, 672, 685, 687) où l'ionisme n'est plus original, mais de reflet, chez les disciples attiques des Ioniens ; 4° les *attiques* (671, 669, 601, 684, 686), où se révèle le retour de l'art attique à l'indépendance et à ses traditions de gravité et de sobriété. La reine du groupe, sinon pour la richesse du détail, du moins pour l'ampleur des proportions et son intégrité, est le n° 681, œuvre exécutée vers 510 par l'Athénien **Anténor**, auteur du 1er groupe des Tyrannoctones (p. 21). Remarquer aussi les n°s 684 et 686 (celle-ci complétée par la partie inférieure et la base 609 ; traces sur la gorge d'un dessin de broderie représentant des chevaux), tous deux exécutés entre 500 et 480; le sourire archaïque s'y est effacé, et mué, sur les lèvres du 686 (vulgo *la Boudeuse*) en une moue charmante. Le 684 clôt la série archaïque; le 686 annonce un art nouveau, plus personnel.

La plupart de ces figures tenaient d'une main leur robe relevée, de l'autre une offrande, fruit ou vase. Leur costume se compose : 1° d'une longue tunique de lin ou *khiton* d'une seule pièce serrée à la ceinture : la partie supérieure (*apoptygma*) forme un corsage plus ou moins bouffant et artificiellement plissé (671, 683); la partie inférieure, ramassée en paquet dans la main, est tenue sur le côté ou par devant. Des bandes de broderies colorées ornent les bords et le milieu de la jupe, et le tout est parsemé de petits ornements brodés; 2° de l'*himation*, ou châle de laine avec broderies, soit posé sur les épaules (688), soit agrafé sur l'épaule droite et passé sous l'autre aisselle en formant une écharpe plissée (594); 3° un collet (*épiblèma*) s'ajoute parfois à l'himation (594, 671). Les arrangements de toilette sont très variés, comme si chacune de ces dames avait suivi son goût particulier. Les chaussures consistent en sandales ou en babouches (les pieds sont remarquablement soignés par les sculpteurs ioniens). La coiffure consiste en bandeaux, frisés, avec tresses symétriques sur les épaules et sur le dos, et diadème ou *stéphané* (en métal, bois ou cuir ornementé) sur les bandeaux. Au sommet de la tête est plantée une tige de bronze (complète sur le 673, 682) qui, droite et pointue ou surmontée d'un croissant, constituait le *méniscos* destiné à empêcher les gros oiseaux de se percher sur la tête et de la souiller (Aristoph, *Oiseaux*, 114). Même appendice sur un sphinx d'acrotère et sur des têtes d'hommes (663). Les avant-bras saillants étaient travaillés à part et scellés à la chaux dans une mortaise ronde, ainsi que les parties saillantes et ténues des bouts de draperies et des tresses, fixées dans des petits trous (669, 594, 595, 673).

VII. Salle de l'Éphèbe. — 689 (au centre). Tête de j. h. (début du ve s.), peut-être du même auteur que VI. 686. Cf., pour le type l'Apollon d'Olympie. — 692, 698. Statues de j. athlètes (cf. les Tyrannoctones de Critios et Nésiotès). — 699. Tête de j. h. autrefois attribuée au 698 (Cf. V, 644), style pré-phidiesque. — 690, 691, 693, 694. Torses de Niké. — 695. B.-r. dit *Athéna Mélancolique* : la déesse, penchée sur sa lance, regarde une stèle, sur laquelle H. Lechat suppose qu'était placée la ciste contenant le petit Érichthonios (milieu ve s.). — 697. Fragment de cheval (d'après les traces de la plinthe, le cavalier se tenait debout à côté). — 700. [S] de cavalier (vers 480). — 701. Masque de Gorgone peint (milieu vi^e s.). — 702. B.-r. archaïque (fin vi^e s.) : Hermès, jouant de la flûte, mène une ronde de 3 Kharites accompagnées d'un adorant. Exécution médiocre. — 703-706. Fragments des Métopes S. du Parthénon. — Dans l'armoire, fragments et, sur les murs, moulages de la frise du Parthénon.

VIII. Salle du Parthénon. — Au milieu de la salle, reconstruction des frontons, d'après Furtwängler. Contre le mur à droite, moulages des sculptures conservées au Musée Britannique, complétés par quelques morceaux originaux, 881^A 881^I. — Fronton E. *Naissance d'Athéna.* — 881^AB : Hélios et ses chevaux. — 881Γ. « Thésée ». — 88Δ. « Déméter et Perséphone ». — 881E Iris. — 880. Torse original d'Héphaistos, aux bras levés pour frapper la tête de Zeus. — 881Z. Niké. — 881HΘ. « Les Parques ». — 831. Séléné (torse original) et ses chevaux. — Fronton O. (888AB). *Dispute d'Athéna et de Poseidon.* — 888. « Le Céphise ». — 888B. Fragment de tête d'Athéna. — 888Γ. Torse d'Hermès. — 888Δ. Amphitrite. — 888E. Femme assise. — 888Z. Torse d'Athéna. — 883-4. Têtes de cheval. — 885-6. Fragment de torse de Poseidon. Fragment de statue d'homme. — 887. « L'Ilissos ». — 888. Fragment. — Dans le reste de la salle, fragments et moulages de la frise. [Au milieu, sur un châssis ayant la forme de la cella, les gravures de l'Atlas de Michaëlis représentent tout le développement de la frise (V. p. 53).] — 856. 3 divinités de la frise E : Aphrodite ou Peitho, *Apollon*, *Poseidon*. — 855. Héra, Zeus, Iris (tête originale). — 857. 3 j. h. conduisant 2 génisses au sacrifice. — 861-863; 866-871. Chars et cavaliers. — 860. J. h. et brebis de sacrifice. — 864. Métèques hydriophores. — 865. Groupe de magistrats. — 872. Guerrier montant en char. — 874. J. h. tenant un attelage. — 875. Citharistes.

IX. Salle de Niké. — *Fragments de la balustrade du temple de Niké* (p. 42) : 972. Deux Victoires ailées conduisant une génisse au sacrifice. — 973. *Victoire rattachant sa sandale* (le morceau le plus célèbre). — 974. Victoire tendant les bras (pour orner un trophée). — 975-7. Victoires. — 989-991. Athéna assise sur un avant de navire, près d'un bouclier. — *Fragments de la frise de l'Érechtheion* (p. 58). Très mutilés; le sujet n'est pas connu. 1071. Deux déesses. — 1073, 1075, 1076. Déesses assises tenant des enfants sur leurs genoux. Ces sculptures ont été, d'après un compte de l'an 408, exécutées par divers artistes étrangers, au prix de 60 dr. la figure.

X. Salle des Bustes de l'époque gréco-romaine. — Bustes et têtes; dans les vitrines, fragments de sculptures et de t. c.

XI. Vestibule. — Œuvres d'époques diverses. 1325. Moitié supérieure d'une statue d'Hermès, non terminée. — 1326. Base avec représentations d'*apobates* (coureurs qui devaient sauter du char et y remonter pendant la course). — 1327. Base avec figures de danseuses. — 1332. B.-r. Potier assis tenant une coupe (offrande à Athéna Ergané des produits de son travail; ex-voto du début du ve s.). — 1333. B.-r. et texte du traité conclu en 405 entre Athènes et Samos, représentées par Athéna et l'Héra samienne se donnant la main. — 1334. B.-r. trouvé aux Propylées. Hermès Propylaios? — 1335. Fragment architectonique de l'Erechtheion. — 1336-7. Statuettes d'Athéna. — 1338. Base avec figures de *Pyrrichistes* (personnages armés dansant la pyrrhique). — 1339. B.-r. avec représentation d'une trière (document important pour la reconstitution de ce genre de navires). — 1341. αβγ. Fragments d'un b.-r. représentant les Kharites (trouvé dans les Propylées, et faussement attribué par les cicerone et par Pausanias à Socrate. Ce b.-r. n'est qu'une réplique exécutée vers 470 d'un modèle plus ancien). — 1342, 3-4. Fragments de la frise de la cella de l'Hékatompédon périptère (début ve s.). 1re esquisse d'une procession des Panathénées. — 1342. Divinité (Niké? Apollon?) montant en char. — 1343 Hermès coiffé du pétase. — 1345. Pan à la syrinx et nymphe. — 1347 Chouette colossale. — 1348. Déméter et Perséphone (IVe s.).

B. Versant Nord de l'Acropole.

En sortant de l'Acropole, on peut visiter le versant N., celui qui, pour les anciens, représentait le front (μέτωπον) du rocher, avec les falaises des *Longues Roches* (μακραὶ πέτραι) creusées de grottes sacrées (*V.* pl. p. 30). Suivant le sentier qui descend du rond-point; en bas de la porte Beulé, on contourne le saillant d'Agrippa jusqu'au pied de l'escalier rocheux extérieur (voûté au moyen âge, p. 33), qui aboutit à la **source Clepsydre,** citée par Aristophane (*Lysistr.*, 911) et que les Byzantins enfermèrent dans une chapelle des Saints Apôtres. Un tube de puits, dans l'abside, s'ouvre sur une citerne quadrangulaire de 6 m. 50 sur 2 m., enfermée entre des parois rocheuses et de maçonnerie hellénique; le fond est à 10 m. de l'embouchure du puits. Un aqueduc de 1 m. de haut, creusé dans le roc, y aboutit au S.

Selon les anciens, la fontaine était intermittente et communiquait avec le Phalère. L'eau est saumâtre et sans fraîcheur. Peut-être alimentait-elle par un canal l'horloge d'Andronicos (p. 105), et plus tard une fontaine turque située près de la Tour des Vents. En 1822, la Clepsydre, retrouvée par Pittakis, fut enfermée dans le bastion d'Odysseus, démoli en 1888.

La Clepsydre était englobée dans l'enceinte du Pélargicon. Dörpfeld a cru retrouver l'amorce de celle-ci dans un mur (39), épais de 2 m., en pôros et d'appareil hellénique, qui s'attache au pied de la falaise, et, au bout de 10 m., tourne vers l'O. à angle droit, sur une longueur de 15 m., enfermant une terrasse irrégulièrement dallée en contre-bas de la fontaine. Le mur, qui n'a rien de pélasgique, date du ve s., et peut avoir été construit par Thémistocle ou par Cimon pour protéger la Clepsydre, ou plutôt vers 445, quand l'enclos sacré du Pélargicon fut délimité (p. 25). La terrasse est recoupée, du S. au N., par les fondations d'un mur longtemps attribué à Valérien (40, *V.* pl. p. 30) et qui appartient plutôt à l'enceinte basse construite au xve s. par Antonio Acciauoli.

Les grottes voisines ont été déblayées en 1896 par la Société Archéologique (M. Kavvadias), dont les découvertes ont modifié les anciennes attributions. Au-dessus de la Clepsydre, s'ouvre une 1re grotte (41; cf. pl. p. 30), d'accès difficile (quelques degrés rocheux) et qui ne semble pas avoir été consacrée au culte. A l'E. l'entrée de cette grotte communiquait par des degrés rupestres, très détériorés, avec une terrasse rocheuse sur laquelle s'ouvrent 2 grottes contiguës : celle de l'O. (42), la plus petite (h. 7 m. 30; l. 4 m. 30; prof. 2 m. 40), a ses parois creusées de niches quadrangulaires où étaient encastrés des bas-reliefs votifs avec dédicaces des archontes à Apollon Hypoacraios ou ὑπ' Ἄκραις ou ὑπὸ Μάκραις (au milieu, niche oblongue pour une statuette, sur les flancs trous de crochets où étaient suspendues des couronnes et des bandelettes). Cette grotte répond donc au **sanctuaire d'Apollon Hypoacraios.** En avant de l'ouverture, un évidement carré du roc (2 m. 45 sur 2 m.) représente la fondation du massif en pierres de *l'autel.* Sur la tranche de la cloison rocheuse, entre les 2 grottes, dans un creux rectangulaire, est inscrit le nom de l'archonte Herennios Dexippos. (Le lieu de réunion des archontes ou *Thesmothesion* devait être situé en contre-bas de ce point de l'Acropole.) La grotte E. (43), plus grande (h. 11 m. 20, l. 4 m. 50), mais dépourvue de niches votives, appartiendrait aussi, suivant Kavvadias, au sanctuaire d'Apollon; suivant d'autres, représenterait la principale grotte du **sanctuaire de Pan,** dont le culte fut introduit à Athènes après la bataille de Marathon, pour le remercier de son assistance. Devant l'entrée, un trou rond (diam. 2 m., prof. 1 m. 90 à 2 m. 65) dans le roc représenterait, d'après Kavvadias, le *tombeau d'Érechthée,* père de Créuse, tué par Poseidon (Euripide, *Ion,* 281). Près de ce trou débouche l'ouverture d'une autre caverne plus basse, mais plus profonde, et qui se prolonge à l'E. par 2 autres salles dont la dernière avait été convertie en chapelle d'H^os Athanasios (44). Trois ouvertures basses (dont 2 à demi bouchées par les éboulements) donnent accès dans ces cavernes closes, qui semblent bien répondre aux *antres de Pan*, où d'après Euripide (*Ion*, 281), Créuse fut violée par Apollon, où elle exposa son fils *Ion*, qu'Hermès emporta ensuite à Delphes. C'est aussi dans cette retraite propice de l'*aulion* de Pan qu'Aristophane (*Lysistr.*, 911) fait promettre par Myrrhine, enfermée sur l'Acropole, un rendez-vous secret à son mari. En effet, l'entrée des grottes communiquait directement avec le plateau de l'Acropole par un escalier rocheux de 17 marches, terminé par un couloir de 10 m. qui aboutissait à la poterne (l'ὀπή d'Aristophane) pratiquée dans la base du rempart, et de là à l'escalier (35) de 22 marches décrit p. 65. De l'escalier rocheux part aussi, dans la direction de l'E., une galerie souterraine de 33 m. de long, qui passe sous le saillant du rempart et aboutit à une grotte (45) de 8 m. 50 d'ouverture et 4 m. de haut, située juste au-dessus de la chapelle de Séraphim.

Cette grotte sacrée (niches votives) dépendait peut-être du sanctuaire d'**Aglaure** ou Agraule, fille de Cécrops, prêtresse d'Athéna, qui s'était précipitée là du haut de l'Acropole. Le sanctuaire lui-même, l'**Aglaurion**, où les éphèbes venaient prêter serment, devait-être à découvert, sur une terrasse en contre-bas de l'escarpement compris entre l'escalier 35 et la grotte 45. Au-dessous, se trouvait l'*Anakeion*, consacré aux Dioscures (*V.* pl. p. 102).

Au fond de la grotte, 5 marches rocheuses (inaccessibles) aboutissent à un couloir vide E.-O. de 6 m. 50, au-dessus duquel débouche l'escalier médiéval (34) décrit p. 65 : sur les parois du couloir, on remarque encore les traces d'un escalier mobile en bois, qui, dans l'antiquité, assurait la communication. — Au delà, vers l'E., en contre-bas des tambours encastrés, on remarque dans le roc une ligne de niches votives (46); au delà de l'entrée de l'escalier pélasgique, d'autres niches (47), une inscription et deux petites grottes. Ces niches indiquent le tracé d'un chemin antique, tronçon d'une route circulaire qui faisait le tour de l'Acropole et qu'une inscription appelle le *Péripatos* : on le retrouvera plus loin, en bas du versant S. (p. 81).

Dans la falaise E. au delà de la chapelle d'H^os Georgios, s'ouvre une vaste caverne (48) en partie comblée par les déblais des fouilles.

C. Versant Sud de l'Acropole.

Pour visiter cette région, on commencera par le **Monument choragique de Lysicrate**, au bout de l'ὁδὸς Λυσικράτους, à l'O. de la porte d'Hadrien, dans l'ὁδὸς Τριπόδων (*V.* pl. d'Athènes E. 7.).

Celle-ci répond à peu de chose près au tracé de l'antique *rue des Trépieds*, qui conduisait du Prytanée au théâtre. Elle devait son nom aux trépieds de bronze donnés en prix aux vainqueurs des concours dionysiaques : l'usage était de les consacrer sur de petits monuments votifs situés en bordure de la rue. Pausanias signale celui qu'ornait le Satyre de Praxitèle, mais ignore celui de Lysicrate. Ce dernier doit sa conservation aux Capucins français qui l'achetèrent avec le terrain voisin en 1669, et l'incorporèrent à la bibliothèque de leur couvent. Il resta ainsi jusqu'au début du XIXe s.) et lord Byron, hôte des Capucins, aimait à s'y retirer. La France, propriétaire du monument, l'a dégagé et réparé en 1845, 1878 et 1892. Les Athéniens du XVIIe s. le désignaient sous le nom de *Lanterne de Démosthène* et s'imaginaient que l'orateur s'y enfermait pour préparer ses discours.

Le monument est auj. entouré d'une grille. Sur un socle cubique haut de 4 m. sur 3 m. de côté, en assises de pôros couronnées par une corniche en marbre de l'Hymette, repose, par l'intermédiaire d'un soubassement circulaire à 3 degrés, une rotonde monoptère en marbre pentélique, de 6 m. 50 de haut et 2 m. 80 de diamètre, avec 6 demi-colonnes dont les chapiteaux corinthiens sont le plus ancien exemple d'une application régulière de cet ordre à l'extérieur. Leurs motifs, d'une stylisation encore discrète, reproduisent les formes naturelles. Les intervalles entre les colonnes étaient remplis par des plaques figurant un mur de cella couronné par une frise de trépieds en relief. L'*architrave*, à 3 bandes, porte au S.-E. (c'est-à-dire sur le parcours de la rue antique, en face la rue de Lysicrate), l'inscription : « Lysicratès, fils de Lysitheidès, du dême de Kikynna, chorège. La tribu Akamantide a remporté la victoire dans les chœurs de garçons, Théon étant joueur de flûte, Lysiadès d'Athènes instructeur du chœur, Évainétos archonte » (335/4 av. J.-C.). La *frise*, d'un travail délicat et de faible relief, représente le châtiment des pirates tyrrhéniens par Dionysos qui, se rendant à Delphes, les changea en dauphins.

Le dieu est figuré (au-dessus de l'inscription) sous les traits d'un j. h. assis sur un rocher et caressant une panthère au milieu de j. satyres qui lui servent le vin de deux cratères. D'autres satyres, armés de thyrses, de torches et de massues arrachées aux arbres, poursuivent et châtient les pirates qui se précipitent à la mer déjà à demi métamorphosés en dauphins. Le sujet, tiré de l'hymne homérique à Dionysos, formait peut-être aussi le thème de la cantate exécutée par le chœur de Lysicratès.

Le toit conique, d'une seule plaque de marbre décorée de fausses tuiles imbriquées et de consoles, se terminait par une tige d'acanthe épanouie en 3 volutes, sur laquelle reposait la plinthe du trépied.

On a retrouvé les substructions de 2 autres monuments choragiques situés l'un à quelques mètres au N. de celui de Lysicrate (4 m. 40 sur 3 m. 30), l'autre (4 m. 52 sur 1 m. 20) dans la cave d'une maison à l'angle des rues de Thespis et des Trépieds : il était désigné au XVIIe s. sous le nom de *Lanterne de Diogène*.

A l'O. du monument de Lysicrate, vers le carrefour des rues modernes de Thespis et de Dionysos, se trouvait l'Odéon, construit en 445 par Périclès, incendié en 86 par Aristion, général de Mithridate, et reconstruit aux frais d'Ariobarzane II, roi de Cappadoce (63-51 av. J.-C.) par les architectes C. et M. Stallius et Mélanippos. Il existait encore au temps de Pausanias. C'était une imposante rotonde, construite à l'imitation de la tente de Xerxès, au plafond en bois richement décoré. Il passait pour la plus belle salle de concert du monde grec : on y exécutait les dithyrambes ou cantates des concours dionysiaques, et les répétitions des drames destinés à être joués sur le théâtre de Dionysos,

A l'O. aussi, devant l'église d'Aikatérini, on a retrouvé les restes d'un *portique ionique romain* (2 col. de 5 m. de haut) situé en bordure sur la rue antique qui reliait la rue des Trépieds à la Porte d'Hadrien.

Le **Théâtre de Dionysos**, dégagé par les fouilles de Strack en 1862, de la Société archéologique (1876-77), et de l'Institut allemand (1886-95), est à l'extrémité de l'῾Οδὸς Ληναίου (*r. du Lénaion*), où l'on arrive après avoir pris l'ὁδ. Θρασύλλου.

Ce théâtre est appelé dionysiaque ou de Dionysos, parce que, comme l'Odéon, il faisait partie du sanctuaire de Dionysos Éleuthéreus, dont le

SCÈNE DU THÉÂTRE DE DIONYSOS. (d'après Dörpfeld).

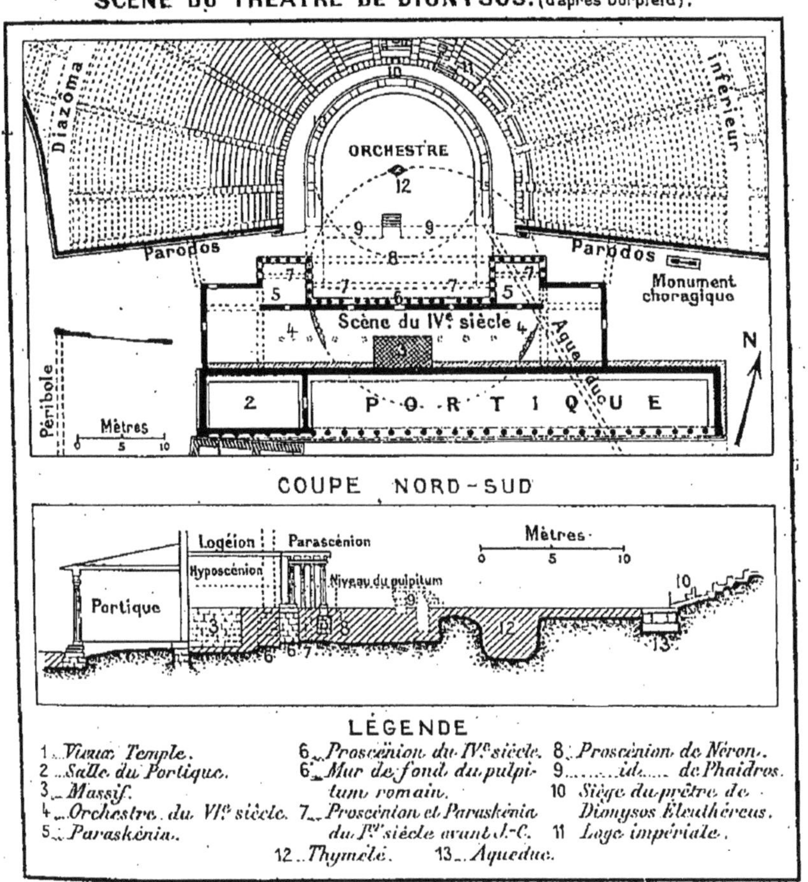

culte s'était introduit à Athènes (au VIe s.) par la Béotie : la statue du dieu avait été apportée du bourg béotien d'Éleuthères par un certain Pégasos. La fête du dieu, organisée par Pisistrate sous le nom de Dionysies urbaines (ἐν ἄστει) ou *Grandes Dionysies* (du 8 au 14 du mois Élaphébolion, mars-avril), s'accompagnait de danses et de chœurs (dithyrambes), et de scènes dialoguées et mimées, d'où naquit le drame attique. Le 1er drame fut présenté en 534 par Thespis, et dès lors les concours dithyrambiques et dramatiques (tragédie, comédie, drame satyrique) devinrent réguliers. Ces représentations avaient lieu d'abord sur une aire circulaire de terre battue, appelée *orchestra*, où se tenaient le chœur et les acteurs autour de l'autel et de la statue du dieu, principal spectateur du drame; devant la tente ou baraque (*skènè*) provisoire qui leur servait de coulisses, en face, des échafaudages supportaient les gradins en bois (*théatron*), également provisoires, pour les spectateurs. Ce théâtre primitif du VIe s. se trouvait, suivant quelques savants, sur l'agora du Céramique (p. 101); il était indépendant du théâtre plus ancien des fêtes Lénéennes situé dans le Dionysion aux Marais (p. 81). Ces gradins s'étant écroulés pendant une représentation, entre 500 et 497, on procéda à un nouvel aménagement sur l'emplacement actuel : une *orchestra* de 24 m. de diam. (dont les traces subsistent : pl. p. 73, 4), et des gradins en bois appuyés à la pente de l'Acropole; la scène n'était encore qu'un baraquement provisoire figurant une façade à 3 portes. C'est sur ce théâtre que furent jouées les pièces d'Eschyle, de Sophocle, d'Euripide et d'Aristophane, les acteurs et le chœur se tenant sur le même niveau de l'orchestra en sol battu, devant la scène : vers la fin du Ve s. furent commencés les 1ers gradins en pierre, et c'est seulement sous Lycurgue, avant 343, que l'ensemble fut édifié tout entier en pierre, gradins et scène, de façon à répondre aux besoins de la tragédie et de la comédie nouvelles, où le rôle réduit du chœur dans l'action permettait de le séparer des acteurs : ceux-ci jouaient alors sur une estrade surélevée ou *logeion* (parloir), flanquée de 2 ailes servant de coulisses. A partir du IVe s. l'assemblée du peuple trouva dans le nouveau théâtre un lieu de réunion plus confortable que l'ancienne Pnyx (p. 85). A l'époque romaine, les gradins inférieurs, l'orchestre et la scène furent remaniés à plusieurs reprises pour être adaptés aux représentations à personnages nombreux et même aux jeux de gladiateurs; l'installation fut complétée par la construction d'un bain dans le voisinage (pl. d'Athènes, D, 8).

En débouchant soit par la rue du Lénaion, soit par le boulevard de Denys l'Aréopagite, on pénètre d'abord dans le **téménos de Dionysos Éleuthéreus**, dont le péribole est conservé sur quelques points; l'entrée principale était à l'E. Il renfermait l'*autel*, dont un rectangle de 11 m. 50 sur 3 m. 30 représente les substructions, et les *deux temples* du dieu : le plus récent, construit par Nicias vers 420, mesure 21 m. 95 sur 10 m. 50, et se composait d'un pronaos en saillie et d'une cella qui abritait la statue chryséléphantine du dieu, figuré barbu et assis, par Alcamène, et des peintures représentant ses aventures. La base de la statue a laissé des traces. L'autre, dit *le vieux temple*, date du VIe s. : il est plus petit (13 m. 50 sur 8 m.) et simplement *in antis*. Il renfermait le xoanon du dieu, rapporté d'Éleuthères, qu'on promenait pendant les Dionysies (*V.* pl. de l'Acropole).

On remarque parmi les ruines du téménos en avant du temple un bel autel dionysiaque, rond, en marbre, du IIe s. avant J.-C., orné de masques de satyres, de guirlandes et de rosaces, et une grande stèle de marbre avec un décret des amphictyons en l'honneur de la Société des artistes dionysiaques. — Au S.-O., en dehors du péribole, sont les restes des **thermes romains**, formant un hexagone de 10 m. de côté.

Contigus au vieux temple sont les bâtiments de la **scène** : d'abord, un portique de 63 m. sur 9 m. 50, dont la colonnade ouverte au S. masquait l'arrière-mur des coulisses et offrait aux spectateurs un promenoir à l'abri du soleil ou de la pluie; puis la *scène* elle-même, composée au IVe s. d'une salle rectangulaire de 46 m. 50 de long sur 6 m. 50 de prof., avec 2 salles latérales en saillie vers le N. (pl. p. 73). Le front de la scène ou *proscénion* de 2 à 3 m. de hauteur était orné d'une colonnade appliquée (6) avec 2 ailes à colonnades ou *parascénia* (5). Le dessous de la scène ou *hyposcénion* était coupé par une ligne de piliers, servant à soutenir le plancher où se tenaient les acteurs, d'où son nom de λογεῖον ou parloir. Contre le mur de fond de la scène un massif rectangulaire (3) de 7 m. sur 3 m. 50 servait sans doute de fondation à la μηχανή, ou treuil pour hisser dans une nacelle les personnages qui devaient apparaître dans les airs. L'hyposcénion servait aux apparitions : sur les parascénia étaient installées de grandes charpentes prismatiques à pivot, dont les pans portaient des décors différents; on présentait aux spectateurs le tableau approprié au scénario.

La scène de Lycurgue subit plusieurs remaniements destinés à lui donner plus de profondeur, jusqu'à ce qu'elle reproduisît les dispositions du pulpitum romain. Vers le Ier s. av. J.-C., le proscénion fut avancé une première fois de 3 m. vers l'orchestre (tandis que le front des parascénia était reculé de 2 m. *V.* pl. p. 73); sous Néron, nouvelle avancée; enfin, au IIIe s. ap. J.-C., l'archonte Phaedros (224/5 ap. J.-C.) poussa le proscénion (réduit à 1 m. 50 de hauteur) jusqu'à la limite de la cavea (9), le décora de sculptures et bas-reliefs enlevés au proscénion de Néron et le pourvut d'un escalier au milieu (inscription sur la marche supérieure rappelant ces travaux).

Ces sculptures, spécimens assez remarquables de l'art au temps de Néron, se rapportent à la légende de Dionysos. 1° (à partir de l'escalier) : *Naissance de Dionysos* (au milieu, Zeus assis, devant lui Hermès tenant le nouveau-né; aux deux extrémités, 2 Curètes dansant la Pyrrhique). 2° *Sacrifice à Dionysos* (à g. Ikarios s'approche de l'autel, traînant la chèvre Érigone, et accompagné d'un chien et de Maira qui porte des gâteaux sur un plateau; à dr. Dionysos donnant la vigne, et suivi d'un jeune Satyre. Cette scène symbolisait les Dionysies rurales). 3° *Silène* accroupi, dans l'attitude d'Atlas (il y en avait d'autres semblables dans des niches vides). 4° et 5° *Hommage des divinités et de la cité attiques à Dionysos*. Le dieu est à dr., assis sur un trône, probablement dans son théâtre, car le relief figure la partie supérieure d'un édifice dorique à 8 colonnes, sans doute le Parthénon vu du pied S. de l'Acropole. Dans les personnages qui se dirigent vers lui on a voulu reconnaître à dr. Hestia, Thésée, Eiréné (la Paix) avec une corne d'abondance, et à g. d'autres personnifications de la cité (Démos entre l'Aréopage et la Boulé?) Ce sujet symboliserait les Dionysies urbaines.

Entre la scène et les gradins s'ouvraient de chaque côté les entrées latérales ou *parodoi*, bordées de statues et de petits monuments choragiques (la rue des Trépieds aboutissait à celle de l'E.) : elles furent bouchées par la scène romaine. L'*orchestra* était, à l'origine, une aire en terre battue de 19 m. 64 de diamètre, entourée d'un aqueduc découvert que traversaient des dalles isolées formant de petits ponts dans le prolongement des escaliers de la cavea. Sous Néron ou Hadrien le sol fut recouvert d'un dallage en marbre, au milieu duquel est dessiné un losange, dont le centre marque la place de la *thymélé* ou autel de Dionysos, autour duquel évoluait le chœur. L'aqueduc fut aussi recouvert et l'orchestre isolé des gradins par une margelle ou podium, surmonté d'une grille (trace des scellements). L'aqueduc recueillait les eaux de pluie de la cavea et les écoulait par un caniveau vers le S.-E.

La *cavea* (κοῖλον ou θέατρον proprement dit), de forme circulaire irrégulière, a 100 m. dans sa plus grande largeur, 90 m. de profondeur avec une pente de 30 m. Elle est soutenue extérieurement par un *analemma* ou ceinture en blocs de brèche équarris, doublé au S.-O. par un revêtement en calcaire d'appareil hellénique, qui dissimulait les contreforts. Elle n'était pas couverte par un velum. Les gradins reposent en partie sur le roc, en partie sur un garni de blocage : leur surface présente un évidement pour loger les pieds du spectateur placé plus haut et pour écouler les eaux de pluie. L'ensemble des 78 gradins était divisé en 3 zones par 2 paliers concentriques ou *diazômata* (32 gradins en bas et au milieu, 14 en haut); le diazôma supérieur servait aussi de chemin pour passer à l'Asklépieion : il prolongeait le *Péripatos*, qui débouchait à l'E. entre des murs de soutènement (49) au-dessus de l'Odéon de Périclès. Des escaliers rayonnant de bas en haut [14 en bas, 22 (?) au milieu, 10 (?) en haut] divisaient les zones en secteurs (*cunei*, κερκίδες). Le total des places du théâtre est estimé entre 14 000 et 17 000; mais, en réalité, il pouvait tenir beaucoup plus de monde; Platon parle de 30 000 spectateurs. L'assemblée du peuple se tenait dans la zone inférieure, contenant environ 5 500 places et divisée en 13 cunéi, dont 5 de chaque côté pour les 10 tribus et 3 au milieu, pour le Sénat, les hérauts, les employés du Sénat, les éphèbes chargés de la police et les étrangers honorés de la proédria (place d'honneur). Le 1er rang, réservé au IVe s. aux 50 prytanes, aux archontes et aux prêtres, se composait de sièges d'honneur, en marbre, à dossier (θρόνοι) au nombre de 67.

La place la plus honorifique, au milieu, appartenait au prêtre de Dionysos Eleuthéreus en face de la thymélé. La stalle se distingue par sa fine décoration de bas-reliefs archaïsants, du Ier s. av. J.-C. Sur le bandeau de la face, l'inscription Ἱερέως Διονύσου Ἐλευθερέως ; sur la frise au dessus, deux lions héraldiques dos à dos, et, de chaque côté, 2 Arimaspes luttant contre des griffons; au fond du dossier, deux Satyres portant une énorme grappe de raisin; sur les côtés extérieurs des bras, des Amours ailés lançant des coqs de combat. Les motifs orientaux rappellent les origines asiatiques de Dionysos.

Les détenteurs des autres sièges sont désignés par des inscriptions : ce sont, pour la plupart, des prêtres de diverses divinités, sacrificateurs, interprètes sacrés ou hérauts, des magistrats : archontes, thesmothètes, stratèges, ou des bienfaiteurs, comme M. Ulpius Eubiotos, gratifié d'une haute chaise curule avec une longue inscription. Ces sièges sont de l'époque hellénistique et romaine, mais sans doute en partie aux places que la tradition avait assignées dès le début.

Quelques autres sièges se trouvent aussi dans les rangs supérieurs. On remarque, à cheval sur le 2e escalier montant à partir du milieu, à l'E., quelques degrés plus larges : c'était l'escalier de la loge impériale construite par Hadrien; des statues impériales, dont les bases subsistent en partie, se dressaient sur la même ligne au milieu de chaque cuneus. D'autres statues des grands poètes tragiques et comiques, de musiciens, d'hommes d'Etat, d'orateurs et de bienfaiteurs d'Athènes étaient disséminées dans toutes les parties du théâtre (la base de la statue de Ménandre, avec la signature de Praxitèle, est exposée sur le coin N.-O. de la scène). Des gradins supérieurs, la vue s'étend au-delà de la colline de Philopappos sur le Phalère, Égine, Salamine; des gradins inférieurs, on ne voit que l'Hymette, ses contreforts dénudés et le Stade : encore, dans l'antiquité, cet horizon était-il en partie masqué aux premiers spectateurs par les bâtiments de la scène.

Montant au sommet du théâtre, on atteint, sous le mur de Cimon, une paroi du rocher taillée à pic appelée la κατατομή, dans laquelle s'ouvre une grotte de 7 m. de large sur 15 m. de prof. (50), dite chapelle de la Vierge de la Grotte, *Panagia Spiliôtissa* (quelques restes de peintures byzantines).

Le **Monument choragique de Thrasyllos** occupait l'entrée de cette grotte, taillée en rectangle et aménagée en façade.

Ce monument fut érigé par le chorège Thrasyllos, vainqueur en 320 av. J.-C., et la grotte consacrée par lui à Dionysos. En 271, le fils de Thrasyllos, Thrasyclès, le compléta pour commémorer ses propres succès et consacrer les trépieds gagnés par lui. Le monument, intact jusqu'en 1826, a été exactement reproduit par Stuart; il fut ruiné par le canon pendant le siège de 1826-7. Il consistait en une façade de portique dorique, en marbre, appliquée au rocher contre l'entrée de la grotte. Sur un soubassement de 2 degrés reposaient 2 piliers d'angle et un pilier central, supportant une architrave, avec la dédicace de Thrasyllos (fragment par terre) et une frise décorée de couronnes. Thrasyclès y ajouta une attique horizontale sans fronton portant, aux angles, 2 socles avec les dédicaces (fragments par terre) et les trépieds de Thrasyclès, et au centre, une statue assise de Dionysos, substituée au trépied de Thrasyllos (vendue par Lord Elgin au Musée Britannique).

Sur l'arête de la coupe du roc, à l'E. de la grotte, on remarque un cadran solaire antique, en marbre, déjà décrit dans l'*Anonyme de Vienne* (entre 1456 et 1460; *V.* p. 13).

A g. de la grotte, 3 cavités aménagées en niches votives, et des degrés rocheux qui aboutissent à la base du mur de Cimon et au sommet de la grotte. Là se dressent deux **colonnes corinthiennes** de travail romain (traces d'une 3e sur le roc); c'étaient des supports de trépieds choragiques, tout à fait indépendants du monument de Thrasyllos.

En redescendant vers le sentier qui traverse la cavea sur l'emplacement du diazoma supérieur, on remarque quelques fondations qui recoupent l'analemma au N.-O. (51) : ce sont les restes de l'**hérôon de Kalôs**, neveu de Dédale. Plus bas, le *péripatos* débouchait à l'O. en bas du sentier moderne, entre deux murs de soutènement amorcés sur l'analemma (52) et séparait la pente S. de l'Acropole en 2 longues terrasses superposées.

L'**Asklépieion**, ou sanctuaire d'Asklépios (Esculape), occupe la terrasse supérieure que l'on visitera la première.

Le culte d'Asklépios, originaire d'Épidaure, fut introduit à Athènes à l'occasion de la peste de 429, et le sanctuaire dit *Asklépieion* ἐν ἄστει (pour le distinguer de celui du Pirée) fut consacré en 420. Il comportait, comme à Épidaure, une source sacrée pour la purification, le temple et l'autel du dieu, un portique où les malades attendaient la guérison que le dieu leur procurait pendant leur sommeil. Le sanctuaire primitif, avec ces 3 éléments, occupait la partie O. de la terrasse, entourée d'un péribole; il fut agrandi et complété au IVe s. avant J.-C. par un nouveau sanctuaire qui s'étendit à l'E. jusqu'au mur du théâtre.

A 4 m. au N. du soutènement N. du *péripatos*, s'allonge parallèlement, de l'E. à l'O., le péribole du sanctuaire, qui forme d'abord à l'angle S.-E. un mur de renfort (53) pour contenir les terres; plus loin, à l'O., les 2 murs se confondaient; au bout de 100 m., à l'O. du théâtre (54), le péribole faisait un coude jusqu'à la falaise, qui constituait la limite au N. Le téménos mesurait 100 m. de long sur 30 de large. On rencontre d'abord, dans la partie E., les constructions du **Nouvel Asklépieion** : 1° l'*autel* (6 m. sur 3 m. 50); 2° le *nouveau temple* d'Asklépios et d'Hygie, situé 17 m. plus loin : c'était un petit temple *in antis* de 10 m. 50 sur 6, auquel fut rajouté un péristyle antérieur; 3° au N. s'étend un *portique* (49 m. 50 sur 9 m. 90), construit au IVe s., après le théâtre, dont il est séparé par un aqueduc. Il se composait d'une colonnade en façade de 17 col. doriques (fondations en conglomérat, assises en pôros, stylobate en pierre de l'Hymette), et de deux galeries intérieures séparées par une colonnade (ionique?) : il avait 2 étages auxquels accédait 1 escalier, à l'E. C'est dans ces galeries ou dortoirs (ἐγκοιμητήρια) que s'étendaient les malades pour attendre l'apparition nocturne du dieu. Elles ont été remaniées à l'époque byzantine pour l'installation de chapelles.

L'angle O. de la galerie N. constitue une plate-forme (55) carrée en saillie (11 m. sur 9), surélevée de 3 m. et desservie, au S. par un escalier, dont la cage se reconnaît dans l'angle S.-O. du portique. A l'intérieur de la plate-forme est aménagée, en appareil polygonal de calcaire de l'Acropole, une fosse circulaire de 2 m. 70 de diam. et 2 m. 20 de prof., entourée de 4 col. qui supportaient un toit. C'était la *fosse à sacrifices* où le prêtre d'Asklépios versait le sang des victimes pour les âmes des morts, lors de la fête des Ἡρῷα. Cette fosse est plus ancienne que le portique, auquel elle a été annexée.

4° La *source*. La galerie N. communiquait par un étroit passage (cintre byzantin) avec une *tholos* ou rotonde à coupole, taillée dans le roc, de 5 m. de diam. et de hauteur. Au fond, l'eau saumâtre qui suinte du rocher est recueillie dans un aqueduc bordé d'une margelle en marbre de l'Hymette et s'écoule au dehors par l'aqueduc de l'E.

C'était la source sacrée où les malades se purifiaient par des ablutions avant de procéder à l'incubation (ἐγκοίμησις) dans les dortoirs du portique (*V.* Aristophane, *Plutus*, v. 659). D'après la légende, c'est là qu'Halirrhotios, fils de Poseidon, aurait séduit Alkippé, fille d'Arès : celui-ci le tua près de la source. Les Byzantins y ont installé une chapelle.

L'ancien **Asklépieion**, celui du ve s., occupe la partie O. du téménos. On y retrouve : 1° un *portique* de 28 m. sur 14, composé d'une galerie à colonnes doriques desservant 4 pièces carrées de 6 m. de côté. Il n'avait qu'un étage. Cette construction ne semble pas antérieure à l'époque hellénistique : peut-être servait-elle au logement des prêtres; 2° à l'O. (56), le *temple ancien in antis* (5 m. 06 sur 4 m. 25) du ve s., avec les restes de l'autel à l'E. (à l'O., restes d'une construction romaine ou médiévale); 3° la *source ancienne*, au N. (57), constituée par une belle citerne rectangulaire du ve s., en appareil polygonal, de 2 m. 50 de large, et de 3 m. 60 de profondeur actuelle.

Les Turcs l'ont coupée et en partie comblée pour construire à sa place une vaste citerne voûtée. A 15 m. au S. se trouve une autre citerne byzantine ou turque adossée au mur S. du péribole (57'), dans lequel se voit en place une *borne* avec l'inscription du ve s. : ὅρος κρήνης, c'est-à-dire limite [du sanctuaire] de la source.

A l'O. de l'Asklépieion, il ne reste rien des sanctuaires énumérés par Pausanias; ils ont disparu dans les travaux de fortifications vénitiens et turcs. On rencontre à 30 m. à l'O. du péribole de l'Asklépieion (54), un mur parallèle (58) en conglomérat, de 1 m. d'épaisseur, probablement un autre péribole (sanctuaire de Thémis et tombeau d'Hippolyte? et à l'O. téménos d'Aphrodite ἐπὶ Ἱππολύτῳ?); au S., près du portique d'Eumène, restes d'un tombeau très ancien (59) et d'habitations primitives, d'un puits (60), d'un canal (61); enfin un mur d'appareil polygonal en calcaire de l'Acropole, qui s'arrondit vers l'O. : on a voulu y reconnaître un fragment de l'enceinte du Pélargicon restaurée au vi^e s. av. J.-C. (p. 27).

Plus haut à l'O. (62), on remarque, coupées par le mur circulaire de l'Odéon d'Hérode Atticus, les fondations en conglomérat du **Monument choragique de Nicias** construit en 319 av. J.-C., sur le plan d'un petit temple dorique de 14 m. sur 13, en marbre pentélique, avec pronaos de 6 col. au S. : il fut démoli lors de la construction de l'Odéon, et ses matériaux employés pour l'érection de la porte Beulé (p. 29).

Le chemin circulaire antique devait longer le Pélargicon au S. et montait jusqu'à l'entrée S. de l'Acropole, en passant près des sanctuaires d'Aphrodite Pandémos, de Gè Kourotrophos et Déméter Chloé. Après la construction de l'Odéon, il fut enfermé dans le pourtour de celui-ci (63), et déboucha plus au S.-O. (64). (Les constructions 65 sont les restes d'un bastion turc, avec une maisonnette de gardiens.)

La terrasse inférieure, située en contre-bas de ce chemin, n'est occupée que par deux monuments :

1° **L'Odéon d'Hérode Atticus**, qui fait, au S.-O. de l'Acropole, le pendant du théâtre de Dionysos.

Il fut construit peu après 161 ap. J.-C., par le riche Hérode Atticus, en mémoire de sa femme Régilla, pour servir, en toute saison. aux concerts et aux représentations dramatiques des Athéniens. D'après Pausanias, qui n'avait pu le voir lors de sa visite à Athènes, antérieure à 161, mais qui le décrivit plus tard (p. 34), c'était le plus magnifique et le plus vaste des édifices similaires. Il semble avoir été détruit par un incendie. Les Turcs en firent une redoute, rattachée à leurs ouvrages avancés du S. de l'Acropole (mur de Serpentzé). Le 17 déc. 1826, Fabvier réussit à le forcer pour ravitailler la garnison de l'Acropole, exploit commémoré par une plaque de marbre, au-dessus de la baraque du gardien. Le monument a été dégagé de 1848 à 1858 par la Société archéologique.

L'entrée était au S. Au milieu de la façade, s'avançait un *porche* voûté à 1 étage (66), adossé au bâtiment de la scène (40 m.). Il est aujourd'hui détruit, mais ses lignes se reconnaissent sur le terrain. Il était pourvu de 3 portes desservant le fond de la scène, et, à ses extrémités, de 2 escaliers desservant son étage. La *façade*, située en arrière (92 m. de long), se composait d'une partie centrale à 2 étages, correspondant au porche et au mur de fond de la scène, et de 2 ailes à 3 étages, le tout ajouré d'arcades en plein cintre et creusé de niches rectangulaires pour statues (on voit une statue de magistrat romain dans une niche). La partie centrale s'ouvrait sur la scène par 3 portes correspondant à celles du porche; dans les ailes, à dr. et à g., 2 vestibules (67) débouchaient par des portes sur les *parodoi* des deux côtés de l'orchestre, ainsi que sur les côtés de la scène, et, par des escaliers latéraux intérieurs, desservaient les salles des étages; enfin aux extrémités, 2 autres vestibules renfermaient d'autres escaliers par où l'on accédait de la rue aux gradins supérieurs de la cavea.

L'intérieur est disposé suivant le type du théâtre romain. La *scène* (long. 35 m. 40; prof. 6 m.; haut. 1 m. 10), dont le dessous était aménagé en bassin, avait un plancher en bois (*V.* les entailles dans le mur du fond) et, du côté de l'orchestre, un proscénion et une balustrade revêtue de marbre et coupée par 3 escaliers (celui de l'E. subsiste avec 3 marches). Le fond et les côtés, en outre des portes, étaient décorés d'une colonnade avancée de 1 m. 84, encadrant des niches ornées de statues, et supportant une sorte de balcon ou galerie de scène, dont les encastrements sont encore visibles dans le mur, et qui servait peut-être de scène supérieure ou θεολογεῖον pour les apparitions divines. Au-dessus, la décoration consistait en une grande niche centrale et en une ligne de fenêtres cintrées. Il n'y avait pas de 3e étage au-dessus de la scène.

L'*orchestra* (18 m. 80 de base sur 12 de flèche) est dallée en échiquier de marbre blanc et de cipolin de Karystos, et entourée d'un aqueduc.

La *cavea* est entourée d'une ceinture circulaire à contreforts (86 m. de diam. intérieur), protégée elle-même contre les éboulements par un soutènement extérieur : dans l'intervalle des

2 murs circulait le chemin du *péripatos* (63). Les 32 rangs de gradins, qui pouvaient contenir 5,000 places, étaient partagés en 2 zones concentriques par un diazôma situé au-dessus du 20ᵉ gradin. Chaque zone était divisée en *cunei* par des escaliers rayonnants (6 escaliers et 5 cunei en bas, 11 et 10 en haut). Un promenoir circulaire à colonnade couronnait le sommet de la cavea, et communiquait avec les escaliers des ailes. Les gradins inférieurs sont à dossiers. Au témoignage de Philostrate, l'Odéon était entièrement couvert d'un splendide plafond en bois de cèdre. Tous les Odéons, d'ailleurs, étaient couverts; mais ici la longueur des portées et l'absence de traces des supports, laissent la question très obscure, du moins pour la cavea.

[De l'Odéon on peut rejoindre l'entrée de l'Acropole par un sentier, à l'O., assez fatigant. Il est plus long, mais plus commode, de suivre le boulevard et de tourner à dr. par la route carrossable (p. 25).]

2° Le **Portique d'Eumène**, qui s'étend entre l'Odéon et le théâtre.

Construit par Eumène II, roi de Pergame (197-159 av. J.-C.), pour servir de refuge et de promenoir aux spectateurs du théâtre, il fut ensuite rattaché à l'O. à l'Odéon d'Hérode. Les Turcs l'incorporèrent dans leur enceinte basse (mur de Serpentzé en 1687).

Il mesure 163 m. de long (c.-à-d. un stade ancien) sur 17 m. 65 de prof. Le mur de fond, en pôros, monté sur un socle revêtu de marbre de l'Hymette, était appliqué contre une ligne puissante de soutènement en conglomérat, qui maintenait la terrasse supérieure avec le chemin du *péripatos* et était contrebutée au S. par des contreforts à arcades, (que masquait le mur du portique). L'intérieur était divisé en 2 galeries longitudinales par une colonnade de 32 colonnes dont l'espacement indique qu'elles supportaient une ligne de solives en bois; la colonnade de façade, à 64 colonnes doriques, de moitié moins espacées, supportait une architrave en pierre. Il y avait 2 étages, desservis par un escalier à l'E. Une fontaine (68) débouchait à l'O., dans la galerie N., communiquant avec un puits de la terrasse (60). Les grosses bases carrées adossées à l'intérieur du mur N. sont de basse époque romaine.

[En avant de l'angle S.-E., quelques tronçons de murs (69) représentent les restes de *monuments choragiques*.]

Toute la région au S. du Portique d'Eumène et du Théâtre est presque déserte. Les bâtiments de l'*Hôpital militaire* couvrent les restes d'un édifice antique (pavé en mosaïque, et fontaine). C'est dans cette région qu'on s'accorde, d'après Thucydide, à placer le quartier de *Limnai* (les Marais), et le **sanctuaire de Dionysos en Limnais** (aux Marais), plus ancien que celui de Dionysos Eleuthéreus. Les 2 dieux étaient d'origine et de nature différentes [1]. Le temple de Dionysos aux Marais ne servait qu'une fois l'an, le 12 antesthérion (fin fév.) pour la célébration des *Anthestéries* et du mariage mystique du dieu avec la *reine* (femme de l'archonte-roi). A côté,

1. *V.* P. Foucart, *Le culte de Dionysos en Attique*, 1904.

était le **Lénaion**, ou sanctuaire du 1er Pressoir inventé par Dionysos. On y célébrait, le 12 gamélion (janv.), la fête des Pressoirs ou *Lénéennes*, avec concours dramatiques, sur un théâtre en bois distinct, jusqu'au IVe s., de celui de Dionysos Eleuthéreus. Mais celui-ci, après sa reconstruction en pierres, supplanta son voisin, et servit aux représentations des Lénaia comme à celles des Dionysia. Une **ancienne agora** était attenante à ce vieux théâtre des Lénaia (*V.* le plan d'Athènes comparée). Dörpfeld veut reporter à l'O. de l'Acropole le sanctuaire et le théâtre de Dionysos aux Marais et l'ancienne agora; cette théorie sera exposée plus loin (p. 90). — Au S. était le *Néleion* ou sanctuaire de Néleus et de Basilé, qui touchait à l'enceinte et à 2 de ses portes (porte Diomeia et porte Itonienne?).

On retrouve des vestiges de l'enceinte vers le S. (restes d'une tour, *rue Négris*) et dans la direction de la colline du Mouseion, à 100 m. au S. d'une *colonne romaine* isolée, qui paraît avoir appartenu à un portique (*V.* plan d'Athènes, D, 8).

Entre l'enceinte méridionale et l'Ilissos s'étendait le quartier suburbain appelé *les Jardins* (Κῆποι) avec un temple d'Aphrodite, dont Alcamène avait sculpté la statue. Au delà de l'Ilissos, sur la rive g. et sur les contreforts de l'Hymette, se trouvait le *faubourg de Diomeia*, par lequel on arrivait au gymnase du *Kynosarges*; on les plaçait autrefois non au S. de la ville, mais à l'E.

Sur la rive g. de l'Ilissos, en face de l'extrémité des rues *Bourbaki* et *Négris*, l'École américaine a récemment retrouvé les restes de deux grands bâtiments romains, dont un était un gymnase, mais non le Kynosarges, plus éloigné (*V.* plan d'Athènes, E, 9).

4° Quartiers Ouest.

Mouseion. — Pnyx. — Rue de Kollytos. — L'Aréopage. Colline des Nymphes.

A la jonction des Bds St-Denys l'Aréopagite et de l'Apôtre-Paul, se détache vers le S. le sentier qui conduit au sommet (147 m. 4) de la colline jadis appelée le **Mouseion.**

Une tradition gréco-romaine dérivait ce nom de Mousaios, le poète disciple d'Orphée, soi-disant enterré là. Mieux vaut le traduire par : *Colline des Muses* et admettre que la hauteur leur était primitivement consacrée, en qualité d'Oréades. En 294, Démétrius Poliorcète y établit une forteresse qui commandait l'enceinte O. et la route entre les Longs-Murs. C'est aussi de là que Morosini bombarda l'Acropole (p. 13). La Société archéologique (M. Skias) a fait des fouilles en cet endroit en 1898-9.

La ruine qui couronne la butte et connue sous le nom de **Monument de Philopappos** est un tombeau monumental élevé par les Athéniens entre 114 et 116 ap. J.-C., en l'honneur d'un prince syrien, citoyen et bienfaiteur d'Athènes en même temps que dignitaire romain, *Caïus Julius Antiochos Philopappos*, de la dynastie de Commagène. Le monument, récemment restauré par M. Balanos, a été vu presque intact en 1436 par Cyriaque d'Ancone, qui l'a décrit avec ses inscriptions. Il se composait d'un édicule rectangulaire de 10 m. sur 9 m. 30; le côté N.-E., qui regarde l'Acropole, formait une façade décorative, creusée en arc de cercle et ornée de pilastres, de reliefs et de statues. La hauteur totale est de 10 m. Sur un soubassement en assises de pôros de 3 m. 50 de haut, s'élève un socle de marbre pentélique, qui s'encadrait entre une plinthe, une cymaise et 2 socles de pilastres (manque celui de dr.) : le champ, orné de reliefs, se divisait en 3 parties (manque celle de dr.) et représentait le mort, en consul romain, dans son char, inaugurant solennellement son consulat (100 ap. J.-C.). La partie supérieure était creusée de 3 niches encadrées entre les pilastres d'angle et deux colonnes corinthiennes au centre : la niche du milieu, cintrée, contient la [S] de Philopappos, représenté en citoyen athénien (du dème de Bésa d'après l'inscription); celle de g. la [S] de son grand-père Antiochos IV, le dernier roi de Commagène, détrôné par Vespasien ; dans celle de dr., d'après Cyriaque, était Séleucus I Nikator, fondateur de la dynastie. Sur le pilastre g. est gravé en latin le *cursus honorum* romain du mort; celui de dr. portait en grec la liste de ses titres princiers. Le tombeau était derrière cette façade.

De ce point, très belle vue au coucher du soleil, sur le Parthénon, l'Hymette, la plaine et les montagnes de l'Attique le golfe Saronique.

A 70 m. au N. du tombeau, on a retrouvé les restes d'une *tour* (10 m. sur 10) de la forteresse de Démétrius Poliorcète; elle appartenait au front N., lequel rejoignait à 50 m. à l'O. le mur d'enceinte ou διατείχισμα, construit en 425 par Cléon (p. 25) : on en suit les traces sur le versant N.-O. du Mouseion sur une longueur de 200 m. (*V.* tracé de l'enceinte S.-E. et de l'amorce du Long-Mur S. sur le pl. *Athènes comp.*). A 140 m. environ à l'O. de cette enceinte, au bord d'un chemin qui conduisait à la porte Mélité, se trouve une ligne de **7 stalles** et un banc de pierre taillés dans une encoche du rocher de 13 m. de long sur 10 de large. Curtius y voyait le siège d'un ancien tribunal; il s'agit plutôt d'une ancienne exèdre de repos.

Au delà, sur les pentes du ravin qui séparait la colline du Mouseion de celle de la Pnyx et sur le versant O. de celle-ci jusqu'au Barathron et à la colline des Nymphes et sur les versants de celle de l'Aréopage, s'étendait une véritable **ville rupestre**, comprenant les quartiers de *Koilé* et de *Mélité*. D'innombrables traces de chambres, de niches, de terrasses, d'escaliers, de citernes en silos de 0,65 de diamètre supérieur et de 4 à 5 m. de profondeur, de pistes et d'ornières, d'aqueducs se rencontrent sur le roc. Les habitations étaient fort exiguës; souvent les parois du roc entaillé formaient une partie des murs, les autres étant en moellons et en briques crues; les trous d'encastrement des poutres du toit sont visibles en plusieurs endroits.

Curtius avait imaginé de retrouver en cette région l'Athènes pélasgique ou *Kranaa*. Mais Kranaa désigne l'ancienne ville de l'Acropole; de plus, il est remarquable que tout ce quartier rupestre reste enfermé dans les limites de l'enceinte de Thémistocle et des Longs-Murs; enfin, rien, dans ces constructions ni dans les objets qui y furent trouvés, ne dénote une haute antiquité. Toutes ces habitations sont du vᵉ s. av. J.-C. Surpeuplés à l'époque de la guerre du Péloponnèse, les quartiers de la Pnyx étaient presque déserts au siècle suivant, à l'époque d'Eschine. Plus tard, à l'époque romaine, les chambres rupestres et les citernes situées en dehors du διατείχισμα de Cléon furent même utilisées comme tombeaux.

Les plus curieux de ces logements rupestres se trouvent au pied de la falaise N.-E. du Mouseion qui fait face à l'Odéon d'Hérode Atticus, à 50 m. au S. de la chapelle d'Hᵒˢ Dimitrios Lombardaris (pl. C, 8). C'est d'abord, au S., celui qu'une tradition fantaisiste désigne sous le nom de **prison de Socrate.** Dans la face du rocher taillé verticalement en encoche sur une hauteur de 8 m. et une longueur de 15 m., avec un retrait de 4 m. au N.-E., s'ouvrent 3 portes, dont la plus haute, au milieu, est taillée en biseau. Elles donnent accès à 2 chambres carrées de 3 m. 67 sur 2 m. 27 de large et à un caveau central reliés par un couloir; dans celle de g., à plafond plat, on a cru remarquer sur le sol la place d'un sarcophage, et dans le couloir une sorte de niche-autel; celle de dr. a le plafond taillé comme un toit à 2 versants avec de fausses poutres; au fond, une ouverture ronde donne accès à une rotonde de 3 m. 40 de diam., dont la voûte elliptique se termine par un trou rond bouché par 2 plaques. On a souvent comparé cette rotonde aux tombeaux à coupole de Mycènes. En réalité c'était une citerne, primitivement indépendante; de même chacun des caveaux voisins représentait d'abord un logement séparé. Ils furent réunis ensuite en appartement, avec un appentis extérieur, dont le toit en terrasse s'encastrait dans les trous au-dessus des portes; un escalier latéral, à g., dont les degrés supérieurs, taillés dans le roc étaient complétés en bas par un escalier de bois, accédait au plateau supérieur, où se trouvaient les anciennes habitations auxquelles appartenaient d'abord la citerne. Finalement, ils furent peut-être utilisés comme tombeau. Rien n'atteste qu'ils aient jamais servi de prison, ni ne les désigne comme des tombeaux préhistoriques. — Plus près de l'église s'ouvre un autre logis rupestre vulgairement désigné sous le nom de **tombeau de Cimon.** Il est précédé d'une cour carrée, taillée en encoche, de 18 m. de large; la porte conduit à un caveau de 2 m. 70 de prof. sur 2 m. 37 de long, dont le fond a été plus tard creusé de deux fosses sépulcrales. Une inscription de l'époque impériale prouve qu'il servit de tombeau à un certain Zosimianos. Étant situé à l'intérieur de l'enceinte de Thémistocle, ce caveau n'a pu avoir au vᵉ s. av. J.-C. une destination funéraire.

Le tombeau de la famille des Cimons se trouvait, il est vrai, près de la porte Mélitide; on l'identifie avec une tombe rupestre située à 1 kil. au S.-O., à l'extrémité d'un éperon rocheux, au delà de la porte de Mélité et à 100 m. au S.-O. du Long-Mur Sud (V. station de *Kallithéa*, p. 155). Elle se compose de 3 caveaux reliés par un couloir; à dr. de l'entrée sont creusées deux niches votives profondes de 2 m. 30.

La chapelle *d'H^{os} Dimitrios Lombardaris* est située sur l'emplacement d'une porte du mur de Cléon, dont on retrouve deux tours à 90 m. au N. sur le sommet (109 m. 50) de la colline de la Pnyx auquel aboutit un sentier partant de la chapelle.

La **Pnyx** proprement dite, ou lieu de réunion de l'Assemblée du Peuple (ἐκκλησία), se trouve immédiatement au-dessous de ce sommet à 30 m. vers le N.-E.

Le mot *Pnyx* (ἡ Πνύξ, génitif Πυκνός), signifie le lieu où l'on était serré, entassé les uns contre les autres. D'après les textes d'Aristophane, des orateurs et des scoliastes, ce local se trouvait sur une hauteur rocheuse couramment appelée αἱ πέτραι (les roches) attenante au Mouseion, à proximité de l'Agora, en vue de l'Aréopage et des Propylées; elle avait la forme d'un théâtre rustique, et la tribune était elle-même un roc. L'emplacement actuel répond à toutes ces données et c'est bien à tort qu'on en a contesté l'identification avec la Pnyx, confirmée par la découverte en cet endroit de bornes avec l'inscription : Ὅρος Πυκνός (limite de la Pnyx). Ce local fut aménagé à la fin du VIe s., sans doute sous Clisthène, après l'établissement de la démocratie. Auparavant l'assemblée se tenait à l'Agora (p. 101). C'est donc ici que parlèrent devant le peuple les grands orateurs du Ve et de la première moitié du IVe s. : Aristide, Thémistocle, Périclès, etc. Après la construction en pierres du théâtre de Dionysos, vers 343, l'assemblée s'y réunit de préférence (p. 74), parce que l'auditoire et les orateurs y étaient plus à leur aise. L'assemblée était présidée au Ve s. par les Prytanes ou délégation du Sénat (p. 8); les citoyens étaient poussés vers la Pnyx par les archers scythes qui tendaient en travers de l'Agora et des rues voisines des cordeaux teints en rouge afin d'accélérer les retardaires: ils pénétraient par une entrée unique où leur identité était contrôlée : ceux qui s'étaient laissé marquer de rouge ne touchaient pas l'indemnité (d'abord de 2, puis de 3 oboles, enfin d'une drachme à la fin du IVe s.). Le nombre des assistants dépassait rarement 5,000, *quorum* légal pour certaines séances. Aucun personnage étranger au corps civique ne pouvait suivre les débats sans autorisation, et le local était à l'abri des regards indiscrets.

La Pnyx se compose d'une terrasse en hémicycle de 70 m. de profondeur sur 120 m. de plus grande largeur, installée sur la pente N.-E. de la colline qui fait face à l'Acropole. A la partie inférieure, elle était maintenue par un puissant soutènement ou *analemma*, dont les assises basses subsistent, décrivant un arc de 85 m. environ de longueur, avec une hauteur actuelle maxima de 5 m. 13, et une épaisseur actuelle de 2 m. du sommet. Les blocs, de calcaire local, ajustés à joints vifs avec refends ciselés, suivant l'appareil trapézoïdal à décrochement, reposent sur le roc et frappent par leur puissance et la précision de leurs arêtes.

L'un d'eux mesure 4 m. de long sur 2 m. de haut; au-dessous, un petit bloc a disparu et la maçonnerie intérieure est apparente : on a pris à tort cet évidement pour une bouche de drainage. Un peu à dr., sur le roc, un tronçon d'escalier coupé par le mur est un reste des anciennes installations (maisons ou sanctuaires) antérieures à la construction de la Pnyx. (Cf. d'autres degrés mis au jour par Curtius au bout de la tranchée ouverte par lui dans l'axe de la terrasse.)

Les deux cornes de la muraille rejoignaient au S.-E. une coupe verticale du rocher qui formait le fond de ce côté, suivant une ligne de 120 m. de longueur, brisée en son milieu à angle très obtus (158°). Les parois sont taillées à pic, sur une hauteur maxima de 7 m. 40, au S.-E. Le sommet de l'angle, situé à peu près dans l'axe central du demi-cercle, est occupé par un saillant rectangulaire de la roche (larg. en bas : 9 m. 67, sur 5 m. 60 de côté à l'O., et 6 m. 37 au S.), dont la place et la structure répondent évidemment à celles de la tribune ou *bêma*.

Elle se compose d'une estrade inférieure à 3 degrés dont la plate-forme, surélevée de 1 m. 10 au-dessus du sol, mesure 9 m. 30 de front, sur 2 m. 20 de profondeur au milieu. C'est sur cet espace, entouré d'une balustrade (trous des scellements sur le bord antérieur), que se tenaient les orateurs; on sait qu'ils pouvaient aller et venir sur la tribune.

Le fond de la plateforme est occupé par un cube rocheux de 1 m. 90 de hauteur actuelle (3 m. au-dessus du sol) sur 3 m. 30 de front et 3 m. 40 de côté. La surface supérieure et les angles sont dégradés; un dessus en maçonnerie complétait sans doute la partie supérieure, à laquelle conduisaient 2 escaliers latéraux de 5 marches inégales (les plus courtes devaient être complétées par des blocs rapportés). Ce cube représente l'*autel de Zeus Agoraios*, où se faisait le service religieux avant chaque séance. Autour de la base de l'autel, règne une banquette qui servait de socle à des stèles de décrets ou d'ex-voto (trous de scellements sur la partie antérieure; le vide du côté O. était rempli par une pierre rapportée).

Le lexicographe Pollux compare la Pnyx à un théâtre grossier. De fait, la tribune et la paroi du fond forment une sorte de scène et le mur circulaire, dessine le pourtour d'une cavea. Celle-ci a une superficie de 6,240 mq., où pouvaient tenir plus de 18,000 auditeurs assis et plus de 25,000 debout. Le peuple était assis sur des bancs de bois, étagés en pente douce vis-à-vis de la tribune. En effet, la déclivité naturelle, qui est de 15 m. entre le pied de la tribune et la base du soutènement N., était rachetée par un remblai montant appuyé contre le soutènement, dont la crête devait atteindre près de 20 m. au-dessus du roc, au N.-E. L'hémicycle avait ainsi la forme d'une conque, dont les bords se trouvaient à un niveau un peu supérieur à celui de la tribune. La destruction graduelle du mur, exploité au moyen âge comme carrière, et l'action des pluies ont entraîné peu à peu le remblai dans le ravin, si bien que la pente déclive du roc s'est substituée à la pente ascendante du terre-plein artificiel. C'est sur la crête intérieure du mur, faisant face à la tribune, que l'astronome Méton avait installé en 433 le premier cadran solaire public.

La hauteur primitive du mur circulaire assurait l'inviolabilité des séances; celle-ci était aussi garantie, du côté S., sur le plateau supérieur, par un mur de clôture en gros blocs équarris, parallèle à l'arête supérieure de la paroi et situé à 4 m. en arrière. Deux blocs subsistent en place, sur le côté O., à 35 m. env. de la tribune. Là était, dans une sorte de couloir compris entre ce mur et l'arête de la paroi à pic, l'entrée unique de la cavea. Le peuple descendait dans celle-ci par un escalier taillé dans le rebord supérieur de la coupe (en face des 2 pierres du mur); le remblai de la cavea comblait l'intervalle entre le degré inférieur et le niveau actuel du sol. En arrière et en haut de la tribune, de chaque côté, des lignes de gradins représentent la *proédria* ou loge du président et des prytanes composant le bureau de l'assemblée. Dans la paroi au-dessous, une grande niche votive, entourée d'autres plus petites, faisait partie d'un sanctuaire consacré, à l'époque romaine, à Zeus Hypsistos (très Haut), ainsi que l'attestent les dédicaces et ex-voto de basse époque trouvés à cet endroit (auj. au Musée Britannique). Curtius en avait conclu, à tort, que l'hémicycle tout entier et la tribune n'avaient jamais été qu'un téménos et un autel de ce dieu. Enfin, dans le coin E., laissé à l'état de carrière abandonnée (plus tard recouverte par le remblai), on remarquera un bloc préparé pour l'extraction, mais non détaché.

Montant derrière la tribune sur le plateau supérieur, on atteint une esplanade orientée du N.-O. au S.-E., dont le sol horizontal est constitué par le roc aplani sur une longueur de 50 m. environ et 25 m. de large. Elle est limitée au midi par une coupe du roc de 2 m. 50 de haut. On rencontre d'abord quelques traces d'ornières dans le roc (derrière la proédria), puis à 17 m. au S.-O. et dans l'axe de la tribune, un cube de roc isolé (long. 3 m. 50, larg. 2 m. 50, hauteur actuelle 0 m. 50), dressé sur un socle bas de 4 m. de côté : le dessus en est dégradé et pouvait être complété en maçonnerie. Sur l'aire attenante, au S.-E., des traces de constructions rectangulaires se recoupent, provenant sans doute en partie de maisons de basse époque; sur la paroi, des entailles et des degrés d'escaliers.

On a voulu appliquer à cet emplacement un texte obscur de Plutarque disant que les Trente avaient orienté vers l'intérieur la tribune qui regardait auparavant la mer. On en déduisait l'existence d'une *vieille Pnyx*, antérieure à 404 et située sur cette plate-forme avec cette tribune d'où la mer est visible, et celle d'une *nouvelle Pnyx* construite par les Tyrans en contrebas, avec tribune tournant le dos à la mer. On oubliait que, de la plate-forme supérieure, la vue était masquée par le rempart voisin qui couronnait la crête (*V.* ci-dessus) et qu'on ne saurait faire honneur aux Trente de la belle installation de l'hémicycle inférieur. L'indication de Plutarque repose sur une méprise : il a pris pour une réalité une métaphore signifiant que les Trente avaient changé le thème favori des démagogues : à la glorification de l'impérialisme maritime, ils substituèrent la discussion des intérêts fonciers de l'Attique.

En réalité cette esplanade n'avait rien de commun avec la Pnyx, dont elle était séparée par un gros mur (p. 86) : c'était un téménos avec un autel, soit l'*Héracleion* ou sanctuaire d'Héraklès de Mélité, soit le *Thesmophorion*, sanctuaire de Déméter Thesmophoros, dont parle Aristophane.

En redescendant sur le boulevard de l'Apôtre-Paul, dans la direction de l'Acropole, on tombera sur le champ de fouilles exploré en 1892-7 par l'Institut allemand (M. Dörpfeld) : l'intérêt

FOUILLES DU VERSANT OUEST DE L'ACROPOLE.

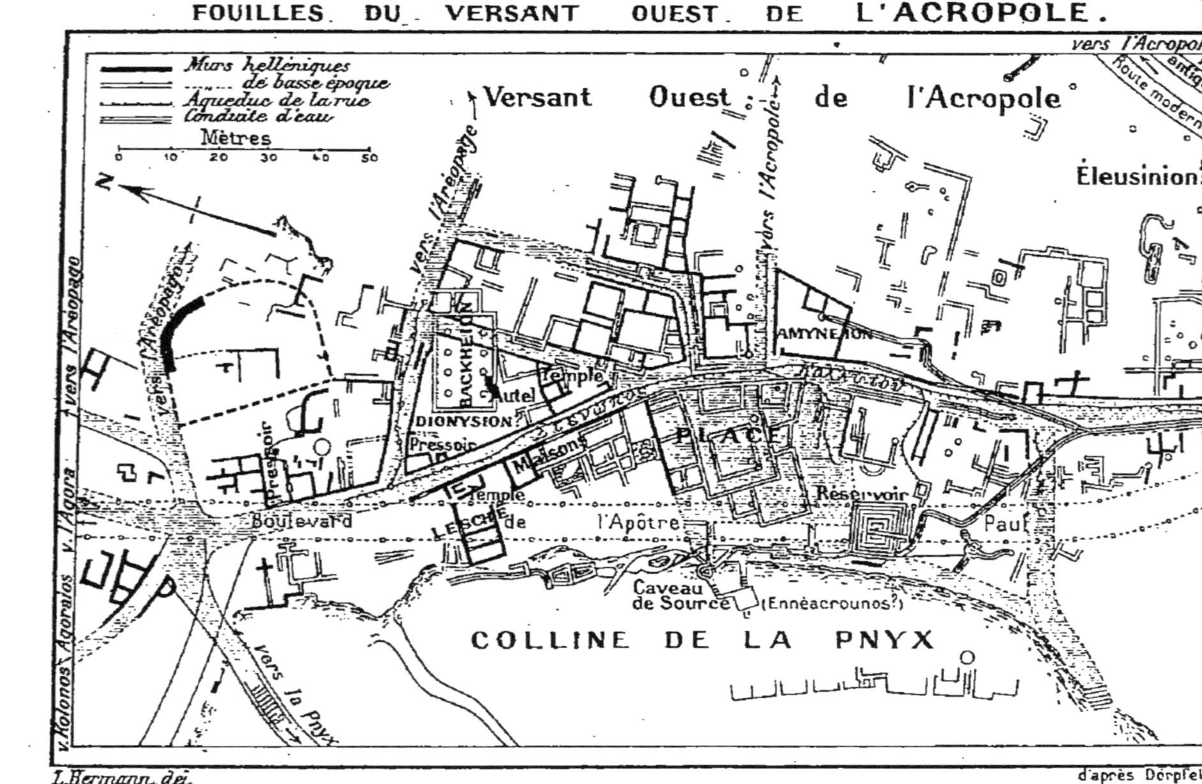

L. Hermann, del. d'après Dörpfeld.

en est surtout archéologique. On visitera d'abord, sur le côté O. du boulevard, au pied du versant E. de la Pnyx (juste dans l'alignement des Propylées de l'Acropole) les restes d'une importante **fontaine** du VIe s., retrouvée par Dörpfeld et identifiée par lui avec la célèbre fontaine *Kallirrhoé*, appelée aussi *Ennéacrounos* (aux 9 bouches) après sa transformation par les Pisistratides.

Il est certain qu'au VIe s. av. J.-C. des filets d'eau, aujourd'hui taris, suintaient des fissures du calcaire, à la base E. de la colline de la Pnyx. Ces sources, recueillies dans un caveau elliptique taillé dans le roc, alimentaient tout le bas quartier. Pour renforcer leur débit, des conduites d'adduction (sous Solon?) y concentrèrent d'abord les eaux des versants voisins de l'Acropole et du Mouséion. Un travail plus important, attribué aux Pisistratides, y fit ensuite déboucher un aqueduc, long de 4 km., qui captait les sources de la vallée supérieure de l'Ilissos, en passant sous le moderne Jardin Royal (p. 143) et au pied du versant S. de l'Acropole (*V.* plan d'Athènes comparée). Il aboutissait, par une conduite de terre cuite logée dans une rigole creusée dans le roc, à un réservoir extérieur carré (10 m. de côté; altit. 83 m.), stuqué, relié par un trop-plein à une ligne de petites citernes de dépôt et finalement au caveau elliptique de la source, dont le radier est plus bas de 3 m. A l'époque romaine, un autre caveau carré (4 m. de côté) fut creusé en arrière de celui-ci, au bout d'un couloir à escalier, que ferme une grille. Cet aménagement de réservoirs devait communiquer par des déversoirs avec une margelle ou façade extérieure à bouches d'écoulement située en contre-bas (sous la chaussée moderne), sur une grande place. De fait, quelques pierres provenant d'une fontaine monumentale ont été trouvées là.

Avant la découverte de ce château d'eau, on situait la Kallirrhoé-Ennéacrounos dans le lit de l'Ilissos (p. 111). Dörpfeld veut la reporter ici. Son opinion se fonde sur la concordance de cette position avec le texte de Pausanias, sur l'analogie du dispositif avec les installations similaires de Mégare, Corinthe, Samos, œuvres des tyrans avec qui rivalisaient les Pisistratides. Mais l'identification traditionnelle s'appuie sur des témoignages formels (p. 111) dont la nouvelle théorie fait trop bon marché ou qu'elle dénature. La question n'est résolue définitivement ni dans un sens ni dans l'autre.

En contre-bas du boulevard, les fouilles ont dégagé les restes de tout un **quartier ancien** *du dème de Mélité*, en bordure sur une rue dirigée du N. au S. et qui reliait l'Agora du Céramique (p. 100) à la région S. de l'Acropole. D'après Dörpfeld et Judeich, ce quartier bas (marécageux?) serait celui de Limnai (qu'on plaçait au S. du théâtre de Dionysos, p. 82), traversé par le στενωπὸς Κολλυτός ou rue du dême de Kollytos reporté au S. de l'Acropole.

A l'E. de la fontaine s'étendait une *place* de 20 m. env. sur 40 m., encombrée de constructions de basse époque; au delà, c'est la **rue antique**. Celle-ci, dégagée sur une long. de 250 m avait 4 m. de large; un canal central, de coupe elliptique, occupe le milieu de la chaussée, dallée seulement par endroits (fragments de blocs avec traces d'ornières). Le croisement des rues détermine plusieurs îlots, dont les maisons et édifices, remaniés au cours des siècles, se recoupent et se superposent. Les murs helléniques se reconnaissent à leur socle d'appareil polygonal à double ligne de parements, placé en bordure sur les rues; le dessus était en moellons ou en briques crues. Les constructions romaines et post-romaines sont en menus matériaux.

On trouve d'abord les ruines de l'**Amynéion**, sanctuaire du héros guérisseur Amynos, auxiliaire d'Asklépios, et dont Sophocle exerça la prêtrise. L'entrée est à l'angle N.-O.; à l'intérieur, un temple et un puits alimenté par un aqueduc dérivé de la grande fontaine. En suivant au N., on croise 3 rues à dr. pour arriver, au bout de 30 m., à un îlot triangulaire entouré d'un mur polygonal en calcaire de l'Acropole. C'est là que Dörpfeld croit avoir retrouvé le *Dionysion en Limnais*, le plus ancien sanctuaire de Dionysos à Athènes (p. 81), avec toutes les divisions que suppose la célébration des Antesthéries et des Lénéennes (p. 82). Dans l'enceinte actuelle, encombrée de constructions disparates et superposées, Dörpfeld distingue la couche inférieure, située à 2 m. au-dessous du niveau de la rue, et qui serait ce Dionysion primitif. Dans l'angle S.-O., isolé par un refend, un petit temple archaïque (VIIe ou VIe s.) de 5 m. 20 sur 3 m. 96 serait celui qui contenait la statue du dieu et ne s'ouvrait qu'une fois l'an (p. 82). Au milieu de la cour adjacente, on voit la moitié des fondations d'un autel carré en pôros, avec les trous pour les pieds de la table à offrandes et une rainure pour l'insertion de stèles. Enfin dans l'angle N.-E. serait le *Lénaion* proprement dit, c'est-à-dire le bâtiment (οἶκος) qui renfermait le pressoir (ληνός) sacré et la cuve (p. 82). Les concours dramatiques des Lénéennes auraient eu lieu sur un théâtre en bois, installé sur la pente voisine, entre l'Aréopage et l'Acropole.

Sur ce sanctuaire ancien et sur la rue adjacente à l'E., la confrérie dionysiaque des *Iobacchoi* (du cri mystique Ἰώ, Βάκχε) superposa, au IIe s. ap. J.-C., son local ou **Backheion**, salle rectangulaire à double colonnade, avec un autel rond au milieu.

L'identification de ces lieux avec le quartier de Limnai et le Dionysion aux Marais ne soulève pas moins d'objections que la théorie de l'Ennéacrounos. Le texte de Thucydide, sur lequel se fondait l'opinion ancienne, s'oppose toujours à ces bouleversements topographiques. On peut reconnaître ici les locaux d'une très ancienne association religieuse, peut-être dionysiaque, remplacée plus tard par celle des Iobacchoi, sans qu'il soit nécessaire d'y transférer le sanctuaire, sans doute plus spacieux et plus intangible, du Dionysos aux Marais.

L'*Eleusinion* doit être cherché sur la versant O. de l'Acropole (*V.* pl. p. 88).

De l'autre côté de l'artère principale (à l'O.), contre le socle polygonal en bordure sur la chaussée, se dressent 2 bornes avec l'inscription (fin Ve s.) : ὅρος Λέσχης, pour limiter la façade d'une lesché ou club, dont le local s'étendait à l'O. (sous la chaussée moderne) et comprenait un petit sanctuaire du VI° s. avec cella et autel. Sur la façade d'une maison contiguë, au S., se lisent 2 inscr. (IV° s.) hypothécaires, attestant que l'immeuble était grevé d'une dette de 1,000 dr. à Périandros de Cholargos, et de 210 dr. aux gens d'Halai. Plus loin, au S. une citerne avec bouche (romaine) sur la rue. Dans l'îlot situé au N.-E., vis-à-vis le Backhéion, restes d'un pressoir.

Au delà, la chaussée moderne recoupe un carrefour de rues, conduisant, l'une à l'O. (avec escalier) vers la Pnyx, les autres à l'E. vers l'Aréopage, dont la pente O. est couverte de restes de maison, avec une ruelle et des escaliers taillés dans le roc. La rue principale contournait à l'O. cette agglomération pour déboucher plus au N. sur l'Agora (p. 100).

La **colline de l'Aréopage** se dresse à l'extrémité de la rue latérale au N. du Backheion. On gagnera directement la croupe E., en longeant la base S. auj. déchaussée par les érosions et creusées de profondes crevasses et cavernes.

L'**Aréopage** (Ἄρειος πάγος), généralement interprété dans le sens de *colline d'Arès* (ce dieu y avait un temple en bas du versant N.-O. V. pl. p. 102), doit plutôt son nom et son caractère au sanctuaire primitif des *Arai* ou Euménides. Celui-ci servait, à l'origine, d'asile aux meurtriers, non loin de l'Acropole des Eupatrides. Les transactions nécessitées par le rachat du sang ont provoqué l'installation du premier tribunal criminel sur ce rocher. C'est là que siégeait le plus ancien Conseil, à la fois corps politique et cour criminelle, appelé *Sénat de l'Aréopage* ou *Conseil d'en haut*. La légende faisait comparaître devant lui des dieux et des héros meurtriers, comme Arès et Oreste. Plus tard, dépouillé de ses attributions politiques par Ephialte et Périclès, ce corps conservateur, recruté à vie parmi les archontes sortis de charge, resta investi du contrôle de la constitution et des mœurs; il eut à connaître des crimes de trahison et de corruption (condamnation des déserteurs de Chéronée en 338, de Démosthène en 324, jugement de la courtisane Phryné). Il subsista pendant tout l'Empire. En 53 ap. J.-C. St Paul aurait prononcé « au milieu de l'Aréopage » (c'est-à-dire dans un de ses locaux publics, probablement le Portique Royal sur l'Agora, mais non sur la colline devant le Tribunal) l'homélie sur le dieu inconnu, qui convertit le sénateur Dionysos (St Denys l'Aréopagite).

Le lieu consacré par la tradition pour le jugement de certains meurtres se reconnaît sur le point culminant (115 m.) de la croupe, au S.-E. Un escalier de 16 marches (le sol s'est fortement abaissé au-dessous) conduit à une 1re terrasse rectangulaire dont les parois sont taillées dans le roc et bordées par un triple gradin rocheux formant les 3 côtés d'une sorte d'exèdre ouverte au S. Au-dessus, une 2e terrasse plus grande, attenante à l'E. à un cube isolé. Celui-ci répondrait soit à l'autel d'Athéna Areia, soit à l'une des 2 pierres qui servaient de sièges aux parties, la *pierre de l'Outrage* (Ὕβρεως) pour l'accusé, la *pierre du Ressentiment* (Ἀναιδείας) pour l'accusateur. Le dos de la colline porte en outre les empreintes de 4 grandes constructions rectangulaires : il y avait, sur l'Aréopage, la caserne des archers scythes chargés de la police, et les sanctuaires de Borée et des Amazones.

En contournant la pointe E. du rocher, on rencontre, en bas de l'escarpement N., dans un espace entouré d'une grille (descente à l'O.), un groupe de blocs énormes, détachés de la masse et séparés par une crevasse. Là était (cf. Euripide, *Electre*, 1271. — Eschyle, *Euménides*, 1013) le sanctuaire des **Erinnyes**, déesses infernales vengeresses du meurtre, appelées aussi 'Αραί comme déesses de la malédiction, et, par euphémisme, les *Euménides* (Bienveillantes). — Le christianisme substitua au sanctuaire païen une église consacrée à saint Denys l'Aréopagite; il n'en reste que les substructions.

On reviendra par le même chemin au boulevard de l'Apôtre Paul, qu'on traverse pour suivre la route qui monte, vers le N.-O., à la **colline de l'Observatoire** ou *colline des Nymphes* (104 m. 8).

Elle doit ce dernier nom moderne (le nom ancien est inconnu) à une inscription (Ἱερὸν Νυμφ[ῶν], Δέμο), gravée sur le roc (à l'O. dans le jardin, à dr. de l'entrée) et qui signalait un lieu consacré aux Nymphes et au Peuple. L'Observatoire a été bâti en 1842 aux frais du Baron Sina (directeur actuel M. Æginitis). — Ouvert de 7 h. du matin à 1 h. après minuit. Entrée pendant la nuit sur autorisation spéciale du Directeur.

De cette hauteur se détache à l'E. un éperon, dit *colline d'Hª Marina* (du nom de la chapelle qui la couronne) : le roc porte de nombreux vestiges de maisons antiques et des escaliers. A l'extrémité S.-E. il a été poli par les glissades des femmes qui croyaient trouver dans cet exercice un remède à leur stérilité. Environ 30 pas au-dessous de la chapelle, au S., on lit, sur le roc, l'inscription, en lettres du VIᵉ s., gravées de dr. à g. : ὅρος Διός, qui marquait la limite d'un sanctuaire de Zeus.

En se dirigeant à l'O. de l'Observatoire, on rencontre à 70 m. (Pl. B, 7), une petite esplanade avec une tribune analogue à celle de la Pnyx : cette « petite Pnyx » était sans doute le lieu de réunion d'une assemblée de tribu ou de dème. Un peu plus au S. on croise les vestiges du Long-Mur Nord, et l'on arrive à un long ravin en partie artificiel, aux parois escarpées, mais aujourd'hui à moitié comblé : il répond au **Barathron**, le gouffre où l'on précipitait à l'origine certains condamnés à mort, et qui servit ensuite de charnier pour les corps de ceux qui avaient été exécutés par d'autres moyens. C'était la plus ancienne carrière d'Athènes.

De là, on peut gagner le Cimetière du Céramique et la porte Dipyle soit directement par le boulevard de l'Apôtre Paul, soit plus à l'O. en suivant les *restes de l'enceinte antique*, que recoupe sur une longueur de 300 m. env. une route moderne, sur l'emplacement probable de la *porte du Pirée*. (*V.* le plan d'Athènes comparée).

5° Quartiers Nord.

Céramique-Dipylon, « Théseion », Agora du Céramique (Portique des Géants et Portique d'Attale), Agora romaine, Tour des Vents, Bibliothèque d'Hadrien.

L'itinéraire suivant commence par le point le plus excentrique, à l'O., ce qui est préférable pour l'intelligence de la topographie et des monuments de l'Agora. Il ramènera le voyageur au cœur de la ville, dans les rues animées et pittoresques du bazar moderne, et lui permettra aussi de visiter, sur le chemin du retour, les églises byzantines les plus intéressantes.

De la place de la Concorde on se rend directement au cimetière du Céramique (pl. B, 5) par la rue du Pirée (tram) ou bien de la place de la Constitution par la rue d'Hermès.

Le **Cimetière du Céramique** (auj. *Hª Triada*) se trouve au N.-O. de l'enceinte antique, dominé par la chapelle d'Hª Triada. On y entre par une grille qui s'ouvre sur une petite place située à l'extrémité de la *rue des Géphyréens*, en face la *rue des Eumolpides* (petit pourboire au gardien). Les ruines de la porte Dipyle sont enfermées dans le même terrain (*V.* pl. p. 94).

Cette nécropole découverte en 1861 pendant le percement de la route du Pirée se trouvait en grande partie sur le territoire du faubourg appelé le **Céramique extérieur**, qui devait son nom aux poteries et tuileries installées dans ce quartier. A partir du VIIe s. la règle s'établit d'enterrer les morts hors des remparts, le long des routes, à la sortie des portes. Les deux principales nécropoles *extra muros* d'Athènes sont celle de la porte de Thria et de la porte Dipyle. Cette dernière, déjà très riche au VIe s., dut son importance au trafic intense de la porte voisine, qui fut de tout temps l'entrée la plus fréquentée de la ville, celle où aboutissaient les routes du Pirée, de l'Académie, d'Eleusis-Mégare-Corinthe, de la Béotie, celle qui communiquait directement avec les quartiers industriels et commerçants du Céramique intérieur et de l'Agora, qui était enfin le lieu de passage des processions des Dionysies et des Eleusinies, et le point de départ de celle des Panathénées. La partie la plus ancienne de la Nécropole, d'où proviennent les vases dits « du Dipylon » (p. 133), s'étendait plutôt au N.-E., jusqu'à la porte Thriasique, située à 200 m. au N.-E. et au N.-O. le long de la route de l'Académie. Là était proprement le cimetière du Céramique, célèbre par la beauté de ses tombes (tombes de Thrasybule, de Périclès, etc., monuments construits aux frais de l'État) et par les oraisons funèbres qu'y prononçaient les orateurs en renom (Périclès, Lysias, Démosthène, Hypéride etc.), à l'occasion de la cérémonie commémorative des *Epitaphia* et des funérailles nationales octroyées aux guerriers morts devant l'ennemi (Thucyd., II, 34). La partie aujourd'hui retrouvée se réduit à une allée secondaire, bordée de tombes d'époques diverses, et qui se trouve en dehors des limites du dème du Céramique (p. 97). Cette allée, presque unique en Grèce (cf. hiéron d'Epidaure), partait d'une petite porte spéciale au S.-O. du Dipylon et rejoignait à l'O. le coude de la grande route du Pirée. Elle doit sa conservation à un énorme amoncellement de terre qui l'a comblée de bonne heure : ce tertre ne serait autre que l'*agger* élevé par Sylla en 86 av. J.-C., lors du siège d'Athènes. On a retrouvé dans les terres au-dessus du cimetière quantité d'ossements humains qu'on a crus provenir du terrible massacre qui suivit l'assaut. Toutefois on a contesté que l'attaque de Sylla se soit produite sur ce point, et l'on a objecté que la brèche avait été faite plus au S., entre la porte du Pirée et celle du Barathron. En fait, la présence du remblai protecteur de la nécropole reste inexpliquée. La Société archéologique a déblayé le terrain à plusieurs reprises depuis 1862; mais elle n'a pu encore obtenir du clergé la suppression de l'affreuse chapelle d'Hª Triada, qui s'oppose toujours à l'extension des fouilles.

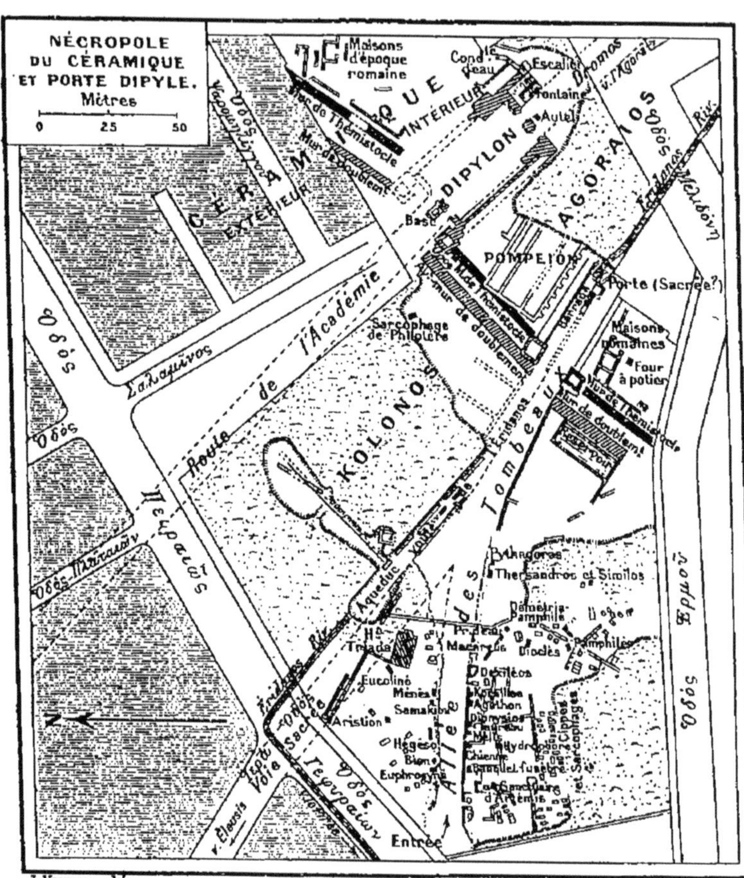

L. Hermann, del. — d'après Mylonas et Wilberg.

On entre dans l'**allée des Tombeaux**, large de 15 m., longue de 150; à dr. et à g. se dressent les monuments funéraires les plus divers, stèles, édicules, cippes, vases, sarcophages. A partir de l'entrée, sur la g., on rencontre : la *stèle d'Euphrosyné*, tendant la main à son parent, l'éphèbe Bion, fils d'Eubios, figuré entre les deux. — *Monument de Bion* : simple col. dorique, qui portait une urne. — **Monument d'Hégéso**, fille de Proxénos, très belle œuvre du IVe s. Hégéso, assise, regarde le coffret à bijoux que lui tend une servante. — *Monument de Corœbos.* — *Loutrophore* (p. 129). — *Stèle de Ménès,* figuré à cheval. Derrière cet alignement à 15 pas au N. et tournés vers le N. sur une allée latérale, *monument d'Aristion*, représenté avec un oiseau dans la main dr., devant son serviteur portant le strigile; au-dessus, une Sirène dans une attitude de pleureuse; de chaque côté, restes de 2 fig. agenouillées. — Plus près d'Ha Triada, *monument d'Eukoliné* : au centre, une petite fille tenant un oiseau, un chien à ses pieds; devant elle, une j. femme, Protonoé; derrière elle, une femme âgée, Nikostraté, et son mari Onésimos.

Revenant à l'allée principale, vers l'entrée, on passera en revue le côté dr., bordé par une terrasse et des soutènements polygonaux qui servent de soubassements aux monuments funéraires. *Banquet funèbre aux enfers*, près de la barque de Charon (ou bien : banquet funèbre offert par la famille au mort, un pêcheur, représenté dans sa barque?); œuvre d'époque romaine. — *Chienne molosse*, gardant une tombe. — *Monument de Dionysios*, édicule à fronton, décoré de peintures. — Derrière, socle élevé surmonté d'un **taureau.** — Suivent les tombes de la famille d'Agathon (IVe s.) : *Monument d'Agathon*, édicule à fronton, dont le fond était décoré de peintures, auj. effacées. — *Grande stèle à palmette*, aux noms d'Agathon et de Sosikratès. — *Monument de Korallion*, femme d'Agathon. Scène d'adieu : Korallion prend son mari par une main et par un bras; derrière, un h. barbu et un j. h.; au-dessous, un chien. — Puis, un autre monument, celui de la famille de Lysanias, sur des fondations en quart de cercle. Sur le devant, stèles de Mélitta et de Lysias, fille et fils de Lysanias; en arrière, piédestal aux noms de deux autres fils de Lysanias et de leurs femmes; sur la courbe, **monument de Dexiléôs**, le plus glorieux des fils de Lysanias, mort à l'âge de 20 ans parmi les 5 cavaliers tués en 394 à la guerre de Corinthe. Son nom se retrouve sur un monument public élevé par les Athéniens au Céramique en l'honneur des cavaliers morts à Corinthe et à Coronée (Mus. nation., Salle IX, n° 754). Dexiléôs est figuré à cheval, terrassant un ennemi. (Les accessoires, lance et casque du cavalier, épée de l'ennemi, harnais, étaient en bronze.) L'inscription donne les noms des archontes sous lesquels il naquit (414) et mourut (394). — Au bout d'un soubassement placé de biais (*Monument de Macareus*, poète ou acteur tragique) au delà d'une prise d'eau moderne où gronde une dérivation de l'ancien Eridanos, sur le côté E. de la terrasse, **monument de Démétria et Pamphilé**, bel édicule du milieu du IVe s. Derrière, un groupe de tombes de la même famille, *monument de Dioclès*, 3 bases avec attaches de lécythes en marbre, d'Hégétor, mari de Pamphilé, et *bas-relief représentant Pamphilé assise* tendant la main à son mari Hégétor. — Sur la terrasse, divisée en étages soutenus par des murs, on a réuni des monuments d'époque romaine et d'intérêt secondaire : cippes simples ou jumeaux (ceux-ci provenant des tombes de couples), sarcophages en dalles, en briques crue avec enduit couvert de peintures, en maçonnerie, en briques cuites (romains). A signaler, sur le côté N. (derrière la chienne molosse), une jolie stèle sculptée : *femme portant un vase* (hydrophore). Près du poste des gardiens, petit *sanctuaire d'Artémis* avec omphalos au milieu d'une enceinte carrée.

Revenant à la prise d'eau, on descend dans une dépression, à l'E. d'un tertre portant l'ancien poste des gardiens : là, est la *stèle de Thersandros et Simylos*, élevée par les Athéniens sur la tombe de 2 envoyés de Corcyre morts à Athènes (début du IVe s.), et la *stèle de Pythagoras*, proxène (représentant) d'Athènes dans la ville de Sélymbria en Thrace (ve s.).

Au delà, on se trouve en présence des ouvrages avancés des deux portes. L'allée des tombeaux s'infléchit au S.-E., bordée à dr. (au S.) par un soutènement polygonal, derrière lequel était un réservoir de 24 m. sur 10 m., et qui rejoignait un gros *mur de doublement*, épais de 4 m., en conglomérat et en pôros, construit au IVe s. devant le front des parties faibles de l'enceinte de Thémistocle, pour les renforcer. Sur la g., un mur analogue de 60 m. de long. A 7 m. derrière ces murs avancés, s'étendent parallèlement, à dr. et à g., les lignes de l'enceinte de Thémistocle, où tout indique une construction hâtive : la faible épaisseur du mur (2 m.), l'irrégularité de l'appareil polygonal et la disparate des matériaux de fortune. Evidemment, Thémistocle était pressé de mettre d'abord en état de défense cette dépression (50 m. d'altit.) où aboutissait la principale route. Aussi, le siècle suivant dut-il remédier à la faiblesse de ce rempart improvisé, en le doublant de lignes extérieures. Il ne reste du rempart de Thémistocle que le socle en pierre; le corps du mur était en brique crue.

L'allée des tombeaux pénètre dans cette ligne par une ouverture de 12 m. de large, dont l'entrée est défendue de chaque côté par une tour carrée, du IVe s. Au delà, la rue devient un passage de 30 m. de long, enfermé entre 2 murs latéraux et coupé dans sa longueur par un mur médian. La partie dr. (S.-O.), large de 7 m., continuait la rue jusqu'à la porte, dont les restes n'ont pas été dégagés. Cette porte, construite en même temps que le mur de Thémistocle, mais complétée et remaniée plus tard, répondait, suivant l'opinion commune, à la *Porte Sacrée* ou *Hiéra Pylé*, ainsi nommée, croyait-on, parce qu'elle conduisait à la voie sacrée d'Eleusis. D'autres y voient les Ἠρίαι πύλαι ou *Porte des Tombeaux*, la Porte sacrée étant reportée par eux plus au S., dans le voisinage du Barathron. La partie dr. (N.-E.) du passage servait d'émissaire aux eaux de l'Eridanos, ruisseau descendu du Lycabette, qui traversait le N. de la ville, et disparaissait, dans le parcours du *Dromos* (p. 98), sous un aqueduc voûté en briques à l'époque romaine.

Au sortir de la porte, cet aqueduc se terminait par une arche monolithe en plein cintre de 4 m. 20 de diam. et 2 m. 10 de haut, sous laquelle un barrage brisait le courant. Au delà on retrouve les traces du chenal au N.-E. d'H[a] Triada.

Cette porte est séparée de la porte Dipyle par un tronçon du mur de Thémistocle, long de 43 m., et terminé par 2 tours carrées du IVe s. L'espace intermédiaire, au S.-E., est occupé par les substructions à moitié déblayées d'un grand bâtiment rectangulaire du IVe s., de 22 m. de large, placé de biais jusque sur le mur de Thémistocle : c'est probablement le **Pompéion**, ou dépôt du matériel des processions. Il était divisé en 3 nefs intérieures; le mur O. était contrebuté par des contreforts extérieurs, que masquait un revêtement. En avant du mur de Thémistocle s'étend le renforcement, traversé de drains, déjà signalé.

La **Porte Dipyle** se compose d'une cour rectangulaire de 40 m. env. de long sur 24 m. de large, située, comme le couloir de la précédente, en dedans de l'enceinte. Deux portes jumelles (d'où le nom de *Dipylon*, double porte) la fermaient, du côté de la campagne et du côté de la ville. La porte extérieure (au N.-O.), située sur la ligne d'enceinte, était commandée par 2 tours carrées (celle de l'E. a disparu); elle avait 2 entrées séparées par un pilier, auquel s'adosse extérieurement la base en marbre d'un monument votif (quadrige?), bordée d'une banquette de repos.

On remarquera à l'O. de la tour O., contre le front du mur de Thémistocle, une borne avec l'inscr. du IVe s. : Ὅρος Κεραμεικοῦ, indiquant la limite S.-O. du dème du Céramique, limitrophe au S.-O. du dème de Kolonos Agoraios. — A l'angle N.-E. (disparu) de la cour s'amorçait la suite de l'enceinte de Thémistocle, doublée extérieurement par un mur plus récent.

La cour intérieure était flanquée de remparts épais, entre lesquels l'ennemi, qui avait forcé la 1re porte, se trouvait pris sous les traits des défenseurs (comparez Mantinée et Messène), comme cela arriva en 200 à Philippe V de Macédoine. Au S.-E., 2 grosses tours carrées, renforcées de 2 saillants en forme d'antes, protégeaient la porte intérieure. Celle-ci avait aussi 2 entrées, chacune de 3 m. 45 d'ouverture, suffisante pour le passage de 2 voitures (l'écartement des roues de chars grecs était de 1 m. 45). Derrière le pilier, à 2 m. au S., était placé un autel rond dédié à Zeus Herkeios, Hermès et Akamas. A côté de l'entrée E., dans l'angle, était aménagé un bassin de fontaine, dallé en marbre, avec portique le long du passage et conduite d'amenée à l'E. Dans l'angle extérieur du mur, au S.-E., était logé l'escalier du chemin de ronde.

La construction de la porte Dipyle ne remonte pas au delà du début du IVe s. Peut-être prit-elle la place d'une porte plus ancienne. Elle doit être associée au programme de réfection des portes et de la route du Pirée, ainsi que des Longs Murs, par Conon (p. 23).

Le plan (p. 94) indique la direction des routes qui partaient de la Porte Dipylo vers le dehors : d'abord la large avenue de l'Académie (auj. rue de Platées), ombragée d'arbres (p. 153), sur laquelle s'embranchaient la route du Pirée qui recoupait l'allée des Tombeaux et suivait à peu près le parcours de la rue des Géphyréens pour rejoindre l'*Hamaxitos* (p. 24). Quant à la *Voie Sacrée* d'Eleusis, son point de départ est incertain. On ignore si elle partait de la Porte S. et de l'allée des Tombeaux, ou du Dipylon et de l'avenue de l'Académie.

Du côté de l'intérieur, une grande artère se dirigeait vers l'Agora : c'était le *Dromos* (le Cours), large rue bordée de gymnases et de longs portiques. Il traversait le Céramique intérieur et débouchait sur l'Agora, vers l'extrémité O. de la rue actuelle d'Hadrien (*V.* pl. *Athènes comp.*).

On ne peut plus suivre le parcours de l'ancien Dromos à travers les constructions modernes. Pour se rendre du Dipylon à l'Agora, on ressort par l'avenue des Tombeaux, on suit la *rue des Géphyréens* et la *rue d'Hermès* jusqu'à la station dite du « *Théseion* ». Cette gare se trouve au pied d'une colline basse dont le versant O. avait été aménagé en jardin public par la reine Amélie. Après avoir franchi le pont du chemin de fer, on atteint en quelques minutes le haut de l'esplanade (altit. 68 m. 60), qui sert aujourd'hui de champ d'exercice à l'infanterie. Le jour de Pâques, des danses et réjouissances populaires ont lieu sur cette place.

Le « **Théseion** » est le nom traditionnel du temple, visible de loin, qui occupe la hauteur : en réalité, c'est un **Héphaisteion**.

La hauteur portait le nom de *Kolonos Agoraios* (Butte de l'Agora). Quant au temple, le nom de Théseion, en usage depuis le moyen âge, lui vient de ses sculptures où sont représentés les exploits de Thésée. Mais sa position ne répond nullement à celle du véritable sanctuaire de Thésée, avec son hérôon construit par Cimon vers 474 pour recevoir les ossements du héros, et décoré de fresques par Polygnote et Micon : il se trouvait au S.-E. de l'Agora (*V.* pl. p. 102), au pied de l'Aréopage, un peu au N. du sanctuaire des Euménides (p. 92). Les archéologues ont hésité entre diverses autres identifications (temple d'Arès, d'Héraklès et Thésée, d'Héraklès de Mélité, d'Apollon Patrôos, etc.); ils opinent aujourd'hui pour un temple d'Héphaistos et d'Athéna Héphaistia : l'édifice répondrait donc à l'*Héphaisteion* cité par Pausanias. Héphaistos (Vulcain) était le dieu des industriels et artisans du Céramique, forgerons et potiers; il fut associé de bonne heure dans le culte athénien, à Athéna, dite Héphaistia, comme protectrice des armuriers et des arts industriels en général (aspect particulier de l'Athéna ouvrière ou Ergané, p. 45).

Le temple, d'un dorique mélangé de motifs ioniques, est plus récent que le Parthénon : il date probablement des environs de 421. Il doit sa célébrité à son état de conservation : c'est le plus intact de tous les temples grecs connus. Il présente donc un grand intérêt documentaire pour l'étude de la construction du temple dorique périptère. Mais son aspect n'offre pas la séduction du Parthénon : malgré la richesse de sa patine dorée (due, comme celle du Parthénon, à un lichen) et la science de ses proportions, qui le font paraître à distance, sur sa colline, plus imposant qu'il n'est de près, il produit une certaine impression de froideur, peut-être à cause de son intégrité même. L'élégance plus académique qu'originale de ses sculptures est loin de corriger cette impression. Il fut converti par les chrétiens en église de St-Georges et pour cela subit à l'intérieur d'importantes modifications. Les Turcs voulurent le démolir en 1660, mais en furent empêchés par un firman du sultan; les tremblements de terre et la foudre ont de plus disloqué quelques colonnnes (surtout en 1821). Au début du XIXe s., il servit de lieu de sépulture pour les protestants anglais. Après 1835, on l'utilisa comme musée. Aujourd'hui, l'intérieur est vide, et il faut une permission pour le visiter.

L'édifice[1] repose sur un soubassement à 3 degrés, dont le plus bas en pôros (peut-être, comme à Sounion, un reste d'un temple archaïque antérieur), les deux autres en marbre pentélique, ainsi que toute la superstructure (à l'exception des sculptures et de quelques corniches en marbre de Paros). Les dimensions, au stylobate, sont : long. 31 m. 77; larg. 13 m. 72; haut. 10 m. 38 au sommet du fronton. La colonnade comprend 6 col. de face et 13 de côté (haut. 5 m. 88, y compris le chapiteau de 0 m. 38; diam. inf. 1 m. 009; diam. sup. 0,794; fût à 7 tambours, 20 cannelures, galbe assez faible. — Entrecolonnements : 1 m. 59, 1 m. 28 aux angles). Les axes sont inclinés vers le centre (p. 54). L'entablement dorique comprend une architrave lisse, une frise ornée de triglyphes et de métopes (2 métopes par entrecolonnement), une corniche à mutules et 2 frontons.

Le *sécos* se compose d'une cella centrale (long. 12 m. 10, larg. 6 m. 22), d'un pronaos profond de 5 m. et d'un opisthodome profond de 4 m., tous deux ouverts sur le péristyle par une colonnade *in antis*, dont les deux colonnes (haut. 5 m. 38) et les antes étaient unis par des grilles. Le mur du sécos repose sur une plinthe ionique.

L'entrée était à l'E.; elle fut reportée à l'O. par les Byzantins qui ouvrirent une large porte dans le mur de fond de l'opisthodome, converti en narthex, démolirent celui du pronaos, reculèrent les colonnes de celui-ci et le prolongèrent par une abside pentagonale en saillie sous le péristyle. L'intérieur fut voûté en berceau. Sous la domination turque, pour empêcher les Musulmans d'entrer à cheval dans l'église, comme ils le faisaient par dérision, les chrétiens murèrent la grande porte de l'O. et ouvrirent une petite porte latérale au milieu du mur S. qui sert encore d'entrée. Après 1835, l'abside fut démolie et remplacée par un mur droit entre les antes.

Les restes de la décoration peinte (palmettes et méandres) sont particulièrement bien conservés sur les cimaises du péristyle du pronaos, ainsi que le plafond à 20 caissons ornés d'étoiles peintes et disposés sur les soffites à raison de 8 travées.

L'intérieur, où l'on entre par la porte latérale S., n'a plus son pavé de marbre. On a cru remarquer sur les murs, au-dessus du socle ou *orthostate* à plinthe ionique, les traces d'un apprêt stuqué, qui aurait servi de dessous à des fresques : mais cette particularité est très douteuse. Le toit actuel est moderne. Au fond de la cella, sur une base commune, se dressaient les statues des deux divinités, de la main d'un élève de Phidias, peut-être Alcamène.

---

1. SAUER, *Das Sogenannte Theseion und sein plastischer Schmuck*, 1890, 4°. — Bon plan dans Stuart et Revett, t. II, p. 324.

Les **sculptures** sont en grande partie détruites ou en très mauvais état. Celles des *frontons* sont perdues; on ne voit plus, sur les tympans, que les vestiges des crampons qui les fixaient. Les seules *métopes* ornées de sculpures sont les 10 de la façade E., qui représentent les exploits d'Hêraklès, et les 4 en retour sur chacun des côtés N. et S., où sont figurés les exploits de Thésée, l'ami d'Hêraklès.

Métopes E., de g. à dr. : 1° Hêraklès et le lion de Némée; 2° Hêraklès et Iolaos combattant l'hydre de Lerne; 3° Hêraklès prenant la biche de Kéryneia; 4° Hêraklès et le sanglier d'Erymanthe; 5° Hêraklès enlevant les chevaux du roi de Thrace, Diomède; 6° Hêraklès enlevant Cerbère; 7° Hêraklès et la reine des Amazones, Hippolyte; 8° Hêraklès et Euryon?; 9° Hêraklès et Géryoneus; 10° Hêraklès recevant les pommes d'une des Hespérides.

Métopes N. de g. à dr. : 1° Thésée vainqueur de Prokrustès; 2° Thésée vainqueur, à la lutte, de Kerkyon; 3° Thésée et Skiron; sur le rocher, près du bord de la mer, un grand crabe; 4° Thésée tuant la laie de Krommyon.

Métopes S., de dr. à g. : 1° Thésée et le Minotaure; 2° Thésée et le taureau de Marathon; 3° Thésée et le brigand Périphétès; 4° Thésée et le brigand Sinis.

Les autres 50 métopes, restées lisses, ne présentent aucune trace de peinture.

La *frise*, en marbre de Paros, orne le pourtour du sécos à l'E. et à l'O.; les murs latéraux sont nus, excepté aux extrémités S.-E. et N.-E., où quelques figures se rattachent à la frise du pronaos. Le relief a une saillie de 6 cent.

La *frise du pronaos*, très mutilée, représente un combat qui a lieu devant six divinités assises, réparties en deux groupes qui occupent le centre de la composition : à g., Zeus, Héra et Athéna; à dr., Déméter-Poseidon et Arès. Quant aux combattants, il est impossible de les distinguer, et le sujet a donné lieu à diverses hypothèses (bataille de Marathon, Gigantomachie, combat des Athéniens contre les Perses, contre les Pélasges, contre les Eleusiniens, etc.). On remarque plusieurs combattants armés de pierres. Sur le mur S. on distingue un prisonnier qu'on enchaîne (Eurysthée?), et, sur le mur N. l'érection, d'un trophée.

La frise O., composée de 20 figures, représente le combat des Lapithes, assistés par les Athéniens, contre les Centaures, pendant les fêtes du mariage de Peirithoos, ami de Thésée. On reconnaît celui-ci, au milieu du groupe de dr., dans le guerrier armé d'un grand bouclier rond; et, dans le groupe de g., Peirithoos portant secours à Kaineus, menacé par 2 Centaures armés d'un quartier de roc.

Les sculptures de la frise, comme celles des métopes, présentent des traces d'ornements en bronze, de dorures, et de peintures bleues, vertes et rouges.

Du péristyle E. le regard s'étend sur le site de la grande place publique d'Athènes, ou de l'**Agora du Céramique** (ἡ ἀγορὰ ἡ ἐν Κεραμεικῷ), ainsi nommée pour la distinguer de l'*Agora ancienne*, placée par les uns au S. de l'Acropole (p. 82), par les autres à l'O. (p. 88).

L'Agora du Céramique occupait une cuvette naturelle, dont le fond est à 8 m. en contre-bas du temple, et comprise entre la butte de Kolonos Agoraios, à l'O., le rocher de l'Aréopage au S. et les pentes avancées (altit. 70 m.) de l'Acropole, à l'E. Au N. elle s'ouvrait sur la plaine de l'Eridanos (altit. 60 m.). Sa forme était celle d'un trapèze irrégulier, de 200 m. env. de longueur N.-S., sur 150 m. de largeur E.-O. Les côtés étaient bordés de portiques et de bâtiments publics, entre lesquels débouchaient les rues. Le plan p. 102 en indique la position réelle ou conjecturale.

De la bordure O., au pied de la butte, subsistent quelques tronçons de soutènement et d'édifices, retrouvés en 1896-97 par Dörpfeld : on veut y reconnaître les restes du *Portique Royal*, de celui de Zeus Eleuthérios, et du temple d'Apollon Patroos. On attribue au Metrôon un angle de fondations, au sud de la chapelle d'H[os] Ilias, à l'intersection des rues Patousa et de l'Observatoire (ὁδ. 'Αστεροσκοπείου). Celle-ci représente à peu près la limite S., que bordaient le Bouleutérion, la Tholos et le sanctuaire de Thésée. A l'E. le Portique d'Attale marque l'alignement, continué à ses extrémités S. et N. par l'Héliée, le Ptolémaion et le Portique Pœcile. Au N. la rue actuelle d'Hadrien indique la limite approximative, que formaient, entre les débouchés du Dromos (p. 98) et de la rue aboutissant à la porte Thriasique, la ligne des Hermès et le Léocorion.

Cette vaste place, empierrée, ombragée de platanes, de saules et de peupliers, ornée de fontaines, de statues et d'ex-voto, fut aménagée vers l'époque de Solon pour remplacer l'Agora ancienne. Elle devint le centre de la vie publique; les Athéniens s'y attardaient en promenades et en discussions, oubliant l'heure des assemblées (p. 85). Jusqu'à la construction de la Pnyx à la fin du VIe s., elle servait aux réunions de l'ecclésia; dans la suite, on n'y tenait plus que des séances spéciales, notamment pour les votes d'ostracisme, dans une aire entourée de cordes appelée le *Périschoinisma*. Il y avait aussi là une *orchestra*, aménagée au VIe s. pour les danses de certaines fêtes; d'après quelques savants, les premières représentations dramatiques des grandes Dionysies, organisées en 534, y auraient eu lieu avant la construction de l'orchestra primitive du théâtre de Dionysos (p. 74).

L'Agora était aussi envahie par les petits commerçants qui y installaient leurs baraques foraines. Les bouquinistes qui, au dire de Platon, vendaient pour 1 dr. le livre du philosophe Anaxagore, se tenaient sur l'orchestra. Dans les circonstances critiques, comme après la prise d'Elatée en 338, les prytanes faisaient dégager l'Agora, dont ils fermaient les abords avec des barrières, expulsaient les marchands et même incendiaient leurs échoppes : les citoyens étaient ainsi obligés de se rendre à l'assemblée et la place était libre pour les rassemblements militaires.

Le terme d'agora désignait aussi, en dehors de la place, tout le quartier commerçant des alentours, à l'O., au N. et à l'E. C'est ce qu'on appelle l'**Agora marchande**, véritable cité mercantile qu'on doit se représenter sur le type des bazars de l'Athènes moderne et des villes d'Orient, c'est-à-dire un labyrinthe de ruelles étroites, où se pressaient de minuscules boutiques, meublées d'un étal et abritées par un auvent. Elle était divisée en cercles (κυκλοι) dont chacun appartenait à une spécialité : on connaît l'agora de la poterie, de la ferronnerie et de la quincaillerie (τὰ χαλκᾶ), située à l'O. de l'Héphaisticion; celle des fripiers-recéleurs, dite *Agora des Filous* (Κερκώπων ἀγορά), à l'E. du Ptolémaion, et celle des changeurs. Poissons, fromages, viandes, légumes, huiles, denrées alimentaires, vins, draps, chevaux, esclaves, etc., occupaient autant de quartiers distincts. Ce n'est guère qu'au IVe s. qu'on commença à construire, pour le commerce, de grandes halles ou marchés en forme de portiques avec docks et boutiques.

De l'Agora hellénique, il ne subsiste que deux monuments

QUARTIER DES AGORAS

L. Hermann, del.

d'après Judeich.

dignes de visite, le Portique dit « des Géants » et le Portique d'Attale.

Du temple d'Héphaistos, on gagne au S.-E. la *rue du Ptolémaion* (ὁδὸς Πτολεμαίου) : on rencontre d'abord à g. les substructions découvertes par Dörpfeld (Portique ou temple d'Apollon Patrôos?). Remontant au N. la *rue de Poseidon* jusqu'au n° 14, on trouve à g. d'autres fondations, attribuées au Portique de Zeus Eleuthérios (?). On revient au S. jusqu'à une rue sans nom qu'on suit à l'E., en croisant les rues de Patousa et des Eponymes, jusqu'à une petite place triangulaire (place Vassarous). Là, dans un creux entouré de murs et de grilles, sont les ruines connues sous le nom de Portique des Géants.

Le « **Portique des Géants** » consiste en une ligne E.-O. de 4 bases carrées, dont une réduite aux fondations. Les 3 autres se composent d'un socle de marbre mouluré (haut. 1 m. 91, larg. 1 m. 33 à 1 m. 48), dont la face antérieure (au N.) est ornée d'un olivier entouré de serpents. Dans la surface supérieure est emboîté un pilier carré de marbre, haut de 3 m., dont le devant est sculpté en figure d'Atlante ou de Télamon, représentant un personnage moitié homme, moitié serpent, la ceinture entourée d'algues marines. Les angles de cette façade, longue de 41 m., sont reliés aux deux piliers extrêmes et creusés d'un bassin rectangulaire; en arrière, au S., ils se prolongent en galeries latérales, larges de 7 m. et dégagées sur une longueur de 10 m.

Ce monument encore mal expliqué se trouve à peu près dans l'axe central de l'agora, à mi-distance entre les portiques de l'O. et celui d'Attale. C'était une sorte de propylée ou d'arc décoratif, avec aménagement de fontaines : il avait 3 passages (celui du milieu a 6 m. de large, les 2 autres 4 m. 25). Les piliers en maçonnerie, en avant desquels les atlantes avec leur socle et leur poteau de marbre n'étaient qu'une applique, portaient une architrave ou des arcades. La construction est de basse époque romaine, faite avec des matériaux de remploi. Les figures sont contemporaines d'Hadrien et proviennent d'un monument plus ancien. Ce ne sont pas des géants (ceux-ci se terminent d'ordinaire par une double queue de serpent), mais plutôt des héros attiques anguipèdes, symboles de l'autochtonie, comme Cécrops, Erechthée, Erisychthon, Erichthonios. Le caractère personnel de la tête conservée suggère l'idée d'un portrait : ces figures pourraient être un empereur (Hadrien?) représenté en héros indigène. En tout cas, l'identification avec les statues des Eponymes (p. 8), d'où est venu le nom de la rue voisine, est insoutenable (*V.* le plan).

Le **Portique d'Attale** est situé à 65 m. à l'E., dans un terrain enclos de murs. Descendre la *rue des Eponymes*, puis à dr. la *rue d'Hadrien* jusqu'à la 1re rue à dr. Après avoir traversé la passerelle du chemin de fer, on débouche sur une ruelle où s'ouvre la porte des fouilles, à l'extrémité N.-O. du Portique (petit pourboire au gardien).

Il n'est mentionné que par Athénée; on l'appelait Gymnase de Ptolémée, jusqu'à la découverte (1861) de la dédicace au nom du fondateur, Attale II, fils d'Attale Ier et d'Apollonis, roi de Pergame (159-138 av. J.-C.). Il a été dégagé des maisons qui l'occupaient par la Société archéologique en 1859-62, 1874, 1898-1902.

Le Portique (*V.* pl. p. 102) était une halle aménagée pour le commerce, en bordure sur l'Agora. Il reposait sur un soubassement de conglomérat et de pôros, très élevé au N. (le long de la voie ferrée), pour racheter la déclivité du terrain. Le long de ce socle, une rampe maintenue par un soutènement (visible au S.) donnait accès au stylobate à 3 degrés en marbre de l'Hymette. Le plan intérieur rappelle celui du Portique d'Eumène (p. 81) : il se compose (long. 111 m. 90; prof. 20 m.) de 2 galeries, séparées par une colonnade intérieure de 22 colonnes ioniques avec une colonnade de 45 colonnes doriques en façade. Au fond s'étendait une ligne de 21 chambres carrées, servant de boutiques (4 m. 91 de prof.; larg. variant de 4 m. 91 à 3 m. 42); elles s'ouvraient à l'O. par une porte sur la galerie intérieure et recevaient le jour par une lucarne percée dans le mur de fond. Les murs étaient revêtus de marbre pentélique. Les marchandises étaient étalées sur des tables sous les galeries et rentrées le soir dans les boutiques. La galerie intérieure se terminait au N. et au S. par une exèdre rectangulaire avec bancs; il y avait aussi au N. et au S. deux petites entrées latérales et une fontaine au N. Le Portique avait deux étages : les colonnes intérieures, espacées de 4 m. 84 d'axe en axe, portaient les solives en bois du plancher; les colonnes extérieures, espacées de 2 m. 42, portaient une architrave en marbre, avec la dédicace (dont les fragments sont exposés sur un long socle, vers le milieu de la galerie O.), et un second étage de colonnes ioniques jumelées et reliées par des balustrades de marbre ajourées en treillis. Au S. un escalier desservait l'étage.

Le plan primitif était plus court (97 m. 35) et ne comportait que 18 boutiques; il fut allongé au N. Au moyen âge, le Portique fut encastré dans l'enceinte élevée par Antonio Acciauoli (p. 13) et faussement attribuée à Valérien. Les chambres comblées formaient le rempart, flanqué de tours à l'O. A l'extrémité N. et au milieu même de la colonnade intérieure, on remarque les restes de deux tours carrées de cette enceinte. En saillie sur le coin S.-O., une tour semblable, assise sur les soutènements de la rampe, fut plus tard convertie en chapelle de la *Panaghia Pyrgiotissa* (N.-D. de la Tour), auj. démolie.

En sortant des fouilles, on contourne à l'E. le mur de fond du Portique en suivant la *rue de l'Eurysakéion* jusqu'à la *rue du Pœcile*.

Celle-ci répond à une rue antique, car, sur la dr. (S.), on a retrouvé des restes d'un *portique romain* en bordure de l'O. à l'E. C'est aussi au S. du portique d'Attale qu'était situé le **Ptolémaion**, gymnase-bibliothèque construit pour les éphèbes athéniens par le roi d'Égypte Ptolémée II Philadelphe, vers 275. De nombreux décrets relatifs à l'éphébie, et mentionnant le Ptolémaion, ont été trouvés dans le mur franc attenant au S. du Portique d'Attale. Quelques substructions (au S. de la chapelle d'H[os] Christos, rue du Métrôon) peuvent être attribuées au Ptolémaion (mais non au Métrôon).

La *rue du Pœcile* débouche à l'E. sur une petite place, où se dressent quatre colonnes surmontées d'un fronton qui représentent le propylée d'un vaste marché de l'époque romaine.

Cette **Porte de l'Agora romaine**, dite aussi **Porte d'Athéna Archégétis**, fut élevée, comme l'apprend la dédicace de l'architrave, entre l'an 12 av. J.-C. et 2 ap. J.-C., par le peuple athénien à Athéna Archégétis (Gouverneresse) sur les sommes données par J. César et par Auguste. Le Propylée se composait d'un porche extérieur large de 11 m. à 4 colonnes doriques (h. 7 m. 87 avec le chapiteau, diam. inf. 1 m. 22), portant un entablement et un fronton surmonté d'acrotères : celui du sommet portait une statue de Lucius César, fils de Germanicus, adopté par Auguste en l'an 12 av. J.-C. et mort en 2 ap. J.-C. L'angle S. de l'entablement est encore relié par l'architrave à l'ante du mur latéral(*V.* pl. p. 102). Entre les colonnes s'ouvraient trois passages : celui du milieu pour les voitures (larg. 2 m. 50), ceux des côtés pour les piétons (larg. 1 m. 42); ils conduisaient à un vestibule dallé et à un arrière-vestibule s'ouvrant sur une vaste cour rectangulaire, entourée de portiques où l'on reconnaît une **Agora romaine**.

Une inscription, gravée sur un pilier isolé, près des colonnes du Propylée, contient un édit d'Auguste relatif à la vente et à la taxe des huiles. L'édifice était donc un marché clos ou une *halle aux huiles*, vins, etc., communiquant par une rue directe avec l'Agora du Céramique, à l'O.

Le péristyle rectangulaire n'a été dégagé qu'en partie, dans l'angle S.-E., près de la Tour des Vents (Fouilles de la Soc. archéol. en 1891. On s'y rend par la *rue de Pélopidas*); mais le plan général est facile à reconstituer. Le rectangle avait, en mesures extérieures, 112 m. de long (d'O. en E.), sur 96 m. de large; la cour intérieure (82 m. sur 57 m.) était dallée en marbre. Le péristyle, d'ordre ionique lisse, était à double galerie. A l'E. la galerie du fond était occupée par des boutiques, comme au Portique d'Attale. De ce côté aussi, vers le S., fut ajouté après coup un second Propylée saillant à colonnes lisses, construit sur le modèle du Propylée O., mais avec moins de soin. Sa direction un peu oblique (S.-E.) et le dallage qui le continue attestent l'intention de le relier avec un édifice plus ancien situé en face.

Celui-ci, surélevé au-dessus d'un escalier, avait une façade en forme de loggia à 3 ou 4 arcades, dont les cintres monolithes en marbre de l'Hymette se trouvent en place ou rangés aux abords de la Tour des Vents. D'après la dédicace il était, comme la Porte dorique O., consacré à Athéna Archégétis et aux Augustes. L'inscription d'un des cintres retrouvés le désigne aussi comme l'**Agoranomion**, restauré par Hérode Atticus. C'était le local des agoranomes, ou magistrats chargés de la police des marchés.

La **Tour des Vents** est le nom communément appliqué au monument contigu, qui est en réalité l'**Horloge d'Andronikos**.

Cet édifice, appelé au moyen âge l'Ecole ou le Tombeau de Socrate, fut identifié par Spon avec l'Horloge hydraulique, citée par Varron et décrite par Vitruve, que construisit, au 1er s. avant J.-C., le Syrien Andronikos Kyrrestès (de Kyrrhos). C'était une horloge hydraulique, aménagée en rose des vents, avec cadrans solaires et girouette.

C'est une tour octogone (2 m. 80 de côté), toute en marbre blanc; elle mesure 7 m. 95 de diamètre et 12 m. 10 de hauteur en comptant les trois degrés sur lesquels elle repose. Chacune de ses faces est orientée vers les huit points de l'horizon athénien auxquels correspondaient les vents, dont les noms sont gravés et les figures symboliques sculptées sur la frise. Ces huit figures ailées sont représentées volant dans les airs, dans une position presque horizontale. Toutes ont la tête découverte; deux seulement, Lips et Notos, ont les pieds nus. Ce sont, au N. (dans la direction de la rue d'Éole), *Boréas*, sous les traits d'un homme barbu, au visage maussade; il est couvert de lourds vêtements et s'apprête à souffler dans une conque; au N.-E., *Kaekias*, barbu, vidant son bouclier rempli de grêlons; à l'E., *Apéliotès*, un jeune homme. chargé de fruits et d'épis; au S.-E., *Euros*, barbu, enveloppé dans un manteau; au S., *Notos*, le vent pluvieux, sous les traits d'un jeune homme épanchant une urne; au S.-O., *Lips*, tenant à la main un aplustre de navire; à l'O., *Zéphyros*, sous les traits d'un beau jeune homme, avec un vêtement flottant d'où tombent les fleurs printanières; au N.-O., *Skiron*, avec un vase. Sous les 8 figures ont été plus tard tracés autant de cadrans solaires plans; les 4 au N. et à l'E. sont verticaux, les autres déclinants.

La cimaise au-dessus de la frise est décorée de chéneaux en mufles de lions. Le toit forme une pyramide surbaissée à 8 pans, composée de 24 dalles de marbre trapézoïdales, extérieurement sculptées en fausses tuiles et maintenues au sommet par un couvercle rond servant de clef de voûte. Il se terminait, comme nous l'apprend Vitruve, par une girouette ayant la figure d'un Triton armé d'un bâton et monté sur pivot. Sur les faces N.-E. et N.-O. s'ouvrent deux portes précédées chacune d'un perron et d'un porche à fronton qui portait sur 2 colonnes corinthiennes avancées et sur 2 pilastres encadrant la porte.

A la face S. est adossée une petite tour ronde, qui était couverte et montait aux 2/3 de l'octogone : c'était le réservoir de l'horloge hydraulique, alimenté par un aqueduc qui lui amenait, sous l'Agoranomion, les eaux de la source Clepsydre (p. 70), située à un niveau plus élevé de 50 m. Les cloisons intérieures du réservoir réglaient leur écoulement dans l'octogone, qui abritait le mécanisme. Le détail de celui-ci ne peut plus être reconstitué : en principe, c'étaient les niveaux successifs de l'eau montant dans un cylindre qui marquaient les heures. A cette installation hydraulique appartenaient les cavités et canaux qu'on remarque dans le dallage de l'octogone. Le rôle des corniches et tablettes latérales qui divisent l'intérieur en 4 zones inégales n'est pas déterminé : les parois de ces zones étaient revêtues d'un enduit. On remarquera aussi la petite colonnade dorique qui forme couronnement sous la cimaise.

On a réuni dans la tour divers débris de sculptures, stèles funéraires un guerrier nu tenant un bouclier), et fragments architectoniques.

[De la tour, vers le S., la rue de la Clepsydre conduit au versant N. (p. 69) et à l'entrée de l'Acropole, p. 25).]

Vers l'E. les 2 rues du Prytanée et de Kyrrhestès aboutissent à un terrain, déblayé en 1861-2, et qui marquerait le site du **Diogéneion**, gymnase éphébique, construit en 229 av. J.-C. par les Athéniens, et dédié à Diogénès, un gouverneur macédonien qui avait consenti à retirer ses troupes de l'Attique. On n'a pas retrouvé là de fondations antiques, mais un fragment de l'enceinte franque (p. 104), avec un nombre considérable d'inscriptions éphébiques mentionnant le Diogéneion, et des bustes de *cosmètes* ou directeurs du collège des éphèbes (p. 128).

En descendant la rue d'Éole jusqu'au tronçon E. de la rue d'Hadrien, on aperçoit, à g., une colonnade adossée à un mur noir. Ce sont les ruines connues sous le nom de **Portique d'Hadrien.**

Celui-ci est en réalité la **Bibliothèque d'Hadrien**, dont ce mur n'est que le mur de fond (*V.* pl. p. 102).

Ces ruines étaient depuis longtemps connues, ainsi que celles du côté O. (place d'Arès); mais on ignorait la destination et le plan du vaste édifice auquel ces deux façades appartenaient : le terrain intermédiaire était occupé par les boutiques de l'ancien Bazar, qu'un grand incendie a détruit en 1885. La Société archéologique y entreprit aussitôt des fouilles ; quoique partielles, et obligées de laisser subsister quelques pâtés de maisons et les bâtiments d'une prison, elles ont permis de reconstituer le plan général et d'affirmer l'identité de ce bâtiment avec la Bibliothèque aux 100 colonnes, construite par Hadrien et dont Pausanias vante la magnificence.

L'architecte a mis ce bâtiment en harmonie avec l'Agora voisine, en lui donnant une direction parallèle, un plan et des dimensions analogues.

C'est un vaste quadrilatère de 122 m. de long, de l'O. à l'E., sur 82 m. de large, encadrant une cour centrale (long. 81 m. 75 sur 59 m. 88; on descend dans l'intérieur par la grille de la rue d'Éole; demander la clef au magasin de comestibles, en face). La cour est entourée d'un péristyle à 100 colonnes, formant 4 galeries de plus de 7 m. de prof. Les 2 longues galeries latérales (N. et S.) étaient flanquées chacune de 3 exèdres (1 rectangulaire au milieu et 2 hémicycliques vers les extrémités). La galerie E. desservait un corps de logis à 2 étages, composé de 5 pièces quadrangulaires, au rez-de-chaussée : au milieu, s'ouvrant par une baie à 4 colonnes, la salle de la *Bibliothèque* proprement dite (long. 25 m. 21 ; larg. 14 m. 58); au pied des murs régnait, à hauteur d'homme, un podium large de 1 m. 50. Dans les murs, une grande niche centrale au milieu de deux rangées de 4 niches plus petites, représente les armoires ou casiers pour les livres, dispositif retrouvé aussi à la bibliothèque de Pergame. Tout auprès ont été trouvées des statues de l'*Iliade* et l'*Odyssée* personnifiées. Extérieurement, le mur de cette salle était orné de 6 colonnes corinthiennes lisses à consoles, qui bordent la rue d'Eole. Sur les deux côtés, étaient 2 vestibules avec bancs, terminés au fond par 2 cabinets (vestiaire et garde-robe?), et conduisant à des salles voûtées en berceau, probablement des salles de conférences (16 m. 09 sur 14 m. 58), situées aux angles N. et S.

Le milieu de la cour, sans doute aménagée en jardin, était d'abord occupé par un bassin long de 58 m. de l'O. à l'E. et large de 13 m. Plus tard, sur la moitié E. de ce bassin, fut élevé un pavillon construit sur un plan quadrilobé, qui comprenait une salle centrale rectangulaire flanquée de 4 exèdres hémicycliques et un vestibule à l'E., de 25 m. sur 5 m. 15. L'intérieur de ce pavillon fut lui-même remanié par les Byzantins qui le convertirent en église de la Grande Panaghia, et dressèrent pour la nef centrale la colonnade actuellement en place. Les autres colonnes du péristyle, en marbre phrygien, et les autres matériaux précieux ont été pillés de bonne heure.

Le côté O. du quadrilatère est la façade principale avec l'entrée (regagner la rue d'Eole et contourner le champ de fouilles par le S. jusqu'à la rue d'Arès, en passant devant la prison); la partie N. en est seule apparente. Au milieu de la façade s'avançait un propylée de 12 m. de large, avec 4 colonnes corinthiennes cannelées, de front, et 2 antes encadrant la porte (subsistent 1 col. et 1 ante du côté N.); des deux côtés, chaque moitié de la façade était ornée d'une colonnade de 6 colonnes corinthiennes (h. 8 m. 60; diam. 0 m. 90), à fût lisse en marbre de Karystos, avec chapiteau en marbre pentélique et console. Enfin les 2 angles de la façade se terminaient à l'O. par des antes très saillants ornés de pilastres.

[Aux alentours de la Bibliothèque, on rencontre quelques coins assez pittoresques (ancienne mosquée sur la place d'Arès). En regagnant le quartier des hôtels, par la rue d'Eole, on peut visiter ce qui reste du Bazar (p. 145), et passer par la Métropole (p. 144), Kapnicaréa (p. 145), Ste-Irène (p. 145), et Hmt Théodoroi (p. 145. Pl. E, 5).]

6° Quartiers Est.

Porte d'Hadrien. — Olympieion. — Fontaine Kallirrhoé ou Ennéacrounos. — Stade.

Cette région correspond à la *Nouvelle-Athènes* ou *ville d'Hadrien* (*Novæ Athenæ, Hadrianopolis*), c'est-à-dire aux quartiers romains compris entre l'enceinte de Thémistocle et celle d'Hadrien. Le point de départ de l'itinéraire est la Porte d'Hadrien. (Pl. E, 7-8.)

De la place de la Constitution, on se rend à la Porte d'Hadrien par le *Bd d'Amélie*, jusqu'à sa jonction avec le *Bd de Denys l'Aréopagite*, sur la place dite Σταὶς Κολόνναις (aux Colonnes) ou place de l'Olympieion.

L'Arc ou **Porte d'Hadrien** s'élève probablement à la place d'une porte de l'enceinte du VIe s., antérieure à celle de Thémistocle, et que l'on considérait à l'époque romaine comme la limite de la ville primitive ou ville de Thésée.

C'était un monument tout décoratif, destiné à fixer un point de l'ancienne topographie, comme le prouvent les inscr. de la frise. On lit au côté N.-O. (côté de l'Acropole) : Αΐδ' εΐσ "Αθῆναι Θησέως ἡ πρὶν πόλις : « Ici est l'ancienne Athènes, la ville de Thésée », au côté S.-E. (vers l'Olympieion) on lit : Αΐδ' εΐσ' 'Αδριανοῦ καὶ οὐχί Θησέως πόλις : « Ici est < la nouvelle Athènes > la ville d'Hadrien et non plus celle de Thésée ». Ces textes confirment le passage de Thucydide sur la position de l'Athènes primitive au S. de l'Acropole (p. 20).

La porte, en marbre pentélique, présente une double façade à 2 étages (haut. 18 m.) constituée en bas par un mur de 13 m. de large sur 2 m. 30 d'épaisseur, encadré de pilastres corinthiens et couronné d'un attique. Au milieu s'ouvre un arc en plein cintre de 6 m. 20 de large, cantonné par 2 col. corinthiennes en appliques dont subsistent en partie les bases et les consoles. L'ordonnance supérieure se compose d'un portique corinthien à 2 faces semblables adossées et percées de 3 baies. Celle du milieu forme un édicule à fronton; celles des côtés, couronnées par une architrave horizontale, se terminent par des pilastres. Ces baies, aujourd'hui ajourées, étaient fermées par une cloison ou tympan de marbre dont un fragment subsiste en haut de la baie centrale. Elles étaient ainsi divisées en 2 systèmes de niches adossées et sans doute ornées de statues. C'est la reine Amélie qui a fait détruire les cloisons pour rendre l'aspect du monument plus pittoresque. Celui-ci est communément attribué à Hadrien, bien qu'il semble inférieur aux luxueuses constructions de ce prince à Athènes. Peut-être fut-il élevé par les Athéniens en signe de reconnaissance pour le fondateur de la Nouvelle Athènes. En tout cas, il n'a aucun rapport avec l'Olympieion voisin et ne lui a jamais servi d'entrée. Il se trouvait sur le passage d'une rue détachée de la rue des Trépieds au N.-E. du monument de Lysicrate (p. 72).

L'Olympieion ou sanctuaire de Zeus Olympien occupe une terrasse rectangulaire de 205 m. 60 de long sur 129 m. 90 de large, entourée d'un puissant péribole en pierres du Pirée équarries et que contrebutaient 100 contreforts espacés tous les 5 m. 30. Le périmètre total était de 668 m., chiffre qui équivaut à peu près aux 4 stades indiqués par Pausanias.

De l'Arc d'Hadrien on longe le côté N. de ce péribole, et l'on rencontre vers l'angle N.-O. une exèdre demi-circulaire ajoutée après coup au soutènement. En continuant vers l'E. on arrive à une entrée latérale, située à 45 m. de l'angle N.-E. : elle se composait d'un *propylée dorique* à 4 col. large de 10 m. 50 sur 5 m. 40 de prof. et analogue à la porte de l'Agora romaine (p. 105). Il est bordé de restes d'habitations romaines appuyées au péribole.

A 35 m. plus au N. on a retrouvé les restes d'un *bain romain*, et, dans l'angle S.-O. du parc du Zappeion, près de la statue de Byron (p. 150), ceux d'une belle *villa romaine*, avec cour carrée à péristyle et exèdre hémicyclique ou *nymphœum*. D'autres grands thermes romains, reconnus devant le Zappeion sous l'escalier, n'ont pas été exhumés.

Ce propylée, quoique situé sur la ligne de la façade du temple, ne semble pas avoir constitué l'entrée principale du téménos; on doit plutôt la chercher au milieu du côté O., non encore dégagé. Au milieu de cette terrasse, jadis peuplée de statues, s'élevait le **temple.**

La légende attribuait à la reconnaissance de Deucalion la consécration à Zeus et à Gè Olympia du 1er temple, à l'endroit où s'étaient écoulées les dernières eaux du déluge. En effet, à l'origine, il devait y avoir là quelque ravine où ruisselaient les eaux de la partie N. vers l'Ilissos. Vers 530, Pisistrate entreprit la construction d'un Olympieion colossal, dont Penrose a retrouvé les puissantes substructions. Il était d'ordre dorique et tout en pôros; la cella mesurait environ 35 m. 20 sur 15 m. 20, dimensions que n'atteint pas celle du Parthénon. Les colonnes de tuf, dont quelques tambours non cannelés ont été retrouvés, avaient un diam. de 2 m 38, supérieur à celui des col. du temple de Zeus à Olympie, qui sont les plus fortes col. grecques connues. Les travaux, interrompus par la chute des tyrans, en restèrent au sous-œuvre, mais la grandeur du projet permit à Aristote de le comparer à ces entreprises colossales, telles que les Pyramides d'Egypte, auxquelles ont recours les despotes pour occuper leurs sujets.

Ce n'est que 400 ans après, vers 174 av. J.-C., que le roi de Syrie, Antiochos IV Epiphane, reprit les travaux dont il confia la direction à l'architecte romain Cossutius. Celui-ci agrandit le plan, modifia l'orientation, et adopta l'ordre corinthien avec le marbre pentélique. La mort d'Antiochus en 164 suspendit le travail déjà à moitié achevé, et Tite-Live put écrire : « Le temple de Jupiter Olympien à Athènes est le seul au monde qui ait été conçu sur un plan proportionné à la majesté du dieu ». Sylla, en 86, emporta à Rome quelques colonnes. Enfin Hadrien assuma l'achèvement de l'édifice et eut la gloire de le consacrer en 130 ou 129 ap. J.-C. au milieu de fêtes panhelléniques. Il plaça dans la cella sa propre statue près de celle du dieu en or et en ivoire.

Durant le moyen âge, le temple, désigné comme un Palais d'Hadrien, servit de carrière. Un stylite byzantin installa sa cahute sur un morceau d'architrave isolé sur 2 col. (elle existait encore sous le roi Othon). En 1760, un woïwode ou gouverneur turc fut puni d'une amende de 30,000 fr, pour avoir employé une des col. à faire de la chaux pour une mosquée. En 1852, un cyclone renversa la col. dont les tambours gisent à terre. Les fouilles de Penrose en 1883 et de la Société archéologique (de 1886 à 1901) ont permis de reconstituer le plan du temple.

C'était un diptère (à 2 rangs de 20 col. sur les côtés) octastyle (avec 3 rangs de 8 col. sur les façades; les col. d'angles 2 fois comptées), en tout de 104 col. corinthiennes de 17 m. 25 de haut, 1 m. 70 de diam. inf. et 1 m. 49 de diam. sup. et 20 cannelures. Le chapiteau, en 2 morceaux, a 3 m. de large au sommet. L'architrave, à 3 bandeaux, se compose de 3 poutres de 2 m. 25 de haut et 6 m. de long. De cette forêt de colonnes, il ne reste plus que 16 col. dont 1 renversée. Les 13 de l'angle S.-E., placées sur 3 rangs, portent encore leurs architraves. La colonnade reposait sur un soubassement à 3 degrés, dont 2 en pôros et 1 en marbre, formant une plate-forme de 107 m. 75 de long sur 41 m. 10 de large. Le sécos mesurait 75 m. sur 19. Vitruve signale la cella comme étant *hypèthre* (à ciel ouvert); mais alors l'édifice était encore inachevé : il est peu probable qu'Hadrien ait laissé sans abri la statue chryséléphantine du dieu. Comme dimensions, ce temple n'a de rivaux que ceux d'Éphèse et de Sélinonte.

Bien qu'inférieure, comme style, aux belles œuvres de l'époque hellénique, cette colonnade colossale, aux tons chauds, à l'ornementation riche, produit un grand effet, dans l'isolement de cette vaste esplanade, au centre d'un vigoureux décor, où les escarpements fauves de l'Acropole, le miroir lointain de la mer, le liseré bleu des îles et des côtes d'Argolide, puis les croupes grises de l'Hymette associent leurs lignes et leurs couleurs. L'endroit, bien aéré, est envahi par de petits cafés, où l'on jouit de la brise de mer. Le 1er jour du grand carême grec (un lundi), des réjouissances et des danses populaires ont lieu « aux Colonnes ».

On ressortira par le Propylée N.-E., et l'on contournera extérieurement le côté E. du péribole. C'est autour de l'angle S.-E. qu'il est le mieux conservé, avec ses contreforts et ses drains cintrés pour l'écoulement des eaux (le côté S. est en grande partie restauré). Ce mur est un travail de l'époque d'Hadrien.

Du péribole, en marchant au S. dans la direction du pont de l'Ilissos par où passe la route du cimetière moderne, on rencontre, au bout de 55 m., les ruines d'un *petit temple* de basse époque (*Kronion* ou temple de Kronos et Rhéa?), à côté d'un tronçon de l'enceinte d'Hadrien (*V.* pl. d'Athènes, E, 8).

A quelques mètres au S.-O. se trouvait le *Pythion* ou sanctuaire d'Apollon Pythien, en un endroit où furent trouvées des dédicaces au dieu, notamment celle d'un autel consacré par Pisistrate le Jeune et citée par Thucydide (VI, 54). Au delà, vers le S.-O., s'étendait le quartier des Jardins (Κῆποι, p. 82. *V.* pl. d'Athènes comparée).

Du pont, on a une bonne vue sur la *Kallirrhoï*, dont le nom rappelle encore celui de l'antique **fontaine Kallirrhoé** ou **Ennéacrounos** : c'est un seuil rocheux, situé en travers du lit de l'Ilissos, à 70 m. en amont du pont.

Cette source, la plus abondante de l'Athènes primitive, détermina la 1re agglomération urbaine au S. de l'Acropole. D'après Thucydide (II, 15), la fontaine *Kallirrhoé* (c.-à-d. *Belle eau*), appelée aussi *Ennéacrounos* (aux 9 bouches) à la suite des travaux d'aménagement qu'y exécutèrent les tyrans au VIe s., se trouvait à proximité des sanctuaires les plus anciens, l'Olympieion, le Pythion et le Dionysion aux Marais (p. 81). On y puisait l'eau sacrée pour les cérémonies religieuses, notamment celle du bain lustral de la fiancée avant le mariage. D'autres textes non moins formels attestent les rapports de la source avec le cours de l'Ilissos; enfin le nom traditionnel de *Kallirrhoï*, pour désigner les cascades de l'Ilissos au S. de l'Olympieion, remonte au moins à l'époque byzantine. Aussi était-on d'accord pour retrouver ici la célèbre fontaine, malgré le passage obscur où Pausanias semble situer l'Ennéacrounos à l'O. de l'Acropole. De ce texte est sortie la théorie nouvelle de Dörpfeld, qui veut reconnaître l'Ennéacrounos dans la fontaine rupestre par lui découverte au pied de la Pnyx (p. 89). Les fouilles de la Société archéologique (M. Skias, 1893) dans le lit de l'Ilissos n'ont pas résolu la question, et l'identification traditionnelle continue à rallier d'importants suffrages.

Il est certain que, dès la plus haute antiquité, il y a eu, au S. de l'Olympieion, un ruissellement d'eau considérable (légende de Deucalion, p. 110). C'est de là que partait l'aqueduc du Pirée, qui s'alimentait dans une nappe phréatique entre l'Ilissos et l'Olympieion : la conduite subsiste encore; elle traverse le torrent en contre-bas de la Kallirrhoï et suit d'abord la berge g. Quant à la Kallirrhoé elle-même, il est probable que les caprices du torrent, la construction d'un pavillon d'été par les Florentins, puis les installations hydrauliques modernes en ont sensiblement altéré l'aspect. La crue de 1896 a suffi à emporter les restes d'un quai antique sur la rive dr., à ensevelir ou détruire les traces des fouilles de M. Skias et même à écrêter la roche.

Dans l'état actuel, un seuil rocheux haut de 4 à 5 m., large de 60 m., barre le lit caillouteux du ruisseau. En haut, le cours du torrent, d'ordinaire à sec, se divise en 2 bras, canalisés, au sommet du seuil, en 2 rigoles latérales creusées dans le roc. En bas de ces canaux mi-naturels et mi-artificiels, les chutes ont creusé dans le bief inférieur deux cuvettes où l'eau séjourne en tout temps et qui furent de bonne heure aménagées en bassins (réservoirs ou lavoirs). La paroi verticale du seuil intermédiaire est creusée de fissures naturelles en forme de petites galeries, dont les ouvertures, au nombre de 7 ou 8, laissent par moments suinter des filets d'eau ou des cascatelles.

Ce seraient là les conduites naturelles de l'antique Kallirrhoé, dont le débit, alimenté par les infiltrations du torrent et des versants contigus, était plus considérable et plus régulier qu'aujourd'hui. Le lit actuel paraît avoir été aménagé après la construction de l'Olympieion et de l'enceinte d'Hadrien. Auparavant, il passait à côté du seuil, au N., et la Kallirrhoé se trouvait sur sa rive g. C'est en avant de la paroi rocheuse que Pisistrate fit aménager la façade ou le bassin à 9 bouches (chiffre sacré, correspondant à 3 triades de nymphes) qui recueillait et distribuait les eaux (Cf. la fontaine Priène, à Corinthe). Lorsque le lit eut été rejeté au S. à l'aide d'un quai qui protégeait l'Olympieion, la fontaine se trouva sous une cascade : on comprend qu'il ne soit rien resté de la façade aux 9 bouches, dont les cataractes, les cailloux et les travaux ultérieurs ont achevé la destruction.

De la Kallirrhoé, on peut gagner le Stade par la rive dr. de l'Ilissos ou par la rive g.

1° Par la rive dr. au N., on rejoint le *Bd d'Olga*, en un point où la riv. décrit un coude, et où se voyaient les restes d'un quai romain. La boucle de l'Ilissos renferme dans ses bras desséchés une sorte d'île, où se sont installés des cafés-concerts très fréquentés en été.

C'est dans ces parages, sur la rive dr., que se place le paysage décrit par Platon au début du *Phèdre* : « Par Héra! le bel endroit pour se reposer! Que ce platane est large et élevé! Et cet agnus castus, que ses rameaux sont élancés et son ombrage magnifique! Il est tout en fleurs et embaume ces lieux. Une source délicieuse coule sous ce platane et en y trempant le pied nous pouvons sentir la fraîcheur de ses eaux. A en juger par ces figurines et ces statues, on dirait que ce séjour est consacré aux Nymphes et au fleuve Achélôos. Vois encore comme l'air qu'on respire ici est doux et agréable. Il y a comme un parfum d'été, comme un bruit en harmonie avec le chœur des cigales. Mais ce qui me plaît le plus, c'est ce gazon assez épais pour que nous y puissions reposer notre tête à l'aise, en nous étendant sur ce terrain doucement incliné. Mon cher Phèdre, tu ne pouvais mieux me conduire. » — A l'Ilissos se rattachait la gracieuse légende de l'enlèvement d'Oreithyia : la fille d'Erechthée cueillait des fleurs sur les bords du fleuve quand elle fut ravie par Boréas.

Près du théâtre « Paradisos » ont été retrouvées les substructions d'une *basilique chrétienne* avec crypte, la plus ancienne église d'Athènes.

Près du *cimetière protestant*, le boulevard débouche sur le nouveau *pont du Stade*, qui repose sur les fondations d'un pont romain (construit par Hérode Atticus?), à 3 arches, détruit en 1778.

Le **Stade**, qui s'ouvre immédiatement au S., occupe un ravin naturel aménagé de main d'homme et traversé à l'origine par un ruisseau.

Le Stade servait aux concours gymniques des Panathénées (courses à pied, lutte, boxe, tir au javelot, etc.), d'où son nom de *Stade Panathénaïque*. Ce fut Lycurgue qui, vers 330 av. J.-C., fit les premiers aménagements en pierre du tour de la piste; les gradins en marbre furent posés seulement vers 140 ap. J.-C. aux frais d'Hérode Atticus, qui épuisa pour cela les carrières du Pentélique. Dans la suite des temps, le monument fut exploité comme carrière. Mais, en 1895, un riche Hellène d'Alexandrie, M. Avérof (dont la statue est à dr. de l'entrée), donna un million pour restaurer le Stade en vue de la célébration des premiers Jeux olympiques de 1896. C'est à cette libéralité, renouvelée d'Hérode Atticus, et d'ailleurs plus fastueuse qu'utile, que le monument doit cet aspect neuf, et ces contours secs, qui ont gâté l'ancienne harmonie du paysage. Tel quel, il ressemble assez exactement à ce qu'il était au temps d'Hérode Atticus.

Le Stade se compose d'une piste plane, entre deux talus longs, ouverts au N. et qui se rejoignent au S. en arc de cercle : cette extrémité ronde s'appelait *sphendoné* (la fronde). La piste a 204 m. 07 de long sur 33 m. 36 de large; la longueur utilisée pour les courses était seulement de 178 m. ou 1 stade attique; le parcours était divisé par des bornes en forme d'hermès doubles, dont on a retrouvé 4 exemplaires (cf. les stades d'Olympie, de Delphes, d'Epidaure). L'existence d'une arête centrale ou *spina*, comme dans les cirques romains, n'est pas probable : les coureurs occupaient toute la largeur de la piste; dans les courses doubles, au lieu d'un virage, ils exécutaient une volte-face devant la borne finale.

La piste était séparée des gradins par un podium en marbre

surmonté d'une grille, et par un couloir de 2 m. 82 de large, au fond duquel se trouvait l'aqueduc pour l'écoulement des eaux. Le couloir, dont les entrées étaient au N., donnait accès aux 29 escaliers montants (12 sur chaque côté long, 5 dans la sphendoné) qui desservaient les gradins en marbre. Ceux-ci, au nombre de 44, étaient divisés en 2 zones concentriques par un *diazôma* (p. 76), situé derrière le 24ᵉ gradin. La zone supérieure se terminait par un promenoir, sans doute couronné par un portique dorique de 10 m. de large (restes au sommet de la sphendoné; belle vue panoramique). Le nombre des places était de 50,000 environ. La cavea s'appuyait sur les talus du ravin, régularisés et complétés à l'aide de remblais et de soutènements (*analemmata*) contrebutés par des contreforts (dans la partie S.). Du côté N. les tranches verticales des talus étaient maintenues par une forte maçonnerie, que coupaient les rampes d'accès et les escaliers extérieurs conduisant au diazôma.

Un tunnel de 3 m. 85 de large, creusé dans le roc, traversait le talus S.-E. et débouchait sur la piste par un vestibule de 4 m. 75 sur 7 m. Ce tunnel pouvait servir à faciliter l'entrée ou la sortie des spectateurs par un chemin extérieur, à l'E. Par là aussi étaient amenées dans l'arène les bêtes féroces, quand avaient lieu des combats de gladiateurs ou de grandes chasses : on sait qu'Hadrien, présidant les jeux panathénaïques, fit chasser 1,000 fauves dans le Stade.

L'entrée de la piste était sans doute fermée par un portique et un propylée; dans l'angle N.-E. de l'aile E. on a retrouvé des locaux, pavés en mosaïque, restes de vestiaires et de chambres pour les lutteurs et gladiateurs.

2° Par la rive g. au S., au delà du pont de la Kallirrhoé, une route conduit au cimetière moderne, situé à 500 m. au S. (p. 150). Une autre route, qui conduit au Stade, longe le pied des contreforts de l'Hymette, et domine l'île de l'Ilissos, l'Olympieion et les jardins du Zappeion et du Palais royal. A dr. s'élèvent les hauteurs du district giboyeux d'**Agrai** (les chasses), consacré à Artémis Agrotéra dont le temple, voisin du Stade, n'a pas été encore identifié. Près de la chapelle d'Hª Photini, sur la berge de la Kallirrhoé, on remarque un rocher taillé en encoche, avec une entrée de grotte (ancienne source?) et les restes d'une base et d'un édicule, répondant peut-être au *temple d'Ilithye*. A quelques mètres, au S.-E., au-dessus de la route, on a dégagé les fondations d'un autre petit temple (14 m. 60 sur 7 m. 80), converti en chapelle avec un petit cimetière à l'E. Ce sont les restes du *temple ionique* amphiprostyle à 4 col., relevé par Stuart en 1751-1755 et détruit en 1778 par les Turcs. On y reconnaît le **Mètrôon d'Agrai**, consacré à Déméter et à Perséphone. On y célébrait 2 fois l'an les *Petits Mystères*, en l'honneur de Déméter, de Perséphone et de Dionysos. Sur le versant O. et N. de la même hauteur, en bas du moulin à vent qui la couronne, se voient des restes d'escalier, de sentier et de niches votives jumelles (pour Déméter et sa fille), et un péribole de terrasse rectangulaire, ayant probablement servi à la célébration des mystères.

Là hauteur contiguë, à l'E., et voisine du Stade, répond à l'ancien **Hélicon** ou **Ardettos**, où les Héliastes venaient chaque année prêter leur serment. Le sommet (133 m.) est couronné par les restes d'un grand bâtiment (25 m. sur 15) orienté de l'O. à l'E., situé sur une aire elliptique que précèdent à l'E. une terrasse rectangulaire et une rampe conduisant au Stade. Ce serait le **temple de Tyché**, construit par Hérode Atticus.

De là, on rejoint l'entrée du Stade, au N. (*V.* ci-dessus).

Une autre colline, à l'E. du Stade, porte à son sommet (115 m. 90) les vestiges d'un long édifice orienté du N.-O. au S.-E. (55 m. sur 11 m.) : on a proposé de l'identifier avec le **mausolée d'Hérode Atticus**, que les Athéniens élevèrent sur le Stade à leur bienfaiteur. En bas, au N.-E., près de la chapelle de Pétros Stavroménos, une mosaïque atteste la présence d'une villa romaine : c'est dans ces parages qu'Atticus, l'ami de Cicéron, en possédait une.

De l'entrée du Stade, on rentre dans Athènes par le pont du Stade et le parc du Zappeion (p. 150). Les autres vestiges de la ville romaine se trouvent à l'intérieur du jardin royal (p. 143) : ce sont des tronçons de l'enceinte d'Hadrien, les restes d'un portique, et ceux, derrière le palais, d'une *villa* avec salle de bains pavée en mosaïque.

VI. Collections d'antiquités.

Musée national (ἐθνικὸν ἀρχαιολογικὸν Μουσεῖον).

Jours et heures d'ouverture : — t. l. j., le matin, en semaine, de 9 h. à 12 h. (fév. à nov.), de 10 h. à 12 h. (déc.-janv.); les dim. et fêtes, de 10 h. à 12 h.; — l'après-midi, en semaine, de 3 h. à 6 h. (avr.-mai), 4 h. à 6 h. (juin-août), 2 h. à 6 h. (sept.-oct.); fermé les dim. et fêtes. — Dépôt obligatoire des cannes et parapluies : 0 fr. 20.

Ephores : — *Staïs* (vases, bronzes et antiq. mycéniennes), *Kastriotis* (sculpt).

Catalogues. — *Catalogue des Musées d'Athènes* (en français avec Musée de l'Acropole), par Kavvadias, 6 d. — *Catal. des sculptures*, en grec, par Kavvadias (t. I, nos 1-1044), 8 d. — Svoronos, *Musée nation. d'Athènes* (phototypies et texte), en cours de publication; env. 60 pl. par an, Athènes. — Collignon et Couve, *Catal. des vases peints du Musée nat. d'Athènes*, Paris, 1902, 25 fr. — De Ridder, *Catal. des bronzes de la Soc. archéol. d'Athènes*, 8 fr. — *Catal. des bronzes trouvés sur l'Acropole d'Athènes*, 25 fr. — Schliemann. *Catal. des antiquités mycéniennes*, 1 fr. 25. — Un *Catalogue général* du Musée, en français, par Staïs, est en préparation.

Le **Musée national** (rue de Patissia, Pl. E, 3; tram par l'Homonia) occupe un vaste bâtiment néo-grec construit de 1866 à 1889 et déjà insuffisant. Constitué depuis 1886 sous la direction de l'éphore général P. Kavvadias, il a réuni les anciennes collections provisoires d'Egine, du Théseion, de la Tour des Vents et de la Bibliothèque d'Hadrien, et, depuis 1894, celle de la Société archéologique, autrefois installée au Polytechnikon, sans compter d'importantes collections particulières. On y centralise les antiquités provenant des fouilles faites par l'État, la Soc. archéologique et les Ecoles étrangères ou celles dont l'Etat acquiert la propriété en vertu de son droit de préemption. On ne laisse dans les musées locaux (Delphes, Olympie, Epidaure, Eleusis, Délos, Sparte, Thèbes, etc.) que celles dont la conservation peut être garantie.

Quoiqu'un des plus jeunes parmi les Musées d'antiques, celui d'Athènes compte déjà parmi les plus riches et chaque année lui apporte son contingent de nouveautés. Si Munich possède les frontons d'Egine, Londres les dépouilles du Parthénon et de l'Erechtheion, si le Louvre, Dresde, Vienne, Rome et Naples abondent en répliques des œuvres célèbres des maîtres du ve et du ive s. et en spécimens de l'art hellénistique et gréco-romain, Athènes détient les trésors de l'art mycénien, et les plus belles séries de sculptures archaïques et funéraires, ainsi qu'une incomparable collection de vases peints, de terres cuites et de bronzes. Dans cet ensemble si varié et si riche se reflète toute la vie et la civilisation helléniques; on en suit ici l'évolution et l'on en peut observer les réalités, comme on le fait au Musée de Naples, pour une période bien plus restreinte de la civilisation romaine.

Le visiteur habitué au faste des galeries européennes, où les antiquités restaurées se présentent sous des apparences flatteuses, souffrira d'abord d'apercevoir ici tant de statues mutilées. Cependant il ne tardera pas à apprécier l'avantage d'une exposition simple, mais sincère, d'œuvres originales, de provenance connue, et méthodiquement classées. Ces mérites séduiront non seulement les archéologues, mais aussi tout amateur éclairé qui n'attache pas trop d'importance au « coup d'œil ».

N. B. — Les indications *à g.*, *à dr.* se rapportent à la position du visiteur à son entrée dans la salle. Les chiffres gras correspondent aux numéros des armoires et vitrines; les chiffres ordinaires à ceux des objets.

On entre à l'O. par le **vestibule I** que l'on traverse, pour entrer dans a salle II.

Salles II-III : antiquités mycéniennes et orientales

Salle II : antiquités mycéniennes. — Elle est en majeure partie consacrée aux antiquités découvertes en 1876 par Schliemann dans les tombeaux de l'Acropole de Mycènes, puis par les fouilles de la Soc. archéologique (Stamatakis et Tsountas). On y a joint d'autres antiquités préhelléniques provenant des tombes primitives éparses en divers pays de la Grèce. (Sur la civilisation dite mycénienne, du xviiie au xiie s. av. J.-C., *V.* l'introduction).

Les 6 tombes de l'agora de Mycènes consistaient en fosses creusées dans le roc pour recevoir un ou plusieurs corps non incinérés. Ceux-ci reposaient sur un lit de cailloux, enveloppés de suaires sur lesquels étaient appliqués ou cousus des masques, plaques et ornements en minces feuilles d'or estampé, chargés de bijoux, entourés d'armes et de vaisselle; un couvercle de dalles de schiste, maintenu par des traverses de bois, fermait la tombe, sur laquelle était entassée une couche de 9 à 11 m. de terre. Sur le sol, étaient plantées des stèles ornementées, signalant la place des tombes. On a retrouvé 15 squelettes, dont 6 de femmes et 2 d'enfants. Les objets d'or étaient pour la plupart spécialement fabriqués pour servir de parure funéraire et n'étaient pas d'usage courant. On estime à 125 000 fr. environ le poids d'or retrouvé dans les tombes, ce qui justifie l'épithète homérique de Mycènes riche en or (πολύχρυσος).

Objets découverts dans les tombeaux. — Ils sont classés par tombeau, dans des vitrines. On commencera par celle du milieu (**50**) qui renferme le :

Tombeau VI, reconstitué tel qu'il a été découvert, avec les squelettes en place au milieu des objets qui les entouraient : gobelets

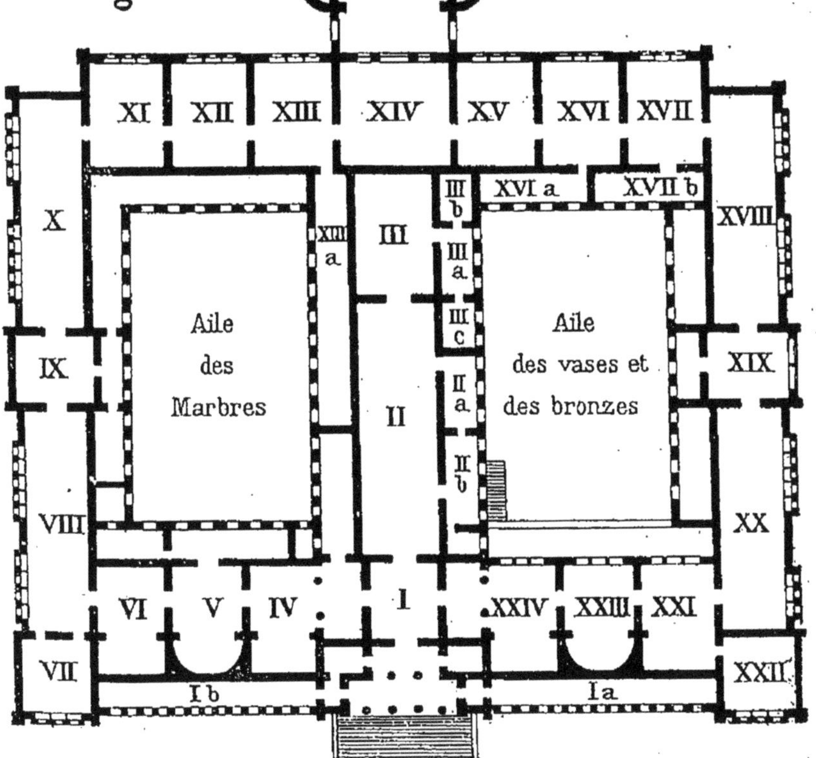

vases d'or et de cuivre, poignards, lances, etc., et vases d'argile aux pieds. Les armes et gobelets représentaient les objets les plus chers dont le mort s'était servi ou des dons destinés à lui donner l'illusion d'une vie prolongée au milieu de son luxe habituel; les grands vases contenaient les provisions nécessaires à son entretien, d'après les idées anciennes sur l'autre vie, envisagée comme la continuation de la vie terrestre. — On remarquera que les os d'un 1er squelette ont été réunis en tas pour faire place à un autre corps inhumé ensuite dans la même fosse. Au-dessus de la vitrine, vase d'*albâtre*, provenant du tombeau IV.

Mur S. (à dr.) et Mur N. (à g.) : 5 **stèles funéraires** en calcaire, qui surmontaient les tombes; leurs reliefs grossiers représentent des hommes en char, guerroyant ou chassant (51, 52, 53, 54), ou des ornements en spire, sans figure, 55 (stèle de femme?).

De là, on revient à l'entrée de la salle.

Tombeau III : 3 corps de femmes et 1 d'enfant. — **1**. Grand diadème d'or, orné de feuilles et de reliefs estampés; aux extrémités, trous d'attache. — Rondelles d'or ornées de reliefs estampés, qui étaient cousues au suaire par un trou d'attache ou seulement posées sur le corps : cercles concentriques, spires, feuilles, fleurs, animaux marins, papillons. — **2**. Diadème et rondelles. — Au-dessous, vases, douilles carrées en cuivre qui armaient les bouts des traverses en bois du couvercle de la tombe. — **3**, **4**. Ornements d'or en forme de demi-diadème (mentonnières de casque?). — Au-dessous, grands vases de cuivre. — **5-11**. Ornements d'or (poulpes), rondelles. — **12**. Plaques d'or estampé : griffon, temple avec autel de la déesse crétoise aux colombes, déesse nue aux colombes, lions, oiseaux volants (applique de coffret). — 3 coulants (colliers?) d'or massif, percés de trous et ornés d'intailles avec figures de guerriers et de femmes en robes à volants. — 14 plaques décorées de feuilles en cœur et spirales. — **13**. Broche en or montée sur épingle d'argent en figure de femme. — Ornements : papillons, sphinx, spires, cerfs, panthères. — 2 pendants d'oreilles. — **14**. Coupe d'or décorée de dauphins. — Petits vases, boîte en or. — 2 paires de balances en or. — 10 papillons d'or suspendus à de petites chaînes. — **16**. Masque et feuilles d'or qui enveloppaient le corps d'un enfant.

Tombeau I. — **15**. Trois bandeaux en or, décorés de spires et de cercles. Les bords étaient repliés autour de fils de cuivre qui leur donnaient plus de rigidité; les extrémités formaient fibule. — Petit couteau de bronze. — **17**. Feuilles (croix) avec clou de bronze pour les monter (sur cuir ou bois).

Au-dessous, fragments de vases peints, en argile. — Fragments ornés de deux mamelles de femme, motif qu'on rencontre fréquemment sur les poteries de Troie et de Santorin. — Vase orné de plantes. — *Ossements* et *cendres* recueillis dans le tombeau. — Petits cylindres en pâte de verre, traversés d'un petit tube en verre de cobalt, qui en renferme un second plus mince. — 2 petites idoles en argile avec bandes de couleur rouge.

Tombeau II : 1 corps d'homme. — **18**. Coupe d'or avec une anse fixée par des clous. — Pointe de lance en bronze avec anneau de chaque côté (pour la lier au manche?). — 2 épées et 2 couteaux de bronze. — Vases.

Tombeau IV : 5 corps, dont 2 de femmes. — **19**. Diadèmes et bandeaux en or. — Temple de la déesse aux colombes. — 3 épingles en or massif, dont une surmontée d'un bouquetin ou ægagre. — **20**. Bandeaux en or. — Bracelet d'avant-bras en or. — Deux bagues en or massif avec intaille sur le chaton (deux hommes sur un char à 2 chevaux, chassant un cerf; scène de combat.) — **21**. Trois masques d'or, au repoussé. Ces masques, reproduction inaltérable des traits du mort, étaient appliqués sur le linceul, à la manière des portraits de momies. — Pectoral en or. — Vase en forme de cerf, en alliage incrusté d'or. — Vase d'argent ornementé. — **22**. Masque de lion. — Poignée d'épée, en or avec ornements en pâte et en cristal de roche, se terminant par un croissant formé de 2 têtes de serpent (écailles en cloisonné de pâte bleue ou *kyanos*). Revêtements pour pommeaux d'épée, décorés d'ornements (lion fondant sur un taureau). — Peigne. — Ossements humains portant encore des ornements en or, destinés par ex. à attacher la jambière. — **23**. Coupe en or. — 12 agrafes en losange. — Petits disques d'or fixés sur des rondelles de bois (appliques pour vêtements ou fourreaux d'épées). — **24**. Coupe d'or avec rosaces. — Revêtement de boutons, en or. — Petites feuilles et parcelles d'or dont on jonchait le sol du tombeau et le mort. — **25**. Rosaces détachées, en or, qu'on piquait sur les vêtements (têtes de taureau formées d'une feuille d'or et portant une double hache entre les cornes. (Sur la double hache dans l'art créto-mycénien, V. Candie). — **Tête de taureau en argent** avec cornes dorées et étoile en or sur le front. Le mufle, les yeux et les oreilles étaient plaqués d'or appliqué sur une couche de cuivre. — Seiches en or. — **26**. 3 vases en or. — **Lame de poignard en bronze**, damasquinée d'or. — Epées de bronze à poignées doublées d'or. — Poignards de bronze avec clous d'or qui fixaient la poignée en bois. — **27**. Coupe en or massif avec deux colombes. Cf. la coupe de Nestor (*Iliade*, XI, 632). — Epées en bronze. Schliemann a compté dans ce tombeau 46 épées, 4 lances et 6 couteaux longs. La plupart des épées sont longues de plus de 0 m. 90 cent. et étroites. — **28**, **29**. Coupes d'or, épées et couteaux en bronze. — **30**. Pommeaux d'albâtre. Les fourreaux étaient sans doute en bois, décorés de boutons d'or; ces boutons étaient aussi fixés sur l'étoffe dont étaient souvent recouverts les fourreaux. — Fragment de **vase en argent** sur lequel est représenté un combat livré sous les murs d'une ville assiégée (Mycènes?). Sur le rempart sont des femmes, dans l'attitude de la douleur; en dehors de l'enceinte, près de 4 arbres, sont les défenseurs de la ville, armés d'arcs ou de frondes, et 2 vieillards sans armes, vêtus d'une lourde tunique. (Cf. Hésiode, *Bouclier d'Hercule*, V, 237-247.) — Vases d'argent. — Perles d'ambre. — **31**. Fourchette en cuivre. — Fragments de poignards et d'épées : outils (?) de bronze. — Pierre à aiguiser (?). — **32**. Pointes de flèches en obsidienne. — Rondelles de cuivre (ornements de harnais ?). — Pièces plates quadrangulaires taillées dans des *dents de sanglier* (id. ?). — *Œuf d'autruche*, en morceaux. — **33**. Imitations, en *porcelaine égyptienne*, d'étoffe à carreaux; petites pièces en cristal de roche (décoration de sceptre ou d'épée).

Sous les vitrines **20-25**, **26-33** : Grands vases en cuivre assemblés avec des clous, sans soudure. — Vases en argile et en albâtre.

Tombeau V : 3 corps d'hommes. — **34**. Deux **masques funéraires en or**. Pectoral en or, décoré de spirales; les deux mamelles y sont représentées. — Pectoral en or, sans ornement. — **35**. Ornements en or pour jambières. — Os de bras enveloppé d'un ruban en or. — Ornements en or, en forme d'idoles (?) sans bras. — 4 coupes d'or.

Au-dessous, restes de l'un des 3 corps, enveloppés de plâtre.

36. Coupe d'or à une anse décorée de 3 lions. — Disques, rondelles, losanges. — **37**. 10 paires d'aigles affrontés, en or, surmontées d'un long tube horizontal, dans lequel passait un fil. — Rondelles. — **38**. Epées de bronze. — Revêtements de gardes d'épées en or. — **39**. 2 vases d'argent. — Perles d'ambre. — Epées et lame de poignard damasquinée (spires en or incrusté). — **40**. Pommeaux d'épées en albâtre, épées à poignée d'or. — **41**. *Œuf d'autruche*, orné de dauphins en albâtre. — Petite boîte en bois de cyprès, avec charnières en cuivre; à l'un des côtés étaient fixés deux chiens en relief. — Paire de pinces en argent. — Plaques rectangulaires en or avec des lions chassant des cerfs et une pâte qui les collait au support (décoration de coffret?). — Vase d'albâtre, ouverture cerclée d'or.

Au-dessous, vases en cuivre, argile et argent.

Objets découverts par la Soc. archéol. à Mycènes (1887-1902). — **42**. 5 vases d'or, découverts au S. de l'Agora; 4 coupes dont les anses sont ornées de têtes de chien. — Spires en gros fils d'or : jointes bout à bout, elles formaient des colliers et des bracelets, ou servaient à retenir ensemble les boucles de la chevelure (Cf. *Iliade*, XVII, 52). — 2 grandes bagues d'or à cachet et intaille. 1° Scène de culte. Offrande de fleurs, par 2 nymphes et 1 prêtresse, à la déesse de la nature (Britomartis ou Rhéa) assise sous un arbre. Derrière l'arbre, petite divinité ou prêtresse. Dans le champ, l'étoile du soir, la lune, la voie lactée, la double hache crétoise, une idole armée (palladion), 6 têtes de lions. L'objet paraît être d'origine crétoise. Pour le costume, cf. les monuments du musée de Candie. 2° En haut, tête de taureau entre deux têtes de lion; en bas, deux têtes de taureau; à g., trois épis au-dessus d'un ornement qu'on ne peut distinguer. — Lion en or massif. — **43.** Colliers d'or. — Bagues d'or à cachet et intaille (f. en adoration, f. assise devant un griffon, griffon, vache allaitant un veau). — 10 gemmes lentoïdes de Crète et des îles en stéatite, agate rouge, onyx rouge, serpentine, ornées d'intailles représentant des animaux. — **44.** 8 gemmes à intaille. — 3 bagues d'or : 1° guerrier debout devant une déesse assise, 2° femmes devant un autel, 3° griffons dos à dos et se regardant. — Petit taureau couché avec pendeloques aux cornes. — Têtes de bœufs en ivoire. — **45.** Bagues d'or à cachet et intaille. — Bague en pierre rouge : divinité tenant de chaque main un lion. — Coupe d'argent ornée de têtes humaines en or. — **46.** Ornements d'or. — **47.** Ivoires : sphinx, tête d'h. mitrées. — Monture de miroir en ivoire : le haut du manche sculpté en chapiteau à volutes représente 2 femmes en robes à volants, tenant des éventails. — Boucliers doubles (amulettes). — **48.** Gemmes à intaille. — **49.** Ornements en pâte de verre.

A l'extrémité de la salle, 3 vitrines isolées renferment les **gobelets en or de Vaphio** (anc. Amyclae, Laconie) et 4 **poignards** mycéniens damasquinés. 1758 : *Gobelet de Vaphio* : scène de chasse au taureau. Le taureau capturé est emmené, attaché par la patte, au milieu de taureaux domestiqués. — *4 lames de poignard* : 1° panthères chassant des oiseaux d'eau sur la rive d'un fleuve poissonneux bordé de lotus (le Nil?). L'allure égyptienne de ces scènes est évidente. Peut-être ces poignards ont-ils été importés d'Egypte? 2° Fauves allongés. 3° Chasse au lion : les chasseurs sont vêtus d'un pagne, protégés par de vastes boucliers doubles et armés d'arcs et de longs épieux. Or jaune et rouge, et argent. 4° Damasquinure en spirales. — 1759. *Gobelet de Vaphio* : chasse au taureau sauvage. Un filet, tendu entre 2 arbres, retient un taureau; deux autres s'enfuient culbutant les chasseurs (Cf. pour l'allure des taureaux et le costume des hommes les vases de Phaestos au musée de Candie)[1].

Le LONG DU MUR S., en face la vitrine **49**, **grand vase** découvert au S. des tombeaux. A l'extrémité des 2 anses, têtes de bouquetins. Sur le fond, guerriers suivis d'une femme. Le bas du bouclier s'échancre en croissant; à la lance est suspendue la musette aux vivres (γύλιος). (Cf. la fresque 3,256, entre les vitrines **70** et **71**.) De l'autre côté, guerriers, combattant.

De là on regagne les vitrines **56-65** à g. de l'entrée de la salle III. — Contre le mur, à g., **tête peinte** en chaux traversée de fils d'amiante, trouvée à Mycènes, dans l'Acropole en 1896, la plus ancienne sculpture en ronde bosse provenant de la Grèce propre.

Objets trouvés à Mycènes en dehors des tombeaux. — **56-58.** Vases de bronze et d'argile. — Idoles en forme de galettes. — Animaux votifs. — Fragments de peignes et d'ornements en ivoire : défenses de sanglier; aiguilles en ivoire. — Fusaïoles en argile et pierre grise, bleue, verte. — **59-60.** Ivoires sculptés. — Bronzes ; haches doubles, épées, pointes de lance, rasoirs. — **61-62.** Matrice en granit rouge foncé, portant sur ses faces 14 modèles d'ornements différents (seiche, coquillages) : elle servait à l'estampage des feuilles d'or. — Matrice cubique en basalte, dont les six faces ont servi à estamper des ornements (aigle, *trochus tuberculatus*). — Fragments de vases avec animaux (lions, bœufs, poissons). — Fragment avec 3 f. dan-

1. On peut se procurer des reproductions galvanoplastiques de ces gobelets, ainsi que des coupes, poignards et bagues de Mycènes, chez M. Gilliéron, 43, rue Skouphá, à Athènes. On les trouve aussi chez plusieurs bijoutiers de la rue d'Hermès.

sant. — 2531 : statuette de bronze. — **Fragment de peinture murale**, provenant du *Palais* royal : 3 démons à tête d'âne portent sur les épaules une poutre où étaient suspendues des pièces de gibier. (Cf. scène analogue au Musée de Candie). — Plaque de faïence égyptienne avec inscr. hiéroglyphique. — **64-65**. Objets divers.

Sous les vitrines **56-65**, vases de bronze ou d'argile, idoles, animaux, fragments de fresques.

On passe devant les 2 armoires **22** contenant l'une des vases en pierre, l'autre des vases d'argile, et l'on arrive aux vitrines **93-96**, qui contiennent divers objets trouvés à Mycènes en 1900-1902. — **96**. Vase en argent.

Antiquités de Tirynthe. — Elles sont renfermées dans les vitrines **67-70**, près la porte de la salle III.

67. *Vases peints*, analogues au type dit du Dipylon (p. 93). — *Figurines en terre cuite* : idoles archaïques en forme de galette, petits animaux, chiens, vaches. — **68**. 2 fragments de *peinture murale* : 1° taureau et acrobate (cf. Musée de Candie); 2° ornements. — A côté, figurine archaïque en bronze, représentant un homme coiffé d'une sorte de mitre conique : de la main dr. il brandissait une lance, de la g. il tenait sans doute un bouclier. — **69-70**. Fragments de *terres cuites* et de *peintures murales*, d'armes en bronze et de vases.

Antiquités de Vaphio. — **71, 72**. *Gemmes* avec intailles. — Armes de *bronze* avec damasquinures. — Ornements en or : deux poissons découpés.

Sous les vitrines, fragments de poteries archaïques. — Sur les gobelets, V. ci-dessus, p. 120.

Antiquités de Ménidi (Attique). — **73, 74**. Objets en or et en bronze; pointes de flèches. — *Pierres* gravées : sardoines et agates (lions, lion terrassant le taureau, chien attaquant un animal, griffons). — **75**. *Ivoires* : sphinx représentés debout. — Au milieu, fragments de boîtes. — A dr., boîte ronde décorée de reliefs : troupeau de moutons qu'on voit de profil; sur le couvercle, vaches couchées. — A g., manche, sur lequel on voit deux lions s'appuyant sur une base (cf. bas-relief de la porte de Mycènes). Il ne reste des deux lions que la partie inférieure; ils portent sur des ornements en spirale. — **76**. Vases et fragments d'ivoire.

Sous les vitrines, vases d'époques très différentes, depuis des poteries de style primitif jusqu'à des vases à figures rouges.

Antiquités de Spata (Attique). Ces objets de Spata appartiennent aux derniers temps de la période mycénienne. — **77**. *Ivoires* : fragments de peigne avec sphinx coiffés d'une mitre à panache. — 2061 : fragment à 2 registres, avec animal fantastique. — 2 plaques (lion terrassant un taureau). — 1 plaque (bouquetin mordu par un chien de chasse). — 2055 : **tête d'homme** haute de 0 m. 074 (à g. au-dessus des peignes). L'homme est barbu et coiffé d'une mitre conique. — **78-80**. Objets en *pâte de verre* (feuilles, sphinx, coquillages, dauphins) ayant servi de pendeloques, grains de collier ou de bracelet, pièces d'applique.

Antiquités de Troie (don Sophie Schliemann). — **81, 82**. Vases à fig. humaine, fusaïoles, idoles en galette.

Sous les vitrines : vases en pierre noire et en argile.

Antiquités de l'Héraion (Argolide). Arné, Thèbes, Kampos, Thoricos (Attique). — **83-84** : vases peints, idoles aux bras levés, statuettes de bronze. Au-dessous, 1 squelette.

Antiquités de Salamine. — **85-86**, Vases de terre, anneaux, spires en or pour la chevelure.

Antiquités de Nauplie (à g. de l'entrée). — **87-89**.

Antiquités de Diméni et de *Kaplakli* (Thessalie). — **90**. Ornements en or.

Antiquités d'Argos (fouilles de Vollgraff). — **91**. Petits objets.

Antiquités de Crète. — **92**. Pierres gravées, scarabées.

Salles latérales. — **II**^a *Antiquités prémycéniennes des Cyclades* (*Amorgos, Paros, Syra*) *et de Thessalie*. — 3978 : Idole plate en marbre. — Haches préhistoriques de diverses provenances d'Europe.

II^b. A dr. et à g. de la porte, chapiteaux et fragment de col. du « trésor d'Atrée » à Mycènes. — En haut, métopes et fragments de stèles funéraires. — MUR EN FACE DE LA PORTE : 7. Fragments d'une frise en albâtre, incrustée de pâte bleue (*kyanos*) qui ornait l'intérieur du mégaron de Tirynthe. — **4-5**. Vases trouvés à Milo (fouilles de l'Ec. anglaise) : remarquer le *vase aux pêcheurs*. — **10**. Fragments de fresques du palais de Phylakopi, à Milo. — **8** et **14**. *Antiquités de Thessalie*. — **12-13**. Haches de pierre, d'Egypte (don Seton-Karr).

Salle III : antiquités égyptiennes. — Collection offerte en 1881 par un Grec d'Alexandrie, J. Dimitriou. — Au milieu : 8. **Petite** [S] **de f.** en br. à incrustations : œuvre remarquable de la 25e ou 26e dynastie (VIII-VIe s. av. J.-C.). Le vêtement est orné de fins hiéroglyphes et de broderies en argent incrusté. — Sur l'étagère à g. de la porte, remarquable [S] en bois de sycomore (ancien empire) : f. à genoux, pétrissant. — Dans les armoires, figurines de divinités, animaux sacrés, scarabées, amulettes, etc., en bronze, porcelaine, etc. — **4**. 1131. Osiris, br. incrusté d'or. — Dans la niche E. 1085 A. [S] égyptisante en marbre (époque rom.), trouvée à Marathon. — MUR S. : 2204-2208. Portraits sur toile et bois, appliqués sur la figure des momies (ép. rom.).

Salles latérales (collection Roslovitz). — **III**^a (salle médiane). Au milieu, 2 vitrines : celle du N. contient un bateau en bois portant 9 personnages. — MUR O. Armoires contenant des statuettes et des vases en pierre, des stèles peintes en calcaire. Entre les vitrines, **84** : [S] de f. en calcaire (coll. Dimitriou) et **47** : table votive en granit avec inscr. (collect. Dimitriou).

III^b (à dr.). Dans les armoires, statuettes en bois, coffres en bois avec peintures, outils en bois, figurines en porcelaine. — Dans la vitrine du milieu, beaux coffres en bois avec peintures.

III^c (à g.). Momies, têtes, terres cuites, etc., d'époque gréco-romaine.

SALLE IV-XVII : MUSÉE DE SCULPTURE.

Salle IV : période archaïque (du VIIe s. au début du Ve s. : Archermos de Chios, Aristoclès, Alxénor de Naxos).

Avant-salle. — A g. 6. [S] de f. assise, d'Aséa (Arcadie), avec l'inscription (de dr. à g.) Agemo, nom de f. (VIIe s.). — 4. [S] de f. en forme de *xoanon* (idoles primitives en bois ou en pierre, très vénérées et à qui on attribuait assez souvent une origine surnaturelle), du Ptoion en Béotie (VIe s.). — 5. Même type, d'Eleusis. — 36. **Bas-relief.** Scène d'hommage à une morte ou à une divinité. (Style ionien-attique, VIe s.). — 41. Base de [S] funéraire, en forme de chapiteau égyptien (Lamptrae, Attique). La statue disparue était celle du mort héroïsé (V. p. 123, n° 12). Sur la base est figuré, en relief peint, son écuyer avec 2 chevaux et avec les armes de son maître. Ces figures de cavaliers se trouvent en bas des stèles d'Athéniens qui servaient comme hoplites montés et étaient accompagnés à la guerre d'un écuyer avec 1 ou 2 chevaux). Sur les tranches, 1 vieillard (père du mort) et 2 femmes pleurant (VIe s.). — 57. [S] de f. assise (Déméter ?) en tuf (VIIe s.) des environs de Tégée (Arcadie). Révèle peut-être une influence égyptienne. — 1. [S] d'**Artémis**, de Délos. (Fouilles de l'Ecole fr. : Homolle), en forme de *xoanon*, consacrée (*V.* inscr. à dr.) par Nicandra, de Naxos. Œuvre de l'école primitive de Chios (VIIe s.). — 56. Haut-relief funéraire en tuf, des frères Dermys et Kitylos, consacré par Amphalcès, de Tanagra (Béotie). Les bras sont maladroitement passés autour du cou. Œuvre de la fin du VIIe s. — A dr. 7 et 7^a. Fragments de [S] de f., du Dipylon (p. 93). — 55. B.-r. de Tégée (Arcadie) : banquet funèbre (VIIe s.). A côté, moulage d'un bas-relief laconien du musée de Sparte. — 58. Fragment architectonique d'Eleusis, orné d'une tête de bélier. — 22. [S] de f. drapée, de Délos. (Fouilles de l'Ecole fr. : Pâris). Ecole de Chios (VIe s.). A comparer aux *korai* du Musée de l'Acropole. — 12. **Torse d'Apollon** (VIe s). du Ptoion en Béotie. (Fouilles de l'Ecole fr. : M. Holleaux). Ce type de statues archaïques d'hommes, autrefois désignées sous le nom général d'*Apollons* représente le plus souvent des j. h. (*kouroi*) nus, dans toute leur vigueur athlétique. Ce sont tantôt des offrandes au sanctuaire, comme les *korai* de l'Acropole, tantôt des statues funéraires personnifiant le mort héroïsé, sans recherche de portrait.

Grande salle. — DEVANT LES COLONNES : 20. **Apollon**, du Ptoion : œuvre très fine du début du Ve s. — 21. **Niké** ailée de Délos (Fouilles de l'Ecole fr. : Homolle), œuvre exécutée vers 550 av. J.-C. par 2 sculpteurs de Chios, Mikkiadès et Archermos, fils de Mélas, comme l'apprend la base placée en face, contre le mur Est, et qui appartient bien à cette statue. Dans le dos, trous de scellements pour les ailes; aileron au talon. Le fléchissement des jambes est une convention de l'archaïsme pour indiquer le vol ou la rapidité de la course. — 54. Petit autel (Athènes) avec Hermès Criophore et fig. de f.

MUR OUEST (à g.) : 30. Stèle de Lyséas (Attique). Elle était toute peinte (*V.* la gravure en couleurs à côté), mais les couleurs sont effacées. Le mort était figuré avec des attributs sacerdotaux (canthare à libations et rameau lustral). En prédelle, l'écuyer du mort, avec 2 chevaux, l'un pour son maître, l'autre pour lui-même. — 86. Stèle d'Antiphanès (Athènes), avec un coq et une étoile peints. — 29. **Stèle d'Aristion**, par Aristoclès, trouvée à Vélanidéza (en Attique), et connue sous le nom de *Soldat de Marathon*. Aristion est représenté en hoplite. Le b.-r. était entièrement peint de couleurs conventionnelles, sur fond rouge (barbe et cheveux en rouge brun, cuirasse en bleu noir, tunique rouge). Un panache de bronze était adapté derrière la nuque. En bas, sur la prédelle lisse, devait être peint l'écuyer du défunt à cheval. Œuvre exécutée entre 540 et 520. — 40. Stèle funéraire d'Abdère (Thrace), du VIe s. — 38. Haut d'une stèle de *discophore* ou j. h. tenant un disque (trouvée dans le mur de Thémistocle au Dipylon) : œuvre attique du milieu du VIe s. — 8. [S] *funéraire* en h. nu (*kouros*), de Théra (Cyclades). Type grossier du VIIe s. — Cf. au milieu de la salle : 1558. « *Apollon* » de Mélos, plus avancé, plus nerveux et mieux conservé. — 1906. Même type, de Volomandra (Attique) : jolie œuvre attique de la 2e moitié du VIe s. — 10. *Apollon*, du Ptoion (Béotie). 2e moitié du VIe s.

MUR NORD. — 9. « *Apollon* » d'Orchomène (Béotie), le plus ancien et le plus grossier du type des *kouroi*. — 39. *Stèle d'Orchomène* (Béotie), par Alxénor de Naxos (fin VIe s.) : le défunt, appuyé sur un bâton, présente une sauterelle à son chien. — 45. « *Apollon* » archaïsant, plutôt qu'archaïque, trouvé au théâtre de Dionysos. On a voulu y reconnaître une réplique d'une œuvre de Kalamis. — 46. Omphalos. entouré d'*infulae* (chapelets de laine) trouvé au même endroit et considéré longtemps comme la base du précédent. — 82. Relief avec double figure d'Athéna (Athènes) : vers 466 av. J.-C. — 28. *Sphinx* de Spata (Attique), statue de tombeau, avec traces de couleur (milieu VIe s.). — 76. Même type, un peu plus récent, du Pirée. — 93. Disque votif (du Pirée) avec traces de peinture rouge et bleue (un h. barbu assis sur un siège), et inscr. : il fut consacré par un malade en l'honneur de son médecin Aineios.

MUR EST. — 43. B.-r. (Athènes) : Héraklès portant le sanglier d'Erymanthe renversé. — 1959. Stèle funéraire (Athènes), représentant le défunt en hoplitodrome, ou coureur en armes. L'attitude des jambes fléchies (cf. n° 21) et des bras repliés sur la poitrine est celle de la course, avec les conventions de l'archaïsme (fin VIe s.). — Moulage de « l'Apollon » de Ténéa (Argolide), à Munich, en réalité statue funéraire du type *kouros*, donnée ici à titre de comparaison avec ses congénères. — 31. Prédelle de stèle peinte (Athènes), avec représentation d'écuyer. — 37. Fragment de stèle d'athlète (maniant des haltères?). — 1935-40 (sur étagère). Têtes en marbre provenant des fouilles récentes au T. d'Egine (p. 174). — 1904. [S] d'h. nu, de Kératéa (Attique, 2e quart du VIe s.).

Salle V ou salle d'Athéna : œuvres du Ve et du IVe s. (Skopas, Phidias, Timothéos, Képhisodotos, Thrasymédès). — Œuvres originales ou copies. — A G. DE LA PORTE D'ENTRÉE : 126. Célèbre **bas-relief d'Eleusis.** Déméter en présence de sa fille Koré (Perséphone) remet au jeune Triptolème la 1re glane de blé. Déméter, à g., s'appuie sur son sceptre; Koré, à dr., tient une longue torche de la main g., et de la main dr. couronne Triptolème : la couronne était en br. Dans cette œuvre noble et mesurée, l'auteur a su tempérer l'austérité de ses réminiscences doriennes par le charme et la souplesse de l'art attique (milieu du Ve s.).

AU CENTRE, en avant de l'hémicycle : 129. [S] d'**Athéna Parthénos,** dite *du Varvakeion*, imitation romaine en marbre de la statue chryséléphantine de Phidias, haute de 1 m. 035, découverte en 1879 au N. du Varvakeion. Elle complète l'autre réplique, no 128, et permet une restitution assez précise de l'original. La déesse est vêtue d'une longue tunique, sans manches, dont le rabat ou *ampéchonion*, serré à la ceinture, retombe jusqu'aux cuisses; sur la poitrine et les épaules, l'égide ornée du Gorgoneion; la main g. pose sur le bouclier, contre lequel s'enroule le serpent Érichthonios. La lance s'appuyait sur l'épaule g.; l'avant-bras dr., soutenu sur une colonnette, porte une statuette de Niké. Le casque, aux oreillettes relevées, est orné d'un sphinx et de chevaux ailés à haute crinière, que Pausanias appelle des Griffons. La statue, bien conservée, est d'une exécution un peu lourde. — L'autre réplique, no 128 (à dr.), connue sous le nom de *Pallas Lenormant* et retrouvée en 1859 au Théséion par Ch. Lenormant, n'est qu'une ébauche plus grossière; mais on y retrouve l'esquisse, trop indistincte, des reliefs du bouclier (tête de Méduse, combats d'Amazones et d'Athéniens) et du piédestal (naissance de Pandore). — 177 (à dr. du b.-r. d'Eleusis). *Tête d'Athéna* (?), trouvée dans l'Odéon d'Hérode Atticus, peut-être copie d'une statue chryséléphantine. Visage poli avec soin, comme pour imiter l'ivoire, cheveux dorés; yeux incrustés en os avec pupilles d'une autre matière.

MUR OUEST (hémicycle). — 178-180. Deux têtes d'h. et tête de sanglier, découvertes à Tégée (Arcadie) et provenant des frontons du T. d'Athéna Aléa, sculptés par Skopas (1re moitié IVe s.). Sur le fronton E. était représentée la chasse du sanglier de Calydon; sur le fronton O. le combat de Télèphe et d'Achille. Expression mélancolique de la figure endommagée (chasseur blessé). (Sur les autres têtes découvertes à Tégée dans les fouilles de l'Ecole fr. par Mendel, *V.* Tégée). — 181. Ⓑ d'**Eubouleus** (?), le Pluton Eleusinien, ou de Triptolème (?) (Eleusis), peut-être œuvre de Praxitèle. — Au dessous, 2 autres têtes analogues (sans nos), provenant l'une d'Athènes, l'autre d'Eleusis. — Dans les niches au-dessus, restauration en plâtre de la tête 181 par le Viennois Lumbuch et moulage de la tête de l'Hermès d'Olympie. — 182. *Tête d'Aphrodite* (?), de l'Asklépieion d'Athènes. — 185. Tête de f. de Délos, inachevée. — 159-161. Petites [S] de Niké (Epidaure).

MUR NORD. — 175. *Ploutos* enfant (Pirée) : faisait partie d'une réplique d'un groupe célèbre d'Eiréné (la Paix) et de Ploutos (la Richesse), exécuté en 375 par Képhisodotos, père de Praxitèle (belle réplique à la Glyptothèque de Munich). — 176. Jolie [S] de déesse (Aphrodite, Artémis?), du Pirée. — A dr. : de la porte, 1783. B.-r. votif à 2 côtés, de la fin du Ve s. et dans la manière de la frise du Parthénon : 1o enlèvement de Basilé par

Echélos, devant Hermès qui tient les chevaux; 2° 3 nymphes, le Céphise et 2 autres personnages.

MUR EST (fenêtres). — **Sculptures de l'hièron d'Asklèpios à Epidaure** (fouilles de Kavvadias). — 172. Chapiteau corinthien ayant servi de modèle aux chapiteaux de la *Tholos* d'Epidaure par Polyclète le Jeune. — En haut du mur, sur une étagère : 167-171. Fragments de la cymaise à mufles de lions, de la même Tholos. — En bas, 16 fig. des frontons du temple d'Asklépios, à Epidaure, exécutés en maquettes pour 900 dr. vers le milieu du IVe s. par le sculpteur Timothéos, collaborateur de Skopas au Mausolée, et en marbre par d'autres artistes, dont Lysion et Hectoridas. La répartition des figures entre les 2 frontons est incertaine. Celui de l'E. représentait un combat de Centaures (?), celui de l'O. un combat d'Amazones. Des Néréides et des Victoires formaient les acrotères : celles-ci sont peut-être aussi l'œuvre de Timothée, qui avait exécuté les acrotères d'une des faces pour 2240 dr. — 157. *Néréide* à cheval (fig. d'acrotère). — 152, 148. Guerriers blessés. — 149, 150. Fragments d'Amazones. — 136. *Amazone* à cheval. — 155. Torse de *Niké* tenant un oiseau (fig. d'acrotère). — 137, 146, 139, 138. *Amazones blessées*. — 145. Guerrier. — 156. *Néréide* à cheval (fig. d'acrotère). — 162. *Niké* (id.). — Au-dessus, 173, 174. Asklépios assis, sans doute répliques de la statue chryséléphantine, œuvre de Thrasymédès de Paros, qui était placée dans le temple d'Epidaure.

Salle VI ou **salle d'Hermès : œuvres du Ve et du IVe s.** (élèves de Phidias, Agoracritos, Bryaxis, Praxitèle, Damophon de Messène). — A g., 1736. Tête du Titan *Anytos*, du groupe des sculptures de Lycosoura (*V.* plus loin). — 1731. Autel ou socle rond avec représentation des 12 dieux, découvert en 1877 dans le Céramique intérieur. — 203-214. Fragments des hauts-reliefs qui ornaient la base de la statue de Némésis à Rhamnonte, œuvre de Phidias (*V.* salle VII). — En haut, 221-222. Frise de Molos (Thermopyles), représentant des Tritons, des Néréides et des Amours : exécution lâchée. — A dr., 200-201. Sculptures découvertes à Eleusis, imitations de statues du fronton E. du Parthénon (Hèraklès, Hébé). — 202. Groupe de même provenance : f. tenant un enfant sur ses genoux, imitée de la frise de l'Erechthéion. — 220. Joli groupe de 2 f., trouvé au Dipylon (IVe s.).

MUR OUEST. — 218. « Hermès » d'Andros, trouvé avec le n° 219 près d'un tombeau. [S] funéraire qui représente le mort héroïsé, dans la manière praxitélienne (*V.* **VIII**, 240).

MUR NORD. — 215-217. 3 b.-r. de Mantinée, découverts en 1887 dans les fouilles de l'Ecole française (G. Fougères). Ils ornaient le socle de la [S] de Latone et de ses enfants, par Praxitèle, et représentaient **la lutte musicale d'Apollon et Marsyas**, devant les Muses comme arbitres, Pausanias signale ce monument (VIII, 9). 215. Le satyre Marsyas joue de la flûte devant Apollon assis, sa lyre sur les genoux ; au milieu, le Scythe tenant le couteau avec lequel il écorchera Marsyas vaincu. Cette plaque occupait la partie antérieure du socle. — 216-217. 2 groupes de 3 Muses, arbitres du concours (remarquer la Muse à la mandoline). Il manque probablement une 4e plaque avec un autre groupe de 3 Muses. Cette œuvre a été exécutée, sur les dessins de Praxitèle, par ses élèves, vers 366. — 1733. **Base** d'un monument votif exécuté par le sculpteur athénien *Bryaxis* (milieu du IVe s.) : sur 3 faces sont représentés à cheval les 3 Phylarques (officiers de cavalerie) vainqueurs au carrousel (*anthippasia*); devant eux, le trépied offert en prix. Cette œuvre accessoire ne peut suffire à juger l'artiste qui collabora avec Skopas et Timothée au Mausolée d'Halicarnasse. — 1734-7. **Fragments de statues colossales** découvertes à Lycosoura (fouilles de la Soc. archéol. : B. Léonardos), œuvres du sculpteur *Damophon de Messène* (IIe s. av. J.-C.). — 1734. Tête de Despoina (Perséphone) voilée. — 1735. Tête d'Artémis (*V.* plus haut 1736). — 1737. Fragments du voile de Despoina, orné de reliefs représentant des sujets en rapport avec les mys-

tères de la déesse : démons à têtes d'animaux, instruments de musique, etc.
MUR EST (fenêtres). — En avant, 1463. Base triangulaire de trépied choragique, trouvée dans la rue des Trépieds (p. 71), ornée de remarquables reliefs représentant Dionysos et deux Nikés (œuvre praxitélienne). — Sur une étagère, 1561 à 1583. **Sculptures de l'Héraion d'Argos**, fouilles de l'Ecole américaine : M. Waldstein). Remarquer 1561. Belle tête de f. (Héra?) attribuée à Polyclète. — En haut, moulages de la frise du temple de Phigalie (Arcadie).

On traverse l'angle de la salle VIII, pour passer dans la salle VII.

Salle VII ou salle de Thémis (Chairestratos de Rhamnonte). — MUR NORD. — 231. **Statue colossale de Thémis**, provenant du petit temple de Thémis à Rhamnonte (fouilles de la Soc. arch. en 1893 : Staïs) : belle œuvre signée par Chairestratos de Rhamnonte, fils de Chairédémos (vers 300 av. J.-C.), et consacrée par Mégaclès de Rhamnonte, vainqueur aux jeux gymniques et dans les chœurs de comédie (dédicace sur la base). — A dr. et à g. 2 fauteuils de marbre, qui étaient placés de chaque côté de l'entrée du temple. — 199. [S] de j. h. drapé dans l'attitude de l'adoration, consacrée par Lysicleidès (dédicace de la fin du ve s., sur une base en pierre grise) : même provenance.

MUR OUEST. — 232. [S] d'Aristonoé, prêtresse de Némésis, consacrée par son fils Hiéroclès (dédicace sur la base, IIe s. av. J.-C.); provient du même temple.

MUR SUD. — 259, 260. B.-r. trouvés au théâtre de Dionysos et représentant des *danseuses* (œuvre gracieuse de l'époque alexandrine, à comparer aux danseuses des peintures de Pompeï). — 2267. Même type.

(B) et têtes divers, d'époque romaine, parmi lesquels on remarquera au N. 358, 364, 325 (*tête de femme* couronnée de lierre, d'une conservation remarquable, trouvée à Amorgos en 1888 dans les fouilles de l'Ecole française, par G. Deschamps). — 326. Tête de j. h. trouvée avec la précédente. — 327. *Portrait de Démosthène*, d'un accent vigoureux, trouvé à Athènes dans le jardin royal en 1849; — au S., 343. Tête de barbare. — 328 (Smyrne). — 360 (Delphes).

Dans cette salle sont exposées provisoirement les plus belles des **statues trouvées dans la mer**, en janv. 1901, près d'Anticythère (Cérigotto). Elles proviennent du naufrage d'un navire antique, qui transportait en Italie des copies en bronze et en marbre d'œuvres d'art grecques. Ces statues doivent être transférées dans la nouvelle Rotonde. Toute une collection des pièces rendues informes par la mer est conservée dans une galerie latérale (fermée) à dr. du péristyle d'entrée du Musée. [Remarquer un Hercule du type Farnèse, réplique d'un groupe d'Ulysse et Diomède, etc.] Devant la Thémis, [S] **en br. de j. h.**, probablement un athlète vainqueur. Belle réplique d'une œuvre du IVe s., de style lysippéen. La main dr. tenait probablement une palme. On propose aussi d'y reconnaître une copie du Pâris d'Euphranor. L'habile restitution de cette statue, trouvée en morceaux, est due à M. André. — Devant le mur E., [S] *en marbre de lutteur*, belle réplique d'un original hellénistique. — A dr., *petite* [S] *de j. h. marchant*, dans la manière de Polyclète. — A g., *statuettes en bronze* de j. h. debout, dans le style proto-argien. — **Tête** en bronze (à comp. avec celle d'Olympie, **XXIV**, 6439): — Dans l'angle N.-E., *statue de j. h.*, rongée par la mer et couverte de coquillages. — Dans la vitrine, fragments d'un *sillomètre* ou loch de vitesse en bronze avec graduation.

Salle VIII ou salle de Poseidon : œuvres des époques alexandrine et romaine. — MUR OUEST (à g.). — 235. *Statue colossale de Poseidon*, trouvée à Milo en 1877 et achetée 27,000 dr. par l'Etat. Trident moderne. Près du pied g., un dauphin, œuvre de l'époque alexandrine, d'un effet surtout décoratif. — Dans l'angle, à g. du Poseidon : 1 693. Hermès double d'Apollon et Dionysos, trouvé à Athènes dans le Stade (p. 113). — 1964. *Tête d'homme à barbe frisée.* — 1762. Têtes de f.

Mur Nord (aux fenêtres). — 239. [S] *de satyre*, de Lamia, regardant au loin (figure d'une danse appelée *skopeuma*?). Œuvre élégante, alexandrine. — 374. Tête colossale de Poseidon (?). — 1745. *Tyché* d'Alexandrie. — 240. *Hermès d'Atalanti* (Locride) : il tenait dans la main g. un caducée en br. — 368. Masque d'Hermarchos, disciple d'Épicure. — 241. « *Hermès* » d'Ægion, statue de tombeau, représentant le mort héroïsé avec les attributs d'Hermès, la bourse et le caducée. Comme les statues analogues d'Andros et d'Atalanti, elle paraît dériver d'un original du milieu du IVe s. — 244. [S] *de j. h.*, *d'Érétrie* : la tête, idéalisée, semble une copie gréco-romaine de celle de l'Hermès de Praxitèle; le corps est très médiocre. — 234. Tête colossale d'Athéna du type Athéna Vellétri, trouvée à Athènes en 1874 près de la gare du Théseion, et ayant peut-être appartenu au monument d'Euboulidès (*V.* plus bas, 233). — 242. [S] de f. trouvée avec l'Hermès d'Ægion : figure de tombeau idéalisée en Muse. — 356. Portrait d'empereur (?) romain. — 243. *Hermès criophore de Trœzène*, trouvée en 1890 dans les fouilles de l'École fr. (Ph. Legrand), bonne réplique romaine d'une œuvre du IVe s. — 350. Tête colossale de Lucius Vérus. — 262. *Aphrodite d'Épidaure*, du type *Venus Genetrix*; elle est vêtue d'une tunique transparente et portait à g. une épée suspendue à un baudrier (restes sur l'épaule dr.). Imitation libre de l'Aphrodite d'Alcamène (?). — 245. Groupe de j. h. s'embrassant (Dionysos et Satyre?); provient de l'Olympieion.

Mur Sud (près la porte de la salle IX). — 1828. Figure colossale d'*athlète*, de Délos (Fouilles de l'École fr. : L. Couve). — 247. **Gaulois combattant**, de Délos (*id.* : S. Reinach), exécuté en 2 morceaux : la tête, retrouvée récemment, est au musée de Myconos. Cette œuvre remarquable rappelle les morceaux analogues de l'École de Pergame. On l'a successivement attribuée à Agasias d'Éphèse, fils de Ménophilos (Ier s. av. J.-C.), puis à Nikératos, sculpteur de Pergame, contemporain d'Eumène II (1re moitié du IIe s. av. J.-C.).

Mur Est. — 248. [S] d'athlète vainqueur (bandeau sur la tête) de l'Olympieion. — 1826. Copie du *Diadumène* de Polyclète, trouvée à Délos (Fouilles de l'École fr. : Couve). — 1827. [S] **de Muse** (?) de Délos (*id.*) avec traces de couleurs. — 263. [S] *d'Asklépios*, d'Épidaure. — 255. Petite [S] de Dionysos, d'Eleusis. — 252. [S] de *Pan* Ægipède, de Sparte. — 246. [S] *d'Hermès* ou *de Persée*, d'Athènes. Reste d'aileron près du talon g. — 251. Petite [S] de *Pan*, du Pirée, en applique à un petit pilastre ou pied de table. — 257. Groupe de Silène portant sur son épaule g. le petit Dionysos tenant un masque (du théâtre de Dionysos). — 380. [S] de f. assise, de Rhénée, près Délos. Elle est restée inachevée, et était destinée à un tombeau. Intéressante pour la technique de la statuaire. — 256. Petite [S] de Dionysos, du théâtre de Sicyone (Fouilles de l'École amér.). — 258. [S] *d'Asklépios*, du Pirée; bon travail. — 254. [S] de j. h., d'Eleusis : type de j. athlète polyclétéen. — 233. *Torse colossal de Niké* (?), avec la tête, trouvé en 1837, au même endroit que le n° 234 et en même temps qu'une grande base portant la signature d'Euboulidès, fils d'Eucheir (début du IIe s. av. J.-C.), auteur et consécrateur d'un monument orné des statues d'Athéna, Zeus, Mnémosyne, les Muses et Apollon. On a supposé que la tête d'Athéna n° 234 et le torse 233 appartenaient à ce monument, signalé par Pausanias; toutefois les trous d'ailes et le mouvement de la jambe g. désignent bien ce torse comme celui d'une *Niké*, et Pausanias ne cite pas celle-ci dans le groupe.

Au milieu de la salle. — 261. *Ménade dormant* sur un rocher couvert d'une peau de panthère (Hôpital militaire d'Athènes, sur le site du Lénaion?). Dérive du type de l'Hermaphrodite : belle œuvre d'époque romaine.

Contre les murs N. et S. nombreux bustes, pour la plupart portraits anonymes d'époque romaine.

Salle IX ou salle des Cosmètes : œuvres de l'époque romaine. — Mur Ouest (porte d'entrée). — A dr. 420. Ⓑ *de j. h.* à la figure expressive. — 419. *Tête d'h.* aux cheveux longs et à la barbe courte trouvée en 1876 dans les déblais du théâtre de Dionysos. Marbre très poli, non grec. La base ronde formait une sorte de calice de feuilles; la tête mystique ressemble étrangement à celle d'un Christ de la Renaissance. Peut-être une tête d'Orphée? — A g. 249. Ⓑ *d'Hadrien*, de l'Olympieion. — 272-279. Dans une vitrine, statuettes d'Hygie, d'Athéna, et de j. h. trouvées dans l'hiéron d'Epidaure.

Mur Nord. — 384-416. Ⓑ en forme d'hermès avec inscriptions, pour la plupart portraits de **Cosmètes**, chefs annuels du collège de l'éphébie, ou jeunesse athénienne de dix-huit à vingt ans. Ils proviennent du gymnase Diogéneion (p. 107) et datent du Ier au IIIe s. ap. J.-C. Les physionomies, très individuelles et parfois d'un air tout moderne, méritent d'être étudiées. Remarquer : 385. Sosistratos; 386. Chrysippos; 384. Héliodoros; 387. Onasos. — Au-dessus : 382. Frise de 6 masques tragiques, du théâtre de Dionysos, où elle décorait quelque monument choragique. — 383. Masque grotesque, en tuf, d'Érétrie, ayant servi de talisman à une maison.

Mur Est. — 265, 296. Statuettes d'Asklépios, d'Épidaure. — 417, 418. Ⓑ d'Antinoüs, de Patras. — 274. Athéna, d'Épidaure. — 271. Hygie (id.). — 275. Athéna (id.). — Au milieu de la salle, *mosaïque* avec tête de Méduse, du Pirée.

Mur Sud. — Dans les vitrines, petites têtes, d'Épidaure. — Dans la salle latérale IXa, réserve des statues acéphales.

Salle X ou grande salle des reliefs funéraires : œuvres de la belle époque (Ve et IVe s.). — Cette collection est la plus complète en ce genre (cf. p. 93, les tombes du Céramique). Ces monuments funéraires, œuvres de pratique et objets de commerce dus à de simples marbriers et pour la plupart exécutés à l'avance (les clients choisissaient dans l'assortiment ceux qui se rapportaient le mieux à leurs convenances) représentent d'une manière conventionnelle et impersonnelle des scènes de la séparation dernière ou des scènes de la vie réelle. Tantôt le mort, assis ou debout, échange une poignée de main (*dexiósis*) avec les membres de sa famille, scène irréelle et toute symbolique, exprimant l'union qui persiste entre eux après la mort; ou bien, plus rarement, il est figuré au moment du trépas, ou encore assombri par le pressentiment de sa fin prochaine, semblant écouter d'un air détaché et rêveur les consolations de son entourage. Tantôt encore, on le retrouve bien vivant, parmi les êtres et objets qui lui sont chers, occupé à sa parure, si c'est une femme, entouré de son chien ou des objets servant à l'athlétisme, si c'est un homme. L'idéalisme des grands maîtres soutient et ennoblit l'inspiration des modestes praticiens : la gravité des attitudes et la noblesse des visages, d'où toute démonstration démesurée est exclue, distingue ces œuvres de la fin du ve et du ive s. de celles de l'époque archaïque, où les pleureurs et pleureuses manifestent leur douleur par des lamentations et des gestes violents (V. p. 133). Les morts, toujours idéalisés, sont représentés dans la plénitude de la jeunesse et de la beauté : leur individualité disparaît dans la généralité des types et des thèmes adoptés par l'art comme symboles de la mort.

Mur Ouest (porte d'entrée). — En haut, à dr., copie des peintures qui décoraient un tombeau à Corinthe. — 797-800. Lions funéraires. — 770. Stèle de Léon de Sinope : le nom du mort est traduit, en rébus, par un lion sculpté. — 713. Stèle de Chairestaté (fin ve s.). — 712. Stèle d'Aristéas (milieu ve s.). — 711. Stèle du début du ve s. — 769. Stèle de Lycourgos, fils d'Hiérophon. Le j. h., accompagné d'un petit esclave et d'un chien, se tient debout devant un vieillard, son père (de Kératéa, Attique). — 768. Stèle du Dipylon.

MUR NORD (fenêtres). — 767. Stèle d'*Asia* embrassant son enfant (ve s.). — 763. Stèle de Minnion, devant sa fille. — 760. Stèle de Kallistraté. — 757. Stèle, avec un vase dans le champ, une Sirène pleureuse et deux Sphinx en acrotères. — 754. Architrave du monument élevé aux frais de l'État, dans le Céramique, en l'honneur des cavaliers morts à Corinthe et à Coronée (394-3). Remarquer le nom de Dexiléos, le cavalier dont le tombeau de famille existe encore au Céramique (p. 95). — 752. Stèle de *Démocleidès*, mort dans un combat naval. Il est assis sur un navire; son casque et son bouclier sont derrière lui. Les détails de la stèle étaient peints (IVe s.). — 751. Stèle d'Alkias (Corinthe). Scène de combat (fin IVe s.). — 749. Stèle de *Plangon* (Oropos) : scène d'agonie d'un réalisme rare. — 743. Stèle de *Damasistraté* (Pirée) : scène de serrement de mains. — 742. Stèle de j. h. (Thespies) du ve s. (inscr. rajoutée plus tard). — 741. *Stèle de Thessalien*, en chlamyde, tenant un lièvre et une pomme, cadeaux d'amour (Larissa). Œuvre du ve s. Sur le lièvre, monogramme du Christ gravé à l'époque chrétienne. Spécimen intéressant de l'art un peu lourd de la Grèce du Nord (*V.* 740, 735, 734, 733). — 740. Stèle de Thessalienne (environs de Larissa), ve s. — 730. Stèle d'Amphotto (Thèbes). ve s.

MUR EST. — 738. **Tombeau d'Aristonautès** (Dipylon). Le mort est représenté, en ronde-bosse, dans un édicule ionique, en tenue et dans une attitude de combat. La tête est traitée en portrait. Œuvre d'artiste, du IVe s. — 737. Tombeau de *Procleidès* (Dipylon) : édicule avec 3 personnages en h.-r. (IIIe s.). L'hoplite est Proclès, fils de Procleidès. — 736. Tombeau de *Platon* (plaine de Thria, près Éleusis) : édicule à personnages en h.-r. (à g., Epicharès assis, père de Platon; puis Platon et sa mère Démostrate, en b.-r.; au second plan, derrière le vieillard, une servante). IIIe s.

MUR SUD. — 735. Stèle de j. h. jouant de la lyre (Acarnanie). — 734. Stèle d'Ekédamos (Larissa). Milieu ve s. — 733. Stèle de *Polyxénaia* (Larissa). ve s. — 732. Stèle de *Kallistô* (Spata en Attique). — 731. Stèle d'*hoplite* (Salamine). — 726. **Stèle de f.** avec scène de parure (Pirée). Belle œuvre du IVe s. — 723. **Stèle de Polyxéné**, avec son enfant. Très belle œuvre de la fin du ve s. — 718. Stèle d'*Aménocleia* (Pirée), avec scène de parure d'une composition gracieuse (IVe s.). — 717. Stèle avec scène de serrement de main (Dipylon). Œuvre du IVe s., remarquable par l'expression des figures. — 715. Stèle du ve s. — 714. Édicule funéraire de la fin du ve s. (Pirée).

Au bout de la salle : 2583. Sirène, sur piédestal.

AU MILIEU de la salle, sont distribués (816-809) des vases funéraires en marbre qui se répartissent en 2 classes : 1° les **loutrophores**, imitations en marbre plein des vases de t. c. à 2 anses qui contenaient l'eau destinée au bain du mort (809, 812, 815, etc.). Comme les loutrophores servaient aussi au bain nuptial et figuraient parmi les cadeaux offerts à la fiancée, on en fit l'emblème du célibat : les loutrophores de marbre désignent les tombes des jeunes gens morts avant le mariage. Elles sont décorées des mêmes scènes de serrement de main, etc., que les stèles. Souvent, sur la loutrophore d'un fils célibataire mort le premier, les noms des parents enterrés dans la même tombe ont été gravés plus tard. Dans ce cas, on a parfois retouché le vase, en lui supprimant une anse, ce qui le transforme en lécythe et lui enlève une signification trop spéciale qui n'était plus justifiée. — 2° Les **lécythes**, vases à une seule anse (810, 811, 813, etc.), imitation en marbre des fioles en t. c. qui contenaient l'huile pour oindre le mort et parfumer l'air autour du catafalque. Ces lécythes de marbre, posés sur la tombe, ne sont qu'une variété de stèle funéraire, dépourvue de signification spéciale.

Salle XI ou **2e salle des reliefs funéraires : œuvres de l'époque hellénique.** — Au centre : 835. *Lécythe*, le plus remarquable de la série, avec scène de serrement de main et jolis groupes de j. gens armés et de f. — A remarquer parmi les stèles appliquées aux murs : 817, 818 (à g. de l'entrée). Stèles de Thespies avec scènes familières. — 831 (à g. de la porte de la salle XII). *Stèle de Phrasicleia* (Dipylon), avec scène de parure. L'exécution est soignée, surtout dans les draperies (IVe s.). — 829. Stèle de j. h. (Thespies), au strigile et au chien. Bel art du IVe s.

Mur Ouest (à dr. de l'entrée). — 832. Stèle à h.-r. trouvée dans le lit de l'Ilissos. Scène de serrement de main. Belle exécution et bonne conservation (IVe s.).

Salle XII ou 8e salle des reliefs funéraires : œuvres de l'époque hellénique. — A g. de la porte d'entrée : 884. Athènes, Dipylon. Grande loutrophore sculptée sur une plaque de marbre; à g. et à dr. est sculpté un lécythe. Sur la loutrophore est représenté le mort, *Panætios*, debout en avant de son cheval et serrant la main de son père; sur le lécythe de g., un jeune homme court en jouant au cerceau. — A dr. de l'entrée, dans l'angle, au fond : 869. **Stèle de j. h.** (Attique, près de l'Ilissos), l'un des plus admirables morceaux de la collection. Le mort héroïsé, c'est-à-dire représenté comme vivant déjà de l'autre vie, est appuyé sur une colonne au pied de laquelle est assis son petit serviteur qui pleure : à g. du mort, son bâton noueux et son chien de chasse. Son père est debout devant lui, avec une expression de profonde tristesse (IVe s.) — 871. Athènes. Même représentation, mais moins soignée. — 870. Athènes. Belle scène de serrement de main. — 947 (entre 870 et 871). Lécythe de *Timanax*. Scène de combat. — A g. de la porte de la s. XIII : 910. Joli buste de femme à sa toilette. — 914. *Kerkon* donnant un oiseau au petit Pamphilos. Cf. le nº 898 : Télésias tenant de la main g. un lièvre qui croque une pomme; devant lui un jeune garçon nu. — 895 et 892. Deux petites filles (*Chorégis et Kallistion*) sont représentées de face, tenant un oiseau à la main.

Salle XIII ou salle des vases funéraires : œuvres de l'époque hellénique. — A dr. de la porte d'entrée : 968. Scène de serrement de main et d'embrassement (cf. XII, 870). — Mur a dr. : 966. **Haut-relief** (la tête est certainement un portrait). — Mur a g. (au fond) : 1005 et 2574. **Hauts-reliefs** (IVe s.)

A défaut d'autres œuvres remarquables, le visiteur trouvera nombre de tableaux intéressants de la vie journalière, à l'intérieur de la maison athénienne : petites filles jouant avec leur chien, leur oiseau, etc.

Salle latérale XIIIa. Dépôt provisoire de b.-r. divers qui garnissaient autrefois la salle XVII (auj. coll. Carapanos). — 1465, 1466, 1468, 1470 : b.-r. *éphébiques*, représentant les exercices auxquels participaient les éphèbes. — 1467, 1471-1484 : b.-r. *politiques*, sculptés en tête de certains décrets, traités d'alliance, etc. Des figures allégoriques représentent la Boulé (1473), le Peuple, Athéna, et les États avec qui traite Athènes. — 1488. Stèle d'*Antipatros* d'Ascalon, avec inscr. bilingue (grecque et phénicienne) expliquant le sujet du relief : le mort aurait été attaqué par un lion sur la côte de Libye et ramené à Athènes par ses amis (IIe s. av. J.-C.). — 1540-1570 : ex-voto à Cybèle. — 1501-1532 : *banquets funèbres* (V. **S. XVI**).

Salle XIV ou salle des sarcophages : œuvres des époques grecque et romaine. — Peu de sarcophages grecs sont antérieurs à l'époque romaine. Les sujets des reliefs sont surtout empruntés à l'art oriental (griffons, lions, hippocampes, combat du lion et du taureau) et aussi à la mythologie (combats de Centaures, d'Amazones; travaux d'Hēraklès; scènes bachiques; Amours). Les sculpteurs de sarcophages usaient avec prédilection des figures d'enfants, dont les proportions s'adaptaient bien à la faible hauteur des parois à décorer. Remarquer, à g. de la porte d'entrée : 1182. Sarcophage *grec* de Thespies (Fouilles de l'École fr. : P. Jamot), avec représentations des travaux d'Hercule.

Cette salle communique avec les nouvelles salles et la *Rotonde* (A, B, C) où doivent être exposées les pièces les plus présentables de la trouvaille d'Anticythère (*V.* S. VII) et divers bronzes.

Salle XV ou salle des bas-reliefs funéraires romains. — Au milieu : 1186 et 1187. Sarcophages découverts à Patras. — 1187. Enfants. — 1186 Chasse au sanglier de Calydon. — A g. et à dr. de la porte d'entrée, stèles d'étrangers, notamment de Milésiens, morts à Athènes. — A dr., au mur en face de la fenêtre, prêtresses d'Isis (1223, 1214). — 1193 (à dr. de la porte qui mène à la salle XVI). B.-r. d'*Alexandra* en costume de prêtresse d'Isis : de la main g. elle tient la *situla* (petit vase), de la dr., le *sistre* (instrument de musique). Cf. les n°s 1233, 1308, 1296, 1249, 1244. — La forme du n° 1194 revient fréquemment sur les stèles romaines : la représentation est encadrée entre deux colonnes qui supportent une arcade. — 1192. Stèle d'*Artémidoros* avec chasse au sanglier et essai de paysage.

Salle XVI : bas-reliefs votifs. — Les ex-voto exposés dans les deux dernières salles du musée de sculpture se divisent en : I. *Ex-voto à des divinités*; II. *Banquets funèbres* ou *offrandes au mort héroïsé*.

A g. de la porte d'entrée : 1329. Ex-voto à *Pan* et aux *Nymphes*, consacré par Archandros. — Vient la longue série (1330-1377) des b.-r. découverts en 1876-1877 dans l'Asklépicion d'Athènes (p. 78). Le sujet est presque toujours le même. Dans un temple figuré par deux pilastres soutenant un toit, paraissent : d'un côté Asklépios, soit seul, soit accompagné de sa fille Hygieia ou de Déméter assise et de Kora, sa fille, avec une torche; de l'autre des suppliants en plus ou moins grand nombre. Tantôt ils adorent le dieu, la main dr. levée; tantôt ils mènent une victime qu'ils vont sacrifier, ou apportent quelque offrande. Sur d'autres b.-r., Asklépios est représenté, veillant, comme un médecin, au chevet d'un malade, ou lui administrant lui-même quelque remède. Le plus remarquable de ces b.-r. est le 1346. — La disposition du 1377 (en avant des fenêtres) avec son temple est intéressante. — Au milieu, chapiteau d'Eleusis. — A dr. de la porte : 1455 B.-r. de l'hiéron des Muses (Béotie), avec un portrait d'Hésiode (Fouilles de l'Ec. fr. : P. Jamot).

Mur Ouest. — 1449, 1445. Ex-voto aux *Nymphes*. 3 nymphes dansant dans une grotte où Pan joue de la flûte. La tête barbue, qu'on voit sur le n° 1445, représente Achéloos, symbole de la source auprès de laquelle se passe la scène. — 1450. Le mort figuré en héros cavalier (type dérivé des Dioscures) avec le cheval et le serpent, symboles funéraires. — 1426-1428. Ex-voto à *Asklépios* trouvés à Epidaure. Sur le 1428 sont représentées deux oreilles. — 1402. Ex-voto à *Asklépios* provenant du monastère de Loukou, entre la Laconie et l'Argolide. Asklépios est entouré de ses deux fils Podaleirios et Machaon, et de trois de ses filles; à g. est la famille des suppliants, de taille plus petite que les dieux.

Mur Sud. — Offrandes au *mort héroïsé* : 1410-1413, et, de l'autre côté de la porte qui mène à la salle XVI : 1386, 1392, 1393, 1401. Le mort est ordinairement représenté en héros cavalier. Une femme, debout devant lui, tient une phiale et une œnochoé; derrière, se tient souvent un serviteur. — Les scènes de *banquet funèbre* représentent le mort héroïsé, couché sur un lit de parade et servi par ses parents. Ces scènes s'expliquent par l'usage des *nékysia*, banquets anniversaires, que la famille célébrait sur la tombe pour entretenir la vie demi-matérielle du mort.

Salle latérale XVI^{a}. — En bas du mur E. (côté de l'entrée; exposition provisoire) : rangée de 5 **métopes en t. c. peinte**, du temple de Thermos, en Etolie (Fouilles de la Soc. archéologique : M. Sotiriadis). Spécimens très curieux de cette décoration archaïque (vi^{e} s.). Ces métopes (hauteur 0,87 cm., larg. 1 m.) représentent : 1° un masque de Gorgone; 2° un chasseur; 3° Persée (ailerons aux deux pieds); 4° deux figures de f. : l'une est désignée sous le nom de *Khélidon* (peut-être Philomèle et Procné, près du corps d'Itys?); 5° trois divinités assises. — Au dessus,

2 *rangées d'antéfixes*, aux figures humaines en relief, de même provenance. — Contre les autres murs : ex-voto et b.-r. de provenances diverses.

Salle XVII ou salle Carapanos, constituée avec la collection donnée en 1902 au Musée par *Constantin Carapanos*, député d'Arta et explorateur des ruines de Dodone. — A dr. de l'entrée : t. c. de diverses provenances et petits marbres. — A g., *terres cuites de Corfou*, découvertes près de l'emplacement d'un sanctuaire d'Artémis dans des fouilles exécutées en 1889 par H. Lechat (Ecole française) aux frais de M. Carapanos. Elles représentent la déesse tenant une biche, ou un lion, ou un sanglier et atteignent parfois des dimensions de statuette (2e moitié du ve s.).

Mur Est (aux fenêtres). — Têtes de t. c. de même provenance.

Mur Sud. — *Bronzes de Dodone*, statuettes, plaques à reliefs, tablettes avec inscr. dédicatoires, décrets, contrats, etc., plaques de plomb contenant des demandes et prières à l'oracle de Zeus, parfois piquantes. (Par ex. : Agis demande si sa literie, qui a disparu, est perdue ou volée; Cysanias, si l'enfant que Nyla porte en son sein n'est pas de lui).

Mur Ouest. — Bronzes de provenances diverses.

Au milieu de la salle, restes d'un *char romain* décoré de reliefs en bronze.

Salles latérales : — XVI a. Fragments divers, b.-r. funéraires, bustes. — XVII b (**salle chrétienne et byzantine**). Objets de mobilier liturgique grec (tous assez récents, d'époque turque). 3570. *Chrysobule* avec le portrait d'Andronicos Paléologue. — 1602 a. B.-r. de Naxos : *la naissance du Christ.*

Salles XVIII-XX : musée des vases peints.

Ce ne sont pas ici, comme dans les musées d'Europe, des vases italo-grecs qui dominent, mais exclusivement les produits de la Grèce propre et surtout ceux de l'industrie attique. D'où la pureté de style et la haute tenue qui caractérisent l'ensemble de ce musée céramique, rempli de chefs-d'œuvre exquis, qui sont aussi de curieux documents sur les mœurs, le costume et les rites de la Grèce ancienne. Les principales périodes de la céramique grecque sont les suivantes : 1° *Période égéenne* : poterie d'argile grossière, façonnée à la main ou au tour, sans peinture ou avec des zones de couleur sans ornements (vases primitifs de Troie, de Théra et des îles de la mer Egée), vers 3000 av. J.-C. — 2° *Période créto-mycénienne* entre le xxe et le xiie s. av. J.-C. : poterie vernissée, à décoration végétale et animale. Centre de production : la Crète de Minos. — 3° *Période du style géométrique* : l'ornementation linéaire, née dans la Grèce dorienne, s'oppose, vers le xie s. av. J.-C., au style mycénien. Elle aboutit, en Attique, au style archaïque des fabriques du Céramique, dit *style Dipylon* (viie s. av. J.-C.) : décoration en damier, figures humaines et animales très élancées et grossières (p. 133). — 4° *Période asiatique ou ionienne*. L'influence de l'Ionie, prédominante au viiie s. en sculpture, s'affirme aussi dans la céramique par la diffusion d'une décoration riche et même surchargée qui emprunte ses motifs à la tapisserie orientale : rosaces et lotus, zones d'animaux réels ou fantastiques, aux ailes éployées, oiseaux à têtes de femme, sphinx, scènes mythologiques, accompagnés de légendes au pinceau (vases de Mélos, d'Erétrie, d'Attique). Les *vases corinthiens* sont une des variétés les plus répandues de cette série, et leur influence rayonne aussi en Béotie et en Attique (vases de Vourva), du viiie au vie s. — 5° *Période des vases à fig. noires* (vie s. et début du ve), ou vases à fond d'argile rouge avec figures noires cernées d'un contour gravé au trait. Le style s'unifie, grâce à l'activité et au goût de la fabrique d'Athènes, qui supplante ses rivales. Les personnages, moins nombreux, prennent plus de vigueur; les scènes deviennent plus claires; des couleurs accessoires, blanc pour les chairs de femmes, brun-rouge pour les vêtements, la barbe, etc., donnent plus de chaleur aux teintes, et un engobe rouge rehausse l'ensemble de son brillant. — 6° *Période des vases à fig. rouges* (ve s.), l'époque classique de la céramique attique, remarquable par la finesse du trait, la pureté du dessin : ce sont les personnages qui se détachent en rouge clair sur le fond noir, avec emploi de blanc pour les chairs, et de rouge vif pour certains détails, etc. Les maîtres de cette période sont Euphronios, Douris, Chachrylion, etc. Au IVe s. cette technique s'enrichit par l'emploi de dorure et de couleurs variées, roses, vertes, rouges dans les vêtements, jusqu'à ce que, par l'emploi des reliefs et des figurines appliquées, la technique de la terre cuite essaye de s'approprier les effets de la technique du métal repoussé. — 7° Il faut faire une place à part à la série des *vases à fond blanc*, représentée surtout par les lécythes funéraires (du ve au IIIe s.).

La plupart des vases proviennent des tombeaux, sur ou dans lesquels ils étaient déposés, soit pour procurer au défunt les provisions, boissons et parfums dont il était censé avoir besoin dans la tombe, soit comme mobilier, pour orner le tombeau et fournir au mort les ustensiles nécessaires à sa vie souterraine, considérée comme le prolongement de la vie terrestre (*V.* salle XX, vitr. 69-71, un type de tombe du Céramique avec son mobilier).

Salle XVIII (1re salle des vases). — **1-3** (à dr. de la porte de la salle XIX). *Vases de style égéen primitif.* — **1.** Vases de la Troade dont quelques-uns en forme d'animaux, et vases des Iles. — **2.** Vases de l'Attique, de style créto-mycénien. En bas : 58. Poulpe. — **3.** Vases de Chypre.

Sur l'étagère à g., *vases de style géométrique*, trouvés à Athènes, Théra, etc. Noter le 223 (Athènes, Céramique), où apparaît, sur le goulot, la figure humaine : homme tenant son cheval.

4. — *Vases de style géométrique du Dipylon*, découverts en 1891, sur la route du Pirée, en même temps que les grands vases 803-806, exposés au milieu de la salle. Ces grands vases étaient certainement placés au-dessus des tombes. — Sur le 804 (dans le haut de la salle) est représentée l'exposition (*prothésis*) d'un mort. — Sur le 990 (Dipylon), qui fait pendant au 804, est représenté le convoi funèbre (*ekphora*). Dans la première zone, on voit un mort porté sur un corbillard à quatre roues, que suivent des pleureuses. Devant, sont encore des pleureuses, reconnaissables à leurs seins, et aussi des hommes, reconnaissables à leur épée. Dans la seconde zone se déroule une longue file de voitures à quatre roues. — La même scène est représentée sur le 806 (derrière le 804) et sur le 803 (dans le bas de la salle, en face du 1160). Noter sur ces deux vases le geste si fréquent des mains portées à la tête : personnages s'arrachant ou faisant mine de s'arracher les cheveux.

5-7. — *Vases de style géométrique*, de provenances diverses, Attique, Mycènes, Laconie, Mélos, Béotie. Les vases béotiens sont remarquables par leurs formes et par la disposition des peintures qu'encadrent des bandes de couleur verticale.

Au milieu de la salle (entre les armoires **8** et **12**). — *Vases de style asiatique.* — 911-913 et 354. Grands vases de Mélos. Mélange de l'ornementation orientale et du style géométrique; apparition des dieux grecs. Étudier ces vases dans l'ordre suivant : 913 (chevaux affrontés); 912 (même sujet, mais un cocher est placé derrière deux des chevaux); 354 (Héraklès montant sur son char : derrière lui Hermès); 911 (Apollon et deux déesses sur un long char aux chevaux ailés : devant lui, Artémis chasseresse).

8. — Vases du même style mixte de Mélos, Thèbes et Erétrie (Cf. 313, hydrie athénienne entre **7** et **9**).

10-11. — *Vases béotiens et attiques de style ionio-corinthien.* La Béotie est avec la Corinthie une des contrées où ce style est resté le plus longtemps en faveur. Cf. les vases attiques de *Vourva* : 991 (entre les armoires **9** et **10**) et 993-1000 (dans l'armoire **11**).

12 et **15** (au milieu de la salle). — *Vases d'Erétrie en terre jaune.* — 1005 et 1007. Sur l'un des côtés de ce dernier vase sont peints deux guerriers casqués.

13. — Vases et objets divers découverts dans le tumulus de **Marathon**, sous lequel étaient ensevelis les 192 Athéniens morts dans la bataille de 490. *Lécythes à fig. noires*, sur lesquels dominent les représentations bachiques et *Kylix à fig. rouges* (n° 1044, dans le bas, 3e rangée à g.).

Entre **13** et **14** : 449. Amphore athénienne, à fig. noires : exposition du mort.

14. — *Vases à fig. noires*, trouvés en Attique. Noter un plat trouvé à Phalère (507, 3e rangée à g.) : Achille s'armant devant Thétis, Néoptolémos et Péleus. Tous les personnages sont désignés par des inscriptions. — Remarquer également des vases signés. Il faut distinguer entre la signature du fabricant, du potier et celle du dessinateur, du peintre. Le nom du potier est suivi du verbe ἐποίησεν ou ἐποίει (1135, 2e rangée, à g.); celui du peintre du verbe ἔγραψε ou ἔγραφε (id.).

Entre les arm. **14** et **16** : 450. Grande amphore trouvée au cap Kolias, en Attique. Sur la face principale, *exposition du mort*; sur la face postérieure, *déposition au tombeau*. Entre les anses, stèle surmontée d'un vase. Dans le champ de la stèle volent des génies ailés ou εἴδωλα qui représentent ordinairement l'âme du mort : tout autour est une inscription métrique très mutilée, qu'on a lue ainsi : ἀνδρὸς ἀποφθιμένοιο ῥάκος κακὸν ἐνθάδε κεῖμαι « Je repose ici, triste dépouille (mot à mot guenille) d'un homme mort. »

16. *Vases* de *Tanagra*. — **17**. *Vases béotiens à fig. noires*, avec représentations comiques ou grotesques (nos 424-427).

Entre les arm. **16** et **17**, **17** et **18** : 1452. Grande amphore *à fig. rouges*, trouvée au cap Kolias. Exposition du mort. — 1170. Grande amphore à fig. rouges (Attique). **Exposition du mort.** La peinture, d'une exécution très soignée et expressive, est des plus belles.

18. *Lécythes d'Erétrie à fig. noires*. — 1130 (à g.). Ulysse et Sirènes. — 1131. Circé et compagnons d'Ulysse. — 1124, 1132. Travaux d'Héraklès.

19-23. — *Vases à fig. noires de Corinthe*, *Mégare*, et de provenances inconnues. — **19** : 521. Pot corinthien : un homme est représenté sur un char attelé de 4 chevaux, et à côté de lui une salamandre. Toutes les figures ont un nom. — **22** (3e rangée à g.) : 1085. Polyphème tâtant un bélier sous lequel est un des compagnons d'Ulysse. — **21**. *Amphores panathénaïques*, vases donnés en prix aux athlètes dans les jeux des Panathénées : ils étaient remplis de l'huile des oliviers sacrés (p. 3). 451, 452, 447 : d'un côté Athéna armée, de l'autre scène de jeux.

Entre les arm. **18** et **19**, **19** et **20**, **20** et **22** : 1453. Grande loutrophore à fig. rouges du plus beau style. **Cortège nuptial**, en avant duquel vole un Eros ailé et que précède un joueur de flûte couronné de myrte. Ce vase contenait l'eau destinée au bain de la fiancée (p. 129). — 1249. Même sujet. — 1153. Vase à fig. noires. Exposition du mort.

Salle XIX (2e salle des vases) : *vases à figures rouges*. — Les scènes mythologiques, au moins à Athènes, sont de plus en plus remplacées par des épisodes de la vie courante, scènes d'intérieur, scènes de toilette.

24 (à dr.). — *Athènes et Attique*. Dans le bas, riche série de pyxis ou boîtes. — 1284. Lécythe à ornements dorés : scène de conversation amoureuse. A côté de l'arm. **24** : 1172. Loutrophore. *Cortège nuptial*. — Tous les autres vases exposés entre les armoires sont de même forme et les mêmes scènes y sont représentées : scènes de toilette, toilette de la fiancée, etc. — 1454 et 1171, de très beau style (à dr. de l'arm. 25).

25. — *Athènes et Attique*. 1174a (au milieu de la 3e rangée) : Poseidon saisissant Amymoné. — 1260 (à g.). Kalpis connue sous le nom de **Vase de**

Sapho. Sapho, désignée par une inscription presque effacée, est assise sur une chaise longue et tient des deux mains un feuillet manuscrit où on lit l'invocation poétique suivante : Θεοί, ἠερίων ἐπέων ἄρχομαι ἄλλων. « Dieux, je vais commencer de nouveau chants ailés ». Sur la marge de dr. on lit, ἔπεα ; sur celle de g., πτερὰ ἔχει (?). Autour de Sapho sont trois filles dont l'une tient une lyre, sans doute pour accompagner celle qui est debout derrière la poétesse. — En avant de la 2ᵉ rangée, nombre de petits vases où sont représentés des jeux d'enfants. — 1221 (à dr.). Œnochoé. Satyre grimpé sur un rocher et regardant une nymphe qui s'approche d'un autel. On peut observer dans la figure du satyre des corrections faites par l'artiste.

26. — *Athènes et Attique.* Dans la 2ᵉ rangée, riche série de petits vases où sont souvent représentés des jeux d'enfants. — 1719 (3ᵉ rangée à dr.). Scène de départ. — 1174 (à g.). Loutrophore. **Cortège nuptial.** Au centre sont les deux fiancés, entre lesquels vole un Eros qui joue de la flûte.

27. — *Athènes et Attique.* 1246 (1ʳᵉ rangée à dr.). Kotylos de très beau style. Ménade dansant au son du tambourin et Ménade marchant, en tenant des deux mains un chevreau renversé. — 1204 (1ʳᵉ rangée à dr.). Scène de toilette avec Amours. Les corps des f. et des Amours sont rehaussés de blanc ; les ailes et les vêtements des Amours sont dorés et peints en bleu. — 1241 (2ᵉ rangée à g.). Pyxis. — 1183 (3ᵉ rangée à dr.). Concours musical.

28. — *Provenances diverses.* Noter dans la 2ᵉ rangée quelques beaux vases d'Egine : à g. 1688, 1689 (Athéna Promachos) et à dr. 1708. — Dans la même rangée, à dr. les nᵒˢ 1430 (coupe d'Evergidès), 1437, 1438 (coupes provenant d'Hermione).

29. — *Provenances diverses* (Crète, Cyrénaïque, Phocide, Locride, etc.).

30. — *Tanagra.* 1626 (1ʳᵉ rangée à dr.). Lécythe richement orné. Artémis tendant la lyre à Apollon qui tient l'arc et derrière lequel est une biche. — 1628 (3ᵉ rangée à dr.). Coupe, une des meilleures œuvres du potier **Phintias.** Guerrier casqué portant la main dr. à son casque et tenant son bouclier de la g. — 1357 (3ᵉ rangée à g.). Coupe. Homme couché sur un lit, la tête renversée en arrière. La main g. tient des tablettes, la dr. caresse un lièvre. De sa bouche entr'ouverte s'échappent les mots : ὦ παίδων κάλλιστε, où l'on a reconnu le commencement d'un vers de Théognis qui se termine ainsi, καὶ ἱμεροέστατε πάντων· « O le plus beau et le plus désirable de tous les jeunes garçons ! » Cf. **29**, une scène entre un jeune garçon et son amant qui lui offre un lièvre (1413. 3ᵉ rangée à g.). — 1333 (3ᵉ rangée à dr.). Amphore. **Scène de combat,** et, sur l'autre face, deux groupes de jeunes gens causant. — **31** (*Thèbes*). Cratères.

Salles latérales : 1° Antiquités chypriotes. — 2° Tessons provenant des fouilles de l'Acropole.

Salle XX (3ᵉ salle des vases peints) : *vases à fig. rouges, lécythes blancs, lampes, verres.* — **32-34** (à g. de la porte d'entrée) : 2 coupes avec vases de *Béotie.* — **32** : 1391 (2ᵉ rangée au centre). Scène comique. — **34** : 1482. Centaure aux pieds humains.

35 (au milieu de la salle) et **36-38** (à dr. de la porte d'entrée) : Vases de *provenances inconnues.* — **35** : en haut : 12545, 12542, 12544 ; en bas : 12427, 12526, 12486. — Dans les arm. **36-38** : scènes de concours musical, d'intérieur, de toilette et quantité de petits lécythes et de petites œnochoés.

39. — *Erétrie.* 1640, 1632, 1295 (3ᵉ rangée). L'offrande à la stèle funéraire est souvent représentée.

40. — *Erétrie.* 1299 (1ʳᵉ rangée à g.), 1298 (2ᵉ rangée), 1293 (3ᵉ rangée), 1630 (*ibid.*). Sur ce dernier vase est représenté un cortège nuptial. Les deux époux sont sur un chariot à 4 roues : au-dessus vole un Amour.

44-50. — Très belle collection de **lécythes à fond blanc,** avec peintures polychromes d'une exquise délicatesse. Le lécythe servait particulièrement à des usages funéraires ; il contenait l'huile parfumée dont on oignait le cadavre; placé près du corps pendant l'exposition, il jouait le même rôle odoriférant que les fleurs; on le déposait ensuite dans la tombe. Athènes avait là spécialité de la fabrication de ce genre de fioles; mais la fabrique d'Erétrie paraît aussi avoir été très prospère. En l'absence des œuvres de la grande peinture, les petits tableaux tracés sur la panse blanche des lécythes nous donnent une idée approximative de ses procédés. Ce sont surtout des scènes funéraires : 1° *L'exposition du mort*. — 2° *La déposition au tombeau* (par les génies ailés du Sommeil et de la Mort). — 3° *La descente aux Enfers*. (Le mort est entraîné par Hermès et s'approche de la barque de Charon.) — 4° *Le culte du tombeau*. (Offrandes à la stèle. Conversation des survivants avec le défunt, souvent représenté lui-même assis auprès de son tombeau, jouant ou entendant jouer de la lyre.) On voit aussi l'εἴδωλον, petite figure ailée qui représente tantôt l'âme du mort, tantôt un génie funèbre associé aux manifestations du deuil.

41. — *Athènes*. 1756. Exposition du mort. — 1894. Le mort, nu, est assis sur les degrés de sa stèle, ou la morte (1755). Autour d'elle, ses parents, debout, la regardent. Cf. 1892 au milieu de la rangée.

42. — *Athènes*. La barque de Charon. Tantôt le mort ou la morte s'avance vers la barque fatale (1759, 1999, 1758, 3e rangée) : tantôt le mort, assis sur les degrés de sa stèle, regarde Charon qui l'attend (1757. Le mort tient l'obole de la main dr.).

43. — *Athènes et Attique*. Offrandes à la stèle. Les survivants apportent des bandelettes pour les accrocher à la stèle (2018, 2019, 2020, 2e rangée). Dans la 3e rangée, noter, pour la richesse des couleurs aujourd'hui éteintes, 1799, 1893. Sur le n° 1797, la morte apparaît debout à côté de la stèle, nue, tenant de la main g. un alabastron; de l'autre côté, un homme.

44. — *Erétrie*. Offrandes à la stèle. — 1re rangée : 1982 (à dr.). — 2e rangée : 1920 (à dr.); 1973 (le mort chassant le lièvre dans un bois); 1825 (forme de stèle remarquable). — 3e rangée : 1922, 1963 (à g.); 1923 (à dr.), 3 vases du même peintre avec l'inscription Δίφιλος καλὸς Μελανώπου.

45. — *Erétrie*. Le mort jouant de la lyre. — 2e rangée à dr. 1934 et surtout 1936). — 3e rangée à dr. : 1958, 1957, 1950. Scènes d'offrande à la stèle.

46. — *Erétrie*. Offrandes à la stèle. Dans la 3e rangée, à g., 1815 et 1938 : au-dessus de l'une des stèles est peint le b.-r. qui devait l'orner.

47. — *Erétrie*. 2e rangée, 1940 (à dr.). Hermès Psychopompe, Hypnos et Thanatos. Hermès, reconnaissable à son caducée, fait signe à la morte de le suivre. Au centre, la stèle devant laquelle va passer la morte. — 1939, 1928; Hypnos et Thanatos déposant le mort au tombeau. — 1927 (à g.). Hermès conduit la morte à la barque de Charon. Deux petits génies ailés, dans l'attitude de la souffrance, volent l'un vers Charon, l'autre vers la morte. — Même rangée, au coin à g. scène charmante. Le mort, un petit enfant, est assis sur un rocher, attendant Charon qui, debout dans sa barque, le regarde, la main dr. doucement tendue en avant. Derrière l'enfant est sa mère, tenant de la main g. l'oiseau cher au petit mort. A ses pieds, une caisse remplie d'offrandes. — 1946 (à côté). La morte arrive à la barque, portant elle-même les offrandes qui lui ont été faites. — 3e rangée (à dr.) : 1928; 1935 (sur les degrés de la stèle sont disposées 8 vases et des couronnes); (à g.) : 1817 (malheureusement endommagé). Le mort, assis, se penche vers une jeune femme à sa g.).

48-49. — *Provenances inconnues*.

50-58 (l'arm. **54** est au milieu de la salle). — *Vases d'époque postclassique*, en forme de têtes, pieds, animaux, figurines — **51**. Vases à cannelures ou figures en relief. — **52-53**. Vases avec ou sans reliefs, rehaussés de couleur blanche ou d'un vernis noir imitant le métal; des vases de toilette en marbre ou en albâtre (**58**).

59-60. — Vases ou fragments de vases avec **inscriptions**, telles que noms des personnages, des chevaux; déclarations amoureuses, telles que : 'Αθενόδοτος καλός ou bien ὁ παῖς καλός « Athénodotos ou l'enfant est beau »; signatures du possesseur du vase ou des artistes qui l'ont modelé ou peint. — Tessons (ὄστρακα) qui servaient au vote de l'*ostracisme* (tessons au nom de Thémistocle, de Xanthippe, **60**), ou tenaient lieu de papyrus (**59** : 2430. Contrat écrit sur l'ostrakon).

61-64. — Poteries découvertes en 1888 au *sanctuaire des Cabires*, près de Thèbes (Béotie) : les satyres reviennent constamment, les scènes grotesques sont nombreuses. — **62**. Représentation du dieu Cabire étendu à dr. et tendant un canthare à un serviteur (παῖς).

65-68 (au milieu de la salle, en face l'entrée de la salle précédente). — **Vases et objets divers.** Série de t. c. en forme de tuiles demi-cylindriques, ornées d'une figure de déesse en relief; sur les côtés, des peintures, et, sur le dos, de fines imbrications. Cet objet, appelé ἐπίνητρον ou ὄνος (âne) servait aux femmes pour rouler avec leurs doigts le fil qu'elles tissaient; il s'emboîtait sur le genou et la cuisse droits de la fileuse assise. Son emploi est nettement attesté par la peinture du n° 2179. L'exemplaire le plus parfait de la série est le n° 1629, d'Érétrie (**65**, à g.), à fig. rouges. Sur une face sont représentés Aphrodite, Eros, Harmonia, Hébé et Himéros, Zeus assistant au combat de Pélée et de Thétis pendant que s'enfuient les nymphes. Sur l'autre face, scène d'intérieur. Les scènes d'intérieur, de toilette sont celles qui reviennent le plus souvent sur ces objets. On trouve aussi dans la même vitrine, à dr., des scènes guerrières (**65**, à dr., 2184, de Béotie, à fig. noires). — **66**. 2192. Objet en forme de bobine. D'un côté Pélée étreignant Thétis, avec inscriptions; de l'autre, Hèraklès luttant contre Nérée. — 2350. Disque à représentation double et fig. rouges sur fond blanc : au centre, enlèvement d'Europe. — **67** et **68**. Fragments de plaques peintes, votives ou funéraires.

69-71 (près de la porte de la s. XVIII). — Squelettes et vases, tels qu'ils étaient disposés dans les tombes du Céramique.

73, 75, 76 (bancs sous les fenêtres). — Cercueil en bois (Pirée), et 2 petites bières en t. c. (du Céramique). — Vases avec cendres de morts.

77-84 (au milieu de la salle). Vases, fioles et objets divers en terre **émaillée** et en **verre**.

85-92. — **Lampes** ornementées, en t. c. — La lampe se compose d'une cuvette creuse avec un bec et un couvercle soudé et muni de deux trous : l'un, plus grand, par où l'on versait l'huile; l'autre, plus petit pour la pression atmosphérique. La mèche passait par le bec. Les lampes sont arrangées en bougeoir, en suspension, en chandelier, en lustre Les sujets sont très variés, et souvent grotesques ou obscènes. — **85**. Lampes en forme de pied, statuette, bateau, etc. Noter le n° 3299, bateau avec 8 trous de mèche. — **86**. Lampes en forme de figurines, chien, tête de nègre, etc. — **87**. 3327. Amour enchaîné, et le joli fragment : 3246. **Dionysos et sa panthère.** — **88**. A g., dans le haut, sujets obscènes. Dans le bas, des dieux et déesses, facilement reconnaissables à leurs attributs, Artémis, Hermès, Zeus. — **91**. A g., dans le bas, chien avec son nom, Φόβος (la Peur), tête d'Ulysse avec son nom, 'Οδυσσέους. Lampes avec masques. — A dr., gros bloc de lampes soudées les unes aux autres, trouvé dans un atelier de potier au Dipylon (*V.* p. 93). Avant la cuisson, toutes ces lampes ont été jetées au rebut, on ne sait pour quelle raison. — **92**. Noter à g. un certain nombre de lampes chrétiennes avec le monogramme du Christ (deux poissons). — **93**. Ossements et objets divers trouvés à **Chéronée** dans le tombeau des Thébains morts en combattant contre Philippe (338 av. J.-C.). Plusieurs crânes portent la trace de coups de lance, de flèche ou d'épée : 212 (vitrine, à g. en regardant les fenêtres). — Au-dessous : 9805. Moulage en plâtre d'un Grec mort sur le champ de bataille.

SALLES XXI-XXIII : MUSÉE DES TERRES CUITES.

Outre les t. c. votives de Corfou (collect. Carapanos, p. 132), le Musée national possède une assez riche collection de figurines de Tanagra (Béotie), d'Attique (Céramique), d'Arcadie (Tégée), d'Asie Mineure. Ces figurines se divisent en 2 catégories : 1° les *votives*, qu'on offrait dans les temples et qui représentent le plus souvent la divinité honorée ; 2° les *funéraires* : ce sont des objets d'étagère, dont on faisait cadeau au mort, à titre de souvenir et aussi pour embellir et égayer sa tombe. Au ve s., on déposait encore auprès du mort des figurines de divinités, pour le protéger. C'est à la fin du IVe s., à l'époque d'Alexandre, que prévalut la mode des figurines mondaines, dont l'inspiration gracieuse ou sensuelle dérive surtout de l'art praxitélien.

Salle XXI : 1re salle des terres cuites (figurines de Tanagra et autres lieux). — **94** (à dr. en venant de la salle XX). *Tanagra*. Figurines arch. en galette, divinités assises, chevaux et cavaliers, faites à la main d'un morceau d'argile aplati, modelé rapidement.

MUR NORD (à dr. de la porte de la s. XXIII). — **95**. *Tégée et Corinthe*. Les figurines de Tégée sont arch. et proviennent d'un dépôt d'ex-voto mis au rebut, près d'un sanctuaire de Déméter (cf. les fig. de Corfou, p. 132); parmi celles de Corinthe, il en est de belle époque. — 3e rangée : 4417 (danseuse) et, en avant, poupées articulées. Le torse et les cuisses seuls sont moulés : les jambes et les bras sont attachés par un fil.

96. — *Erétrie*. **Figurines de la belle époque**. 4137 (2e rangée à dr.). F. assise tenant un miroir à boîte sur ses genoux. — 4052 (3e rangée à dr.). Pâtissier penché sur la table où sont posés des gâteaux.

97. — *Tanagra et Béotie*. Les figurines de f. représentées debout sur un socle assez élevé, moulé avec la figurine, sont d'un art plus récent que les Tanagra proprement dites, lesquelles sont posées simplement sur une mince tablette rectangulaire, qui fait rarement partie de la figurine.

MUR OUEST. — **98**. *Tanagra*. Remarquable série de bustes ou masques en t. c. destinés à être accrochés. — **99** et **100**. **Très jolies Tanagra**. Au centre de l'arm. **99**, f. en tenue de visite; dans le bas, à dr., éphèbes portant un coq et une cage. Ephèbes portant un agneau sur les épaules ou contre le corps, du type de l'Hermès Kriophore ou porte-bélier. Les Tanagréens contaient qu'Hermès était né sur la montagne qui domine leur ville, et, dans le temple qui lui était consacré, à Tanagra, on admirait une statue célèbre d'Hermès Kriophoros, œuvre de Kalamis. Aux fêtes célébrées en l'honneur du dieu, le plus beau des éphèbes faisait le tour des murailles de la ville en portant un agneau sur ses épaules. — 4721 (à dr.). F. et deux petits enfants. — 4688 et 4689 (3e rangée à g.). Nourrices avec leur nourrisson. — **101**. *Tanagra*. Dans le haut, des animaux. Noter un certain nombre de poupées articulées (3e rangée à dr.), de joujoux (à g.). — Scènes de la vie de tous les jours, de cuisine, de marché (4044, 4045).

MUR EST (sous les fenêtres). — **187**. Urne en argent (Céramique); *id*. (Thessalie) avec têtes d'Héraklès en appliques. — **188**. Série de *poids en plomb* avec inscr. : Μνᾶ (1 mine = 436 gr. 600); Δίμνουν (= 2 mines): Τετράμνουν (= 4 mines); Στατήρ (= 17 gr. 460). — Poids romains avec inscr. : Οὐγγία (1 once = 27 gr. 200); Διουγγία (= 2 onces); Τριουγγία (= 3 onces); Λίτρα (1 livre = 327 gr.); Διλίτρα (= 2 livres). — **189**. *Inscriptions* sur lamelles de plomb, généralement des imprécations (κατάραι) à l'adresse de ceux qu'on détestait. On les plaçait dans les tombeaux pour qu'elles parvinssent plus vite aux divinités infernales. — Tablettes magiques avec inscr. — **190**. *Balles de fronde*, en forme d'amande, avec des inscriptions telles que « Attrape ça! », « Sois victorieuse! » ou bien avec une marque comme une lance, un masque, etc. — Objets et (10838, 7530) petites figurines en plomb, du Ménélaion, près de Sparte.

Milieu de la salle. — Près le mur Est : **191**. Objets du tombeau de Gabalou (Etolie). — **194**. 3452. Bracelet avec le nom : Φιλωτέρας. — 3453. Id. avec le nom : Ἀμυμώνης. Œuvres de l'époque romaine trouvées dans le sarcophage de Philotéra au Dipylon (V. p. 94). — Bracelets pour la partie supérieure du bras. — Colliers et surtout pendants d'oreilles.

Près la porte de la S. XX : **195**. Ornements et objets découverts à Erétrie dans les fouilles de l'Ecole américaine (feuilles d'or, boucles d'oreilles, couronnes, bagues, oboles de Charon).

Près la porte de la S. XXIII : **196**. Ornements d'or d'Erétrie. — **197**. Pierres gravées, intailles, camées. 9163. **Très beau collier** de 28 intailles montées sur or (don Pesmatsoglou). — **198**. Pierres gravées.

Au N. : **199-202**. Objets divers, vases en argent, en or, en ivoire.

Salle XXII : 2e salle des terres cuites. — Mur Est (à g.). : **102-104**. T. c. de Béotie et de provenance inconnue. — Mur Sud. — **105-107**. T. c. de Locride, Athènes, Egine et divers. — Mur Ouest. Dans l'angle : 12413. [S] en t. c. de f. (une orante), grandeur nature (provient d'Italie; don Odescalchi). — **113-110**. Fragments de vases du Dipylon. — Mur Nord : **108**. T. c. grotesques du Cabirion (Béotie). — **10**. Don Stavros Andropoulos (vases et t. c.).

Salle XXIII : 3e salle des terres cuites (*Figurines d'Asie Mineure*. Don Misthos). — Collection analogue à celle des t. c. de Myrina, au Louvre : ces figurines sont plus grandes, d'un faire plus gras et plus mou que les Tanagra, mais remarquables encore par les qualités de l'observation et de la vie. La grande figurine ailée qui est au milieu de l'arm. **114** (à g. de la porte d'entrée de la salle XXIV) est un des meilleurs spécimens du genre : le visage est rond, le nez légèrement retroussé, les formes grasses, la tête lourdement chargée de fleurs et de fruits. — Cf. le groupe qui est à g. de cette figure : génie ailé appuyé sur une f. voilée; sur l'épaule de celle-ci un Eros. — **115**, **116**. Acteurs, grotesques, masques. Noter dans le haut de l'arm. 115, les nos 4889 et 4862 (la leçon de lecture). — **117**. 5013 (le dévoilement de la mariée, assise sur la couche nuptiale); dans le bas, éléphant de guerre écrasant un Galate. — **118** (3e rangée) : 4984. F. assise sur son lit, ses vêtements posés à côté d'elle, et défaisant son *strophion* ou corset. — **120** (dans le haut) : 4926, 4925 (génies du silence); 4928 (à dr.). Amours boulangers; 4927 (4e rangée). Amours lutteurs. — **121-122**. Scènes d'amour. — **121**. 4907 (2e rangée à dr.). Aphrodite châtiant Eros à genoux devant elle. — **122**. Dans la 2e rangée : 4886 (h. et f. assis sur un lit), 4885 (trois Amours soutenant le voile qui cache les amants. Sur l'oreiller est endormi un Amour), 4888 (enfant ailé se défendant contre un coq). — **123**. Figurines plus petites, répliques de statues connues (Aphrodite, 4827, dans le haut à dr.; Hermès, dans la 2e rangée).

125. — Collection de têtes, dont beaucoup de grotesques. — **126**. Figures de f. (nos 4810, 4809, 3e rangée, f. au bain).

Vitrine isolée. — **127-130**. Têtes de t. c., Eros, etc. — **130**. Autel en t. c., corps de statuette en bronze.

Salle XXIV : musée des bronzes ou Chalkothèque.

Salles XXIV. — Milieu de la salle. — Sur des colonnettes en marbre : 6439, Olympie. Tête barbue d'un **athlète** aux lèvres et aux oreilles déformées par les coups. Œuvre remarquable de la fin du ive ou du iiie s. — 6590. Tête de j. h., de l'Acropole. — 11761. [S] de Poseidon, trouvée dans la mer à Corinthe. — 6446. Acropole. Tête de guerrier (vie s.). — 6440. Olympie. Tête arch. de **Zeus**. — 6447. Acropole. Statuette d'**Athéna Promachos**. Comp. des statuettes de même type et de même provenance dans l'arm. **137**. Art arch., mais déjà développé. — 6448. Acropole.

Remarquable relief arch. d'**Athéna** en deux lames de br. doré, soudées par des clous. L'image est double, chacune des lames de br. ayant été travaillée, avec une face (profil dr.) et un revers (profil g.). Ainsi que l'indiquent les trous dont sont percés les pieds, cette statuette était fixée sans doute sur l'anse d'un trépied. (Comp. 6449, de mêmes technique, dimensions et forme, dans l'arm. **137**.) Elle a souffert du feu pendant l'incendie de l'Acropole allumé par les Perses : elle était, semble-t-il, voisine de quelque objet en argent qui a fondu et laissé tomber des gouttes d'argent sur la statuette. — 6445. Acropole. Statuette de j. h. arch. — 7531. Egypte, collection Dimitriou. **Satyre.** Œuvre remarquable de l'époque alexandrine. — 7474 (angle à dr. de là porte de la s. XXIII). Péloponnèse. Statuette du type d'Apollon (ve s.).

Le long des murs (à partir de la porte de la s. XXIII). — **142** (à dr. de la porte de la S. XXIII). 1er rayon, en bas : belles lampes de bronze à bec trilobé (7948). — 2e rayon : animaux votifs. — 7585. Quadrige. — 7413. *F. drapée* (Aphrodite ?), trouvée dans la mer, au Pirée. — 3e rayon : objets trouvés au T. d'Apollon Maléatas (à Epidaure) : chevaux, lions, béliers, statuettes. — 5e rayon : vases. — 7838. Vase en forme de tête de f. — **141** (à g. de la porte). — Au centre, beaux miroirs montés sur pied. — 7576, l'une des pièces les plus parfaites de la série. Le manche représente Aphrodite. — Cf. 7679, 7575. — A g. des miroirs sont des figurines arch. 7644. Péloponnèse. Guerrier coiffé d'un casque, le corps protégé par une cuirasse et des jambières : les deux mains, tendues en avant, devaient porter les armes. — 2e rayon à partir du bas (sans n^o) : guerrier avec bouclier à double échancrure (Thessalie). — **131-134**. *Olympie*. A côté de l'arm. **131**, 6444. *Plaque de br.* à reliefs avec 4 registres. Artémis, dite Persique, tenant deux lions, Héraklès et Centaure, griffons, oiseaux. — Dans les arm. d'Olympie, dieux et principalement Zeus armé du foudre, statuettes de guerriers. animaux fantastiques, griffons, oiseaux à tête humaine, sphinx. — **135-137**. *Acropole d'Athènes*. Série de pieds de miroir en forme de statuettes de f. — Fragments ayant servi à la décoration de trépieds. — Bronzes du sanctuaire du Lycée : 13209 (Zeus tenant un lituus), bronzes et t. c. du T. d'Aphrodite, sur le Mt Cotylon (Arcadie). — Br. du sanctuaire d'Apollon Ptöos (fouilles de l'Ecole fr. : M. Holleaux). — **139**. Br. de provenances diverses, inscriptions de Corcyre, Olympie, etc. — **140**, 2e rangée. 7411. Statuette d'Egyptien. — 7412. Discobole tenant de ses deux mains le disque au-dessus de sa tête. — Br. et t. c. du Mt Lycée : 13053. Moschophore. — 13060. Arcadien drapé. — 13056. Apollon ou Pan tenant un coq. — 13087. Tablette en t. c. représentant une chasse au sanglier. — A dr. de l'armoire 6443, *relief d'Olympie* représentant un archer à genoux ; 6441. Cuirasse gravée.

Vitrines centrales. — **143-150**. *Olympie*. Fragments et objets divers. Fragments de statues et de plaques à reliefs. Intruments de chirurgie et de toilette de diverses provenances. — **147**. 151. Statuette en t. c. représentant un malade très efflanqué (vénérien).

151-158. — *Acropole d'Athènes*. Feuilles de br. orné (doublure de bassins) : poignards, poids, etc. — **153**. 7023. Trépied. — 7008. Lampe. — **154**. Barque en br. — **159-166**. Anses, pieds, pièces d'applique, tessères en plomb, armes, lances, casques et haches. Pour les casques, V. plus loin sous les vitrines 179-182. — **167-170**. Riche collection de **miroirs**, les uns avec manche ouvragé, les autres en forme de boîte avec couvercle ornementé, tous trouvés dans des tombeaux. — **167**. Miroirs à manche (12074, 7472, 7669). — **168**. Miroirs à manche et en forme de boîte ronde. — 7680. Crète. Enlèvement d'Europe. — 7673. Athéna assise sur un rocher. — 7695 (Propontide). Figures incrustées en argent. — 7660. F. ailée, assise sur un animal marin. — 7674. Tanagra. Aphrodite assise tient Eros qui tire de l'arc. — **169** et **170**. Couvercles de miroirs. — **169**. 7678. Attique. Aphrodite et Eros. — 7679. Corinthe. Hérakles enfant tuant les serpents. — 7675. Corinthe. Thétis sur un hippocampe et tenant les jambières qu'elle porte à son fils Achille. — **170**. Belle série de couvercles d'Érétrie. — 7417. Léda donnant à boire au cygne qui l'emporte sur ses ailes, et f. sur un cheval. — 7670. Eros, assis sur Aphrodite, et Dionysos et Ariane s'embrassant.

171. **Bulletins de vote** (à dr.), consistant en un petit disque circulaire, que traverse une tige cylindrique, creuse ou pleine : la tige était-elle creuse, le bulletin condamnait; pleine, il acquittait. Le juré, au moment de le déposer, le tenait par les deux extrémités du cylindre, entre le pouce et le médius, si bien que nul ne pouvait distinguer s'il votait pour ou contre. Plusieurs portent l'inscription ΨΗΦΟΣ ΔΗΜΟΣΙΑ, bulletin de vote public. — **Tablettes d'héliastes** ou jetons d'identité des juges de l'Héliée, trouvées dans des tombes d'anciens Héliastes. — 1176 : décret de Thessalie en caractères archaïques. — **172-173**. Objets divers, inscriptions, deux sistres. — **174**. 12228. Tablette de br. trouvée à Thermos, avec le texte d'un traité conclu entre les Étoliens et les Acarnaniens (IIIe s.).

Mur E. — **175-178**. Animaux (taureaux et béliers) en br. et en plomb, découverts dans le sanctuaire des Cabires, en Béotie.

Dans l'arrière-salle, près de la sortie : **179-182**. Collection de strigiles, de fers, poignards, fibules, javelots, fers de lances, bracelets. — Au-dessous, casques.

183-186. Poids et sceaux, bagues, anneaux. — **185**, en haut, à g., 7941. Coupe ornée de figures en relief du type égyptien, avec inscription phénicienne gravée sur le bord. Trouvée dans le lit de l'Alphée, au-dessous d'Olympie. — Au-dessous des vitrines, fragments de statues, pieds de lion. Les nos 7425 et 7426, trouvés à Thespies, sont de beaux fragments d'époque romaine. — Près de la porte, moulage de l'Aurige de Delphes.

Musée Épigraphique.

Ouvert (pour les archéologues seulement) le matin de 9 h. à 12 h. et l'après-midi de 2 h. à 5 h., dimanche excepté. — Entrée vers le milieu de la façade Sud. — Éphore : *B. Léonardos.*

Installé dans le sous-sol du Musée national, où il occupe 4 salles, il n'intéresse que les érudits et contient une très riche collection d'inscriptions surtout attiques.

Musée Numismatique.

Ouvert t. l. j. de 10 h. à 12 h. et de 3 h. à 6 h. (fermé le dim.). Éphore : *I. Svoronos.*

Installé dans l'aile E. de l'*Académie des sciences*, rue de l'Université (p. 148; pl. F, 5), il renferme la plus riche collection de monnaies grecques de toutes provenances (particulièrement en monnaies de l'époque d'Alexandre et de ses successeurs). Monnaies d'or : 1,125; d'argent : 20,903; d'alliage : 11,264; de bronze : 51,838; de plomb : 3,812; tessères de t. c. et autres 747. Total : 89,686 pièces (inventaire de 1904). Ce Musée s'enrichit chaque année par l'adjonction de collections particulières, telles que la collection Soutzo (2,600 pièces d'or et d'argent).

Collections particulières.

Visibles avec permission du propriétaire.

Collection *Carapanos* (31, rue du Stade), très réduite depuis que le fonds principal est entré par donation au Musée national. — Collection *Schliemann* (10, rue de l'Université) : Monnaies grecques et romaines; antiquités de la Troade. — Collection *Lambros* (2, ὁδὸς Παρθεναγωγείου. Pl. E, 5) : monnaies grecques, romaines, byzantines, etc.; vases, bronzes, bijoux, t. c.

ATHÈNES BYZANTINE ET MODERNE

L'aspect général de la ville moderne a été exquissé p. 16, et quelques-unes de ses curiosités ont été signalées dans la description de la v. antique, pour permettre au touriste de les visiter au passage. L'itinéraire suivant permettra de procéder à un tour de ville méthodique, en partant de la place de la Constitution.

Les églises sont les monuments les plus curieux de la ville. On en compte plus de 60, pour la plupart de modestes chapelles de quartier, multipliées par la dévotion des fidèles en l'honneur des divers saints du calendrier orthodoxe : les plus gracieuses sont aussi les plus anciennes. Quant aux bâtiments officiels, élevés aux frais de l'Etat, ils sont en général d'une simplicité qu'on souhaiterait parfois moins sordide ou moins dénuée d'élégance. Les seuls édifices où se révèlent des préoccupations architecturales sont dus aux libéralités des *évergètes* : c'est ainsi qu'on désigne les bienfaiteurs, presque tous des Hellènes enrichis au dehors dans la banque ou le commerce, qui ont consacré parfois de véritables fortunes à l'embellissement d'Athènes, tels que Sina, Syngros, Avérof, etc. D'ordinaire, le nom du bâtiment est dérivé de celui du donateur : Arsakeion, d'Arsakis; Varvakeion, de Varvakis; Zappeion, de Zappas, etc.

La place de la Constitution (Pl. F, 6.; Πλατεῖα τοῦ Συντάγματος) doit son nom à la proclamation de la constitution de 1843, du haut du balcon principal du Palais. Elle est bordée à l'E. d'un jardin planté d'oliviers, d'orangers sauvages et de cyprès. Dans l'angle N.-O. une borne antique provient d'un « *jardin des Muses* ». Cette place est le centre du quartier élégant de la Cour. C'est autour d'elle que se sont d'abord groupés les plus belles maisons, les principaux hôtels et cafés : l'hôtel de la Grande-Bretagne ou *maison Lemnienne* a été le siège de l'Ecole française de 1856 à 1874. Aujourd'hui, la vie tend à refluer du côté de la place de la Concorde.

Le Palais Royal (τὰ 'Ανάκτορα), élevé sur dos de terrasse qui domine la place, a été construit de 1834 à 1838, en grande partie aux frais du roi Louis Ier de Bavière, sur les plans de l'architecte bavarois Gärtner.

C'est un énorme cube de marbre pentélique, et de calcaire, recouvert d'un badigeon jaunâtre pour imiter la patine des marbres de l'Acropole. Cette bâtisse trop imposante, qu'E. About appelait « une insulte à

Phidias », en dépit de ses portiques doriques et ioniques, avec ses parois monotones percées d'innombrables fenêtres, a l'aspect maussade d'une caserne. Sa masse aveuglante écrase le plus élégant quartier et gâte l'une des plus nobles perpectives d'Athènes.

Les appartements, médiocrement décorés d'œuvres de peintres danois et munichois (délivrance de Prométhée, scènes de la guerre de l'Indépendance), méritent à peine une visite (entrée à l'O.; demander au portier la permission en français). Seule la salle de bal, dans le goût pompéien, n'est pas dénuée d'agrément. La chapelle du roi est affectée au culte luthérien, et l'oratoire de la reine au culte orthodoxe russe. La garde du palais est faite d'ordinaire par une compagnie d'*evzônes*, chasseurs à pied en costume palikare : le matin, entre 11 h. et midi, on peut assister, sur l'esplanade, au spectacle pittoresque du changement de garde, et écouter l'aubade de la musique militaire au drapeau près de la grille du jardin voisine du côté S. où sont les appartements royaux.

Le **Jardin Royal** (192 hect.; ouvert au public les sam., mercr., vendr., de 3 h. à 5 h. en hiver, de 4 h. à 6 h. en été; on entre par la rue de Képhissia), dessiné par le jardinier allemand Schmidt, est, en revanche, une des plus heureuses créations de la reine Amélie. C'est un des rares endroits d'Athènes où l'on trouve, dans la saison chaude, une retraite agréable, avec de l'ombre, des fleurs, de la fraîcheur, des chants de rossignols et d'admirables échappées sur l'Hymette, l'Olympieion, l'Acropole et la mer. Il renferme aussi quelques vestiges antiques : derrière le Palais, à l'E., une *mosaïque* de salle de bain, quelques restes de l'*enceinte d'Hadrien*, d'un portique et d'une autre mosaïque, dans l'angle S.-E., près d'un rocher entaillé et qui forme belvédère (buste de Capo d'Istria et du philhellène genevois Eynard). Le jardin est alimenté en eau par une conduite moderne et traversé par les restes de l'aqueduc de Pisistrate.

Derrière le jardin, à l'E., *rue d'Hérode-Atticus*, se trouve (Pl. G, 7) le *Palais du Diadoque* (le diadoque est le prince héritier; de petits palais particuliers sont affectés aux deux autres princes royaux Nicolas et André). A côté, au N., l'*Amalieion* est un orphelinat créé en 1855 sous les auspices de la reine Amélie, puis placé sous le patronage de la reine Olga et subventionné par M. Syngros. Le long du beau *boulevard de Képhisia*, et dans les parages de l'antique *gymnase du Lycée*, se trouvent au S. les casernes de l'artillerie et le *Rhizarion*, séminaire fondé en 1841 par l'Epirote Rhizaris; au N. l'*hospice des vieillards*, fondé en 1872 par M. Syngros, puis le bel *hôpital de l'Evangélismos* (Pl. H, 6; 200 lits env.), construit de 1881 à 1884, avec des subventions de la reine Olga et de M. Syngros. Derrière l'hôpital, *rue de Speusippos*, voisinent l'**Ecole archéologique anglaise**, fondée en 1886 (publication : *Annual report of British School at Athens*) et l'**Ecole archéologique américaine**, fondée en 1882 (publication : *Papers of the american School at Athens*; en hiver, conférences bi-mensuelles). Tout près se trouve le couvent *Tôn Asomatôn* (des Incorporels, c.-à-d. des Anges), et les casernes de l'infanterie, puis, sur le côté S. de l'avenue de Képhissia, l'*Arétaieion*, clinique fondée en 1897 par Arétaios.

Revenant à la place de la Constitution par le *boulevard de Képhisia*, où se trouve en face du Palais la *Légation de France* (Pl. G, 6), on descendra la *rue d'Hermès*, bordée de magasins de nouveautés, soieries, bijouterie, etc., jusqu'à la *rue de Phocion*, par où l'on débouche au S. sur la *place de la Métropole* (Pl. E, 6).

La *Grande Métropole* ou Nouvelle Cathédrale, appelée aussi *Evangélismos* et *Hos Nikolaos*, est un édifice moderne (1840-1855) construit par 4 architectes (dont Boulanger, le prix de Rome de 1836), avec les débris de 70 églises et chapelles démolies à cet effet. Les proportions en sont assez grandioses, mais le style en est incohérent. Le plan général est byzantin, tandis que le narthex ou portique de façade est formé de 3 arceaux romans, que supportent 4 col. et 8 pilastres de marbre, et que surmonte une grande fenêtre sans élégance. Un dôme s'élève sur le centre de la croix. La décoration extérieure, composée de bandes rouges et jaunes, est criarde; l'intérieur, décoré de peintures et de marbres divers, offre une imitation assez riche, mais froide, de Saint-Marc de Venise et des églises de Palerme. A g. de l'entrée se trouve la tombe du patriarche Grégoire, transférée ici d'Odessa en 1871.

Au S. la **Petite Métropole** ou *ancienne Cathédrale*, appelée aussi *Panagia Gorgopiko* (qui exauce vite) ou *Hos Eleftherios*, est la plus ancienne (début du IXe s.) et la plus jolie de ces minuscules églises, dont les dimensions étaient appropriées à la modestie de l'Athènes byzantine. La coupole n'a que 12 m. de haut, l'église a 7 m. de façade sur 11 m. de long. et 6 m. de haut. sous corniche. On a encastré dans les murs nombre de marbres antiques et byzantins qui se sont couverts d'une chaude patine fauve.

SUR LA FAÇADE : 1 linteau avec 2 lions de chaque côté d'une croix, b.-r. byzantins avec bêtes symboliques, 2 chapiteaux corinthiens et une frise antique provenant d'un monument du IVe s. av. J.-C. : elle représente un **calendrier liturgique**. [Les mois sont caractérisés par leurs signes zodiacaux, à partir de pyanepsion (oct.-nov.) à g. Les scènes figurent les principales fêtes célébrées dans chaque mois (vendanges, danses, agonothètes présidant un combat de coqs, pompe dionysiaque, athlètes nus, sacrifice d'un taureau, à dr. Grandes Panathénées avec la proue du navire monté sur roues : les croix byzantines ont été sculptées après coup.] Armoiries des de La Roche et des Villehardoin. — CÔTÉ S. : fragments architectoniques, frise avec triglyphes et métopes ornées de bucranes. — Au pied du MUR, on remarque une grande plaque de marbre (long. 2 m. 33, larg. 0 m. 64, haut. 0 m. 33) connue sous le nom de *pierre de Cana*. Elle a été trouvée par P. Paris dans les fouilles de l'Éc. fr. à Elatée (Phocide). L'inscription gravée sur une tranche signifie : C'est ici la pierre venue de Cana, où N.-S. J.-C. changea l'eau en vin. Elle avait été vue et signalée à Cana au VIe s. par le pèlerin Antonin de Plaisance, qui a gravé son nom sur la face supérieure (ce graffito n'est plus lisible). On ignore comment cette pierre a été apportée en Grèce. — ABSIDE : inscriptions, stèles antiques et byzantines, b.-r. archaïsant avec danseuses. — CÔTÉ N. : stèles antiques à personnages, stèle avec vases sur boucliers.

A l'intérieur, les peintures ont disparu sous un épais badigeon. Les châssis des fenêtres sont en marbre et percés de trous circulaires pour recevoir les verres.

Sur la place, au N., s'ouvre un passage qui conduit aux bureaux de l'*Ephorie générale des antiquités* (où l'on demande la permission de visiter l'Acropole au clair de lune; *V.* p. 25).

Au milieu de la rue d'Hermès s'élève **l'église Kapnicaréa** (IXe s.?), corruption de *Kamoukharéa* (Vierge à la Robe). Le plan a été remanié. Il se composait d'un porche et d'un carré surmonté d'un dôme sur 4 colonnes avec 3 absides polygonales : on y a ajouté au S. une porte latérale précédée d'un petit porche à colonnes, et au N. une nef latérale.

Plus loin, en suivant dans la direction de l'Acropole la *rue d'Eole*, bordée de magasins et d'échoppes de changeurs (σαραφίδες), on atteint ce qui reste du quartier de l'ancien bazar (p. 108). C'est le coin le plus vivant et le plus pittoresque d'Athènes, celui où s'est le mieux conservée la physionomie de l'ancienne ville turque et de l'Agora marchande antique (p. 101). La *place de Saint-Pandéléïmon* ou Démopratérion, la *rue de Pandrose*, aux environs de la Bibliothèque d'Hadrien, en sont le centre : la ruelle étroite est bordée d'échoppes ombragées par des auvents auxquels pendent les babouches de cuir rouge à pompons (τσαρούχια), les ceintures de palikares (ζωνάρια), les bourses et sacoches de cuir multicolores, les broderies, les écharpes de soie, boléros de laine, foustanelles, armes et ouvrages de cuivre, d'argent, de bois ciselés, etc. On peut faire emplette, à des prix modérés, de souvenirs locaux, ou simplement jouir du coup d'œil amusant qu'offre, dans l'entassement des vives couleurs, l'activité de tous ces petits ateliers.

On pourra aussi chercher une image des quartiers populaires antiques dans les vieilles ruelles (*rue de Pan*, *rue des Dioscures*, etc.) qui escaladent les pentes S. de l'Acropole, avec leurs maisonnettes basses, à terrasses et à escaliers de bois extérieurs. Remarquer, au-dessous des grottes de Pan, les ruines de l'église franque d'**Hypapanti**, avec restes de voûtes françaises du XIIIe s. En revenant à la rue d'Hermès par la pittoresque *place d'Arès* (ancienne mosquée convertie en magasin militaire), à l'O. de la Bib. d'Hadrien, on rencontre la station du *Monastiri* du ch. de fer du Pirée, qui doit son nom à **l'église de la Panaghia du Grand Monastère**, édifice du XIe s., remarquable par la pureté du style des chapiteaux des pilastres et par le plan elliptique de la coupole, analogue à celui de Sainte-Sophie de Constantinople. En redescendant la rue d'Eole vers le N., on rencontre sur la dr. *Sainte-Irène*, grande église moderne toute en marbre, qui n'offre rien de remarquable, pas plus que celle de la *Panagia Chrysospiliotissa*, située plus loin.

Mais à l'E. de celle-ci, sur une petite place (Pl. E, 5), **l'église des Saints-Théodores** mérite une visite. L'état actuel est une reconstruction de l'an 1049, en assises entremêlées de briques et de pierres. C'est la plus complète et la mieux conservée des anciennes églises d'Athènes, avec son campanile, sa coupole et ses 3 absides. L'extérieur est décoré d'une frise en terre cuite; les faces latérales sont ornées d'une belle porte surmontée d'un arc en fer à cheval. Revenant à la *rue d'Euripide*, qu'on suit vers l'O., on ira voir la **chapelle de Saint-Jean de la Colonne** (Ἁγ. Ιωάννης Κολώννα), sur la dr., construite autour d'une colonne ancienne qui dépasse la voûte.

Ce saint passe pour guérir des fièvres; on lui offre, surtout durant les mois fiévreux d'août et de septembre, des ex-voto fixés au pilier par des boules de cire; à l'anniversaire de la décollation de St Jean (29 août-10 sept.), on y fait bénir des cruches d'eau qu'on garde pour les malades.

De là, on longe l'*Ancien Théâtre*, auj. inutilisé, puis le *Varvakion*, construit en 1843 et qui sert auj. de lycée; il porte le nom de son fondateur Varvakis. De l'autre côté de la place du Varvakion, le *Marché central*, construit après l'incendie du Vieux Bazar en 1885 (p. 107). Suivant au N. la *rue d'Athéna*, non moins animée et commerçante que la rue d'Eole, on débouche sur la *place Louis* (du nom du roi Louis Ier de Bavière); elle est entourée par les bâtiments de l'*Hôtel des Postes et Télégraphes*, au S.; à l'E. par la *Banque nationale*, à l'O. par le *Théâtre municipal*, construit aux frais de Syngros (on y joue l'hiver, de nov. à fin mai, surtout des drames); derrière le théâtre, la *Démarchie* (hôtel de ville). Au delà de la station *Homonia*, gare terminus du ch. de fer du Pirée, on débouche sur la *place de la Concorde* (p. 18), bordée de grands cafés et d'hôtels, et centre du réseau des tramways (*R. P.*). Là aussi se trouve le *théâtre de la Nouvelle Scène*, découvert, où l'on joue, en été, surtout la comédie.

A l'E., dans le *rue Saint-Constantin*, la grande *église moderne de Saint-Constantin*, et en face, le *Théâtre royal*, élevé aux frais du roi : on y joue, en hiver, des pièces grecques classiques et des traductions de pièces étrangères (Pl. D, 4).

Au N., la *rue du 3-Septembre* (en souvenir de la révolution constitutionnelle de 1843) avec la *gare du ch. de fer du Laurion* et la *rue de Patisia*. Sur celle-ci, la *Préfecture de Police* (à dr. à l'angle de la *rue Solomos*), et l'**Ecole Polytechnique** ou Μετσόβιον Πολυτεχνεῖον. Celle-ci a été construite de 1862 à 1880, en beau marbre pentélique, aux frais de plusieurs patriotes de Metzovo (Epire), MM. Stournara, Tositsa, etc., et sur les plans de Kaftanzoglou. L'édifice occupe une superficie de 5,472 mq. et se compose de deux pavillons latéraux détachés, de style dorique, formant propylées, et d'un corps de bâtiment à 2 ordres dorique et ionique superposés. Il sert à la fois d'école des Arts et Métiers, de Télégraphie, des Beaux-Arts, avec une Pinacothèque ou Musée de peinture. L'étage supérieur du bâtiment central est occupé par le *Musée de la Société historique et ethnologique* (ouvert t. l. j., sauf le dim., de 2 h. à 5 h.; entrée, 50 c.) : on y voit surtout des souvenirs de la guerre de l'Indépendance, des portraits, des costumes (Pl. E, 3).

Plus loin, le **Musée national** (p. 115), le nouveau *boulevard d'Alexandra*, les casernes de cavalerie et le *Champ de Mars*, avec l'*Ecole de cavalerie* et l'*Ecole militaire des Evelpides*, le Saint-Cyr d'Athènes (les études y durent 5 ans), l'*Ecole des sous-officiers*, l'*Ecole de gymnastique*. Au milieu du polygone, près de la chapelle d'H[os] Taxiarchis, se dresse le monument élevé aux morts du « *Bataillon sacré* », corps franc d'étudiants, commandé par Soutzos et Drakoulis et décimé à Dragatsani en 1821.

Il n'y a rien à voir dans tout le quartier neuf et à moitié construit, compris entre la rue de Patisia et les *gares du ch. de fer du Péloponnèse* et du *ch. de fer de Larissa* (Pl. C, 2, 3).

De la place de la Concorde part la **rue du Stade**, l'une des plus belles avenues d'Athènes, avec ses trottoirs de marbre, ses grands magasins et quelques jolies maisons (maison Carapanos, n° 31, *V.* p. 142). Mais les édifices publics qui la bordent n'offrent aucun intérêt : *Ministères de l'Intérieur* et *des Finances*, *Aréopage* (Cour de cassation), *Chambre des Députés* (Βουλή) au S. (On peut assister facilement à une séance, dans la tribune diplomatique, et demander l'accès de la Bibliothèque, qui est très riche.) Sur le côté N. de la rue du Stade, on longe l'*Imprimerie nationale*, la *Banque du Crédit industriel*, le *Théâtre Tsokha*, la *Banque ionienne*, puis les *Ecuries royales*.

Sur le *boulevard de l'Université* (λεωφόρος Πανεπιστημίου), parallèle à la voie précédente, se trouvent les grands établissements scientifiques : au N. (rues de Pinakoton et de Phidias, n° 1; Pl. E, 4), **l'Institut archéologique allemand**, fondé en 1874.

Il publie un périodique, les *Athenische Mittheilungen*, et possède une très riche collection de photographies de sites et de monuments, qui peuvent être achetées; l'hiver, conférences archéologiques et promenades dirigées par M. Dörpfeld, secrétaire-directeur (le samedi, 2 h.) : le touriste sérieux obtiendra d'être admis aux unes et aux autres.

En face la rue de Pinakoton, l'*Arsakeion*, collège de filles et école normale d'institutrices; fondé en 1835 par Arsakis, cet établissement très prospère fournit d'institutrices tout l'Orient grec. Plus loin (côté N.), le groupe universitaire.

1° A l'O., la **Bibliothèque Vallianos** ou **Bibliothèque nationale** (ouverte de 9 h. à 12 h., de 3 h. à 5 h. et de 8 h. à 11 h.), édifice en marbre pentélique, construit aux frais de P. Vallianos, de Céphalonie, dont la statue est devant la façade.

On y a réuni depuis 1903 la Bibliothèque nationale et celle de l'Université. Elle renferme 250,000 vol. et 2,164 manuscrits, dont 700 proviennent de couvents thessaliens (noter 2 évangiles du xe et xie s., richement enluminés). Cartes de Grèce, revues et journaux scientifiques.

2° Au centre, l'**Université** (Πανεπιστήμιον), bâtie en 1837 par Hansen, architecte danois. C'est le mieux réussi des édifices néo-grecs de l'Athènes moderne, celui où l'architecte a montré le plus de goût et de discrétion dans l'emploi de la polychromie.

En avant, statues du philologue Koraï et de Gladstone; à dr. et à g. de la façade, statues du patriarche Grégoire et du poète patriote Rhigas de Phères.

L'Université, organisée à la manière allemande, est gouvernée par un *conseil* (συγκλητος) et par un *recteur* (*prytanis*) annuel, choisi parmi les professeurs. Elle compte 5 Facultés ou Écoles (σχολαί) : théologie, droit, médecine, philosophie, sciences physiques et mathématiques, administrées par des *curateurs* (κοσμήτορες). Le personnel enseignant se compose de 56 *professeurs* ordinaires et extraordinaires (τακτικοὶ καὶ ἔκτακτοι καθηγηθαί), et de 57 maîtres de conférences (ὑφηγηταί), dont beaucoup ont étudié en Allemagne ou en France. Le nombre des étudiants (φοιτηταί) est d'environ 2,500, dont les 3/4 pour le droit et la médecine.

L'intérieur comprend, avec les salles de cours, une salle de conseil ou *aula* richement décorée, avec des portraits de professeurs.

Les établissements scientifiques relevant de l'Université sont nombreux : un *musée d'histoire naturelle* (rue de l'Académie; ouvert le mercredi et le samedi de 9 h. à midi), renfermant les belles collections paléontologiques du gisement tertiaire de Pikermi, exploré par M. Gaudry; — un musée botanique; des laboratoires de physique, de chimie, un institut de pharmacie, de toxicologie et médecine légale, d'anatomie, des musées physiologique, anthropologique, etc.; — un laboratoire d'hygiène et de microbiologie, une bibliothèque (p. 147) et une collection numismatique (p. 141), un jardin botanique (p. 154), plusieurs hôpitaux et cliniques, et l'*Observatoire* (p. 92).

A l'E., l'**Académie des Sciences**, construite de 1859 à 1885 aux frais du baron Sina, de Vienne, sur les plans de l'architecte viennois Théoph. von Hansen, pour servir de lieu de réunion au futur Institut de Grèce, qui reste encore à l'état de projet. Elle est en marbre pentélique et a coûté 2,843,319 drachmes. L'architecte l'a conçue comme une reconstitution antique, dans le style de l'Erechthéion, avec portiques ioniques, frontons décorés de statues, polychromie et dorures. La tentative ne manque pas d'intérêt, mais l'ensemble reste froid et sec, sans grandeur et sans harmonie; les corps de bâtiments sont gauchement reliés les uns aux autres et l'exécution du détail manque de finesse. Enfin deux malencontreuses colonnes ioniques, surmontées de deux statues d'Apollon et d'Athéna par l'Athénien Drosos, situées en avant du corps central, sont hors de proportion avec le reste. Au même artiste est dû le fronton central, en marbre, qui représente la naissance d'Athéna (les frontons latéraux sont en terre-cuite), ainsi que les statues en marbre de Platon et de Socrate assis (à g. et à dr. de l'entrée), et celle du baron Sina, dans la salle des séances.

L'intérieur mérite une visite. La salle des séances (ouverte t. l. j.) est décorée de 8 panneaux représentant des épisodes du mythe de Prométhée, par le peintre viennois Griepenkerl (1. Thémis prédisant à Prométhée sa destinée. — 2. Prométhée allume la férule. — 3. Il anime le 1er homme. — 4. Zeus assiste au combat contre les Titans. — 5. Prométhée apporte le feu aux h. — 6. Prométhée enchaîné et les Océanides. — 7. Sa délivrance par Héraklès. — 8. Son entrée dans l'Olympe). Le pavillon de dr. (à l'E.) renferme le Musée numismatique (p. 141).

A côté de l'Académie se trouvent: *l'église Catholique romaine*, dédiée à St Denys l'Aréopagite, premier évêque d'Athènes; construction moderne de style italien, froide et nue; à l'int., colonnes monolithes en marbre vert antique de Tinos; — *l'Hôpital ophtalmologique*, jolie construction moderne dans le style byzantin; — n° 20, à l'angle de la rue d'Homère, le local de la *Société archéologique* (*R. P.*); — **la maison du Dr Schliemann**, reconnaissable à la suscription Ἰλίου μέλαθρον (Palais d'Ilion), et sa loggia. — (Sur la collection d'antiquités troyennes, p. 142).

Derrière l'Université, boulevard de l'Académie, se trouvent *l'Hôpital municipal « l'Espérance »* et, de l'autre côté de la rue de Marseille, la *Clinique de la Ville*. En haut de la rue de Marseille, rue Didot (altit. 144 m.; Pl. F, 4), est l'**Ecole française d'Athènes**, la doyenne des écoles archéologiques en Grèce, fondée en 1846[1].

C'est une mission scientifique permanente placée sous le patronage de l'Académie des Inscriptions et Belles-Lettres. Elle se compose en moyenne de 6 membres choisis au concours, dont la mission consiste à étudier les antiquités helléniques, à diriger des fouilles et des voyages d'exploration en Grèce et dans la Turquie d'Europe et d'Asie. L'Ecole publie depuis 1877 un périodique scientifique : le *Bulletin de Correspondance hellénique*, et les principaux travaux de ses membres sont imprimés dans la *Bibliothèque des Ecoles françaises d'Athènes et de Rome* et dans les *Archives des Missions scientifiques*. En hiver ont lieu à l'Ecole les réunions scientifiques de l'*Institut de correspondance hellénique*, où les membres de l'Ecole et les savants grecs et étrangers exposent les résultats de leurs travaux. Une annexe est réservée depuis 1892 aux membres étrangers pensionnés par leurs gouvernements et placés sous la direction du directeur de l'Ecole; enfin, depuis 1905, une *Ecole primaire française*, complétée par une *Ecole normale d'enseignement du français*, toutes deux placées sous le patronage de l'Ecole, avec des maîtres français, se charge à la fois de l'enseignement du français aux élèves et de la préparation des professeurs qui se destinent à l'enseignement du français dans les gymnases grecs et qui devront être pourvus du diplôme délivré par l'Ecole normale.

L'Ecole française a pris une part prépondérante dans l'exploration archéologique de l'Asie Mineure; ses principaux travaux, en Grèce, ont été les fouilles de Delphes, de Délos (actuellement poursuivies), de Théra, du Ptoion, de Mantinée, de Tégée, de Thespies, de Mistra, de l'île de Gla, de Corcyre, de Myrina (Asie Mineure), qui ont notablement enrichi le Musée nationale d'Athènes et un peu le Louvre (t. c. de Myrina, Héra de Samos). Elle a fourni, depuis Beulé, Edmond About, Fustel de Coulanges, des noms illustres dans les lettres et dans la science de l'antiquité. Le directeur actuel est M. Holeaux, successeur de MM. Homolle, Foucart, Albert Dumont, Em. Burnouf et Daveluy.

Avant d'être installée dans le bâtiment actuel construit en 1873, l'Ecole a occupé successivement la maison Ghennadios (auj. lycée Dellios, anciennement lycée Simopoulos, 56, rue de l'Académie) de 1846 à 1856, et l'hôtel de la Grande-Bretagne (maison Lemnienne) de 1856 à 1874.

Revenant à la place de la Constitution, et descendant le *boulevard d'Amélie*, ou la *rue des Philhellènes*, on visitera l'**église**

---

1. G. Radet, *L'Hist. et l'œuvre de l'Ecole française d'Athènes*, Paris, 1901.

d'Hos Nicodémos (Pl. F, 7), qui date du milieu du XIe s. et est affectée au culte orthodoxe russe depuis 1847; les tzars Nicolas Ier et Alexandre II l'ont fait splendidement restaurer et décorer, à l'int., de peintures par un artiste bavarois, Thiersch. A l'extérieur règne une frise de t. c.; le campanile est moderne. Sous l'église sont les ruines d'un petit bain romain, avec 3 hypocaustes et un parvis de mosaïque. On rencontre un peu plus loin l'*église Anglicane*, édifice gothique sans intérêt (1840-1843), puis l'*Ouvroir des femmes indigentes* (ἐργαστήριον τῶν ἀπόρων γυναικῶν (bd d'Amélie, no 54), fondé en 1872 sous les auspices de la reine Olga et subventionné par le banquier Syngros. Environ 200 femmes y confectionnent des tapis, écharpes de soie, broderies, dentelles, etc., qui sont vendus à des prix modérés (Pl. E, 7).

A l'E. du boulevard et au S. du Jardin royal, sur une terrasse dont la pente S. est aménagée en square, s'élève un bâtiment demi-circulaire, le *Zappeion*, terminé en 1888 et fondé aux frais des frères Zappas, sur les plans de Theoph. von Hansen, pour servir aux expositions de l'industrie et de l'agriculture nationales. Il occupe une superficie de 6,000 mq. En avant de l'escalier sont les statues des frères Zappas; à l'O., celle de Varvakis (p. 146), et dans l'angle S.-O. du square, celle de *Byron* par Chapu et Falguière.

Au delà du pont de l'Ilissos, voisin de l'Olympieion (p. 144), l'*avenue du Repos* (ὁδὸς Ἀναπαύσεως) conduit au *grand cimetière*, situé dans un beau cadre de cyprès sur les contreforts de l'Hymette. Il y a quelques monuments fastueux, où l'art des marbriers modernes s'inspire plutôt du goût italien que du goût attique, et de nombreux pastiches de stèles antiques. A g., en dehors de l'entrée, le mausolée d'*Henri Schliemann* (1822-1890) est orné de bas-reliefs avec scènes homériques. L'enclos comprend aussi un cimetière juif; en dehors des murs au S.-O. est un ancien cimetière musulman.

Route 2. — L'ATTIQUE.

A. — BANLIEUE D'ATHÈNES.

1° Lycabette.

45 min. (1 h. 30 à 2 h. aller et retour). — L'ascension du Lycabette est une des plus jolies promenades à faire à pied aux environs d'Athènes. On y a une admirable vue d'ensemble sur la ville et la plaine. Le meilleur moment est le matin avant 10 h. et l'après-midi après 4 h.

Le Lycabette (auj. *Hos Georgios*) est cette butte rocheuse dont le profil en pyramide domine la ville au N.-E. et qui appartient au même plissement que le Tourkovouni, la Pnyx, l'Acropole et le Mouseion (p. 2). D'après la légende, Athéna l'avait laissée tomber en apprenant la déso-

ENVIRONS D'ATHÈNES

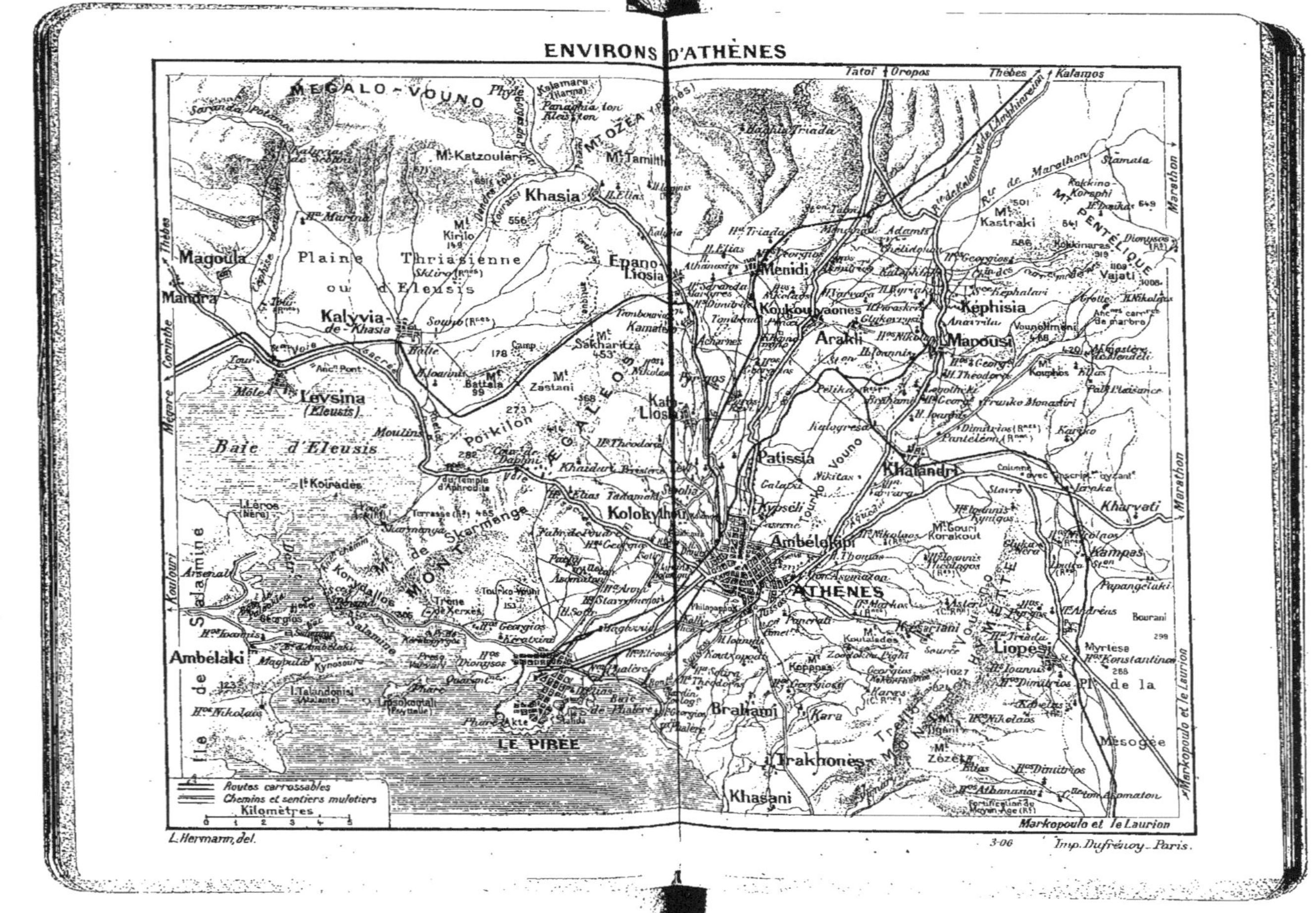

L. Hermann, del.

3-06 Imp. Dufrénoy - Paris.

béissance des filles de Cécrops. Elle servait à des observations astronomiques. Elle se compose d'une base de schiste gris vert surmontée d'une couche marneuse, le tout couronné par une crête de calcaire gris bleu.

On a le choix entre 3 chemins :

1° Chemin de carrière Nord-Ouest (c'est la route la plus longue, mais la plus facile). — On monte par la *rue d'Homère*, près de l'église catholique (Pl. F, 5), jusqu'au pied d'un rocher isolé (171 m.), fendu comme une bouche de grenouille, d'où le nom de *Froschmaul* que lui donnent les cartes allemandes : les Athéniens l'appellent Σχιστὴ Πέτρα, la Pierre fendue. Au bout de la rue, on suit la route de carrière qui contourne ce rocher, en haut de l'Ecole française et du bois de pins, et passe près d'une source de bonne eau.

Au delà de la source, on croise un chemin transversal, à dr., qui contourne à mi-côte le versant S. du Lycabette. Le touriste pressé, qui n'aurait pas le loisir de monter au sommet, pourra se contenter de le suivre (belle vue sur la ville et la mer) et rejoindre le sentier du S. par où il redescendra sur la place du Réservoir (*V.* ci-dessous, 2).

La route gravit en lacets le versant N.-O., au-dessous d'un petit *couvent d'H^os Sidéris*, blotti dans une anfractuosité de la falaise O. Laissant à dr. le tronçon qui aboutit à une carrière, on contourne la crête au N. jusqu'au col qui la sépare de la butte voisine. De là, un sentier remonte (10 min.) par le versant E. au sommet principal (277 m. 3), couronné par une chapelle d'*H^os Georgios* et un petit ermitage.

Si l'on accepte les sièges offerts par l'ermite, déposer quelques sous dans le tronc. — Au 1er plan du **panorama**, on aperçoit la ville dans toute son étendue, l'Acropole, les collines du Mouseion, de la Pnyx et de l'Observatoire; puis (derrière l'Acropole) la baie de Phalère ; à g., le golfe Saronique, et le piton caractéristique (H^os Ilias) de l'île d'Egine, derrière laquelle les monts d'Argolide ferment l'horizon (à g. d'Egine, monts de Trézène, îles de Poros, d'Hydra et d'H^os Georgios); à dr. du piton, presqu'île de Méthana et mont Ortholithi; à l'extrémité dr. d'Egine, île d'Angistri et les Pente-Nisia, puis le Pirée, Psyttalie, Salamine; au fond, l'Acrocorinthe, le Cyllène, les monts Géraniens; ensuite l'Ægaléos, coupé par le défilé de Daphni (au fond, les monts de Mégaride, mont Patéra); au N.-O., le Parnès avec la brèche de Phylé; au N., le Tourko-Vouni (Anchesmos), auquel se soude le Lycabette et qui cache la région de Kephisia et de Tatoï (Décélie); puis le Pentélique, ses carrières et son couvent; à l'E., la vallée de l'Ilissos et l'Hymette, dont la pointe N. porte le couvent d'H^os Ioannis Kynigos et dont la pointe S. rejoint la mer au cap Kavoura.

On peut redescendre par un des deux chemins, décrits ci-dessous.

2° Par le sentier Sud (c'est le chemin le plus direct). — On part de la rue de Képhisia, près du Palais, et par la rue *Koubari* (Pl. G, 6) on gagne la *place Kolonaki*, puis une place non encore bâtie, où se trouve, à 136 m. d'altitude, le *réservoir central* (δεξαμενή) des eaux de la ville. Il est précédé d'un jardin avec un café d'où l'on jouit d'une belle vue (Pl. G, 5), et, le soir, de l'air frais.

Ce réservoir existait dans l'antiquité; commencé par Hadrien, il fut achevé par Antonin le Pieux au milieu du IIe s. ap. J.-C., et remis en état de 1847 à 1870. Il a 26 m. 10 de long sur 9 m. 10 de large avec 2 m. de prof. et une capacité de 500 m. cubes. Il était précédé d'un portique ionique en marbre encore visible au XVIIIe s. L'aqueduc, haut de 1 m. 60 sur 0 m. 70 de large, était en partie taillé dans le roc, en partie voûté en briques, avec des regards espacés de 33 à 37 m. et qui plongent parfois à 45 m. de profondeur. Il colligeait les eaux de la source de Kalogrésa, au N. de l'Anchesmos, et celles de la région S. du Pentélique par un réseau de drains; une canalisation en plomb assurait la distribution dans les quartiers de la ville.

Du réservoir, un sentier en zigzags monte par la pente S. à travers un bois de pins jusqu'au sommet (30 min.). (A g. on croise le sentier transversal signalé plus haut.)

3° Par la route de carrière de l'Ouest. — Cette route, qui commence au haut de la *rue de Plutarque* (Pl. H, 5), suit le versant O. et rejoint au col le même sentier que la route E.

2° Colone, l'Académie, Kolokythou et le Céphise.

2 h. 30 à 3 h. env. — Tram Homonia-Kolokythou (disque carmin) : place de la Concorde; traj. 30 min.; 35 c. — Choisir de préférence, pour cette excursion, l'heure du coucher du soleil, pour jouir de la coloration du soir sur l'Acropole et l'Hymette.

Le tram suit la *rue du Pirée*, passe devant le Conservatoire de musique ou Odeion; à l'angle de la *place de la Liberté* (Pl. C, 5), près de l'Hospice des enfants-trouvés, il tourne à angle droit pour suivre l'*avenue de Kolokythou*, au bout de laquelle il franchit le lit d'un torrent, descendu de l'Anchesmos et identifié soit avec le *Kykloboros*, soit plutôt avec le **Skiron**. Au bout de la *rue Lenormant*, on franchit la double ligne des ch. de fer Pirée-Larissa et Pirée-Péloponnèse et l'on traverse le faubourg de *Kassida*, sur la route de Kolokythou. On atteint bientôt la *chapelle d'Hos Konstantinos* (à dr.), derrière laquelle s'élève un monticule calcaire haut de 11 m. au-dessus de la plaine (56 m. 7 au-dessus de la mer). Il est surmonté de deux stèles de marbre, dégradées par les graffites ou par les coups de fusil des passants : l'une marque la tombe du célèbre archéologue allemand *Ottfried Müller* (1797-1840), mort à Athènes; sous l'autre est déposé le cœur de l'archéologue et orientaliste français Ch. Lenormant (1802-1859), père de François Lenormant et qui mourut aussi à Athènes. De là, on jouit d'une belle vue sur l'Acropole.

On reconnaît dans cette hauteur le site du dême de **Colone**, dit *Kolônos Hippios* pour le distinguer de celui de Kolônos Agoraios (p. 98) : Sophocle y naquit et l'a immortalisé dans son *Œdipe à Colone*. C'est à cet endroit, consacré à Poseidon Hippios et Athéna Hippia (protecteurs des chevaux), tout près d'un sanctuaire des Euménides, qu'Œdipe aveugle, banni de Thèbes et conduit par Antigone, trouve en Attique son 1er asile et disparaît mystérieusement. Le poète fait chanter par un chœur de vieillards de Colone l'éloge de ce coin béni de l'Attique (v. 667) : « C'est ici, étranger, le blanc Colone riche en coursiers, le séjour le plus bienheureux de la terre. Ici le rossignol attiré aime à venir pleurer au fond de la verte vallée, caché sous le sombre lierre, dans le bocage inviolable du dieu (Dionysos).... Jamais endormies, les sources du Céphise distribuent sans défaillance leur flot vagabond, etc. » Cette poétique description s'applique à tout le district voisin, au bois d'oliviers, à l'Académie, ainsi qu'à l'autre butte située à 500 m. au N. (colline Skouzé : 64 m. 7), et qui répond au sanctuaire de *Demeter Euchloos* (qui favorise la verdure). Le village de Colone s'étendait sans doute entre ces 2 buttes. C'est aussi là qu'habitait, dans une tour, Timon le Misanthrope.

L'Académie s'étendait au S.-O. de Colone et à l'O. de la route, dans le terrain boisé limité au S. par le cimetière Nord (Pl. A, 3), aux alentours de la chapelle d'Hos Tryphon et de la clinique des femmes.

Elle devait son nom à un personnage du nom d'Akadémos ou Hékadémos, soit propriétaire primitif du terrain, soit héros local pourvu d'un sanctuaire rustique. C'était un bois sacré, de 2 stades env. de diam., qui fut entouré de murs par Hipparque, fils de Pisistrate. Il était dédié à Athéna, qui y possédait les douze oliviers sacrés (*moriai*) soi-disant issus d'une bouture de l'olivier de l'Erechteion (p. 57); on en tirait de l'huile donnée aux vainqueurs des concours panathénaïques (p. 113). D'autres dieux et héros y avaient des autels; c'était là qu'on apportait en pompe, lors des Grandes Dionysies, la statue de Dionysos Eleuthéreus (p. 74). L'Académie était à la fois un parc et un gymnase. Cimon y aménagea de belles allées pourvues d'ombre et d'eau; les Athéniens aimaient s'y promener l'après-midi. Les pistes ou *xystes* du Gymnase servaient aux exercices des éphèbes, qui y étaient passés en revue par le Conseil, et aux causeries des sophistes. Platon, en y réunissant ses disciples, fonda la célèbre école philosophique de l'Académie. Lui-même possédait une propriété voisine, située au N.-E. du parc public, entre celui-ci et la butte de Colone. C'est dans ce domaine, consacré par lui aux Muses, qu'il enseigna vers la fin de sa vie, et qu'il fut enterré : son disciple Speusippe et ses successeurs y continuèrent les leçons du maître. Située à 6 stades (1,100 m.) de la porte Dipyle, au bout d'une belle avenue bordée d'arbres et de tombeaux (p. 98), l'enceinte de l'Académie offrait aux ennemis d'Athènes un camp retranché dont profitèrent Pausanias, Aratus, Nicanor, Sylla. Celui-ci la détruisit en 86. Mais les plantations furent reconstituées peu après. Attale I créa, à côté de l'Académie, un autre parc, le *Lakydeion*.

Le tram aboutit (600 m. au N.-O. de Colone) au joli village de **Kolokythou**, entouré de jardins et de cafés très fréquentés le dimanche, et située sur la rive du **Céphise** (p. 2).

Celui-ci, transformé en canal, est en majeure partie détourné pour l'irrigation des oliviers et des jardins. Dans l'antiquité, la distribution des eaux était surveillée par des *épistates* spéciaux, parmi lesquels fut Thémistocle.

Après une promenade dans le **bois d'oliviers**, où se trouvent quelques beaux arbres séculaires, avec de belles échappées sur l'Acropole, on peut rentrer à Athènes par l'une des *routes car-*

rossables (se défier des sentiers!) qui traversent le canal du Céphise au S. de Kolokythou. On pourra choisir la **Voie Sacrée** ('Ιερὰ 'οδός), qui franchit le Céphise près d'un petit café et d'une chapelle de Saint-Saba (p. 176). 20 min. plus loin, elle longe le *Jardin botanique*, annexe de l'Université, reconnaissable à ses beaux peupliers. En 8 min., on croise les voies ferrées, en un point où l'on a découvert en 1904 environ 24 tombeaux antiques; puis, l'on rentre en ville, devant le cimetière du Céramique et le Dipylon (p. 93), par la rue du Pirée ou la rue d'Hermès.

B. — EXCURSIONS EN ATTIQUE

ATTIQUE MARITIME.

(PHALÈRE, LE PIRÉE, SALAMINE, ÉGINE.)

3° Phalère et le Pirée.

A. Par le chemin de fer électrique.

9 k. 600 en 17 min. 1/3. — Tête de ligne à la station « Homonia », place de la Concorde (pl. D, 4). — Départ tous les 1/4 d'h. : en été (1er juin-31 oct.) de 5 h. du matin à 1 h. de la nuit; en hiver (1er nov.-31 mai) tous les 1/4 d'h. de 6 h. à 7 h. 30, et toutes les 1/2 h. de 7 h. 30 à 1 h. de la nuit). — 1er et dernier départ du Pirée : en été à 4 h. 45 du matin; en hiver, à 5 h. 35; le soir, à 12 h. 45. — Deux classes seulement. De l'Homonia au Pirée : 0 d. 70 et 0 d. 55; aller et retour : 1 d. 35 et 0 d. 95; — pour Phalère : 0 d. 55 et 0 d. 40; aller et retour 0 d. 95 et 0 d. 70. — Billets d'aller et retour pour Phalère, bains compris : 1 d. 30 et 1 d. 05. Les soirs de théâtre au Phalère, trains spéciaux à la sortie pour Athènes et le Pirée. — On peut demander les billets en français.

Cette ligne, créée en 1868 par une société anglaise, et prolongée en 1893 jusqu'à la place de la Concorde, fonctionne depuis 1904 à l'électricité. Le ch. de fer suit d'abord dans un tunnel de 650 m. la rue d'Athéna, au bout de laquelle est la station de (2 min. 1/4) « **Monastiri** » (p. 145, pl. D, 6); puis, il passe en tranchée près du portique d'Attale (p. 103) et du « Théseion » (p. 98), et atteint (1 min. 1/2) la station du **Théseion.** Après avoir contourné les collines de l'O. (Observatoire, Pnyx, Mouseion) il continue parallèlement à la route (p. 156) jusqu'à la mer : au delà du monument de Karaïskakis, à dr. (8 min. 1/4), station du **Nouveau-Phalère.** De là à la gare du **Pirée** (p. 157), 3 min.

B. Par le tram à vapeur (τροχιοδρόμος).

En été, celui-ci est plus agréable, quoique plus long. Les voitures sont ouvertes. Se placer à dr.

Tête de ligne et haltes : I. A *Athènes* : 1° devant l'Académie (29, rue de l'Université); 2° devant l'esplanade du Palais-Royal; 3° boulevard d'Amélie, près l'Eglise évangélique (maison Orphanidis, pl. F, 7); 4° près de l'Hôpital militaire (maison Macriyanni, pl. E, 8). — Prendre son billet aux guichets; on ne délivre pas de billets dans les voitures. — II. Haltes de *Kallithéa* et de *Tsisiphiès* (✕), stations de l'*Ancien-Phalère* et du *Nouveau-Phalère* (✕ à la halte de *Tsisiphiès*). — III. Au *Pirée* : 1° devant la Démarchie; 2° rue de Socrate.

Trajet de l'Académie au Nouveau-Phalère (8 kil. 55) en 35 min.; au Pirée (rue de Socrate, 14 kil. 890) en 50 min. — Départs toutes les 40 min. de 6 h. 40 mat. jusqu'à 7 h. 40 s. en hiver, et 11 h. 10 en été; toutes les 30 min. à partir de 4 h. 10 s. Tram au Phalère à la sortie du théâtre. — Prix : Athènes à Kallithéa : 20 c.; au Vieux ou au Nouveau-Phalère : 40 c.; du Vieux au Nouveau-Phalère : 15 c.; du Nouveau-Phalère au Pirée : 30 c.; carnets pour 20 voyages Athènes-Phalère aller et retour : 10 d.

Les trams vont alternativement au Vieux et au Nouveau-Phalère : constater, en montant, la destination et, s'il y a lieu, changer de tram à la bifurcation de Tsisiphiès.

Le tram descend le boulevard d'Amélie; près de l'Hôpital militaire, il prend l'ancienne route du Phalère qu'il abandonne au bout de 300 m. pour suivre la route de Kallithéa. Il traverse l'Ilissos et s'engage dans un défilé entre la colline de Philopappos (p. 82) et une butte rocheuse au S. (anc. *Sikélia*, 78 m. 8); au delà de l'abattoir (à dr.) il débouche en plaine, s'arrête à la station de *Kallithéa* (10 min. de l'Académie. — Sur le tombeau voisin, *V.* p. 84) et se dirige vers la mer, en laissant à g. le ham. d'*Eléousa*, la chap. d'H^{os} Ioannis, à dr. la butte et la chapelle d'H^{os} Sotir, qui répondent au site du dème antique de Phalère. Il atteint la mer au milieu de la rade de Phalère : là, à la halte de Tsitsiphiès, la voie bifurque, à l'E. vers le Vieux-Phalère, à l'O. vers le Nouveau.

La rade de Phalère, limitée à l'O. par la presqu'île de Mounichie, à l'E. par le cap Kolias, forme une plage sablonneuse de 2 kil. 1/2. Cette rade foraine servit longtemps de refuge à la marine primitive des Athéniens, aux VIIe et VIe s., avant l'aménagement des bassins du Pirée (p. 152). Sa forme et son étendue la rendaient accessible par tous les vents et les navires pouvaient facilement y être tirés à sec. Le souvenir de son ancienne activité survécut dans les nombreux sanctuaires que les marins avaient fondés sur ce littoral (Athéna Skiras, Apollon Délien, Poseidon, etc.). Aujourd'hui, bien que les alluvions du Céphise en rendent les bords assez marécageux, surtout à l'E., la baie se borde de villas.

Le Vieux-Phalère ou Παλαιὸν Φάληρον (hôtels, restaurants, bains) occupe une anse à l'E. de la baie (auj. *Misia*), où se trouvait le port proprement dit. Ce n'est plus qu'une station balnéaire, moins fréquentée, mais plus paisible que le Nouveau-Phalère : la plage y est un peu plus vaseuse. Il y a des salines près de la chapelle Saint-Georges, et un *Jardin zoologique* avec un aquarium (entrée, 50 c., ouvert du matin au soir).

Le Nouveau-Phalère (hôt. : *Actéon; Grand-Hôtel du Phalère*; bains, 40 c.), relié au Vieux-Phalère (à pied 45 min.), et au Pirée, par un service spécial de tramway, est aussi desservi par le ch. de fer électrique (p. 154). C'est la plage favorite de la société athénienne, qui s'y donne rendez-vous le soir, pendant la saison chaude (juin-août), pour y prendre des bains et jouir de la brise de mer. Deux grands hôtels à proximité de la plage, deux établissements de bains pour hommes et pour femmes, un quai-promenade éclairé à l'électricité, un kiosque de musique, un théâtre de plein air (opérettes françaises et italiennes), telles sont les attractions de cette villégiature estivale, souvent animée par la présence des escadres grecque ou étrangères.

Du Nouveau-Phalère au Pirée, on peut se rendre par le ch. de fer ou le tram à vapeur. Sur la dr., au N. de la gare de Phalère, s'étendait la plaine de marais salés appelée *Halmyris*; elle est aujourd'hui occupée par le cimetière, devant lequel se dresse à l'E. le *monument de Karaïskakis*, à la place où le héros succomba, le 23 av. (6 mai) 1827, dans une escarmouche. Plus loin, à l'O., les deux voies parallèles contournent au N. la colline de Mounichie et un éperon rocheux qui porte le *monument des marins anglais et français* morts au Pirée en 1854, ainsi qu'un tronçon du Long-Mur S. Celui-ci va rejoindre sur les crêtes à g. l'enceinte N. du Pirée, conservée sur une assez grande longueur (*V.* pl. du Pirée, et p. 103).

Tandis que le ch. de fer rejoint la gare située près de l'arrière-port (p. 157), le tram entre en ville par la *place d'Hippodamos*, la *rue du Grand-Portique* et s'arrête entre la Démarchie et le Jardin Tinan, *rue de Miaoulis*. Un embranchement remonte le *boulevard de Socrate*.

C. Par les routes carrossables.

1° Par la route directe, d'Athènes au Pirée (10 k.; 1 h. 15 en voit.; voit. avec bagages 7 à 8 d., sans bagages 5 à 6 d.; les voitures stationnent à la douane et près de la gare du Pirée; si l'on a beaucoup de bagages, le drogman de l'hôtel peut les faire transporter sur un petit camion de la douane du Pirée à Athènes ou *vice versa*, 3 à 4 d.); cette route est celle que l'on suit d'ordinaire, en voiture avec bagages, à l'arrivée et au départ). — On sort d'Athènes par la rue du Pirée. Le parcours de la route, très poussiéreuse, est à peu près le même que celui du ch. de fer. Aux 2/3 du chemin les cochers font halte à l'un des *magazia* ou petits cafés, à l'ombre des arbres peuplés de bruyantes cigales : on y présente au voyageur un verre de *mastic* ou un *loukoum* (10 c.). On entre au Pirée en laissant à g. les restes du Long-Mur Nord (p. 103). — Quand on vient du Pirée, on subit la formalité de la visite de l'octroi (δημόσιος φόρος).

2° Par le boulevard Syngros, Phalère et la Corniche; voit. pour le Vieux ou le Nouveau-Phalère, aller et ret. avec séjour d'1 h. : 10 d.; aller ou ret. seulement : 7 d., et retour pour la promenade des deux Phalères avec séjour d'1 h. : 15 d.; d'Athènes à la douane du Pirée par le boulevard Syngros, Phalère et la route de la Corniche, de 18 à 20 d. env., 16 k., 2 h.). — Une nouvelle avenue carrossable, large et droite, d'abord *boulevard de Phalère* (Pl. E, 8), puis *boulevard Syngros*, part de la place de l'Olympieion, contourne au S. la butte Sikélia et

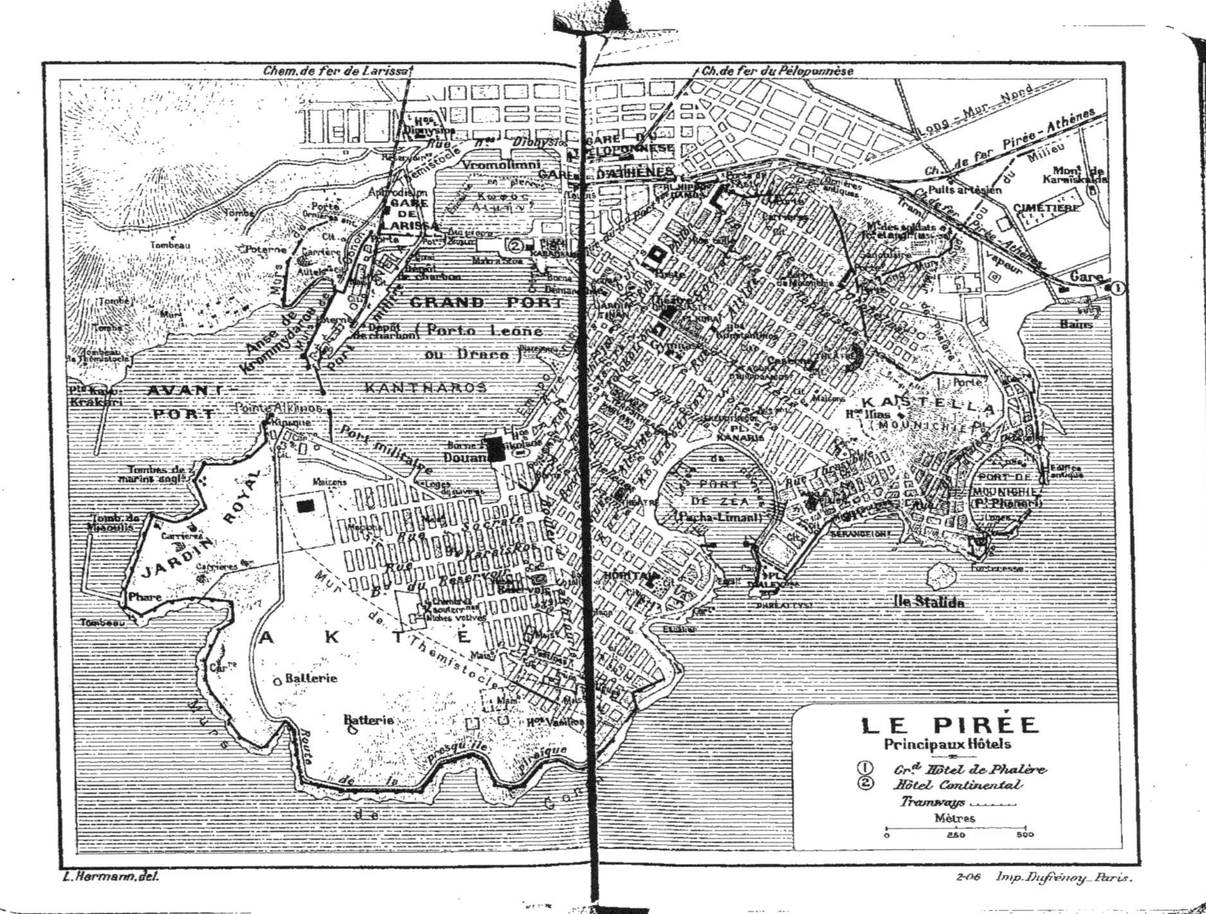

LE PIRÉE

Principaux Hôtels

① Gr.d Hôtel de Phalère

② Hôtel Continental

Tramways

Mètres

0 250 500

L. Hermann, del.

2-06 Imp. Dufrénoy, Paris.

se dirige en ligne droite sur la baie de Phalère. Environ à mi-chemin, s'élève sur la g. la nouvelle **église d'Hⁿ Sotira**, élevée près de l'endroit où un attentat fut commis contre le roi Georges Ier il y a quelques années. Ce monument, œuvre d'un architecte français, M. Magne, a d'abord servi de pavillon grec à l'Exposition universelle de Paris en 1900. C'est une église byzantine à portiques extérieurs; à l'intérieur, le système de la coupole y a été modernisé avec un goût très ingénieux, par l'emploi de piliers et de pendentifs en fer ajouré. La route rejoint la baie de Phalère, laissant à 300 m. sur la g. le Jardin zoologique et se continue, au delà du Céphise, par la Corniche plus loin décrite. On peut alors quitter la voiture à la douane, visiter le Pirée en suivant l'ordre inverse de notre description, et revenir par le chemin de fer.

Le Pirée (ὁ Πειραιεύς, pron. *Piréefs*; *V.* l'*Index*) est le port d'Athènes, dont il est éloigné de 8 k., et l'un des principaux ports méditerranéens. C'est une ville toute moderne dont l'accroissement a même été plus rapide que celui d'Athènes. La population, qui était de 11,047 hab. en 1870, atteint aujourd'hui près de 55,000 hab. L'importance toujours croissante du port a donné raison à ceux qui, en 1834, préférèrent installer à Athènes la capitale du nouveau royaume, plutôt qu'à Corinthe. C'est le centre du cabotage grec, à voile et à vapeur, dont l'essor a été si rapide depuis quelques années, et l'une des plus importantes escales des grandes compagnies de navigation françaises, italiennes, autrichiennes, roumaines, allemandes. En 1904, 7,190 navires, représentant un tonnage de 4,793,000 tonnes sont entrés au Pirée et la douane a encaissé 20,659,755 dr. Les plus gros vaisseaux de guerre peuvent aussi y mouiller non loin du quai, par un fond de 13 à 18 m. Aujourd'hui le Pirée a de beaucoup dépassé Syra et Patras. En devenant un grand entrepôt de denrées, céréales, charbons, bois, etc., il s'est aussi transformé en ville industrielle, la première de la Grèce, avec plus de 100 fabriques, filatures, distilleries, minoteries, savonneries, usines métallurgiques, brasseries, etc. C'est au Pirée que les deux voies ferrées Pirée-Athènes-Péloponnèse et Pirée-Athènes-Larissa ont leurs têtes de ligne. La ville moderne aux rues larges et droites, aux bâtiments neufs sans caractère (Démarchie, Bourse, Théâtre, etc.), offre peu d'intérêt pour le touriste; seul le spectacle du quai est vraiment pittoresque, avec ses amoncellements de fruits et de légumes, et ses flottilles de caïques des îles et de barques. Quelques cafés-concerts, fréquentés par la population du port, n'offrent qu'un attrait médiocre.

Gares. — Les deux gares têtes de ligne des ch. de fer *Pirée-Larissa* et *Pirée-Athènes-Péloponnèse* ne servent qu'aux transports et voyages pour l'intérieur. Pour les relations ordinaires avec Athènes, *gare* du ch. de fer électrique *Pirée-Athènes.*

Principales curiosités. — Forteresse d'Éétioneia (p. 159), **Grand-Port** (p. 159), presqu'île d'Akté (p. 160), théâtre et **port de Zéa** (p. 161),

ROUTE EN CORNICHE (p. 160), **port et citadelle de Mounichie** (p. 161), RESTES DES LOGES DE NAVIRES (p. 161), DE L'ENCEINTE ET DES LONGS-MURS (p. 163). — MUSÉE (p. 162).

La visite générale des ports et presqu'îles demande de 2 h. 30 à 3 h.; elle se fait en partie à pied, en barque et en voiture. On peut aussi utiliser les tramways intérieurs pour une visite abrégée.

Histoire. — Jusqu'au v° s. avant J.-C., le site du Pirée, isolé du côté de la terre par une ligne de marais (*Halai*, *Halipédon*, *Halmyris*), n'offrit pas à la marine primitive d'Athènes les mêmes ressources que la rade de Phalère. D'ailleurs Corinthe et Egine étaient alors les deux premières puissances maritimes. Le créateur de la marine athénienne et des ports du Pirée fut Thémistocle (p. 22), dont l'œuvre fut complétée, sous Cimon et sous Périclès, par la construction des Longs-Murs (p. 24) et par celle de la ville sur les plans d'Hippodamos de Milet (milieu du v° s.). Celui-ci conçut une ville aux rues rectilignes, se coupant à angles droits, sensiblement pareille à la ville moderne : une grande agora en marquait le centre. Les loges de navires seules coûtèrent 1,000 talents (4 millions 1/2 de francs). La population du Pirée, très mêlée d'éléments étrangers (*métèques*) et exotiques, avec une forte proportion de marins et gens de port, avait un caractère composite et ultra-démocratique. Les cultes étrangers y étaient nombreux. La possession du Pirée assurait celle d'Athènes : c'est pourquoi Lysandre vainqueur avait démoli l'enceinte du Pirée et une partie des Longs-Murs en 404, et que le gouvernement aristocratique des Trente, par lui installé, livra à Sparte les loges de vaisseaux pour 30 talents. Thrasybule, le restaurateur de la démocratie en 403, vint d'abord chercher un appui auprès du peuple du Pirée et se fortifia à Mounichie. Conon, vainqueur de la flotte spartiate à Cnide en 393, restaura les remparts et arsenaux du Pirée, consacra un temple à *Aphrodite Euploia* (déesse marine de Cnide), et une statue, œuvre de Céphisodote, à Athéna Soteira. Lycurgue (p. 11) compléta cette œuvre par la construction d'une **Skeuothèque** (arsenal des agrès), bâtie par l'architecte Philon en 346 : le devis et cahier des charges de cette entreprise, retrouvé sur une inscription en 1881, donne la description détaillée de cet édifice, située près du port de Zéa. Sous la domination macédonienne, la forteresse de Mounichie fut occupée par les successeurs d'Alexandre, de 322 à 229 av. J.-C., et finalement rachetée par Aratos. En 86, Sylla anéantit le Pirée; Strabon le décrit comme un petit village sans importance. Il est resté tel jusqu'en 1835. En 1040, le wiking Harold Haardrade, au service de l'empereur de Byzance, débarqua au Pirée pour réprimer une sédition à Athènes. En souvenir de cette expédition, il fit graver deux inscriptions runiques sur un lion colossal antique, qui signalait l'entrée du port sur la pointe Alkimos. Ce lion, sous les Vénitiens, fit donner au Pirée le nom de *Porto-Draco* (Port du monstre) ou *Porto-Leone*; déplacé pour servir d'amer au fond du port, il fut enfin enlevé par Morosini en 1687 et transporté à l'arsenal de Venise, où il est encore. Le Pirée servit longtemps de port d'attache à la division navale française du Levant, supprimée en 1891; elle avait pour mission la défense des protégés français en Orient et la répression de la piraterie. Le Pirée fut occupé par une flotte anglo-française de 1854 à 1857, afin d'obvier à l'effervescence résultant de la guerre de Crimée. Les équipages travaillèrent à l'embellissement du port et de la ville (quai et jardin Tinan).

Le Pirée se compose de 3 presqu'îles : Eétioneia, Akté, Mounichie (*V.* le plan), séparées ou échancrées par 3 ports (Grand Port, Zéa, Mounichie). L'enceinte de Thémistocle englobait tout cet ensemble dans une muraille continue, interrompue seulement par les entrées des ports. Elle mesurait, d'après Thucydide, 60 stades de circuit; le tracé de Conon, plus développé, mesurait 80 stades, soit 13 k. (Sur les Longs-Murs, V. p. 24.)

ITINÉRAIRE. — 1° ÉÉTIONEIA. — De la gare, on contournera le bassin fangeux appelé auj. *Vromolimni* (port puant), l'ancien **Kôphos Limèn** (port silencieux), reste des anciens marais qui entouraient le Pirée et seulement accessible aux barques. Laissant à dr. le cimetière, on se dirige vers la gare du ch. de fer de Larissa, voisin de l'ancien *Aphrodision*, sanctuaire consacré par Thémistocle à Aphrodite Euploia (protectrice de la navigation). Le temple, construit après 393 par Conon, occupait sans doute le sommet (altit., 16 m. 7) à l'O. de la gare. On rencontre ensuite une enceinte, formant un rempart de 3 à 4 m. d'épaisseur, à 2 parements en pierres équarries, dont l'intervalle était rempli de blocage. Une porte, dite *porte de l'Aphrodision*, flanquée de 2 tours rondes de 10 m. 40 de diamètre, dégagées en 1887 par l'Ecole fr. (H. Léchat) et les marins du cuirassé *Victorieuse*, occupe l'angle N.-O.; des poternes s'ouvraient à l'E., du côté du port. Cette enceinte, construite en 394-3, fait partie des travaux de Conon : elle enferme la presqu'île rocheuse d'**Eétioneia** dont elle suit les crêtes; déjà en 411 Théramène et le gouvernement oligarchique des 400 avaient fait de cette presqu'île une forteresse pour défendre le Pirée contre un coup de main de la flotte athénienne de Samos. Cette forteresse renfermait un magasin à blé; des chantiers de construction (*Neôria*) et des loges de navires occupaient la pente E. le long du port, sur le rivage où se trouvent auj. les dépôts de charbon, et où aboutit le ch. de fer de Larissa. L'enceinte de Thémistocle, reconnaissable à sa faible épaisseur (2 m. 80) et flanquée de tours, enfermait l'*anse de Krommydarou* et la butte de l'Aphrodision : on en suit le tracé à 250 m. au N.-O. de l'enceinte de Conon (V. le plan). Au fond de l'anse de Krommydarou on a trouvé en 1866 cinq autels de marbre, dont un porte une inscr. phénicienne.

En suivant le rivage à l'O., on rencontre, près du môle de l'avant-port, des fondations circulaires, où Dragatsis a reconnu la base du **tombeau de Thémistocle**, signalé par plusieurs auteurs; il servait aussi de phare.

2° GRAND-PORT. — D'Eétioneia, on prend une barque pour descendre à la douane en traversant le **Grand-Port** (μέγας λιμήν), appelé aussi **Kantharos** (le gobelet), à cause de sa forme. L'entrée en était défendue par deux môles de 130 m. encore utilisés aujourd'hui; celui du N. est le mieux conservé; celui du S. est détruit jusqu'à 4 m. au-dessous de la surface des eaux. Les extrémités portaient deux tours ou phares, aujourd'hui munies de feux rouge et vert; la passe avait 50 m. d'ouverture. Les deux brise-lames fermant l'avant-port n'ont été construits qu'en 1902.

Le Kantharos se divisait en port militaire et en port de commerce. Le *port militaire*, avec ses chantiers, ses arsenaux et ses 94 loges de navires, occupait le rivage E. d'Eétioneia et le quai S. du Kantharos, entre le môle S. et la douane actuelle. Ce sont encore les 2 points où stationnent de préférence les vaisseaux de guerre. Le *port de commerce* ou *Emporion*, dont les bornes ont été retrouvées en place, occupait tout le quai E. et N.-E., de la douane à la place Karaïskakis. Il était divisé en deux quais, vers le milieu, par une jetée avancée, le *Diazeugma*, à l'endroit où se trouve un môle moderne, avec une fontaine, en face la rue d'Egée. Au N. se trouvait un autre môle plus large, le *Chôma*, sur lequel se réunissaient le Conseil des Cinq-Cents, à la veille des expéditions navales, ainsi que les triérarques ou commandants de trières dont les navires étaient prêts : les 3 premiers arrivés recevaient une couronne. Le quai de l'Emporion était bordé de 5 grands portiques servant de docks et de bazars, entre autres le *Deigma* (bazar), l'*Alphitopolis* (dock au blé), l'*Agora* (marché), la *Makra Stoa* (grand portique) : on a retrouvé l'angle S.-E. de cette ligne de portique, au S.-E. de la douane, à 150 m. derrière le quai (*V.* le plan).

3° Akté. — Place de la Douane, on trouve facilement une voiture pour faire le tour de la presqu'île d'Akté et des ports de Zéa et de Mounichie (faire prix à l'avance; environ 6 dr. pour 2 heures). L'*Akté* est cette presqu'île rocheuse et arrondie qui s'étale au S.-O. de la ville du Pirée et dont le sommet (57 m.) porte un sémaphore. Elle fournissait la pierre tendre appelée *pierre d'Akté* ou *pierre du Pirée*, et se trouvait tout entière englobée dans les fortifications du Pirée. De la douane, on suit d'abord le quai S. jusqu'à la *pointe d'Alkimos* : elle était armée de 2 fortes tours, l'une ronde et carrée, sans doute pourvues de machines de guerre pour défendre le goulet, large de 250 m., qui la sépare d'Eétioneia, également terminée par deux ouvrages semblables. Puis on tourne au S. en suivant la nouvelle route carrossable qui part du *kiosque royal* et coupe le versant O. de l'Akté pour rejoindre la côte S. On longe d'abord le mur du *parc royal*, qui s'étend jusqu'à la mer.

Ce n'est qu'en longeant la côte en barque qu'on peut voir la partie des fortifications comprise dans le parc royal, ainsi que le *monument de Miaoulis*, le marin de la guerre de l'Indépendance (mort en 1835), et, sur la pointe située au S.-E. du phare moderne, un rocher taillé en rectangle (5 m. 80) où l'on reconnaît des tombeaux; c'est là qu'on plaçait autrefois, à tort, le tombeau de Thémistocle (p. 159).

A partir du point où la route a rejoint la mer, elle suit en corniche les dentelures de la côte, longeant les restes de la **muraille de Conon** et offrant de beaux aperçus sur le golfe Saronique.

Les *murs de Conon*, en pierre de l'Akté, formaient un rempart de 3 m. à 3 m. 60 d'épaisseur, extérieurement flanqué de tours carrées distantes de 50 à 60 m. Il ne reste que le socle en pierres, à 2 parements garnis d'un blocage intérieur : la partie supérieure du mur était en brique crue. Le rempart était maintenu à une distance de 20 à 40 m. de la mer, hors de la portée des vagues. Le *mur de Thémistocle* coupait la presqu'île transversalement du N.-O. au S.-E., en suivant les crêtes (*V.* le plan); il n'en reste qu'un faible tronçon de 2 m. d'épaisseur, au S.-E. du Sémaphore. Sur le même versant on a relevé des traces de rues parallèles, larges de 5 m., et de maisons antiques.

La corniche contourne une petite baie où jaillit la source

Tzirloneri (c'est-à-dire eau laxative). — Cafés dans le voisinage.

4° Zéa. — On atteint ensuite un bassin circulaire enfoncé de 200 m. à l'intérieur des terres, avec un goulet de 100 m. de large fermé par 2 môles terminés par des tours. Il s'appelle auj. *Pach-Limani* ou *Stratiotiki*, et répond à l'ancien port de **Zéa**.

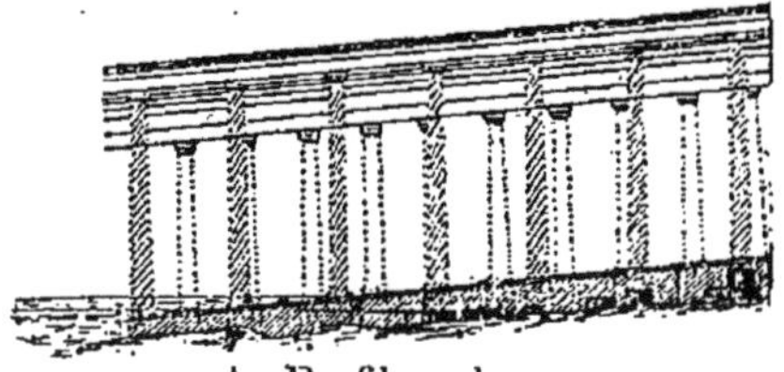

A. Profil en long.

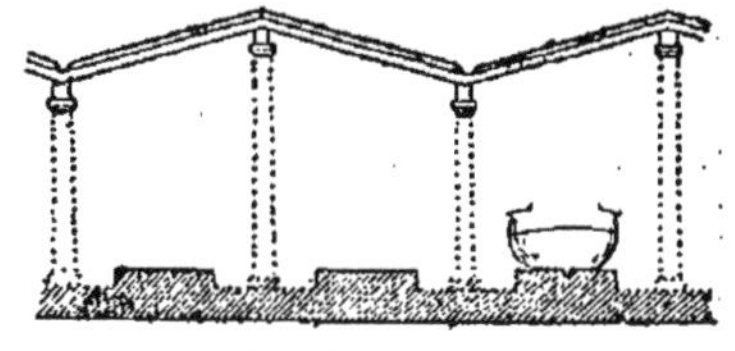

B. Coupe.

LES LOGES DE NAVIRES DANS LES PORTS DU PIRÉE
(Reconstitution, d'après Dörpfeld.)

Ce port, mentionné dans les inventaires de la marine athénienne, était le plus important des 3 bassins à trières (1120 m. de tour) : il pouvait en contenir 196, dans des loges de halage, dont les ruines ont été en partie reconnues, surtout à l'E. (*V.* le plan). C'étaient des hangars, longs de 37 m., larges de 6 m. 50, perpendiculaires à la mer, avec plans inclinés de 3 m. de large, pour tirer les navires à sec (*V.* ci-dessus). — La **Skéuothèque** aux agrès, de Philon (p. 152), se trouvait au N.-E. du bassin, sur la place Canaris (restes de murs au milieu de la place).

Dans le voisinage du port, à l'E., *rue d'Artémis*, 42 (local du club gymnastique du Pirée), on ira visiter les restes du **théâtre de Zéa** ou *Nouveau Théâtre*, construction d'époque hellénistique (milieu du IIe s.), mais non remaniée à l'époque romaine.

La *cavea*, divisée en 13 cunei étroits par 14 escaliers rayonnants, avait 67 m. de large sur 37 m. de prof. L'*orchestra* avait 16 m. 34 de diam. Elle était entourée d'un aquéduc traversé par des dalles en face des escaliers, comme au théâtre d'Athènes (p. 76). La *scène*, avec *proscénion* à colonnes et *parascénia* saillants, avait 34 m. de long sur 10 m. de profondeur.

5° Mounichie. — En contournant le bassin de Zéa, on longe la place Canaris, et l'on coupe ensuite directement dans la direction de Mounichie en passant près des restes peu importants de l'**Asklépieion** ou sanctuaire d'Asklépios Mounichios, retrouvé en 1886 par Dragatsis (près le théâtre Tsokhas).

La pointe S.-E. de Zéa (*place Alexandra*, tram) se termine par un saillant du rempart pourvu d'une ouverture par où l'on débouchait sur une ligne de **puits** (*phréata*) ovales creusés dans le roc à 2 m. au-dessus de la mer, pour servir soit de viviers, soit de silos à sol. C'était peut-être là la Phréattys, où se tenait le tribunal criminel, dit *en Phréattoi*, chargé de juger les meurtriers qui avaient passé la frontière : l'accusé se présentait sur un bateau devant le tribunal siégeant sur la côte.

La falaise qui suit, à l'E., toute crevassée, répond au **Sérangeion** (les Crevasses). On y a retrouvé les restes d'un **bain** creusé dans le roc et pavé de mosaïques (quadrige, Scylla) : la *salle de bain* à 3 absides com munique avec la mer par un passage rocheux de 12 m. ; à l'E., le *vestiaire*, avec 18 niches pour les vêtements. Ce bain est mentionné par l'orateur Isée (VI, 33).

Les parois de la falaise, percées de grottes et niches votives (dont une en façade d'édicule, du IVe s.), étaient consacrées à Zeus Meilichios, etc. Vis-à-vis se dresse l'îlot rond de *Stalida*.

La route débouche plus loin sur la *baie de Phanari*, l'ancien **port Mounichie.**

Il était défendu par deux môles-remparts, l'un au N. de 170 m., l'autre au S. de 190 m., terminés par deux tours-phares (celle du N. seule subsiste) entre lesquelles s'ouvrait une entrée de 37 m. Le bassin, de 560 m. de pourtour, était entouré au IVe s. par une ligne de 82 loges de trières, dont les restes sont encore visibles au S. et au N. Comme à Zéa, un mur continu, situé en arrière à 60 m. du rivage, isolait cet arsenal du côté de la terre. De plus, une forteresse couronnait la pointe S. — Sur la pointe N., en dehors du mur, du côté de la mer, s'adosse un édifice en forme de temple (10 m. 15 sur 8 m. 30), dont on ignore la destination.

[De là, on peut regagner directement Athènes par le Phalère (ch. de fer, tram à vap., p. 154, ou boulevard Syngros, p. 156).]

L'ascension de la **colline de Mounichie**, auj. *Kastella*, se recommande pour le coup d'œil d'ensemble dont on jouit sur tout le Pirée, l'Attique et le golfe Saronique. La pente du côté de la mer étant trop raide, on montera plutôt par le versant N.-O., où se trouvent les restes d'un *grand théâtre*, plus ancien que celui de Zéa, en partie reconnu en 1880 ; il est recouvert de terres et de constructions. Sur les pentes et au sommet de la colline, se voient quelques restes de la **forteresse** de Mounichie.

La première forteresse fut commencée par Hippias le Pisistratide, avant 510. Elle fut occupée en 403 par Thrasybule, et, de 322 à 229, par une garnison macédonienne. Au N. et à l'E. son enceinte se confondait avec l'enceinte générale du Pirée.

Près du sommet (86 m. 6), l'église d'*Hos Ilias* a remplacé l'antique sanctuaire d'*Artémis Mounichia* et de *Bendis*, asile célèbre, qui se trouvait un peu en contre-bas, à l'O. C'est aussi de ce côté, près du chemin, que s'ouvre un **escalier souterrain** de 165 marches, connu sous le nom de *caverne d'Aréthuse* : il descend à une profondeur de 65 m. et aboutit à un système de galeries revêtues de stuc et reliées à la surface par des puits verticaux. Ces travaux, qui remontent sans doute à l'époque d'Hippias, étaient destinés à assurer les réserves d'eau de la citadelle.

6° Ville du Pirée ; Musée. — On regagnera la gare en descendant par la *rue d'Athéna*, qui traverse le site probable de l'Agora d'Hippodamos. Arrivé sur la place Koraï, on pourra visiter le **Musée d'antiquités** du Pirée, installé dans 2 salles au fond de la cour du Gymnase (lycée).

Il renferme une table de mesures ou *sécôma*, des tuiles des murs d'Eétioneia, des têtes et fragments de l'Asklépieion, des t. c., bronzes, vases, lampes, inscriptions, de jolies stèles funéraires (n° 30 : scène d'adieu); [S] d'empereur, etc. Dans la cour, *ancres* en pierre ayant la forme d'une pyramide percée d'un trou, et *bornes* diverses avec inscr.

De là, on passe près du théâtre municipal, situé sur l'emplacement d'un club antique de *Dionysiastes*, à l'angle de deux rues antiques; puis près du Jardin Tinan (p. 152) de la Démarchie et de la Bourse, reconnaissable à sa tour à horloge.

De là, par la rue Miaoulis, on peut aller visiter les restes de l'enceinte et de la **porte antique** principale, dite *porte de l'Asty*, où aboutissait la route d'Athènes : l'entrée était flanquée de deux tours ovales, en belles pierres équarries; la construction primitive de Thémistocle fut remaniée par Conon. Environ 150 m. plus à l'E. se trouvait l'amorce du Long-Mur-Nord, et une autre porte avec cour intérieure où aboutissait la route comprise entre les 2 murs (nombreuses traces d'ornières antiques). De là, l'enceinte suit la crête vers Mounichie; à 450 m. au S.-E. le Long-Mur-Sud s'amorce au sommet d'un éperon rocheux, que surmontent les restes d'un *sanctuaire* antique et le monument des marins anglais et français (p. 176). On a longtemps, sur la foi de Curtius, placé l'*hippodrome* dans la petite vallée latérale, au S.; mais on le reporte aujourd'hui aux abords de la route moderne du Pirée à Athènes.

4° Salamine.

L'excursion de l'île de Salamine se fait, du Pirée, en 7 à 8 h. (12 h. avec retour à Athènes par Mégare). On a le choix entre plusieurs combinaisons :

1° Gagner directement l'Arsenal d'Arapi par le vapeur de l'Etat (avec permission du capitaine), qui part de la Douane tous les matins vers 7 h. et revient de l'Arsenal vers 2 h. en hiver et 4 h. en été (trajet gratuit en 1 h.; emporter son déjeuner). — De l'Arsenal, on peut arriver vers midi, pour déjeuner, au couvent de Phanéroméni et reprendre à Mégare le train de 5 h. 38 (retour à Athènes à 7 h. 57), ou celui de 6 h. 28 (retour à Athènes à 8 h. 10). — Si le vent est bon, on peut aussi prendre une barque au Pirée et se faire conduire à la baie d'Ambélaki (10 k. : 1 h. 30 à 2 h.; 6 d.; pour toute la journée 10 à 12 d.).

2° Se rendre en voiture du Pirée (gare) par Kératopyrgos et la côte de Scaramanga, jusqu'au bac ou **Pérama** (9 k. en 1 h. 15, 6 à 7 d.; aller et retour 9 à 11 d.; à pied 1 h. 45). De là, par le bac à la côte de Salamine 1 k. 850 en 30 min. ou 1 h. (50 c., mais faire prix). Retour par la même voie ou par l'Arsenal et le vapeur de l'Etat.

3° Le voyageur à court de temps pourra, en 2 h., se borner à jeter un coup d'œil d'ensemble sur le théâtre de la bataille, du point de vue de Kératopyrgos (4 k. 5 de la gare; 5 à 6 d. en voiture aller et retour).

Principales curiosités. — **Théâtre de la bataille navale de 480** (p. 165). — ARSENAL MODERNE (p. 164). — SITE DE L'ANTIQUE SALAMIS (p. 165). — COUVENTS DE H^{os} NICOLAOS (p. 167) et de **Phanéroméni** (p. 167). — FORT BOUDORON (p. 167).

1° **Du Pirée à l'Arsenal par le vapeur de l'État (retour par Phanéroméni et Mégare).** C'est l'excursion la plus complète et la plus intéressante : elle prend toute la journée, — partir de bon matin, — et coûte de 15 à 20 d. — Au sortir du Pirée, le vapeur range à g. l'îlot de Lipsokoutali (anc. *Psyttalie*) avec un phare et une batterie; en arrière, Talandonisi (anc. *île d'Atalante*, peut-être la *Kéos* d'Hérodote); puis le cap Varvari, à l'extrémité du promontoire effilé qui répond à la *Kynosoura* (c'est-à-dire Queue du Chien) d'Hérodote. On entre ensuite dans le détroit, théâtre de la bataille (p. 165), en laissant à g. la *Pounta*, extrémité de la presqu'île basse qu'occupaient l'acropole et la v. de **Salamis** (p. 165). On passe entre 2 îlots (anc. *Pharmakousai*), dont le plus grand, à l'E. (auj. *Hos Georgios*), sert de quarantaine; il renfermait, disait-on, le tombeau de Circé. On entre enfin dans la baie d'Arapi, entourée par les bâtiments de l'*Arsenal* (*Navstathmos*); on voit, dans le bassin, les navires de la flotte en réserve, les torpilleurs et un dock de radoub flottant.

L'île de Salamine (93 kmq.) forme auj. un dème de 6,633 hab. dépendant du nome de l'Attique, avec deux principaux v., *Koulouri*, le chef-lieu, et *Ambélaki*. Elle est très rocheuse et aride, dominée par la masse du Mavro-Youni (404 m. 8) au S. de l'isthme qui sépare les baies d'Ambélaki et de Koulouri. On cultive dans les plaines la vigne et le blé; mais le climat est malsain, et la population, presque toute albanaise et assez misérable, est très éprouvée par les fièvres.

Histoire. — Le nom de Salamine se retrouve à Chypre; il dérive du phénicien Baal-Schalam, « seigneur de la paix »; on y voit le souvenir d'une ancienne station phénicienne. Plus tard l'île tomba dans la dépendance de sa voisine Egine; mais elle participa à la guerre de Troie avec un roi autonome, Aias ou Ajax, fils de Télamon, que son nom et sa généalogie rattachent au héros éginète Aiakos ou Æaque (V. p. 170). Au VIIe s. elle fut disputée par Mégare et par Athènes et définitivement acquise à Athènes par Solon vers 610. Elle fut peuplée de colons athéniens qui vécurent à côté de la population aborigène; l'île fut considérée désormais non comme un dème, mais comme une clérouchie (colonie) d'Athènes. A partir de 318, elle passa sous la domination macédonienne. Ce n'est qu'en 229 qu'Aratos la rendit aux Athéniens qui en chassèrent les Salaminiens et y installèrent de nouveaux colons.

L'intérieur de l'île n'offre que peu de curiosités. En fait de ruines, en dehors des vestiges peu importants de la ville antique, on ne trouve que quelques restes de murs et de fortins. Toutefois, le pittoresque couvent de *Phanéroméni* mérite une visite; cette excursion permet de parcourir les points les plus intéressants de l'île et offre de beaux coups d'œil sur les côtes et les îles voisines.

A 500 m. au N. de l'Arsenal, au S.-E. du Mont Arapi, au bord de la mer, sont les restes de 2 terrasses antiques en murs polygonaux qu'on a voulu identifier avec ceux du *T. d'Athéna Skiras*, avec le cap *Skiradion* et le *T. d'Enyalios*, fondé par Solon. Mais, suivant d'autres, ces édifices et le cap doivent être cherchés sur le rivage S. en face d'Egine.

ITINÉRAIRE. — A l'Arsenal, on trouve à louer soit une monture ou une charrette pour toute la journée (7 à 8 d.), soit une barque pour se faire conduire directement à *Kamatéros* (2 k. 500, env. 1 h.), échelle du bac (p. 168), au N. de la presqu'île de Salamis. La route de terre qui y conduit (4 k. en 45 min.) se dirige vers le S. et contourne en corniche une presqu'île rocheuse (*Govio*), puis le fond de la baie de Paloukia. Laissant à dr. le chemin d'Ambélaki, on suit le rivage en gagnant le sommet de la presqu'île d'Ambélaki ou *Pounta* (39 m. 2), surmonté de moulins à vent (si l'on vient en charrette, l'envoyer attendre près de la chapelle d'H° Dimitrios, au pied du versant S., sur la baie d'Ambélaki).

La presqu'île d'Ambélaki représente le site de l'Acropole et de la ville haute de **Salamis**, la deuxième capitale de l'île, contemporaine de l'occupation athénienne (la capitale primitive des Æacides se trouvait sur la côte S. en face d'Egine). On remarque, au N. et à l'E. du sommet, de longues lignes de fondations rectilignes, murs de l'Acropole, rues, terrasses de la v. haute, qui coupent le dos de la hauteur de l'O. à l'E. et descendent à angle droit vers le S. La ville basse et le port occupaient le fond de la baie.

En face, sur la côte N. de Kynosoura, le promontoire de Magoula représenterait le Κυχρεῖος παγός ou *butte de Kychreus*, héros salaminien, cité par Eschyle.

Du moulin à vent situé au sommet, on domine la baie d'Ambélaki ou de Salamine et le site de la bataille navale, en face le point de vue opposé de Kératopyrgos (p. 168), sur la côte attique, d'où Xerxès en suivit les péripéties.

Bataille de 480. — La bataille eut lieu le 20 boédromion (22 sept. 480), d'après les anciens calculs, mais plutôt le 27 ou le 28 sept., dans la partie du détroit limitée au N. par le *cap Amphialé* (Pérama) et la Pounta (pointe de l'acropole de Salamine), au S. par l'*Akté*, les îlots de *Psyttalie* (Lipsokoutali), d'*Atalante* ou *Kéos* (Talandonisi), et le cap Varvari (pointe de *Kynosoura*). Elle a été racontée par Eschyle d'après des témoins oculaires dans sa tragédie des *Perses*, représentée en mars 472, et par Hérodote, qui combine sans beaucoup d'ordre les versions ionienne et athénienne. Voici comment on peut reconstituer la théorie tactique du combat (V. pl. p. 166) en tenant compte aussi de Diodore de Sicile.

Les Perses avaient occupé l'Attique, Athènes et l'Acropole; leur flotte, estimée par Eschyle et Hérodote à 1,207 navires (chiffre qu'on doit réduire au moins de moitié), était rangée dans la baie de Phalère. Les Athéniens étaient réfugiés dans la ville de Salamis avec leurs familles. La flotte grecque, forte de 378 trières dont 200 athéniennes, se tenait au fond de la baie d'Ambélaki (*a'a'*). Après une vive discussion, Eurybiade et les chefs péloponnésiens s'étaient, sur les instances de Thémistocle, résignés à rester et à combattre. Xerxès, de son côté, avait décidé l'offensive. La veille de la bataille, à la tombée du jour, la flotte perse exécuta un premier mouvement : elle quitta la baie de Phalère et se déploya le long de la côte attique en face la baie de Salamine (position *aa* du plan), tandis que l'armée de terre se mettait en marche vers l'isthme de Corinthe. Les Péloponnésiens, repris de terreur, s'apprêtent à déserter; mais Thémistocle fait avertir secrètement le Grand Roi, dans la soirée, que la flotte grecque va lui échapper. Alors, sur de nouveaux ordres, la flotte perse exécute au milieu de la nuit un double mouvement tournant pour barrer les 2 passes N. et S. et investir la flotte grecque : elle se trouve dès lors répartie sur 3 lignes, une ligne d'attaque (*bb*) au N. composée des meilleurs éléments et tendue suivant la direction Kératopyrgos-Pounta, et deux lignes de barrage (*bbb*) au S. composées de navires plus ou moins combattants, et rejoignant l'Akté au cap Varvari avec Psyttalie au centre. Un corps d'élite avait été débarqué à Psyttalie pour massacrer les naufragés grecs qui s'y réfugieraient. Une autre escadre volante, composée de la division égyptienne, fut chargée de croiser autour de

Salamine, pour empêcher les réfugiés de s'en échapper et surveiller aussi la sortie de la passe N.-O. du côté de Mégare (baie de Troupika). L'investissement de la flotte grecque était complet, comme put le constater Aristide qui, venu d'Egine, réussit à traverser la ligne S. des Perses pendant ses manœuvres.

Au matin, les Grecs, informés par lui, mettent à l'eau leurs navires et commencent à se déployer en ligne de bataille de l'O. à l'E. (*b'b'*), face au N., c'est-à-dire à la ligne N. des Perses : les Athéniens à l'aile g.

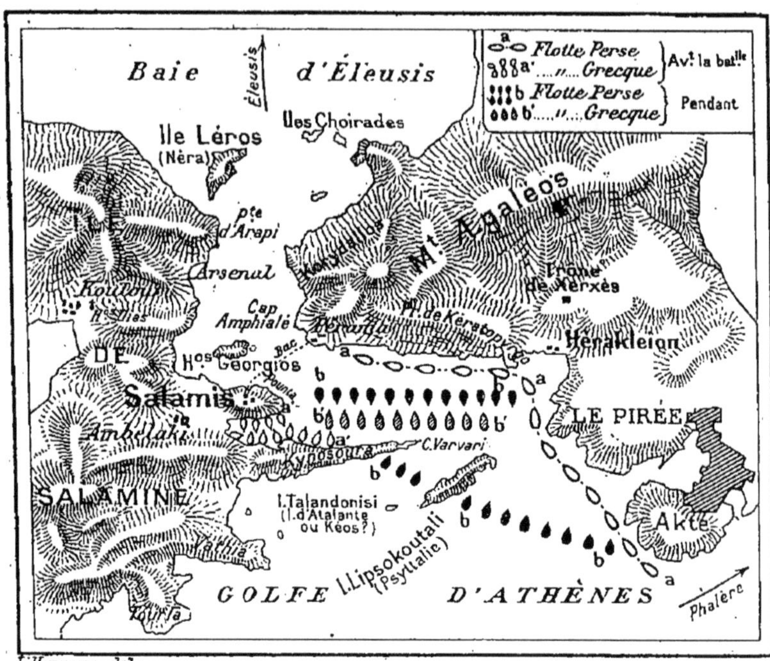

L.Hermann, del.

BATAILLE DE SALAMINE

(à l'O.), en face des Phéniciens, et les Lacédémoniens et les Eginètes à l'aile dr. (à l'E.), en face des Ioniens et des Cariens de la reine Artémise. Xerxès, installé à Kératopyrgos, voyait de près ces derniers. La ligne perse attaque les Grecs en voie de formation et les fait d'abord reculer. Mais les Grecs reviennent à la charge ; les Athéniens rabattent les Phéniciens sur la côte attique près de Xerxès et se trouvent par un mouvement tournant prendre à dos les Ioniens et Artémise qu'ils chassent devant eux. La débâcle de la ligne N. des Perses entraîne celle du barrage S. Le soir, les débris de la flotte perse, réduite à 300 vaisseaux, rallient le Phalère; les Grecs rejoignent le port de Salamine. Les 600 guerriers nobles, abandonnés à Psyttalie, furent massacrés par les hoplites d'Aristide. Xerxès, décidé à fuir, détourna pendant le jour suivant l'attention des Grecs en simulant la construction d'un pont de bateaux entre le cap

Amphialé, l'île Saint-Georges et Salamine, ce qui permit à la flotte du Phalère de s'échapper la nuit suivante. Le roi regagna l'Asie par terre avec son armée, laissant Mardonius en Grèce avec 300,000 hommes.

Du sommet de la presqu'île on descend en 10 min. par le versant S. près de la chapelle d'H° Dimitrios, et vers le fond de la baie, où l'on remarque, sous les eaux, quelques vestiges des constructions du port antique.

De là, le chemin conduit (700 m. en 10 min.) au bourg d'*Ambélaki* (1,200 hab.), où le voyageur à pied peut trouver montures et charrettes. Une route de 3 k. 500 (40 min.) traverse l'isthme au milieu des vignes, et conduit au bourg de *Koulouri* (officiellement *Salamis* : 3,700 hab.). Il est situé au pied du *Mont H°s Ilias* (vulgo le *Rachi*, c'est-à-dire l'Echine : 98 m. ?), sur les bords d'une baie profonde qu'enferme un bourrelet circulaire de montagnes, d'où le nom de Koulouri (gâteau en forme de couronne).

[De Koulouri, un sentier qui longe la baie au S.-E. conduit par le ham. de *Moulki* au vieux couvent d'*H°s Nicolaos*, situé, avec sa chapelle funéraire, dans un joli vallon boisé, près de sources fraîches, à 10 k. (1 h. 40) de Koulouri.]

Au sortir de Koulouri, à l'O., une jolie vallée, allongée entre deux lignes de collines, conduit (6 k. : 1 h. 15) au grand **couvent de Phanéroméni**, c.-à-d. de l'Apparition de la Vierge. (On peut y trouver l'hospitalité pour la nuit). C'est un lieu de pèlerinage très fréquenté le jour de la panégyrie (4 sept.).

L'église, dite de la *Métamorphosis*, très ornée, est assez intéressante. On y voit surtout une vaste fresque, représentant le Jugement dernier, exécutée au début du XVIII° s. par Marc d'Argos, qui fut alors à Athènes le chef d'une école de peinture religieuse : elle est remarquable par le nombre des personnages. Le couvent paraît occuper le site d'un ancien sanctuaire, à en juger par les restes d'architecture, de colonnes doriques, de blocs équarris qu'on y rencontre.

Du couvent, une route droite (1 k. 5 : 15 min.) conduit à l'embarcadère du bateau passeur qui dessert la côte de Mégare.

[Sur une butte à 450 m. au S. (au lieu dit *Stais Kolonnais*) sont les restes d'une forteresse antique avec tour carrée, tour ronde et porte, qui répondent au fort **Boudoron**, élevé par les Athéniens contre les incursions des Mégariens. Il commandait le détroit et la baie de *Troupika*.]

Le passage du détroit (500 m.) prend 15 min. (20 à 30 c.). De la côte à la gare de Mégare, on compte env. 7 k. (1 h. 10), et de Mégare à Athènes, 2 h. en ch. de fer.

2° **Du Pirée à Salamine (Ambélaki) par Kératopyrgos et le bac** (6 h. env. aller et retour; on fait attendre la voiture à Pérama, p. 168; on peut aussi s'arranger de façon à rentrer par Ambélaki, l'Arsenal et le vapeur de l'Etat, p. 163, ou aller coucher au couvent de Phanéroméni). — De la gare, la route passe à dr. du cimetière (p. 159) et se dirige vers l'Ægaléos. Au bout de 3 k. env. elle se rapproche de la baie de *Kératsini* (anc. Φώρων Λιμήν), en laissant à dr. sur une hauteur la chapelle de Saint-Georges.

A g. sur une petite butte au bord de la mer, avant le croisement de la route venant directement d'Athènes se trouvent quelques restes antiques. On y a reconnu l'*Hérakleion* de la tétracôme piraïque, association très ancienne des 4 bourgs du Pirée, Phalère, Thymoitadai, Xypété. Plus loin (1 k.) on arrive à la petite presqu'île ronde de *Kératopyrgos* (Tour du Diable) qu'occupent une poudrière et une ancienne tour vénitienne. C'est de cet observatoire (25 m. 7) que l'on peut étudier la bataille de Salamine (p. 165), de la place même qu'occupait Xerxès, assis sur un trône aux pieds d'argent. Une tradition antique, mais peu digne de foi, désigne sous le nom de *Trône de Xerxès* la croupe avancée de l'Ægaléos qui domine la presqu'île au N. à 195 m. d'altitude (marquée sur le plan, p. 166).

De Kératopyrgos la route carrossable suit la côte au pied du *Korydallos*, extrémité de l'Ægaléos, pendant 3 k. 500, jusqu'à la maison du bac (*pérama*).

On est le plus souvent obligé d'attendre au café voisin le retour du bac dont le service est assez irrégulier (*V.* p. 163). On range à dr. l'îlot de Saint-Georges (p. 164), et l'on aborde au lieu dit *Kamaléros*, au N. de la presqu'île qui porte les ruines de l'antique Salamis (p. 165). Du débarcadère, on monte en quelques minutes directement au sommet (p. 164).

De là : à Ambélaki, p. 167; à l'Arsenal, p. 164; à Phanéroméni, p. 167.

5° Égine.

Départ du Pirée, — 1° Du Pirée à Égine par le vapeur. Aller et retour 1 j. 1/2. Départ du Pirée à 7 h. mat. (parfois en été 2 services par j.). — Trajet (15 milles) en 2 h. 1re cl. 5 d. 80; 2e cl. 3 d. 90 (les prix réels sont souvent réduits par la concurrence). — Coucher à Égine. — Retour du port d'Égine le lendemain à 1 h. — Programme : 1er j. excursion à l'Oros (Mont Saint-Élie) en 6 h. 30; le soir, visite de la ville, 2e j., dans la matinée, excursion au temple (6 h.). — Coût total de 25 à 30 d. — Emporter des provisions d'Athènes. — Les 2 excursions au temple et à l'Oros sont possibles dans la même journée pour les touristes arrivés de bonne heure et disposant d'un bateau qui les attendrait le soir soit à Égine, soit à Vagia ou à Hª Marina (ce dernier mouillage préférable pour les vapeurs). On détermine l'ordre des excursions d'après le lieu de rembarquement.

N. B. — L'excursion d'Égine peut aussi être combinée avec celle de Poros-Trézène. — 1er j. à Égine et y coucher; — 2e j., le matin, visite de la ville; départ à 9 h. pour Poros par vapeur (trajet en 2 h.; 2 d.); excursion à Trézène; coucher à Poros; — 3e j., le matin, excursion au sanctuaire de Calaurie (Palatia) et au monastère de la Panaghia (3 h.); départ de Poros pour le Pirée à 11 h. par vapeur.

2° Départ en bateau à vapeur et retour en barque, dans la même journée. En arrivant à Égine par le vapeur, retenir aussitôt une bonne barque avec 2 hommes (25 d.; exiger le versement de 10 d. d'arrhes); la barque, munie de provisions pour le dîner, se rendra au mouillage de Vagia (côte N.) pendant que le touriste fera par terre l'excursion du temple. Du temple à Vagia 1 h. Par bon vent, de Vagia au Pirée de 2 à 3 h.; par vent contraire, 5 à 6 h. S'embarquer vers 5 h. 30 du soir. Le programme est alors limité à la visite de la ville et à l'excursion au temple.

3° Du Pirée directement au temple, aller et ret. en 1 j. De temps à autre les Cies de navigation organisent cette excursion par bateau à vapeur (débarquement à la baie d'Ha Marina, côte E., à 30 min. du temple; montures préparées. Annonces dans les agences et les hôtels). — Par vent favorable, on peut tenter la même excursion en barque ou en caïque (30 d. aller et retour du Pirée). Débarquement et rembarquement à Vagia (on n'est pas sûr d'y trouver des montures; 1 h. 15 au temple).

1° Du Pirée à Égine par bateau à vapeur.

2 h.

La traversée offre de beaux coups d'œil sur l'Attique, les côtes de Mégaride, le détroit de Salamine, le golfe Saronique. Au bout d'une h. en se rapprochant d'Egine, on distingue, à g. sur le fond des montagnes, au-dessus d'une tache jaunâtre, les colonnes du temple. On range à dr. le groupe des *Lagoussais* (anc. *Eléousa*), on découvre les maisons blanches et la double cime de Mégare, ensuite le petit archipel des *Penté-Nisia* (anc. *îles de Pélops*), et les côtes d'Argolide. On double la pointe O. d'Egine, basse et sablonneuse (cap *Plaka*); on a devant soi l'île basse de *Platia* ou *Métopi*, plus loin *Angistri* (anc. *Kékryphaleia*), dême de 713 hab., puis la masse sombre de *Méthana*, au pied de laquelle éclate la blancheur crayeuse du monastère d'Hos Georgios. On aperçoit bientôt sur Egine un tumulus (p. 171), la colonne isolée du T. d'Aphrodite, et la ville d'Egine, avec ses maisons blanches, les deux tours et la coupole bleue de son église. Aussitôt débarqué (50 c. par pers.), on se rend à l'hôtel pour retenir des chevaux soit pour l'excursion de l'Oros (7 à 8 d. aller et retour), soit pour celle du temple (6 à 7 d.), soit une barque pour le retour au Pirée, le soir même par Vagia (*V.* p. 168). — Pendant les préparatifs on déjeunera rapidement (emporter de quoi goûter sur l'Oros) et l'on jettera un coup d'œil sur le Musée. Il sera prudent de remettre la visite des catacombes, du T. d'Aphrodite et du tumulus à la fin de la journée, au retour de l'excursion.

Egine (Αἴγινα; hôt. *des Etrangers*, τῶν Ξένων ou Karyda, sur le quai : ch. 2 d. 50; restaurant *Léousis*, en ville; café sur la place), ch.-l. de l'île, occupe le site de la ville antique dans la partie la plus plane et la plus fertile de l'île, et sur la côte la mieux abritée. C'est un bourg de 5,000 hab. On y fabrique des cruches jaunes (κανάτια) recherchées sur les marchés d'Athènes et du Pirée. Les Eginètes, excellents marins, vivent de la pêche et du cabotage; ils arment des bateaux pour la pêche des éponges, avec plongeurs et scaphandriers, sur la côte d'Afrique. Ils en importent pour plus d'un million de d. par an.

L'île tout entière forme un dême de 8,231 hab. rattaché au nome de l'Attique. Elle a la forme d'un triangle; sa longueur est de 18 k. 500, du N.-E. au S.-E. (du cap Tourla au cap Perdika), sa superficie, de 85 kmq. Elle est aride et ne possède que de l'eau de puits. L'île est constituée par un massif montagneux de tertiaire marneux, au N.; c'est avec la plaine

N.-O. la partie la plus fertile. On y cultive l'olivier, le figuier, la vigne, l'amandier. Le reste est du trachyte volcanique. Le pic le plus élevé, l'*Oros* ou *Mont H*^{os} *Ilias* (531 m.), est comme le nombril du golfe Saronique. La côte est presque partout accore, sauf dans l'anse d'H^{a} Marina et sur la plage N.-O., la plus accessible et la mieux abritée.

Principales curiosités. — En ville et aux environs : RESTES DES PORTS ANTIQUES, **temple d'Aphrodite**, MAISON PRÉMYCÉNIENNE, TUMULUS, TOMBEAUX SOUTERRAINS, MUSÉE. — Dans l'île : PALAEOKHÔRA, **temple d'Aphaia** (vulgo d'Athéna), **Mont H**^{os} **Ilias** ou **Oros**.

Histoire. — Au début de l'histoire légendaire d'Egine se place le règne des héros Aiakos ou Æaque, fils de Zeus et d'*Ægina*, père de Pélée et de Télamon, grand-père d'Achille, d'Ajax, de Teucros. Il devint avec Minos et Rhadamanthys un des 3 juges infernaux. L'île s'appelait d'abord *Oinoné*, et sa population comptait des Myrmidons thessaliens. Après la g. de Troie, elle fut soumise par les Doriens d'Epidaure. Au VIIIe s. elle passa sous la domination de Pheidon, tyran d'Argos. Elle s'affranchit au VIe s. et s'enrichit par le commerce et l'industrie des métaux, des parfums, des poteries. Son port, situé au débouché de 2 routes de transit, celles des isthmes de Corinthe et de l'Argolide, commença par servir d'intermédiaire entre le Péloponnèse, l'Attique et la Grèce du N. Bientôt la marine éginétique étendit ses relations avec l'Occident jusqu'en Italie, et avec l'Orient, l'Egypte, la mer Noire, et fonda des colonies lointaines. Les monnaies d'Egine, qui portent au droit une tortue, étaient répandues par tout le monde ancien, ainsi que son système métrologique. Son école de sculpteurs était aussi célèbre : les maîtres éginètes du VIe s., Smilis, Kallon, sont appelés à Olympie, à Sparte, à Corinthe; leur successeur Onatas (début du Ve s.) les éclipsa. Cette école ne survécut pas à la conquête athénienne.

En effet, l'essor de la puissance maritime d'Athènes dépendait de la disparition d'Egine. Périclès comparait Egine à une « taie qui aveuglait » le Pirée. La lutte fut âpre et longue, et débuta avant les guerres médiques. Celles-ci amenèrent une trêve. Egine envoya 30 vaisseaux à la bataille de Salamine, où ils se distinguèrent entre tous (les dépouilles des Perses furent vendues sur le marché d'Egine), et prit part aux combats de Mycale et de Platées. Mais, en 458, le duel avec Athènes recommença par 2 grandes batailles navales où la flotte d'Athènes vainquit celles d'Egine, d'Epidaure et de Corinthe, devant Kékryphaleia et Egine même. Les Athéniens assiégèrent la ville qui dut se rendre, en 455, à de dures conditions : elle détruisit ses fortifications, livra ses vaisseaux, paya tribut. En 431, au début de la g. du Péloponnèse, Athènes défiante expulsa les Eginètes de l'île et les remplaça par des colons athéniens. Les Eginètes, accueillis à Thyréa par Sparte, furent réintégrés par Lysandre dans leur patrie, en 404. Mais leur rôle historique était fini. Ils passèrent ensuite entre différentes mains, jusqu'à la domination vénitienne. En 1537, Barberousse les massacra. Morosini, puis les Turcs les reprirent. En 1828, Capo d'Istria établit à Egine le siège de son gouvernement : de lui datent le musée et l'orphelinat; son buste est sur la place.

ITINÉRAIRE. — On visitera d'abord le **Musée** installé dans deux salles du rez-de-chaussée de la Démarchie.

Il renferme, sans aucun ordre, quelques restes du fonds de sculptures réunies par Capo d'Istria et qui gisent à terre (entre autres une Aphrodite), divers objets provenant du T. d'Aphrodite et de celui d'Aphaia. Remarquer surtout un **Sphinx** (figure d'acrotère du T. d'Aphrodite ou de tombeau?), qui est un chef-d'œuvre un peu antérieur à Phidias. Dans les vitrines, de jolis fragments de marbres et de t. c.

La visite des autres curiosités demande au moins 1 h. 30. Au S. de la ville, à 10 min., se trouvent les ruines du **Temple d'Aphrodite**, sur une butte en partie artificielle, fouillée en 1894 par la Soc. archéol. (M. Staïs). C'était un dorique périptère, en tuf, du début du v° s. Il n'en subsiste qu'un fût de colonne sans chapiteau, de 8 m. de haut, avec ses fondations particulières, montées sur une assise de soubassement. Le reste des matériaux a été employé par Capo d'Istria à la construction d'un quai. Le socle du temple se composait d'un massif rectangulaire d'argile et de chaux (dont les murs sont étayés par un mur moderne en pierres sèches, avec escalier). Au pied du soubassement régnait un dallage encore bien conservé qui recouvrait la terrasse extérieure du téménos. Tout cet ensemble s'est lui-même superposé à un sanctuaire plus ancien, du VII° s., dont on a retrouvé une fosse à sacrifices en maçonnerie et un logement carré de 6 m. de côté, composé de trois pièces avec entrée au S. : les murs étaient en brique crue sur socle de pierres trapézoïdales.

Au-dessous de ces constructions on a encore découvert les restes d'une **habitation prémycénienne**, divisée en longs compartiments rectangulaires et parallèles, composés chacun de deux pièces communiquant par de petites portes pyramidantes. Le sol est dallé; les murs, en moellons enduits de chaux, rappellent ceux de Mycènes et de Cnossos. Sous le dallage des chambres étaient creusées des tombes, et, dans les murs, de petites niches funéraires remplies d'ossements. Les débris de vases recueillis appartiennent au style insulaire prémycénien. Cette habitation date de l'époque où les morts étaient encore conservés dans les maisons (Cf. les habitations préhistoriques de Thoricos, p. 214).

De la terrasse du temple on domine les restes des **ports antiques.**

Les Eginètes avaient aménagé leur rade bien abritée, mais ouverte, en bassins fermés, à l'aide de môles. Il y avait d'abord au N. un *brise-lames*, surmonté d'un rempart qui prolongeait de ce côté l'enceinte de la ville; puis une rade ouverte. Ensuite venait le *petit port* ou port militaire, dit *port caché* (parce qu'on ne le voyait pas de la ville) : il était de forme ovale, fermé par deux môles encore visibles, avec une entrée défendue par des tours. Le môle N. porte un phare et la chapelle blanche d'H°• Nikolaos; le môle S. est terminé par une tour médiévale. Plus au S. se trouvait le *Grand Port* ou port de commerce, correspondant au port actuel : il était aussi enclos par deux môles, dont le plus méridional formait de ce côté le prolongement de l'enceinte urbaine. Entre ces deux ports s'alignait une succession de petits bassins ou docks séparés de la mer par une digue et communiquant avec les deux ports.

La ville antique était plus spacieuse que la moderne, au dire des voyageurs qui, au début du XIX° s., ont pu encore reconnaître le tracé de l'enceinte.

A 20 min. au N. du T. d'Aphrodite se dresse un *tumulus* haut de 12 m. Au pied règne une enceinte creuse à peu près carrée (100 m. de côté); elle est taillée dans le roc à 2 ou 3 m. de profondeur.

E. About (*Mémoire sur Egine*) a voulu reconnaître dans le tumulus le tombeau de Phocos, tué au pentathle par ses demi-frères Pelée et Télamon, et, dans l'enceinte, celle de l'*Aiakeion* ou sanctuaire d'Æaque. Mais Pausanias semble situer celui-ci dans la ville.

A 10 min. env. au S. de la ville, sur la route de l'Oros, se trouve l'ancien orphelinat de Capo d'Istria (auj. caserne et prison. Le portier accorde la permission de visiter). Devant la porte et dans la grande cour, on remarque quelques fragments de statues et d'inscriptions. A g., près d'un puits, s'ouvre un escalier en spirale qui conduit à une sorte de *catacombe antique* (se munir de lumière). Par terre, des colonnes; sur les murs, divisés en niches, traces de dessins et peintures antiques. Ces tombeaux ont été dévalisés de bonne heure.

[A 5 min. au N. de ces tombeaux sont les ruines de la *basilique de Phanéroméni*, avec trois absides, crypte et passage souterrain.]

2° D'Égine à l'Oros (Mont Saint-Elie).

2 h. 40 à cheval. — 6 h. 30 aller et retour. — Excursion assez pénible.

La route sort d'Egine par le S.-E., et longe d'abord la mer. — 15 min. On laisse à g. la maison Voulgaris. — 1 h. *Marathona*; on quitte la plaine pour monter par un mauvais chemin. — 1 h. 35. *Pariaraki.*

1 h. 55. *Chapelle d'H^{os} Asomatos* (l'archange St-Michel), dont les murs sont remplis de beaux blocs antiques.

Près de cette chapelle sont les ruines connues sous le nom de *Naos* et qu'on a voulu identifier avec le sanctuaire d'Aphaia (p. 173) cité par Pausanias sur la route du Panhellénion. On voit encore 4 murs polygonaux formant terrasse. Certains blocs ont 2 m. 50 de long. Au N.-O. le mur polygonal a été réparé en bel appareil hellénique, dont il subsiste 8 assises. Au milieu de la terrasse se voient les restes d'un dallage et de bases de piliers régulièrement espacés.

2 h. 40. Sommet du Saint-Elie (montée pénible).

L'*Oros* (531 m.) ou Mont *H^{os} Ilias* (anc. Mont *Panhellénion*) est ce piton conique qui fait reconnaître Egine de tous les points du g. Saronique. Quand il se couvre de nuages, on peut prédire la pluie. Telle est, sans doute, l'origine de la fable qui conte qu'Æaque avait, après une longue sécheresse, obtenu de son père Zeus une pluie bienfaisante. Tous les Grecs élevèrent à Zeus Panhellénien un sanctuaire, dit *Panhellénion*, sur le sommet de la montagne.

On remarque près de la petite chapelle de Saint-Élie, sur le sommet, quelques traces des murs du péribole semicirculaire et à double ligne concentrique qui entourait l'autel, sans temple du dieu.

On découvre de là un magnifique panorama : d'un côté, l'isthme de Corinthe, Kalamaki, Mégare, Salamine, la baie d'Eleusis, Psyttalie, les ports d'Athènes, Athènes, plus près la ville d'Egine et le v. de Pariaraki; de l'autre, l'extrémité de l'Attique, l'île Saint-Georges, les Monts d'Argolide avec le bloc volcanique de Méthana; plus près, les îles Moni et Angistri.

[De l'Oros au Temple, par la côte E., *Portais* et *H^{a} Marina* : 3 h. 15.]

On peut prendre pour revenir à Egine une autre route, qui passe par *Ano-Pariaraki* et laisse à dr. le chemin du *monastère de la Panaghia*, l'un des plus anciens de la Grèce, situé dans un vallon solitaire, puis le v. de *Pagoni*. On rentre en ville en passant devant l'orphelinat (*V.* p. 172).

3° D'Égine au Temple.

2 h. 15 à cheval (prendre un agoyate sachant bien la route). — 5 h. 30 aller et ret. avec halte (1 h.) et retour par la côte N.

La route, pierreuse, traverse un paysage sévère, entre des collines pelées, des vignobles en terrasses, creusés de tombes antiques où poussent des figuiers. Sur la dr. se dresse le St-Elie, à g. le *Slavroïn* (312 m.). — 1 h. Sur la g. apparaît une montagne dénudée, que couronnent des rochers et les restes d'un château-fort médiéval, et dont les pentes sont parsemées de blanches chapelles, de maisons et de monastères en ruines. Cette solitude érémitique, dite **Palaeokhôra**, servait jadis de refuge aux Grecs contre les corsaires des îles. Elle ne s'anime plus qu'une fois l'an, pendant la panégyrie qui se célèbre autour de l'église de la Panaghia. On peut faire halte en bas, auprès d'une fontaine. Ensuite on contourne le pic (à g.) dit *Ta Spilia* ou les Grottes (312 m.).

1 h. 20. Lieu dit *Bilikada* et *chapelle d'H^os Athanasios*.

Au-dessus de la porte est encastré un bloc antique, avec une inscription du milieu du ve s.; c'est la borne d'un téménos d'Athéna, dont l'emplacement n'est pas connu.

Un peu plus loin, du lieu dit *Nisavros*, on aperçoit au sommet d'une colline boisée les colonnes du temple. La montée est fort pénible sous les pins et par des sentiers incertains. On aborde le plateau par l'O. et l'on découvre du sommet (190 m.) Athènes, et la mer des deux côtés.

2 h. 15. **Temple d'Égine.**

L'identification de ce temple, célèbre par sa situation, par sa conservation et par ses sculptures, a donné lieu à de longues discussions. Ed. About et Charles Garnier, auteur d'une belle restauration du monument, le prenaient pour le temple de Zeus Panhellénion. Ensuite on l'identifia avec celui d'Athéna, cité par Hérodote, opinion qu'on croyait confirmée par la présence de cette déesse sur les frontons. Mais, en 1901, les fouilles allemandes ont retrouvé une dédicace du vi^e s. au nom d'*Aphaia*, très vieille divinité indigène, apparentée à la Britomartis crétoise (Artémis), et célébrée par Pindare comme patronne d'Egine. D'après Furtwängler, le sanctuaire primitif, avec un temple contenant la statue en ivoire de la déesse Aphaia, et un autel, daterait du vi^e s. Après la bataille de Salamine, en souvenir du rôle brillant qu'ils y jouèrent, les Eginètes élevèrent, à la même place et aussitôt après 480, le temple actuel, également consacré à Aphaia. Mais comme cette déesse était peu connue en dehors d'Égine, c'est Athéna qui fut choisie pour figurer comme protectrice des Grecs dans leurs combats contre les Troyens, combats représentés sur les frontons comme symboles des guerres médiques. Quant au temple même d'Athéna, il aurait été situé dans la ville.

Les sculptures, retrouvées dès 1811, furent achetées en 1812 pour 100,000 fr. par le prince Louis de Bavière. Elles sont à la Glyptothèque de Munich. Les fouilles récentes ont mis au jour de nouveaux fragments déposés au musée d'Egine et au musée d'Athènes (p. 124, n° 1935-40), des fragments de vases et de nombreuses idoles archaïques en terre cuite représentant une déesse assise (Aphaia?) avec un enfant sur les bras.

Le temple repose sur une terrasse rectangulaire artificielle, de 66 m. de long sur 40 de large, située à l'intérieur d'un mur de clôture ou péribole de l'enclos sacré. Il est monté directement sur un stéréobate de blocs équarris, bien conservés à l'O. On remarque aussi de ce côté, contre l'assise inférieure des fondations, une substruction demi-circulaire en moellons, qui appartenait sans doute au sanctuaire archaïque, peut-être un temple à abside comme le Cabirion des environs de Thèbes ou le temple de Thermos (Etolie). Les vides du stéréobate permettent aussi d'observer le compartimentage intérieur sur lequel reposait le dallage, comme à Sounion et à Delphes, et les substructions du mur de la cella, distinctes de celles du péristyle.

Le temple lui-même, en calcaire local, est un dorique périptère à 6 colonnes de face et 12 de côté, avec un stylobate à 3 degrés apparents. Il reste debout 20 colonnes du péristyle et 2 colonnes *in antis* du pronaos. Les colonnes, dont quelques-unes monolithes, sont hautes de 5 m. 272,chapiteau compris; le diamètre inférieur est de 0 m. 93; le diamètre supérieur de 0 m. 69. L'architrave à 2 poutres est en grande partie conservée. Un enduit stuqué cachait les rugosités du calcaire.

A l'intérieur, les traces des murs et des galeries latérales de la cella sont visibles (remarquer plusieurs blocs de pierre dont les tranches sont creusées de rainures en U ou de mortaises qui servaient à les monter avec des câbles). Une double colonnade intérieure de 5 colonnes à ordres superposés divisait la cella en 3 nefs, comme au Parthénon, et supportait la toiture. La place de la statue, qui était de grandeur moyenne, se trouvait vers le milieu, entourée de grilles en bois dont les trous subsistent. Des escaliers de bois conduisaient à l'étage des galeries latérales. Le dallage de la nef centrale était recouvert d'un enduit stuqué rouge, ainsi que celui du pronaos, où des restes en subsistent. La cella communiquait par des portes avec le pronaos et avec l'opisthodome, divisé par des refends en 4 compartiments (on y remarque une table d'offrandes en pierre).

Les frontons et la toiture étaient en marbre pentélique; on n'a retrouvé aucun fragment de métopes : peut-être étaient-elles en bois peint.

On accédait, de la terrasse extérieure au pronaos, à l'E., par une *rampe* de pierre. Dans l'angle N.-E. de la terrasse s'ouvrait une *citerne* ronde qui recueillait les eaux du temple.

Elle communique avec une grotte inférieure dont l'entrée s'ouvre au N. dans le talus rocheux, sous le mur de soutènement. On a trouvé dans cette citerne des fragments de sculptures et des terres cuites.

L'autel, oblong, se dressait sur la terrasse, devant la rampe. De là régnait vers le S. une piste dallée, extrémité de la voie Sacrée qui pénétrait sur la terrasse, au S., par un *propylée* pourvu sur chaque face de 2 piliers octogonaux *in antis* en guise de colonnes. Entre le propylée et le péribole extérieur, la voie longeait un corps de logis composé de petites pièces carrées et de 3 petites *baignoires* cimentées, destinées aux ablutions purificatrices avant les sacrifices. Sous la terrasse, au S.-E., on a retrouvé des fragments architectoniques du temple du VIe s., en tuf peint, et des restes de bâtiments annexes; mais cette fouille a dû être recomblée. Enfin, en dehors du péribole, au S., sont les restes d'une grande construction ouverte, sans doute un autre téménos.

A l'O. du temple, on a encore retrouvé les ruines de 2 constructions : 1° une maison en pierre de taille, stuquée à l'intérieur, avec une grande salle à manger pour les repas de sacrifices et salles diverses; 2° un réservoir.

[Dans la vallée, à 30 min. au N.-E. du temple, sont les restes d'un petit *sanctuaire des Nymphes*, d'ordre ionique et en partie taillé dans le roc; plus loin une grande maison en pierres de taille.]

Toute la région paraît avoir été désertée après l'expulsion des Eginètes en 431, et le temple lui-même fut abandonné.

[Du temple au mouillage de *Vagia*, sur la côte N., en face l'îlot de *Nisida* : 1 h.; — à la baie d'*H^{a} Marina*, le seul port naturel d'Egine, sur la côte S.-E. : 30 min.; de là à l'Oros par Portais : 2 h. 30.]

On peut aussi rentrer à Egine en 2 h. 40 le long de la côte N. par *H^{i} Kokalaki*, *Khalasméni*, *Méristo*, *Mola*. Avant d'arriver à Egine, la route est bordée de tombeaux antiques.

L'ÆGALÉOS ET LE PARNÈS

(DAPHNI, ÉLEUSIS, ACHARNES, PHYLÉ, TATOÏ, KÉPHISSIA.)

6° Daphni et Éleusis.

Une 1/2 journée. — 1° 🚂 D'Athènes directement à Eleusis : 27 k. en 56 min. ou 1 h. 10. (Préférer l'après-midi, les services du matin n'étant pas pratiques.) — Départ d'Athènes (gare du Péloponnèse, pl. C, 2, 3) à midi; arrivée à Eleusis à 12 h. 56. — Départs d'Eleusis à 3 h. 43, 4 h. 40, 6 h. 23; retour à Athènes à 4 h. 50, 5 h. 50, 7 h. 20; prix : 3 d. 50, 2 d. 80, 1 d. 75. (Réduction sur les billets d'aller et retour.) Buffet de la gare d'Eleusis médiocre. — 2° 🚗 D'Athènes à Eleusis par Daphni et la Voie Sacrée (parcours recommandé) : 22 k. en 2 h. : 20 d. aller et ret. (Pour Daphni seulement : 10 k. en 1 h. : 14 d. aller et ret.) — On peut consacrer 30 min. à Daphni, et de 2 à 3 h. à Eleusis.

A. D'Athènes à Éleusis par le chemin de fer.

Au sortir de la gare du Péloponnèse, on laisse à g. la butte de Colone (p. 152) et les faubourgs de Sépolia et de Lévi; à dr., Patissia. — 2 k. 3. Halte de *Myli*; bifurcation du ch. de fer de Larissa. On franchit le lit desséché du Céphise; à dr., vue sur le Pentélique et les carrières. — 4 k. 9. Halte de *Kato-Liosia* (à g.). 5 min. après, à dr., *Pyrgos*, avec une grande ferme modèle bâtie par la reine Amélie; un peu plus loin (à dr.), butte de 166 m. couronnée par les restes d'une forteresse dépendant de l'ancien dème d'*Acharnes*. Au delà du v. de *Kamaléro* (à g.), la voie incline vers l'E.; à dr. on aperçoit Ménidi et Képhissia. — 9 k. 8. *Ano-Liosia* (à dr.). La voie s'engage dans le défilé qui sépare l'Ægaléos (auj. Sakharitza, à g.) du Parnès (à dr.).

Le passage fut barré au ve s. par une ligne de fortification (auj. *Déma*) en appareil polygonal (long. 4,200 m.; haut. 2 m. à 2 m. 50, sur 1 m. 50 d'épaisseur). Elle descend des 2 versants; le front regarde l'O.; il est percé de poternes fortifiées. D'autres tronçons de murs, et des restes de camps fortifiés subsistent dans le défilé et sur les crêtes.

Au débouché sur la mer (belle vue sur la baie d'Eleusis, Salamine et l'arsenal, p. 164), la voie contourne la butte de *Battala* (à dr., 99 m.). — 22 k. 8. Halte de *Kalyvia* (anc. dème de *Thria*); à dr., le v. de *Khasia*, dans le Parnès.

27 k. 1. *Eleusis*. De la gare, on suit au S. une rue qui coupe la route d'Athènes et conduit en 5 min. à l'entrée du champ de fouilles (*V.* ci-dessous).

B. Par la Voie Sacrée et Daphni (route carrossable).

On sort d'Athènes devant la porte Dipyle et le Céramique (p. 93). La voie moderne forme la première section de la route carrossable d'Athènes à Thèbes par Eleuthères.

Elle suit d'assez près le parcours de l'ancienne *Voie Sacrée* d'Athènes à Eleusis, par où le cortège se rendait à la célébration des Mystères. Elle porte encore aujourd'hui le nom de Ἱερὰ Ὁδός, inscrit sur les bornes qui indiquent les stades (kilomètres) comptés à partir du Palais. Elle était toute bordée d'autels, chapelles et tombeaux, dont on rencontre partout les substructions.

2 k. 5. On coupe les voies ferrées du Péloponnèse et de Larissa (p. 154). — 2 k. 8. *Jardin Botanique* (à g., p. 154). On pénètre aussitôt dans le bois d'oliviers (à dr., le site de l'Académie, la butte de Colone, et Kolokythou). — 3 k. 750. Pont sur le premier bras du *Céphise* athénien.

4 k. 1. *Chapelle de Saint-Sabas* (à dr.).

Elle occupe l'emplacement d'un temple de Déméter, l'une des stations du cortège. La déesse avait reçu là, disait-on, l'hospitalité du héros Phytalos, et l'avait récompensé en lui donnant le premier plant de figuier. Près du sanctuaire, aux abords du puits, on adorait, en effet, le *Figuier sacré*.

4 k. 220. **Deuxième bras du Céphise, auj. canalisé.**

Autrefois, un pont de marbre le franchissait. Là avaient lieu les *géphyrismes* ou farces du pont; la procession qui, le premier jour de la fête (14 boédromion), apportait d'Eleusis à Athènes les *objets sacrés* (*hiéra*), entourés d'un voile, stationnait près du pont, à la limite du faubourg du Figuier Sacré. La population athénienne attendait là le cortège pour l'accabler de lazzi, auxquels il répondait, en souvenir des facéties que la vieille Baubo avait débitées à Déméter pour la dérider.

4 k. 950. Lisière du bois d'oliviers, et (à dr.) *chapelle d'H^{os} Georgios*, construite avec des débris antiques enlevés aux tombes voisines. — 5 k. 950. Fabrique de poudre, café, asile d'aliénés. On commence à gravir les pentes de l'Ægaléos ou Pœcile. Là, à l'entrée du *défilé mystique*, se trouvaient les plus riches tombeaux décrits par Pausanias (nombreux restes de chaque côté) et des citernes encore utilisées pour l'irrigation. — 8 k. 050. Sur la dr. s'élève la butte conique d'*H^{os} Ilias*, dont le sommet (189 m. 9) porte une chapelle de St Elie.

De ce point le voyageur venu d'Eleusis découvrait tout à coup Athènes « dans toute sa gloire ». Chateaubriand, arrivé par cette route, en face de cette admirable vision, ressentit « un vif transport » qu'il a décrit en une page célèbre de l'*Itinéraire*. Là se trouvaient, au pied de la butte, le cénotaphe et l'héróon fastueux élevés par Harpalos à sa maîtresse Pythionice : le monument avait coûté 100 talents (590,000 fr.).

9 k. 3. Le chemin descend. On croise des restes de fortifications qui défendaient le passage. — 10 k. 150. Groupe de cafés, à g. et à dr. de la route.

Le célèbre **couvent de Daphni**, situé à 8 k. du Dipylon, se trouve sur la g. de la route.

Le monastère[1] était consacré à la *Dormition de la Vierge*. Le nom de Δαφνί ou Δαφνεῖον (*Dalfinet* dans les textes français du moyen âge. Cf. *Lauretum*) lui vient des lauriers qui poussaient jadis aux alentours et rappelaient l'ancien culte d'Apollon dont le temple, situé au même endroit, fut détruit vers 395 ap. J.-C. Le premier monastère fut fondé au ve ou au vi^{e} s. : il n'en reste que l'enceinte fortifiée et quelques substructions. Après une période d'abandon, il fut restauré à la fin du xie s., avec une église nouvelle. En 1205, les croisés le saccagèrent. En 1211, Othon de la Roche (p. 12) y installa des Cisterciens. Daphni devint le Saint-Denis des ducs bourguignons (sépultures des de La Roche et de Gauthier de Brienne). Après eux il déclina. En 1458, à l'arrivée de Mahomet II, les Cisterciens le quittèrent. Il fut réoccupé au xvie s. par les orthodoxes, qui construisirent le cloître actuel, et définitivement abandonné à l'époque de la guerre de l'Indépendance.

Le couvent était entouré d'une *enceinte* carrée, datant du ve ou du vi^{e} s. (bien conservée au N. sur la route et en partie à l'O.), de 97 m. env. de côté, flanquée de tours en dehors, et à l'intérieur de contreforts en arcades, de portiques et de cellules (visibles au N. et à l'angle N.-E.). L'entrée primitive de l'enceinte était à

1. G. Millet, *Le monastère de Daphni*, Paris, 1899.

l'O.; l'entrée actuelle s'ouvre à l'E. Des bâtiments monastiques situés à l'intérieur de l'enceinte subsistent : 1° au N. les substructions d'un grand *réfectoire* isolé, à abside, du XIe s.; 2° l'église; 3° au S. le *cloître* cistercien adossé à l'église; les cellules modernes (XVIe s.) entourent une cour carrée avec citerne.

L'église offre un spécimen remarquable de l'architecture byzantine à la fin du XIe s. Elle a été restaurée en 1893. L'entrée principale et la façade étaient à l'O. dans un porche postérieur à l'Eglise, mais encore byzantine. Les Cisterciens l'ont restauré avec des arcades gothiques et des créneaux. Il est flanqué au N. d'une tour carrée, qui renferme un escalier; un campanile postérieur (auj. démoli). chargeait le bras N. de la croix. Les fenêtres cintrées, bilobées et trilobées, à meneaux, étaient fermées par des plaques ajourées. Le tambour de la coupole à 16 fenêtres est contrebuté par des contreforts arrondis.

On entre dans l'église par une porte latérale au S. dans la cour du cloître. Les divisions intérieures sont le *pronaos* ou porche ouvert, et le *narthex*, qui constituent les parties « extérieures » de l'église, puis le *naos* ouvert aux fidèles, enfin le sanctuaire (*bêma*, *prothèse* et *diaconicon*) réservé au clergé. La coupole est portée par quatre trompes d'angles qui transforment en octogone le carré central. Au milieu de chacun des côtés quatre hautes arcades se rattachent au carré comme les quatre bras d'une croix grecque; des chapelles garnissent les angles. Il n'y avait de tribunes (*cathicouména*) qu'au dessus du narthex et du porche.

Les surfaces étaient décorées de très belles **mosaïques** à fond d'or, de la fin du XIe s. (comme celles de St-Marc à Venise), dominées par l'admirable figure du Christ Pantocrator, dans la coupole. Elles ont été restaurées en 1893. Le plan ci-contre, d'après G. Millet, indique la distribution des sujets. (Le gardien prête aussi aux visiteurs un plan de l'église. Laisser quelques sous dans le plateau.)

On remarque, dans la cour, deux sarcophages, ornés de fleurs de lis et de deux guivres affrontées autour d'une croix latine. Ils ont longtemps passé pour être ceux des ducs d'Athènes. Mais les ornements ne sont pas, comme on le croyait, les armoiries des de La Roche : ce sont des motifs byzantins d'origine latine. Divers fragments byzantins, colonnes, chapiteaux, corniches, couvercles de sarcophages provenant de la crypte (aujourd'hui comblée), sont déposés dans le cloître, avec des fragments antiques découverts sur la Voie sacrée.

[A 100 m. à l'E., près de la route, une chapelle en ruines avec crypte représente l'*oratoire* du cimetière du couvent.]

A 700 m. env. du couvent, à l'O., les pentes se rapprochent.

Sur une longueur de 1,100 m. les traces de la voie antique, large de 2 m. 50 à 4 m. 80, se reconnaissent à dr. de la route, entre le lit d'un torrent et la base des roches. Elle est pavée par endroits, le plus souvent taillée dans le roc, et bordée d'une double ligne de cailloux dressés.

Au delà du k. 11, sur la dr., un pan de rocher creusé de niches votives pour statuettes et dédicaces signale l'emplacement d'un **sanctuaire d'Aphrodite.** Le téménos est attenant au rocher; il est formé par un péribole de grosses pierres entourant les substructions d'un petit *temple* (à l'E.) et de bâtiments rectangulaires, avec restes de vastes citernes rondes et d'un autel (au N.).

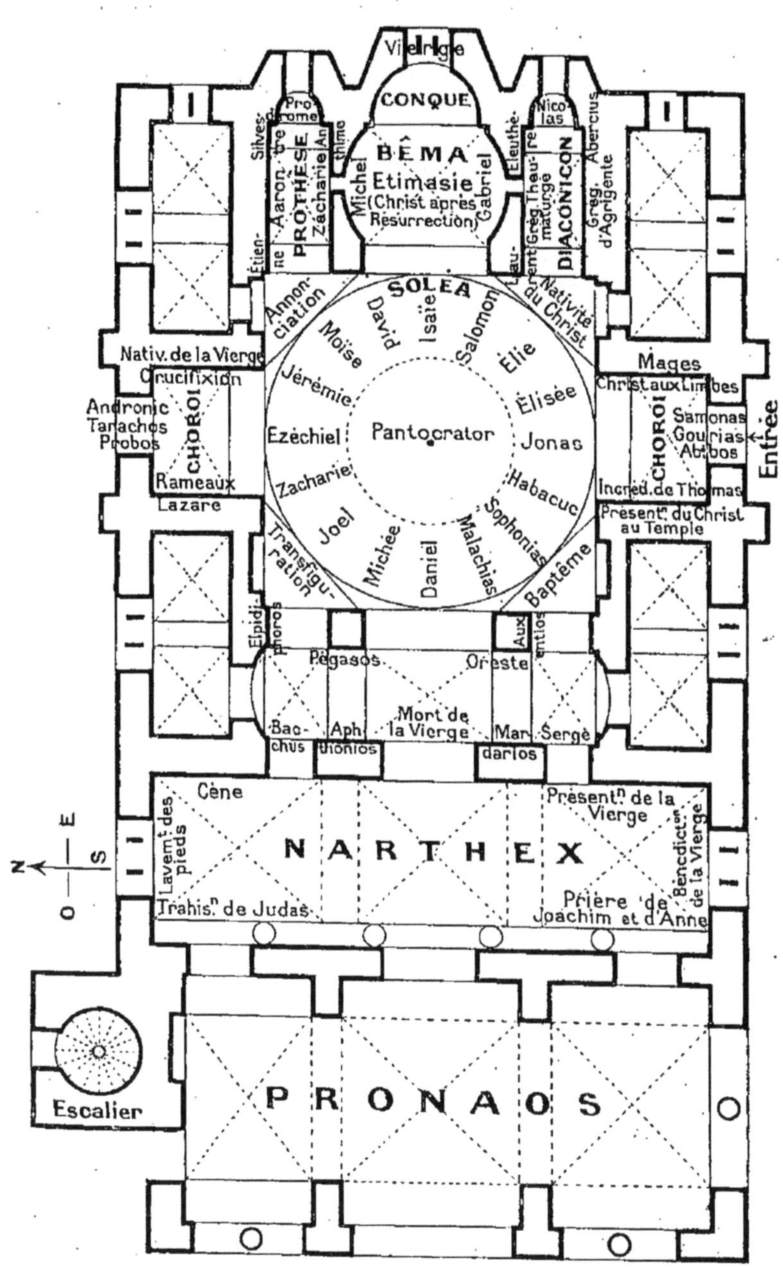

ÉGLISE DE DAPHNI.

(D'après G. Millet.)

La Voie sacrée bifurque à l'E. du temple. Entre le tronçon E. et la route moderne sous laquelle il plonge, on remarque les restes d'une puissante construction rectangulaire (25 m. sur 15 m. 50) d'appareil polygonal, probablement un fortin antique, le *teikhos* en pierres non taillées signalé par Pausanias devant le T. d'Aphrodite. (A l'intérieur, 2 sarcophages indiquent qu'il fut transformé en tombeau).

Enfin à 30 m. à l'O. entre l'autre voie antique qui borde le sanctuaire et la route moderne, on remarque les restes d'importantes fortifications franques avec deux citernes rondes.

14 k. Café et grande maison neuve. Le golfe d'Eleusis se découvre, avec Salamine à g.

[A g., sentiers conduisant en 2 h. 30 au Pirée par l'Ægaléos et l'ancien couvent de Scaramanga (45 min.), ou par la côte de Scaramanga (traces de voie antique) et Kératopyrgos (p. 168).]

Au débouché sur la mer, la route tourne au N., serrée par un éperon rocheux qu'elle entaille : au delà, dans une plaine, elle longe (à dr.) le premier des deux lacs sacrés appelés **Rheitoi**, contenu par une digue.

La voie antique le contournait en partie en suivant à dr. la base des rochers, puis traversait le marais sur une passerelle en pierres de 5 pieds de large, inaccessible aux chars : elle fut construite en 421 (*V.* inscr. du musée d'Eleusis, p. 187). La voie moderne longe la mer. L'autre lac se trouve à l'entrée de la plaine d'Eleusis. Ces deux lacs, alimentés par des sources que les anciens croyaient en relation avec l'Euripe, communiquaient avec la mer : ils étaient consacrés, l'un à Déméter, l'autre à Koré : les prêtres seuls avaient le droit d'y pêcher et d'y garder une barque. Ils sont encore assez poissonneux.

Au delà d'un deuxième éperon rocheux, on longe le deuxième lac. Vers le k. 17, restes d'un tombeau, à dr. La route s'écarte de la côte marécageuse (*Kalibaki*), traverse la *plaine de Thria* en se rapprochant du ch. de fer. A dr. le v. de *Kalyvia*; à g. Eleusis et son acropole surmontée d'une chapelle et d'un campanile blancs, et dans le fond, les deux pointes du *Trikéri* (anc. *Kérata*, les Cornes, 470 m.).

Un peu avant le k. 21, au milieu des vignes, à g., arches d'un **pont monumental** de la voie sacrée jeté par Hadrien sur le *Céphise éleusinien* (auj. *Sarandapotamos*).

Le lit de la rivière n'y passe plus ; il s'arrête au N. de la voie ferrée, le long d'un *grand aqueduc* d'Hadrien. Les eaux disparaissent avant d'atteindre la mer et forment une nappe souterraine qui alimente des puits, entre autres celui que les gens d'Eleusis appellent le *Beau puits*, près du pont.

A l'entrée du v., chapelle d'*Hos Zacharias*, bâtie près des ruines d'une grande église byzantine (construite elle-même sur une villa romaine), dont les murs contenaient le grand bas-relief retrouvé en 1859 (p. 124, n° 126). Laissant à l'O. le prolongement de la route qui bifurque 1,500 m. plus loin dans la direction de Mandra et Thèbes, et dans celle de Mégare-Corinthe, on tourne à g. pour entrer dans Eleusis et gagner le champ de fouilles.

ÉLEUSIS

Sanctuaire des G^des Déesses

(Fouilles de 1882 à 1895)

Constructions

antérieures aux Pisistratides	de l'époque des Pisistr^des (560-480 a. J.C)	" " de Cimon (480-450 a. J.C)	
de l'époque de Périclès (450-400 ")	du 4me et du 3me siècle (400-200 ")	de l'époque romaine	

Mètres

0 10 20 30 40 50

ACROPOLE
Mur de l'Acropole
Campanile
Temple de Déméter
Ch. de la Panaghia
MUSÉE
v. la Nécropole
Sortie
Maison du Gardien
Terrasse dans le roc, conduisant au 1er Étage ou Mégaron
Gradins dans le roc
TÉLESTÉRION
Colon^des de Cimon
Pisistrate
Bases des Colonnes de Périclès
Télestérion de Pisistrate
Mur du Télestérion mycénien
Colon^de de Cimon
Colon^de de Pisistrate
Porte
Escalier
Niche
Autel
Temple de Core?
Grottes
Temple de Pluton
Ploutonion
Autel
Temple
Voie Sacrée
Poterne
PORTIQUE DE PHILON
Fondations du Péristyle projeté par Périclès
Contref^ts
Terrasse
Base
Contreforts
Soutènements intér^s de la terrasse
Bases
Enceinte extérieure de Périclès
Tour
Citernes romaines
Aqueduc romain
Chambres
Cour
Portique
Portique romain
Bouleutérion
Change
Enceinte intérieure de Pisistrate
Hall du Ve S.
Galerie romaine
Cour intérieure
Logements romains
Enceinte extérieure par les Romains
(Partie restaurée)
Aqueduc
Tour
Mur de basse époque
Citerne romaine
PETITS PROPYLÉES de Ap. Cl. Pulcher
GR^des PROPYLÉES
Enceinte extérieure de Pisistrate
ARC DE TRIOMPHE
Puits Kallichoros
Esplanade dallée
Bassin
v. la Gare
Entrée
Temple d'Artémis Propylaea et de Poseidon

d'après Philios, Dörpfeld et Blavette.

Imp. Dufrénoy – Paris. 3-06

L. Hermann, del.

22 k. **Éleusis,** auj. *Lefsina*, n'est plus qu'un pauvre village fiévreux de 1,350 hab., presque tous albanais. Il possède cependant une savonnerie renommée, des distilleries et l'unique exploitation de ciment en Grèce. Le ch.-l. du dême moderne d'Eleusis est au bourg de Mandra, à 4 k. au N. dans la montagne.

Principales curiosités : — **Sanctuaire des Grandes Déesses.** — MUSÉE. — ACROPOLE. — NÉCROPOLE MYCÉNIENNE.

Histoire. — Eleusis était un des dêmes les plus anciens de l'Attique et le siège d'un vieil Etat sacerdotal, personnifié dans la légende par le roi-prêtre Eumolpos (c'est-à-dire à la voix juste). Son nom signifie : *l'Arrivée*. C'était là, en effet, d'après la fable, que Déméter (Cérès) dans ses courses à la recherche de sa fille Koré (Proserpine), enlevée par Hadès (Pluton), avait reçu l'hospitalité du roi Kéléos. La déesse reconnaissante avait donné à Triptolème, fils de Kéléos, le premier grain de blé et lui avait appris la culture de la terre. Les mystères, fondés par Eumolpos sur l'ordre de la déesse, devaient perpétuer le souvenir de ce bienfait. Le culte des Grandes Déesses (Déméter et Koré) fit la célébrité d'Eleusis jusqu'à la fin du IVe s. après J.-C.

L'Etat éleusinien ne tarda pas à entrer en conflit avec celui d'Athènes, dès le temps d'Erechthée suivant la légende. Vaincue et annexée à l'Etat athénien (au VIIe s. ?), Eleusis conserva certains privilèges : le titre de *ville*, avec le droit de battre monnaie de cuivre, et surtout la direction des mystères : c'était au sein de ses deux familles sacerdotales, les Eumolpides et les Kéryces, que se recrutaient les principaux ministres du culte des Grandes Déesses, le *hiérophante* (le révélateur des choses sacrées) et le *dadouque* (le porte-torche), le *hiérokéryx* (héraut sacré), etc. Deux fois par an avaient lieu les fêtes des Grandes Déesses, aux *Petites Eleusinies* (anthestérion : fév.-mars) et aux *Grandes Eleusinies* (boédromion : sep.-oct.). A l'occasion de ces dernières, les Athéniens et les Grecs de toutes nationalités venaient célébrer les Mystères et se faire initier (*V.* p. 184). Eschyle naquit à Eleusis en 515 av. J.-C.

En 403, l'Acropole d'Eleusis fut occupée par les Trente. Après une brillante période de prospérité sous Hadrien et Antonin, due à la recrudescence de la ferveur religieuse, Eleusis fut saccagée en 395 par Alaric et les Mystères furent interdits sous Théodose II. La v. fut abandonnée après l'époque byzantine et ne se repeupla qu'à la fin du XVIIIe s.

L'enclos sacré avait été plusieurs fois agrandi et remanié, à mesure que grandissait la faveur des Mystères. Le sanctuaire primitif, fondé à l'époque mycénienne par Eumolpos, fut d'abord reconstruit au VIe s. par les Pisistratides; incendié par les Perses en 480, il fut restauré provisoirement par Cimon, puis par Périclès avec le concours d'Ictinos, l'architecte du Parthénon. Sous Lycurgue, il fut encore agrandi et embelli (portique de Philon); Hadrien et Antonin le Pieux y mirent la dernière main, le dernier pour réparer les dégâts causés par une incursion des Kostoboïes. En 1815, la Société des Dilettanti, puis Fr. Lenormant en 1860 commencèrent à fouiller le sanctuaire, alors couvert de maisons. C'est la Société archéologique qui consacra 200,000 d. à l'expropriation du terrain et 150,000 d. à des fouilles intégrales, qui ont duré de 1882 à 1895, sous la direction de l'éphore Philios et de son successeur Skias.

ITINÉRAIRE. — *V.* pl. d'Eleusis. — On commencera par la visite du **sanctuaire** qui prend env. 2 h.; il faut ajouter 1 h. pour l'Acropole et la nécropole mycénienne (le gardien des fouilles s'offre à guider les visiteurs : 1 à 2 d. pour la promenade).

Les ruines du sanctuaire des Grandes Déesses occupent une terrasse à l'extrémité E. de la colline de l'Acropole.

Comme il était interdit, sous peine de mort, aux non initiés, il était entouré d'une haute enceinte fortifiée, double du côté de l'entrée. Elle ne laissait apercevoir du dehors, au dire de Strabon, que le sommet des édifices. Pausanias, qui était initié, s'est refusé à décrire le sanctuaire, par scrupule religieux. On ne possède guère sur sa topographie que les témoignages des ruines et des inscriptions. En dehors des portes de la ville s'étendait la *plaine Rharienne*, champ sacré où avait été semé le premier grain donné par Déméter; il renfermait l'aire et l'autel de Triptolème.

L'entrée du sanctuaire était au N.-E. On rencontre d'abord, en dehors de l'enceinte, les restes d'un temple dorique (romain) *d'Artémis Propylaia et de Poseidon*, puis une esplanade dallée, limitée à dr. et à g. par *2 arcs de triomphe*, d'ordre corinthien, dédiés par les Panhellènes aux déesses et à l'empereur Hadrien. Attenant à celui de g. on remarque un *bassin* long où pouvaient s'abreuver les animaux.

Les **Grands Propylées**, en face du temple d'Artémis, marquent l'entrée de la Voie sacrée dans l'enceinte extérieure. A leur g., en dehors du péribole, se trouve, entouré d'un mur, la bouche circulaire du *Puits Kallichoros*, cité par l'hymne homérique à Déméter, par Euripide et Pausanias. C'était autour de lui que, pour la première fois, les femmes d'Eleusis avaient dansé et chanté en l'honneur de Déméter. Il était antérieur à la construction des Propylées dont la marche inférieure fut échancrée pour le respecter.

Les Grands Propylées ont été construits, sous Hadrien, en marbre pentélique, à l'imitation des Propylées de l'Acropole d'Athènes. Ils se composent d'un soubassement rectangulaire à 6 degrés, portant un vestibule dallé. La façade extérieure, qui regarde le N.-E., était constituée par un portique dorique de 6 colonnes. Sur l'avant-dernière marche, usée par les pieds du public, on remarque les traces d'un socle de balustrade ou de grille, ajouté postérieurement sans doute pour faciliter le contrôle. La porte médiane a laissé des traces de gonds et des entailles circulaires creusées par les battants. Le fronton était orné, au milieu, d'un médaillon colossal, en marbre, d'Antonin le Pieux (déposé près du temple d'Artémis). Le vestibule intérieur était divisé en 3 passages, par une double rangée de 3 colonnes ioniques, et fermé au fond par un mur à 5 portes. Un portique de 6 colonnes doriques (dont 1 en place à dr.) s'ouvrait ensuite sur le sanctuaire : le fronton de cette façade était aussi décoré d'un médaillon dont il ne reste qu'un fragment.

L'orientation des Propylées ne permettait pas d'enfiler du regard la Voie sacrée et le reste du sanctuaire. Quand les portes étaient ouvertes, on ne voyait du dehors que le haut péribole du Ploutonion (*V.* p. 183).

Les Grands Propylées coupent l'*enceinte extérieure*, construite par Pisistrate et remaniée par les Romains. Elle décrit un arc du S. au N.-O.:

elle rejoint au N.-O. (1,1) les murs de l'Acropole. L'entrée romaine s'est substituée à une porte fortifiée, du vi^e s., dont il reste la tour carrée voisine du puits. Les parties anciennes de cette enceinte se reconnaissent au socle de pierres polygonales qui portait un mur en briques crues de 7 à 8 m. de hauteur. Les parties romaines sont en tuf équarri.

Les Grands Propylées débouchent sur une longue cour intérieure comprise entre les 2 enceintes. Elle est limitée au N.-O. par un péribole (3,3) de basse époque qui relie les Propylées au rocher (dans l'angle N.-O., une citerne romaine), au S. elle va se rétrécissant jusqu'au raccord des 2 enceintes, entre la tour 4 et le massif 5'. Les mystes y étaient rassemblés et sans doute contrôlés avant de pénétrer dans la 2e enceinte. Cet espace était aussi occupé par des logements, halls, galeries et vestiaires à l'usage du personnel et des initiés, pendant les cérémonies. On en réservera l'examen à plus tard.

Des Grands Propylées, on passe de suite aux **Petits Propylées**, ou entrée de l'enceinte intérieure.

Ils occupent aussi la place d'une porte fortifiée du vi^e s., dont il reste la tour 5, à g. D'après la dédicace en latin du monument, ils ont été commencés (vers 54 av. J.-C.) par le proconsul *Appius Claudius Pulcher*, ami de Cicéron, et achevés par ses héritiers. Cicéron parle déjà du projet d'Appius dans des lettres à Atticus de l'an 50. Quant à l'*enceinte intérieure*, qui date des Pisistratides, elle a été conservée sans autres remaniements que ceux qui résultaient de la construction des Petits Propylées. Elle se compose d'un socle épais de pierres polygonales, portant un corps de mur en briques crues, dont on a retrouvé des fragments (*V.* p. 186).

La façade des Petits Propylées regarde le N., en discordance voulue avec celle des Grands Propylées. Ils se composent d'un vestibule dallé de 10 m. de large, de plain-pied avec la cour, et d'un mur de fond, percé d'une porte de 4 m., flanquée de 2 colonnes avec chapiteaux ornés de 2 griffons. Ceux-ci portaient une architrave décorée de reliefs (épis, cistes, objets de culte). Les 2 portes latérales ont été percées plus tard; les 4 piédestaux de statues, placés devant les colonnes et les portes, sont encore plus récents. Le vestibule postérieur est divisé en 3 couloirs par des antes. On remarque dans le passage du milieu les ornières des chars, qui pouvaient entrer dans le sanctuaire avant la construction des Grands Propylées.

Ce passage débouche sur la montée de la Voie sacrée, pavée à l'époque romaine de dalles de marbre blanc et de pierre bleue d'Eleusis. A dr., dans la falaise, s'ouvrent deux *grottes*, précédées d'une terrasse triangulaire fermée par un mur de péribole : c'était le **Ploutonion**, ou sanctuaire de Pluton, restauré en 329 av. J.-C. Le *temple* du dieu, petit édifice *in antis* de 6 m. 70 sur 5 m. 20, s'élevait devant la plus grande des 2 grottes. Il n'en subsiste que des vestiges, avec traces du temple plus ancien. C'est là qu'ont été trouvés les bas-reliefs représentant Pluton et Proserpine (*V.* musée d'Eleusis), et la tête d'Eubouleus (Pluton) qui est au musée d'Athènes (p. 124, n° 181). La grotte représentait l'entrée de l'Hadès avec le *Katabasion*, par où Pluton avait emporté Koré (trou à l'intérieur de la grotte).

Plus loin, des degrés taillés dans le roc conduisent à une plate-forme rectangulaire (6) : c'était peut-être la place de l'autel des 2 déesses avec une fosse ronde pour les libations. Le plan d'un temple (d'Hécate?) est reconnaissable (7) à g. Plus loin, dans un retrait du rocher, se reconnaît le plan d'un édifice plus vaste en forme de temple (peut-être le *temple de Koré?*). A côté, un escalier (7) taillé dans le roc le reliait, à l'entrée du temple de Déméter situé au-dessus, à la place de la Panaghia (p. 186).

Le tronçon actuel de la Voie sacrée aboutit à l'entrée N.-E. (8) du **Télésterion** (*Salle d'initiation*) ou **Sanctuaire des Mystères** (Μυστικὸς σηκός), le plus important des édifices sacrés d'Eleusis.

Ce n'était pas un temple, mais un vaste hall carré de 2,717 mq. Là avait lieu, à l'époque des Grandes Eleusinies, l'initiation aux Mystères.

Le secret des Mystères d'Eleusis a été bien gardé. Le sens général de la légende de Déméter est bien clair. Sa « Passion » après le rapt de sa fille par le dieu des Enfers, la réapparition annuelle de Koré après un séjour de six mois dans l'Hadès, symbolisent le deuil de la nature après la mort de la végétation, le travail de la semence confiée à la terre et la réapparition de la plante qui renaît de cette mort. On a cru longtemps que les Mystères comportaient une doctrine morale et cosmogonique et de profondes spéculations sur les rapports de la destinée humaine avec ces phénomènes naturels, sur le problème de la vie et de la mort, et sur les assurances de vie bienheureuse qui s'en dégageaient. Les initiés recevaient, avec la vérité, le bonheur et l'espérance. « Heureux parmi les habitants de la terre, dit l'hymne homérique à Déméter, celui qui a contemplé ces grands spectacles! Mais celui qui n'est pas initié est à jamais privé d'un pareil bonheur, même quand la mort l'a fait descendre dans les sombres demeures. » D'après Renan, « les révélations des Mystères paraissent avoir été la partie réellement sérieuse des religions anciennes ». En quoi consistaient ces révélations? D'après M. Foucart[1], elles se produisaient sous la forme d'un *drame sacré* où était mise en action la légende de Koré (Proserpine), et celle de l'union de Zeus et de Déméter. Ensuite « on montrait aux mystes le voyage de l'âme dans le monde souterrain et on leur enseignait les moyens de le mener à bonne fin ». Ils recevaient de l'hiérophante des indications pratiques sur la topographie des enfers, ses obstacles, ses monstres, avec des formules pour en triompher, et sur celle des Champs-Elysées, avec les formules mystiques qui devaient leur en ouvrir l'accès. Après la représentation du drame, les mystes procédaient, sous la conduite de l'hiérophante et du dadouque, à la lumière des torches, à une sorte de voyage dans la salle d'initiation, dont les différentes parties reproduisaient d'une manière conventionnelle les détails de la topographie infernale. On leur dévoilait ensuite les objets sacrés (*hiéra*). La cérémonie se complétait sans doute aussi par une visite aux temples de Déméter, de Koré, de Pluton. D'après M. Foucart, l'origine de ces rites devrait être cherchée en Egypte, dans les mystères d'Isis et d'Osiris.

Tous les Athéniens devaient être initiés, au moins au 1er degré (mystes). On devenait initié du 2e degré (époptes) un an après. Les fêtes éleusiniennes duraient 10 jours, du 13 au 23 boédromion (sept.-oct.), employés comme suit : le 13, voyage des éphèbes d'Athènes à Eleusis ; le 14, transfert des *hiéra* voilés d'Eleusis à l'Eleusinion d'Athènes (p. 90), et *farces du pont* p. 177) ; le 15, rassemblement des mystes au portique Pœcile (p. 102), exclu-

1. Foucart, *Les Grands Mystères d'Eleusis*, 1895-1900.

sion des interdits; le 16, bain sacré des mystes au Phalère et sacrifices; les 17 et 18, retraite, jeûne, purifications; le 19, procession d'Athènes à Eleusis avec la statue d'Iacchos; arrivée à Eleusis dans la nuit; le 20, sacrifices. Du 21 au 23, célébration des Mystères et de l'initiation : veillées dans le Télestérion. Retour à Athènes dans l'après-midi du 23.

Le Télestérion actuel est celui du IVe s. remanié à l'époque impériale. Il forme une salle couverte de 54 m. 15 sur 51 m. 80, adossée au rocher, en partie taillée à pic, en partie fondée sur un terre-plein artificiel. Sur chacun des 3 côtés libres s'ouvraient 2 portes. Sur le sol, actuellement de roc et de terre battue, mais peut-être recouvert d'un dallage de tuf, 6 rangées de 7 colonnes supportaient le plafond en bois du 1er étage, à une hauteur de 6 m. Il n'en reste que les bases rondes, en pierre bleue. Sur chacun des 4 côtés régnaient 8 rangs de gradins, en partie taillés dans le roc, en partie en pierres rapportées et interrompus au droit des portes : il y avait place pour 3,000 personnes.

Le côté S.-E. s'ouvre sur un grand portique de 55 m. 91 de long et de 11 m. 50 de profondeur, dit **Portique de Philon**, du nom de son constructeur, l'architecte de la Skeuothèque de Zéa (p. 158). Ce portique fut ajouté vers 346, sous l'administration de Lycurgue. Il est dorique, avec 1 ante et 2 colonnes sur les côtés et 12 colonnes de façade. Le cannelage des colonnes, qui devait être achevé après la pose, en est resté à l'amorce exécutée dans le chantier. Le pavement consiste en grandes dalles de pierre bleue. Le portique fut achevé en 311 sous Démétrius de Phalère, d'après Vitruve.

La façade du Télestérion ressemblait à celle d'un grand temple surbaissé (remarquer les restes de triglyphes de la frise). Il n'y avait pas de crypte, mais un étage supérieur, de niveau avec la terrasse du fond où l'on accédait par les escaliers latéraux 7 et 9. C'était le *mégaron* ou *anactoron* où étaient conservés et révélés les ἱερὰ : il était recouvert d'un toit avec un lanterneau (*opaion*). La course des mystes commençait dans la salle du rez-de-chaussée, à la lueur des torches, et se terminait dans le mégaron.

On peut suivre sur le plan les états antérieurs de l'édifice, d'après les traces relevées au cours des fouilles. Il n'a cessé de s'agrandir. Le Télestérion primitif de l'époque mycénienne était une salle rectangulaire de 17 m. de large (bleu rayé), entourée d'une enceinte en pierres bleues polygonales (10, 10). Pisistrate la remplaça par un hall carré de 27 m. de côté (bleu plein), avec 5 rangs de 5 colonnes précédé d'un portique (restes du dallage). Il fit aussi bâtir la double enceinte de l'E. et celle du S. (12, 12) qui disparut plus tard. Après l'incendie des Perses, Cimon rebâtit la salle en longueur (27 m. sur 44 env.), c'est-à-dire la moitié du carré actuel en largeur avec 7 rangs de 3 colonnes (rose plein), ce qui l'obligea à tailler les 1ers gradins du fond et du côté N.-E. Périclès ramena le plan général au carré, en faisant tailler et bâtir à côté du hall de Cimon, au S.-O., une salle de même longueur et de même largeur, mais avec 4 rangs de 2 colonnes seulement (rose rayé). Les 2 salles étaient-elles réunies intérieurement, malgré la dissymétrie de leurs colonnades, ou restèrent-elles séparées par un mur, l'une pour les mystes, l'autre pour les époptes, chacune avec son escalier conduisant à l'étage? On l'ignore. Périclès projeta aussi d'entourer la partie antérieure de tout l'édifice par un péristyle, mais le projet en resta aux fondations (13, 13) et aux contreforts d'angles (14, 14), qui furent enfouis sous les déblais d'une terrasse, avec l'enceinte S. de Pisistrate. En même temps qu'il établissait cette terrasse, à l'aide des soutènements intérieurs 15, 15 (cf. Acropole d'Athènes, n° 16, 18), il élargissait l'enceinte par la construction du gros mur S.-E. et S.-O. (rose rayé), avec tours rondes (4, 16), et petite porte (18) défendue par des tours (17). Au siècle suivant, Lycurgue fit élever le Portique de Philon, et recula plus loin (mur 16, 19, 20, 21, violet plein) l'enceinte S. et S.-O. de Périclès, qu'il démolit en partie. Enfin les empereurs unifièrent toute la colonnade intérieure du Télestérion et ajoutèrent des gradins dans le fond; l'enceinte existante fut seulement restaurée (violet rayé).

Passant sur le côté S.-O. du Télestérion, par la porte 22, on passe, près des restes d'un autel et d'une niche (pour statue) creusée dans le roc, et l'on monte par un large escalier latéral taillé dans la roche à la longue terrasse rupestre (82 m. sur 13 m.) qui desservait les entrées de l'étage supérieur. Cette terrasse était bordée à l'O. par une paroi à pic que couronnait le mur de l'acropole. A son extrémité N.-E., au-dessus de l'escalier 7 d'autres degrés (23) conduisaient à l'entrée du **Temple de Déméter**, situé, d'après l'hymne homérique, au-dessus de l'éperon rocheux dominant le puits Kallichoros. Il n'en reste que les vestiges d'un temple romain *in antis*, en partie recouverts par une chapelle de la *Panaghia* et son campanile. (Belle vue sur le sanctuaire et les environs.)

On descendra par l'escalier 7 pour jeter un coup d'œil sur le mur intérieur de Pisistrate et les constructions, signalées plus haut (p. 183) qui remplissent le coin S. de la cour intérieure. On y remarque une *galerie romaine* longue de 67 m. sur 8 m. 50 de large (dortoir ou vestiaire?), des restes de maisons romaines, où l'on a découvert une peinture représentant le Zeus Olympien de Phidias, et, entre la tour 4 du mur de Périclès et celui de Pisistrate, des lignes de piliers, ayant appartenu à un hall ou *magasin* du ve s., avec restes d'une porte (24) percée dans le raccord des 2 enceintes de Pisistrate; on remarquera aussi des pans de murs en briques crues provenant des parties supérieures de l'enceinte de Pisistrate.

On revient vers l'O. en passant le long de l'enceinte de Périclès et des piédestaux d'ex-voto romains qui ornaient la terrasse, et l'on arrive à l'angle S. de la muraille construite par Lycurgue. Divers locaux avaient été aménagés dans ce coin pour le personnel administratif du sanctuaire, avec une porte spéciale défendue par une tour (20, 20). Ce sont, au S.-E., des chambres, et au S.-O. les restes d'un *Bouleutérion* (salle du conseil) du ɪvᵉ s. avec hémicycle cantonné de 2 salles rectangulaires (violet plein). Le tout fut d'abord transformé en un long portique, à l'époque romaine (violet rayé), puis, la moitié de ce portique fut sacrifiée pour être reconstruite en hémicycle au double de l'ancien.

On sort du sanctuaire par l'angle N.-O. pour visiter le **Musée**, qui contient 5 salles.

AU DEHORS, à g. de l'entrée, 2 colonnes en forme de torches, fragments architectoniques.

Salle I. — A dr. de l'entrée, [S] de f. romaine; à g. [S] d'homme. — MUR DR. B.-r. éleusinien (IVe s.) : Triptolème et des serpents, entre Déméter et Koré; groupe de mystes. — Dionysos. — Grand pithos archaïque. — MUR DE FOND : Antinoüs. — Grand b.-r. du 1er s. av. J.-C., trouvé au t. de Pluton (p. 183) et dédié par le prêtre Lacratidès. Il représente toutes les divinités éleusiniennes : Triptolème, en char traîné par des dragons, reçoit de Déméter, assise sur le puits Kallichoros, une poignée d'épis. Au 2e plan, Koré tenant 2 torches et Pluton ; derrière Déméter, à g., 1 enfant (Dionysos) et une f. (Kléô), fils et fille de Lacratidès. A dr. derrière Triptolème, un dieu assis, avec un serpent près de son trône (il est désigné comme le Dieu, Θεός. Peut-être Asklépios?) ; près de lui, debout, la Déesse (Θεά), peut-être Hygie? A dr., le prêtre Lacratidès, sa femme Dionysia tenant une ciste pleine de fruits, et leur 2e fils Sostratos, en initié. — [S] de f. romaine. — MUR G. Loutrophore — B.-r. : Déméter, Triptolème, Koré. — B.-r. : Triptolème et Koré. — Grand serpent. — Tête d'Athèna, copie romaine de la Parthénos de Phidias. — Copie réduite d'un fronton éleusinien (enlèvement de Proserpine). — VITRINE. Fragments de vases et de terres cuites.

Salle II (à dr.). — Céramique. T. c. archaïques (motifs éleusiniens), vases mycéniens et de style géométrique provenant de la nécropole d'Eleusis (*V.* p. 188). — Coupes à relief. — 2 belles coupes à fig. noires Athéna, Iacchos). — Belle série de brûle-parfums à dorures. — Petits marbres.

Salle III (à g. de la S. I). — Contre la porte, décret attique de l'an 421 relatif à la construction d'un pont sur le Rheitos (p. 180), avec b.-r. représentant Athéna et un magistrat d'Eleusis, Déméter et Koré. — Au fond, vases mycéniens et géométriques, fragments architectoniques en t. c. — Contre l'autre porte, b.-r. (début du ve s.) : Déméter assise avec des épis et Koré avec des torches. — Beau b.-r. votif de l'an 411 : combat entre cavaliers athéniens et hoplites spartiates. — Belle tête de cheval (archaïque). — Stèles et b.-r. votifs. — Au milieu, chapiteau à griffons des Petits Propylées.

Salle IV. — A g. de l'entrée, statues archaïsantes, sans têtes, de prêtresses. — Au fond, buste colossal (1er s. av. J.-C.) de cistophore, des Petits Propylées. (Un autre semblable a été emporté à Cambridge.) — Beaux torses de statues drapées. — En face l'entrée : Torse de Niké. — Κοῦρος (p. 123) archaïque. — Au milieu, belle statue, sans tête, de Déméter. — Base carrée avec relief représentant des mystes.

Salle V. — Inscriptions.

Du musée, on monte à l'**Acropole** (63 m.). A 80 m. à l'O. à mi-côte, on rencontre l'ouverture d'une grotte, convertie en *tombeau à coupole*, avec dromos et entrée triangulaire. De l'enceinte antique de l'Acropole, il ne subsiste que des fragments insignifiants; elle a été en partie reconstruite au moyen âge.

La butte de l'Acropole fait partie d'un chaînon rocheux isolé, d'1 k. 1/2 de long, qui domine la mer et le débouché des routes de Corinthe et de Thèbes. Les anciens et les Francs y installèrent des tours de guet, dont les ruines se voient sur les sommets voisins de l'Acropole.

En descendant du col qui sépare l'Acropole du sommet couronné par la tour franque, vers la mer, à l'O. de la savonnerie, on rencontre nombre de murs en pierres sèches; ce sont les tombeaux d'une **nécropole** mycénienne qui s'étendait jusqu'au rivage. Là ont été trouvés les vases du musée, des bijoux et des objets égyptiens.

En revenant au village par la côte, on aperçoit les restes des *2 môles* recourbés du port antique. Celui de l'E. prolongeait, comme à Egine (p. 171), l'enceinte de la ville : les traces de celle-ci ont disparu.

Du môle, une route directe (800 m.) rejoint la route d'Athènes; de là à la gare, 300 m.

7° Acharnes (Ménidi) et Phylé.

De 10 à 13 h. — Emporter des provisions; on trouve aux khanis de Ménidi et de Khasia du vin résiné, du pain, des œufs, du fromage.

1° En [train] jusqu'à Ano-Liosia (p. 189) : 10 k. en 24 min.; 1 d. 20, 0 d. 95, 0 d. 60. — Prendre le 1er train à 7 h. du mat. (gare du Péloponnèse, Pl. C, 2, 3). Cette ligne n'est pratique que pour les touristes décidés à faire au besoin à pied le trajet, à l'aller, de la station d'Ano-Liosia (où l'on trouve rarement des montures) jusqu'à Khasia : 6 k. : 1 h. 15 (à cheval ou à âne 1 d. 50 à 2 d.). — A Khasia on trouve guide et montures pour Phylé et le retour à la station (6 à 7 d.). Collationner rapidement au Khani de Khasia. — De Khasia à Phylé (Kastro) 2 h. 20. Halte à Phylé 1 h. — Retour à la station par le couvent tôn Klistôn et Khasia : 3 h. 40. En restant à Phylé moins d'1 h. et au couvent quelques minutes, on peut repartir par le train de 4 h. 27. (Si l'on doit reprendre le train suivant à 5 h. 27, prévenir le chef de gare.) On peut aussi revenir par le train du soir à Ménidi (*V.* ci-dessous).

2° [voiture] en voiture jusqu'à Khasia : 21 k. en 2 h. 15. 25 d. aller et ret. — De Khasia à Phylé 2 h. 20; de Phylé à Khasia par le couvent 2 h. 30. — Retour à Athènes en voiture 2 h. On déjeune à Khasia ou à Phylé (emporter de l'eau). Un drogman n'est pas nécessaire. Le cocher recrutera à Khasia des agoyates connaissant bien les chemins et leur donnera les instructions pour le retour. En partant d'Athènes de très bonne heure, on peut, à l'aller, visiter le tombeau de Ménidi (2 k. 1/2 en plus).

3° [train] de la ligne de Larissa jusqu'à Ménidi : 11 k. en 24 ou 30 min. Départ à 7 h. (gare de Larissa, Pl. C, 2). A Ménidi on trouve plus facilement qu'à Ano-Liosia des montures pour Khasia ou pour Phylé. (Si les agoyates de Ménidi ne connaissent pas bien le chemin de Phylé, prendre un guide à Khasia.) — De Ménidi à Khasia, 7 k. en 1 h. 30; 1 d. 50 à 2 d.; à Phylé 3 h. 50, 7 à 8 d. Retour de Phylé par le couvent. — On doit décider d'avance si l'on reviendra à Athènes par Ano-Liosia (*V.* ci-dessus), ce qui oblige à renoncer à la visite du tombeau de Ménidi, et ne laisse que peu de temps à passer à Phylé et au couvent; ou bien par Ménidi (train de 8 h. 20 du soir en été), ce qui laisse plus de latitude en route et permet encore de visiter à la fin de la journée le tombeau (2 k. au S. de Ménidi) pendant les préparatifs du dîner au khani de Ménidi.

N. B. — On peut aussi visiter à part le tombeau et la forteresse d'Acharnes en partant d'Athènes par le train de 4 h.) ou bien encore en allant à Tatoï, pendant la halte de Koukouvaonès, p. 193.

A. D'Athènes à Khasia directement en voiture par Ano-Liosia.

21 k. en 2 h. 15.

On sort d'Athènes par la *rue de Liosia* ou par les *rues d'Aharnes* ou *de Patissia* qu'on quitte pour rejoindre à l'O. celle e Liosia. — 3 k. 5. Pont du Céphise. — 4 k. 5. A g., *Kato-Liosia*. 6 k. 8. *Pyrgos*, à dr. — 8 k. 3. A dr., butte couronnée par les estes de la *forteresse d'Acharnes*. — 9 k. A g., *Kamatéro*, sur la pointe de l'Ægaléos au Sakharitsa. — A dr., *Ménidi*. — 11 k. *Ano* u *Epano-Liosia* (altit. 150 m.). [La station est à 800 m. au S. du .] — 13 k. 5. Entrée du défilé de Khasia entre la colline d'Hos Ilias, à dr. (413 m.), et le lit d'un torrent à g. dans le **Mont Parnès**.

[Sur le Parnès (Πάρνης, gén. Πάρνηθος, même racine que le *Parnon* de Laconie et le *Parnasse*), *V*. p. 1.]

21 k. *Khasia* (800 hab. en majorité albanais et charbonniers), situé dans une haute vallée (315 m.). Halte au khani pour trouver guide et montures.

B. D'Athènes à Khasia en voiture par Ménidi (Acharnes).

23 k. 5 en 2 h. 40.

On sort par la *rue de Patissia* et la route de Tatoï. — 5 k. (de la place de l'Homonia). Pont du *Podoniphti* ou rivière de Képhissia. — 5 k. 8. Au pied d'un tumulus, à g., on quitte la route de Tatoï pour prendre le chemin de Ménidi. — 6 k. 6. *Chapelle d'Hos Georgios*, puis (à dr.) moulin hydraulique. — 6 k. 9. On traverse le Céphise, et un peu après un torrent latéral. Montée au flanc d'une colline.

8 k. Tumulus à dr. qui renferme le **tombeau à coupole** de Ménidi. (Pour visiter s'adresser au gardien qui habite à côté la baraque rouge.)

Ce tombeau mycénien, fouillé en 1879 par l'Institut allemand (*V*., pour les objets découverts, p. 121), consiste en une chambre souterraine de 8 m. 35 de diamètre et 8 m. 74 de hauteur. On y accède par un couloir (*dromos*) taillé dans le roc (26 m. 52 sur 3 m.), continué par un corridor (*stomion*) de 3 m. 35 sur 1 m. 55, qui s'ouvre sur la chambre sépulcrale (*tholos*). Remarquer les 5 linteaux entassés sur la porte pour soutenir les terres. Au sommet de la voûte s'ouvrait un regard, auj. bouché.

Sur la g. s'élève une butte de 174 m., couronnée par les restes de la *forteresse d'*Acharnes, le plus important des dêmes ruraux de l'Attique, qui fournit a lui seul 300 hoplites au début de la guerre du Péloponnèse. Aristophane, dans ses *Acharniens* (425 av. J.-C.), a mis en scène les paysans d'Acharnes, pour la plupart des charbonniers du Parnès, obligés par la guerre à se renfermer dans Athènes. Le territoire du dême s'étendait autour de Ménidi.

9 k. 250. *Chapelle d'Hos Dimitrios*. A dr., hauteur de 180 m., couverte de tumuli. — 10 k. 3. *Ménidi*, gros b. de 2,000 hab.,

ch.-l. du dême moderne d'Acharnes, station du ch. de fer de Larissa (dans le v.). On sort de Ménidi par l'O.

[Pour aller à cheval de Ménïdi à Khasia, on prend un chemin plus direct qui coupe la butte d'H^os Ilias.]

11 k. 5. A dr., chapelle des *40 Martyrs* (*Saranda Martyrès*), sur la butte d'H^os Ilias (189 m.). — 12 k. 8. On rejoint la route d'Ano-Liosia.

13 k. 2. *Ano-Liosia*. De là à Khasia, *V.* p. 189.

C. De Khasia à Phylé (Kastro).

A cheval : 2 h. 20. — Il y a 3 chemins : 1° par la gorge de Phikti (à choisir pour l'aller; le spécifier aux agoyates); 2° par les crêtes, un peu plus court, mais moins intéressant; 3° par la gorge du Potami et le couvent *tôn Klistôn* (à prendre pour la descente du retour).

Au sortir de Khasia, le chemin s'engage à l'O. dans une gorge. — 20 min. On croise à dr. la gorge du Potami Gouras, par laquelle on reviendra, et qui se termine par la falaise à pic de l'Harma (*V.* p. 191). — 35 min. Carrefour de ravins : à l'O., le *Dendra tou Kourazi*; au N., le *Phikti*, que l'on remonte le long d'un torrent dont on traverse le lit à plusieurs reprises. — 2 h. Arrivée au pied de la hauteur de Phylé; à dr., restes d'un aqueduc. Montée, à l'O., sous les pins.

2 h. 20. Sommet (683 m.), couronné par les ruines de la **forteresse de Phylé** (auj. *Kastro*), qui attirent de loin le regard.

La forteresse occupe un plateau triangulaire, entouré de ravins abrupts, et rattaché au N. à un sommet un peu plus élevé (687 m.). Elle commandait la route la plus courte d'Athènes à Thèbes à travers le Parnès et le carrefour de plusieurs gorges. Elle faisait partie de la ligne des forteresses échelonnées sur les défilés de la bordure montagneuse de l'Attique (Eleuthères, Phylé, Lepsydrion, Décélie). Elle paraît avoir été construite au IVe s. pour remplacer une forteresse plus ancienne dont les restes considérables, d'appareil polygonal (époque de Pisistrate ?), occupent un autre sommet à 1,500 m. au N.-E. à vol d'oiseau. C'est sans doute cette dernière qu'occupa en 404 Thrasybule, revenant de Thèbes à Athènes avec 70 partisans de la démocratie résolus à renverser les Trente Tyrans. Ce coup de main démontra la nécessité d'élever une forteresse nouvelle dans une meilleure situation stratégique.

Le *bourg* de Phylé occupait la dépression qui se trouve à l'E. du torrent, entre deux plateaux escarpés. On y a reconnu des murs de terrasses, de maisons, des tombeaux.

L'enceinte forme un pentagone de 100 m. de long du S.-E. au N.-O. sur 30 m. de largeur moyenne. Les murs, de bel appareil hellénique, sont bien conservés à l'E. et au S.-E., sur une ligne de 150 m. Ils ont 3 m. d'épaisseur, et, par endroits, encore 16 assises de hauteur. A l'O. et au S.-O. les tremblements de terre et la végétation les ont précipités dans les ravins. Une tour ronde (angle N.-E.; 6 m. de diamètre) et trois tours carrées, vers le milieu des côtés E., O., N., les flanquaient extérieurement. Il y avait deux entrées, l'une à l'E. près de la tour carrée, l'autre au S.-E., disposées de façon à obliger l'assaillant à présenter au rempart le côté droit non couvert du bouclier. A l'intérieur de l'enceinte on relève les vestiges de quatre bâtiments, deux casernes pour la garnison, un magasin et une tour de guet. — Très belle vue sur la plaine d'Athènes, l'Hymette, le golfe Saronique et l'Ægaléos.

[De Phylé à Thèbes, env. 10 h. par la plaine de Skourta, Dervénosalési, Dharimari; — à Tanagra par Liatani, env. 6 h.]

Au retour (direction S.-E.), on traverse la large croupe boisée du *Kalamara* pour tomber (1 h.) sur le petit couvent de la *Panaghia tôn Klistôn* (N.-D. des Etroitures), pittoresquement situé sur la gorge abrupte du *Potami-Gouras*. Les caloyers offrent le raki ou le café. (Laisser quelques sous dans le tronc de l'église.)

[L'éperon rocheux (867 m.) aux falaises droites qui barre l'horizon au N. (auj. *Kalamara*) répond à l'antique *Harma* (le Char, parce que, vu d'Athènes, il ressemblait à une caisse de char) : il signale au loin dans la plaine la brèche du Parnès: couvert de nuages, il annonce la pluie. L'éclair qui brillait sur son sommet, observé par les *Pythaïstes* du *Pythion* d'Athènes (p. 111), donnait le signal du départ de la théorie envoyée à Delphes.

Au pied de la pointe, dans le torrent (1 h. du couvent), s'ouvre l'*antre de Pan*, où ont été trouvées diverses antiquités, telles que cigales en or, vases, etc.]

On redescend par la gorge en 1 h. 30 à Khasia.

8° Képhissia et Tatoï (Décélie).

Une demi-journée ou 1 j. — D'Athènes à Tatoï 22 k.

1° 🚂 (Larissa) jusqu'à Tatoï-gare. 15 k. en 37 à 40 min. 1 d. 95, 1 d. 60, 0 d. 90. Départ d'Athènes (gare de Larissa, pl. C, 2) à 7 h mat. — Retour de Tatoï-gare à 8 h. 10 et 10 h. 09 s. (en été). La station de Tatoï est située près de la route, à 8 k. au S. de Tatoï-Décélie. On n'est pas sûr d'y trouver des montures. [Jolie promenade à faire à pied, en été, en partant d'Athènes par le train de 4 h. du s., pour dîner et coucher à Tatoï, dont les bois sont délicieux le matin. Pour visiter le château, en l'absence de la famille royale, demander une permission à M. Thon, intendant des biens de la Couronne (au Palais).]

2° Par Képhissia. — 14 k. 6. 🚂 d'Athènes à Képhissia, en 45 min. Départ, en été (gare de Képhissia-Laurion, pl. D, 3) toutes les h. dans la matinée à partir de 6 h.; 1 d. 30, 1 d., 0 d. 75. [Réduction sur les aller et ret. depuis 1 d. 50.] Retour de Képhissia toutes les h. jusqu'à 11 h. 30 du s. — De Képhissia à Tatoï ⊛ 12 k. 2 h. en voit. (1 h. 15 au retour) : 10 d. aller, 20 d. aller et ret. et pour toute la journée. Retenir une voiture d'avance. Déjeuner à Tatoï.

3° D'Athènes à Tatoï ⊛ 22 k., 3 h. 30 en voit. avec halte au Khani de Koukouvaonès. 25 d. aller et ret.

Képhissia et Tatoï se recommandent surtout pour la fraîcheur de leurs ombrages. En été, le voyageur, lassé par la chaleur d'Athènes, pourra aller déjeuner ou dîner à Képhissia près de la source, ou, à Tatoï, chercher l'illusion d'une forêt septentrionale.

A. D'Athènes à Képhissia en chemin de fer.

14 k. 6.

On sort par le faubourg de Patissia. A g., butte de Colone (p. 152). — Halte de *Kato-Patissia*. — 5 k. 4. Halte d'*Ano-Patissia*. — Pont sur la riv. de Khalandri; à dr., le Tourko-Vouni. — 9 k. 2. *Irakli* ou *Héracleion*, bifurcation de la ligne du Laurion. Le v. à g. est une ancienne colonie bavaroise fondée par le roi Othon.

11 k. *Amarousion* ou *Marousi* (1,400 hab.), anc. dême d'*Athmonon*, célèbre par son sanctuaire d'Artémis Amarysia. Source renommée sur la place. A g., colline couverte de tumuli. — Plus loin, *Anavryta*, nombreuses villas, dont celle de feu Syngros.

14 k. 6. **Képhissia** (Κηφισία; hôt. : *de la Grande-Bretagne*, avec restaurant, pens. 15 d.; *Grand Hôtel Mélas*, avec beaux jardins et installation hydrothérapique, pens. 13 à 15 d., tous deux sur la place; restaurant *Evangélios*, près de la source; voitures à la gare et chevaux de louage; 1,360 hab.), est surtout un lieu de villégiature où les Athéniens d'aujourd'hui, comme ceux d'autrefois et comme les Turcs, viennent chercher un refuge contre la chaleur.

Dans l'antiquité, Hérode Atticus possédait à Képhissia plusieurs villas où il recevait ses amis. Aulu-Gelle, l'un de ses hôtes, vante dans ses *Nuits attiques* les charmes de ce séjour.

La *place* est comme un parc ombragé d'un beau platane et de peupliers. Un petit hangar voisin, fermé par une grille, abrite 4 *sarcophages* romains qui passent, sans aucune raison, pour les tombeaux de la famille d'Hérode Atticus.

Trois sont ornés de reliefs. Sur celui du milieu, les petits côtés représentent Hélène entre les 2 Dioscures, et Léda et le cygne; sur les grands côtés, Poseidon, Amphitrite et personnage bandant un arc. — Sur un autre sont figurés Eros et Psyché sacrifiant sur un autel.

A la lisière N.-E. du village, à 10 min. de la place, près de la chapelle d'Hª Sotira, entourée de beaux arbres, s'échappe la source appelée *Képhalari*. C'est à tort qu'elle passe, depuis l'antiquité, pour être la source principale du Céphise, d'où le nom de Képhissia; elle est, en réalité, celle de l'*Angolphi*, affluent du Céphise. Elle sourd (300 lit. à la min.) dans un réservoir carré de 4 m. de côté et 6 m. de prof., couvert d'un grillage, et s'écoule par un canal qui alimente un aqueduc allant à Athènes.

La grotte des Nymphes, qui s'ouvrait jadis au N.-O. du v., a été détruite par un éboulement. [Halte du ch. de fer, dans un joli endroit, dit *Sirophyli*, couvert de platanes.]

[De Képhissia aux carrières de marbre de Dionyso (V. p. 200), 12 k. en voit. 8 à 10 d. aller et ret. Le ch. de fer de l'exploitation prend des voyageurs le samedi, à 4 h. s. (1 d. 50). Retour de Dionyso à 7 h. On visite les carrières sous la conduite d'un ingénieur. Bon hôtel à Dionyso. — De Képhissia au couvent du Pentélique en voit., 10 d. aller (p. 194); — à Marathon, p. 201.

De Képhissia à Tatoï, ❁, 12 k. (V. p. 191, 2°). La route descend dans la vallée du Céphise qu'elle franchit en lacets au bout de 4 k. 5, puis, après avoir coupé la voie ferrée de Larissa, elle remonte en droite ligne vers la route d'Athènes à Tatoï qu'elle rejoint à l'entrée du défilé, à 5 k. de Tatoï (V. ci-dessous, B).]

B. D'Athènes à Tatoï directement en voiture.

22 k. en 3 h. 30.

Tatoï se trouve dans le Parnès, env. à mi-chemin sur la grande route d'Athènes à la Scala-Oropou (47 k. 8).

On sort par la route de Patissia (p. 189). — 5 k. (de l'Homonia). Pont du *Podoniphti*.

9 k. 5. *Koukouvaonès*, poste militaire et khani; halte.— 10 k. 5. Passage en lacets du thalweg du Céphise, aux berges abruptes. A g., *Ménidi*. — 14 k. 5. Voie ferrée de Larissa et gare de Tatoï. — 17 k. 8. A dr., route de Képhissia. La route monte en ligne droite vers l'entrée du défilé. — 19 k. 8. Mont *Kaloudistésa* à g. et gorge boisée. — 20 k. 8. A g., croupe (500 m.) qui porte les restes d'un **camp retranché** elliptique de 800 m. de tour (auj. *Palaeo-Kastro*), avec des traces de chemins antiques au N. Cette enceinte est très probablement celle du camp fortifié des Lacédémoniens en 413.

21 k. 5. Etables, à g.

C'est dans cette dépression qu'était situé le dême antique de **Décélie** (pierres antiques dans les bâtiments des étables), qui commandait le défilé (auj. *Klidi*, la Clef) d'une importance stratégique et économique considérable pour Athènes. Par là passait la grande voie de ravitaillement qui, de l'échelle d'Oropos, amenait à Athènes les convois de céréales et de bétail de l'Eubée. C'est par là que Mardonius passa d'Attique en Béotie avant la bataille de Platées (479). Pendant la guerre du Péloponnèse, en 413, sur les conseils d'Alcibiade, les Lacédémoniens interceptèrent le passage en y installant le camp signalé plus haut, d'où ils dominaient aussi la plaine d'Athènes. Bloquée plus tard du côté de la mer par Lysandre, Athènes affamée dut se rendre (403). Dans la suite, les Athéniens élevèrent à l'entrée N. du défilé (3 k. au N. de Tatoï) un fort dont les restes subsistent sur la crête (850 m.) du *Katsimyti* (à l'O. de la route), en face du *Strongyli* (à l'E., 771 m.).

22 k. On croise à dr. une belle avenue ombragée qui conduit à l'hôtel (*Xénodochion*; convenable; ch. 3 d.), à l'entrée de **Tatoï**: là s'arrêtent les voitures.

Tatoï est le nom d'un ancien v. albanais. Acquis par le roi Georges, ce domaine est devenu entre ses mains un parc et une exploitation agricole modèles, prouvant qu'avec des soins intelligents, de la surveillance et une bonne utilisation des eaux, les montagnes de l'Attique peuvent se revêtir d'une végétation presque aussi variée que celle des pays du Nord. Le domaine royal produit des fruits et un vin blanc estimés. Autour des villas royales, il n'y a d'autres bâtiments que la laiterie, les communs, les écuries et un poste de gendarmerie.

On entre ensuite dans le parc royal. A dr., tour ronde et belvédère (205 m. d'altit.), avec un petit musée d'antiquités et d'histoire naturelle. La route forme plus loin une boucle. A l'E. se trouve l'*Ancien château*, auj. résidence d'été du Diadoque ou prince héritier; à l'O., le *Nouveau château*, villa du roi Georges, reproduction du cottage impérial de Péterhof, en Russie, lieu de naissance de la reine Olga.

En l'absence de la famille royale, on peut être admis à visiter la villa (très belle vue de la terrasse), le musée et le parc, sous la conduite d'un garde forestier ou d'un gendarme.

22 k. 550. En prenant la route latérale, à g., en face la chapelle du château (à dr. de la route), on passe près des écuries, et, continuant vers l'O., on jouit de belles échappées sur les ravins boisés, sur la plaine et sur le Pentélique. Au bout de 1,200 m. env., près d'un bassin alimenté par la source *Dardésa* (située à 600 m. au N.-O.), la route tourne au S. et aboutit 900 m. plus loin à un groupe de sources recueillies dans un joli bassin ombragé, dit la *Guitare* à cause de sa forme (542 m. d'altit.), au pied du mont *Khouvali* (708 m.).

[De Tatoï on peut faire en 45 min. l'ascension du *Katsimyti* (V. p. 193) : sentiers sous bois, belle vue sur la Béotie et l'Eubée. Prendre pour guide un garde ou un gendarme, 1 d. 50 à 2 d.).

De Tatoï à la Scala Oropou, 26 k. (3 h. 30 en voit.); — à Marcopoulo, l'Amphiareion, Kalamos, Rhamnonte, V. p. 208 ; — à Marathon par Spata ou Liossia, la Charadra et Ninoï, 4 h. 30 à cheval.]

LE PENTÉLIQUE ET LA DIACRIE.

(PENTÉLIQUE, MARATHON, RHAMNONTE, AMPHIAREION.)

9° Le Pentélique.

1 j. : 1° 🚂 jusqu'à Képhissia, p. 192. Partir tôt, si l'on veut s'arrêter 1 h. à Képhissia, près de la source. — De Képhissia au couvent, 🚗, 8 k., 1 h. 15 en voit. (aller 10 d. ; aller et ret. 20 d. ; avec retour à Athènes 25 d.). — Déjeuner au couvent de Mendéli avec provisions (les moines fournissent du pain, du vin résiné, des œufs, du fromage et la vaisselle). — Du couvent aux carrières antiques et à la grotte : 45 min. à pied ; retour en 30 min. — Du couvent au sommet (partir vers midi) à pied ou à mulet : 2 h. 30 ; retour par la grotte et les carrières : 1 h. 15. [Commander les montures la veille à Athènes (15 d.) ou à Képhissia (8 à 10 d.). On trouve un guide au couvent (2 à 3 d.)]

2° 🚗 d'Athènes au couvent par Khalandri, en voit., 16 k. 4 en 2 h. (25 d. aller et ret.).

A. De Képhissia au couvent de Mendéli.

La route la moins mauvaise passe par Maroussi (p. 192). Toutefois, si le terrain est sec, les cochers coupent tout droit par un mauvais chemin sillonné de ravins. En route, belle vue sur le Pentélique et ses blanches carrières. — 45 min. On traverse le ravin de la riv. de Khalandri, et l'on rejoint la route d'Athènes (*V.* ci-dessous), à l'entrée d'un défilé, entre les contreforts du Pentélique (*Vouno-Liméni*, à g., 487 m., et *Koupho*, à dr., 388 m.). — 1 h. A dr., ancienne propriété de la duchesse de Plaisance (auj. propriété Skouzès), dont les pavillons sont restés inachevés et abandonnés.

1 h. 15. Halte sur une petite place (altit. 420 m.) ombragée de peupliers, près d'un café et d'une bonne source. A côté, entrée du **couvent de Mendéli** (du Pentélique).

Ce couvent, fondé au début du XVIe s., est un des plus riches de la Grèce ; il occupe le site du dème antique de *Pentélé*. Les bâtiments actuels sont modernes, avec un portail et un campanile de marbre à l'entrée, un cloître à arcades et à galerie supérieure, une cour pavée ornée d'un magnifique bouquet de laurier et une église de la Vierge.

Les moines reçoivent les étrangers dans une chambre spéciale. On règle la dépense au *xénodochos*, et on laisse en outre une offrande dans le tronc de l'église. Aux environs immédiats du couvent, on peut visiter (5 min. au N.) le *petit lac* du moulin (près de la chapelle d'H[a] Trias, où se voient quelques restes de murs et terrasses antiques du dême de Pentélé), et, à 1 k. au S., l'ancien *palais de marbre* de la duchesse de Plaisance (auj. propriété Skouzès, différent de la villa déjà rencontrée).

B. D'Athènes au couvent par Khalandri en voiture.

On sort d'Athènes au N. du Palais par le *B*[d] *de Képhissia*, entre la base du Lycabette à g. et le lit de l'Ilissos à dr. — 2 k. 5. A g., *Ambélokipi* (anc. dême d'*Alopéké*), patrie d'Aristide et de Socrate, où se recueille le miel des abeilles du Pentélique et du Tourko-Vouni, vendu comme miel de l'Hymette. A g., le Tourko-Vouni (338 m.). — 6 k. Khanis. On quitte la route de Képhissia pour tourner à dr. — 9 k. Traversée de la voie ferrée du Laurion, à l'entrée de *Khalandri* (700 hab.), anc. dême de *Phlya* (courte halte au Khani).

[Au S. du v., à 500 m. de la place, chapelle de la *Panaghia Marmariotissa*, bâtie sur un édicule funéraire romain dont la voûte est bien conservée.]

11 k. 5. Chapelles ruinées (*Francomonastiri*) et, à g., lit du torrent de Khalandri. Montée vers le Pentélique. — 14 k. Entrée du défilé de Mendéli (*V.* ci-dessus). — 15 k. 7. Villa Plaisance (*V.* ci-dessus). — 16 k. 4. Couvent de Mendéli (*V.* ci-dessus).

C. Du couvent au Pentélique.

Du couvent, les 2 excursions les plus intéressantes sont celles des carrières antiques et de la grotte, et l'ascension du sommet. Elles peuvent être combinées ensemble (*V.* p. 194).

1° Du couvent aux carrières et a la grotte (promenade de 1 h. 30 à 2 h. aller et ret. ; guide au couvent, 1 d.). — On quitte le couvent en passant près du moulin (*to Mylo*, *V.* ci-dessus). — 15 min. Long ravin en pente, que l'on remonte à dr. parmi les débris de marbre. — 25 min. Quitter le sentier moderne pour suivre à dr. une *piste dallée* antique qui desservait la principale carrière.

45 min. **Carrière antique et grotte** (altit. 700 m.).

L'exploitation des carrières du Pentélique, commencée dès 570 av. J.-C. (p. 4), fut surtout active sous Périclès, et fit négliger celles de l'Hymette. Auparavant, on n'employait le marbre, dans les édifices en tuf, que pour les parties décoratives. Au v° s. on se mit à bâtir des édifices entiers en marbre pentélique (λίθος πεντελήσιος), réservant pour la sculpture le marbre de Paros, d'un grain plus gros, moins compact et plus facile à tailler au ciseau. Au contraire, le pentélique, d'un grain fin et serré, est par excellence un marbre architectural, dont le poli est parfait. A l'air, l'oxydation de ses éléments ferrugineux lui donne avec le temps une belle patine dorée qui se combine avec l'action d'un lichen spécial. Les anciens ont exploité surtout le versant S.-O. (auj. *Aspra Marmara*) au-dessous des pics *Kokkinaras* et *Vajati*. Les carrières modernes les plus importantes sont sur l'autre versant du Kokkinaras, à *Dionyso* (p. 201) : elles donnent une roche moins blanche et plus veinée.

La carrière principale, où l'on se trouve, fait partie d'une veine de 1 k. de long remarquable par sa blancheur et sa pureté. Elle se prolonge en amont, où l'on trouve, sur la même ligne, 5 à 6 autres carrières.

Les anciens l'ont épuisée. On peut reconstituer leurs procédés d'extraction. La surface du roc était d'abord égalisée au ciseau, puis les blocs étaient délimités longitudinalement par une profonde rainure rectangulaire à la scie au sable, enfin détachés à l'aide de coins de bois mouillé, enfoncés en haut. On les dégrossissait sur chantier, et on les descendait le long de la piste dallée sur des traîneaux de bois, que retenaient des câbles enroulés autour de gros pieux espacés de distance en distance et plantés dans des trous (encore visibles) creusés de chaque côté de la piste.

Dans le coin N.-E. de cette carrière, au pied d'un pan de rocher découpé et coloré comme un portant de théâtre, s'ouvre l'entrée d'une vaste **grotte** à stalactites, de 10 à 15 m. de haut. sur 20 ou 30 de prof., qui a dû être mise au jour par l'excavation de la carrière. Un mur byzantin, percé d'une porte, se dresse devant cette grotte, qui sert encore de refuge aux bergers. Une petite *chapelle* informe est installée à dr. dans une sorte de niche du rocher. On y remarque une figure d'aigle byzantin sculptée en creux et des noms de touristes. Dans la grotte, à 60 pas de l'entrée, une cuvette creusée dans le roc recueille l'eau fraîche de la voûte.

[De la grotte, un sentier pénible et impraticable aux montures, conduit à la crête en 45 min. et de là au sommet en 30 min. Il vaut mieux réserver ce chemin pour la descente. *V.* ci-dessous.]

2° Du couvent au sommet du Pentélique, avec retour par la grotte et les carrières (3 h. 45 en tout; prendre un guide au couvent ou au café voisin : 2 à 3 d.). — L'ascension du sommet du Pentélique, très recommandable, peut se faire à cheval ou mieux à mulet. On prend un chemin qui fait un tour à l'E., près d'une carrière moderne et d'une chapelle *d'Hos Nicolaos* (1 h. 15, à 756 m. d'altit.), s'élevant progressivement jusqu'aux crêtes, et de là au principal **sommet du Pentélique** (1,108 m. 6), couronné par un signal de triangulation (2 h. 30).

Le nom primitif de la montagne était *Brilettos*; celui de *Pentelikon*, dérivé du dème de Pentélé, prévalut plus tard (sur la géologie, *V.* p. 2). A 400 m. à l'E. du sommet, sur un point moins élevé de la crête (1,020 m.), un petit plateau porte des traces de scellement dans le roc : c'était sans doute la place de la statue colossale d'Athéna, mentionnée par Pausanias. La cime contiguë, à l'E., est le *Vajati* (1,008 m.).

Le **panorama** que l'on embrasse du sommet est des plus intéressants : au S.-O., la plaine Attique, le Parnès, l'Ægaléos; en arrière, le Cithéron, l'Hélicon, le Parnasse; dans le lointain, les Monts du Péloponnèse; — au S.-E., l'Hymette et la Mésogée jusqu'au Laurion; au delà, les Cyclades : Andros, Tinos, Kéos, parfois Mélos. — De l'autre côté, au N.-E. la courbe du golfe de Marathon et le promontoire Kynosoura, tout le district montueux de l'ancienne Diacrie, les Monts d'Oropie, Chalcis et l'Eubée, avec la pyramide du Delphi; — au N.-O., la passe de Décélie et le Parnès.

Du sommet, on descend rapidement (35 min.) à la grotte et aux carrières (*V.* p. 196); de là au couvent en moins de 40 min.

10° Marathon, Rhamnonte, l'Amphiareion et la Diacrie.

1 à 3 j. — On peut en 1 j. voir Marathon et Rhamnonte.

1° En 1 j. : 🚗 d'Athènes à Marathona : 40 k., 4 h. 30 en voit., 50 d. aller et ret. — Prévenir la veille pour les relais. Emporter des provisions pour le déjeuner et le dîner. La simple excursion de Marathon serait un peu monotone : on peut la compléter, dans la même journée, par celle de Rhamnonte (6 h. à cheval aller et ret. de Marathona. Retenir d'avance les montures à Marathona : 6 à 7 d.). — Partir d'Athènes à 5 h. m. pour arriver à Marathona à 11 h. après avoir vu le champ de bataille et le Sôros en chemin. Déjeuner au magazi de Marathona. Repartir à cheval pour Rhamnonte à midi, en donnant rendez-vous à la voit. pour 5 h. 30 sur la route d'Athènes à 600 m. au S. de Séféri. — Dîner au retour à la halte de Pikermi. Rentrée à Athènes vers 10 h. s.

Les itinéraires suivants offrent plus de variété et de pittoresque :

2° En 1 j. : 🚂 d'Athènes à Képhissia, 1 h., p. 192. (La halte de *Bayati*, sur la ligne de Larissa, est inutilisable à l'aller, faute de montures.) — De Képhissia à cheval à Marathona par Vrana (déj. avec provisions) et le Sôros (6 h., 7 à 8 d.). On peut repartir de Marathona pour Athènes vers 3 h., soit en voit. (retenue d'avance), soit en charrette (*sousta* au magazi, 20 d.; 5 à 6 h. avec halte à Pikermi, par la grande route).

3° En 2 j. — 1er j. : 🚂 d'Athènes à Képhissia (p. 192). De Képhissia à chev. par Dionyso, Vrana et le Sôros à Marathona (6 h., 7 à 8 d.). Déj. à Vrana (avec provisions!), coucher à Marathona au magazi ou à Bey (dans la propriété de M. Skouzès, à 15 min. de Marathona, avec une recommandation pour son intendant). — 2e j. : de Marathona à chev. (10 d.), par Rhamnonte (2 h. 35), Grammatiko (1 h. 45; déj. au magazi), Kapandriti, à la station de Kiourka (4 h. 15 de Rhamnonte), où l'on prendra (en été) le train de 7 h. 42 ou de 9 h. 30 s. (arrivée à Athènes à 8 h. 50 et 9 h. 30 s.; 3 d. 85, 3 d. 20, 1 d. 95).

4° En 3 j. (à raison de 8 à 10 d. par cheval et par j.). — 1er j. comme ci-dessus. — 2e j. : Marathon, Rhamnonte; de là, par Grammatiko (déjeuner), Varnava, Villia, à Kalamos (6 h. de Rhamnonte; coucher). — 3e j. : de Kalamos à l'Amphiareion (20 min.), puis, par Marcopoulo (35 min.) et Milési (1 h.), à Tatoï-gare (25 k. de Milési, 5 h.). On dîne à l'hôtel de Tatoï, p. 193, pour prendre à la gare (8 k. de Tatoï) les trains d'*été* à 8 h. 10 ou à 10 h. 9 s., qui rentrent à Athènes à 8 h. 50 et à 10 h. 50.

5° On gagne 1 jour sur l'excursion précédente en la faisant à rebours, sans passer par Tatoï. — 1er j. : 🚂 d'Athènes à Kiourka (ligne de Larissa; départ à 7 h. m.; arrivée à Kiourka à 8 h. 10). De Kiourka à Kalamos, 3 h. à cheval. Visite de l'Amphiareion (1 h. aller et ret. et séjour d'1 h.). Coucher à Grammatiko (4 h. de Kalamos). — 2e j. : Grammatiko-Rhamnonte-Marathona (5 h.). Déj. à Marathona, et retour à Athènes soit par le Sôros et la grande route, en voiture ou en *sousta*, soit à cheval par Ninoï et Képhissia (4 h. 30; dîner à Képhissia et retour à Athènes par un train du soir).

N. B. — L'excursion de l'Amphiareion peut se faire à part, en 1 j. aller et ret. 🚂 d'Athènes à Kiourka, de là à Kalamos, à cheval ou en charrette 3 h., et retour à la station de Kiourka pour les trains du soir (en été : 7 h. 42 et 9 h. 39 s.).

A. Athènes à Marathon par la route carrossable et Pikermi.

40 k. en 4 h. 30.

On sort d'Athènes par la Place de la Constitution et le Bd de Képhissia. — 2 k. 6. Ambélokipi (p. 195). On quitte la route de Képhissia pour prendre à dr. — Sur la dr., extrémité N. de l'Hymette. A mi-côte, monastère abandonné de *Hos Ioannis Kynigos* (le Chasseur), reconnaissable à son enceinte blanche. — 7 k. Khani. A g., Khalandri (p. 195). — 10 k. 6. Chapelle ruinée, à g., et *colonne byzantine* avec inscription de l'an 1237. — 11 k. (1 h. 15). Croisement de route au lieu dit *Stavro*; à dr., route du Laurion.

12 k. 5. Traversée de la voie ferrée du Laurion, au lieu dit *Iéraka*.

Il répond à l'ancien dème de *Palléné*, situé à l'entrée de la plaine d'Athènes entre l'Hymette et le Pentélique; là eurent lieu les combats des Athéniens contre Eurysthée et contre Pisistrate venant de Marathon.

On traverse un grand bois d'oliviers. — 14 k. 5 (1 h. 45). *Kharvati*.

18 k. 3. Khani de *Pikermi* (halte).

Le hameau de Pikermi, propriété du banquier Skouzès, est situé à 1 k. 2 au N. Il est célèbre en paléontologie par ses riches gisements fossiles néo-tertiaires explorés notamment par A. Gaudry (p. 148). Ils ont révélé une faune apparentée à la faune primitive de l'Afrique orientale (singe, rhinocéros, girafe, hipparion, helladothérium, mastodontes, antilopes, dinothérium, le plus gros fossile connu, etc.). C'est le torrent de Pikermi (*Dasomari-Rhevma*), qui, en creusant ses berges, a mis à nu ces ossements. Le gisement le plus important se trouve de chaque côté du lit, à l'E. du ham. (2 k. au N.-E. du Khani).

D'autre part, au S., à 2 k. de la route, dans la direction de *Vourva*, sont des restes de muraille antique et un grand tumulus funéraire (p. 133).

La région voisine est une des plus riches de l'Attique en oliviers, vignobles, etc.

21 k. 3. Torrent du Mégalo-Rhevma et *pont de Drasésa.*

C'est près de ce pont qu'en avril 1870 plusieurs touristes anglais furent pris par des brigands qui en massacrèrent 4 quelques jours après. L'émoi causé en Angleterre et en Europe par cette affaire obligea le gouvernement grec à réprimer énergiquement le brigandage.

A dr., le Mont *Elosi* (ancienne acropole?). La route suit le torrent qui se jette dans la baie de Raphina (ancien dème *d'Araphèn*). — 27 k. La route contourne les contreforts du Pentélique (*Mavrovounia* à g.), se rapproche de la mer et tourne au N. Belle vue sur la baie de Marathon et l'Eubée. — 29 k. A g., ham. de *Iérotsakouli.* — 34 k. (4 h.). Débouché sur la plaine de Marathon entre les pentes boisées de pins et de lentisques du Mont *Agriéliki* (557 m.) à g., et à dr. le *marais de Vrexisa.*

Ce marais entoure un îlot (*Nisi*) où l'on a retrouvé plusieurs fragments de sarcophages, colonnes, statues, et les fondations d'un édicule en marbre, peut-être le tombeau de la famille d'Hérode Atticus.

36 k. A dr., au milieu des vignes, à 750 m. de la route, se dresse le **Sôros ou tumulus de Marathon**, haut de 12 m. env. sur 185 m. de tour à la base. (On quitte la voit. pour s'y rendre à travers champs en 10 min.). C'est du sommet qu'on a la meilleure vue du champ de bataille.

D'après la tradition antique confirmée par les fouilles de la Société arch. (M. Staïs) en 1890, ce tombeau fut élevé après la bataille pour recevoir les cendres des 192 Athéniens morts dans la mêlée, à l'endroit où elle s'était terminée et où on les avait brûlés ensemble sur un immense bûcher. Dans le tumulus ont été retrouvés une couche de cendres, des ossements calcinés d'hommes et d'animaux sacrifiés, des fragments de lécythes et de vases du début du ve s. (p. 131). Sur la surface on a recueilli des pointes en silex ayant appartenu aux flèches des archers éthiopiens (Hérodote, VII, 60). Des stèles de marbre, plantées sur le tumulus, commémoraient les noms des morts classés par tribus.

Du haut du Sôros, on embrasse toute la topographie de la plaine. Elle se déploie en croissant sur une longueur de 10 k. et une profondeur de 5 k., autour d'une baie arrondie entre le cap *Kavo* au S. et le promontoire *Kynosoura* (Queue du Chien, cf. p. 164) au N. Elle est fermée au N. et au S. par 2 marais. Dans le fond à l'O. débouchent 2 vallées séparées par la croupe du *Kotroni* (235 m.) : la vallée de *Vrana*, au S.-O., par où descend le chemin de Képhissia (*V.* p. 202) et que prolonge au N.-O. le vallon latéral d'*Avlona*; au N. la gorge étroite et profonde de la *Charadra* ou torrent de Marathon. Celle-ci communique, derrière le Kotroni, par un ravin avec le vallon d'Avlona. Tel est le cadre de la mémorable bataille, où une poignée d'Athéniens et de Platéens sauva la Grèce et la civilisation européenne.

Bataille de 490. — La bataille de Marathon eut lieu probablement le 10 août 490. La flotte perse, commandée par Datis et Artapherne, après avoir pris Érétrie, en Eubée, s'était, sur le conseil du Pisistratide Hippias, embossée dans la baie de Marathon (sur la grève entre le Sôros et le grand marais du N.), pour débarquer un corps d'armée qui devait marcher sur Athènes. Hérodote estime cette armée à 100,000 fantassins et 10,000 cavaliers. Ces chiffres très exagérés sont réduits par certains critiques modernes à environ 6,000 fantassins (pour la plupart des archers) et 800 cavaliers (sans compter les hommes non armés). Les Athéniens accoururent, sans doute par le chemin de Kêphissia-Vrana. La tradition porte leur effectif à 9,000 hoplites, bientôt renforcés de 1,000 Platéens; mais le chiffre réel devait être (sans compter les valets) de 6,000 h. placés sous les ordres du polémarque Callimaque et des 10 stratèges, dont Miltiade et Aristide. Les collègues de Miltiade lui déférèrent le commandement en chef. L'armée grecque occupait une position défensive, près d'un sanctuaire d'Hercule, à l'entrée de la vallée de Vrana. De là, elle pouvait prendre en flanc l'armée perse, si celle-ci tentait de se diriger vers Athènes par la seule route praticable pour elle, celle du S.

Après quelques jours d'expectative, Datis, résolu à se débarrasser de cette armée avant l'arrivée des renforts lacédémoniens, se décida à l'attaque. La ligne de bataille ou phalange des Grecs s'étendait en travers de la vallée de Vrana, large de 1,000 m., protégée des 2 côtés par les hauteurs contre les mouvements tournants de la cavalerie perse qui ne put intervenir. Le polémarque Callimaque commandait l'aile dr. (au S. près de Vrana), les Platéens formaient l'aile g. (au pied du Kotroni). Miltiade avait donné plus de profondeur aux ailes, ne laissant au centre qu'une moindre résistance, de façon à mieux attirer l'ennemi dans la vallée. La ligne perse s'avançait en face, sur une longueur égale (détail fourni par Hérodote, et qui ne justifie guère l'énorme disproportion des effectifs qu'il indique). L'action fut très simple et justifia les dispositions de Miltiade. Lorsque les Perses arrivèrent à portée de trait, les Grecs passèrent à l'offensive au pas de charge. « La bataille, dit l'historien, dura longtemps; au centre les barbares l'emportèrent; le leur était composé des Perses et des Saces; vainqueurs sur ce point, ils rompirent les Athéniens et les poursuivirent en s'avançant dans les terres (dans la vallée de Vrana). Mais aux 2 ailes, Athéniens et Platéens eurent le dessus. Ils mirent en déroute les corps qui leur étaient opposés, puis, s'étant rejoints, ils se tournèrent contre ceux qui avaient enfoncé leur centre. La victoire des Athéniens fut complète. » (Hérodote, VII, 113.) Telle fut la 1re phase. La 2e phase consista en une poursuite rapide des fuyards vers la mer, jusqu'à 8 stades (1,500 m.) plus loin, c'est-à-dire jusqu'à la hauteur du Sôros. Ainsi s'explique la course de 8 stades indiquée par Hérodote et qui serait tout à fait inadmissible pour des hoplites avant le choc.

L'action se termina par une attaque contre les vaisseaux perses; mais ceux-ci avaient pu en grande partie s'éloigner pendant la poursuite des Grecs, qui ne purent en prendre que 7. C'est alors que Cynégire, frère d'Eschyle, eut une main coupée d'un coup de hache en saisissant une poupe. Nombre de Perses se noyèrent ou furent tués aux bords du grand marais, en fuyant vers le N. Les Athéniens perdirent 192 hoplites, dont le polémarque, qui furent enterrés dans le Sôros. Les barbares auraient perdu 6,400 h., d'après la version athénienne exagérée, acceptée par Hérodote. Les Platéens, les valets grecs et les Perses furent enterrés dans d'autres tumuli (peut-être ceux qui entourent Vrana, V. p. 202). On éleva aussi plus tard à Marathon un tombeau à Miltiade.

Le silence impressionnant de cette grande plaine historique avait suscité des légendes relatées par Pausanias : « On entend, dit-il, toutes les nuits à Marathon des hennissements de chevaux et un bruit pareil à celui que font des combattants. »

[A 650 m. env. au N. du Sôros, au lieu dit *Pyrgo*, on remarque des restes de murs romains et des fragments de marbre rapportés, identifiés à tort avec le tombeau de Miltiade. Ce sont plutôt les restes de l'ancienne bourgade de Marathon.]

On revient à la route, puis on traverse les vignobles prospères qui, sous le nom de *clos Marathon*, ont déjà acquis une certaine réputation. — 38 k. 650. Entrée de la gorge de la Charadra, resserrée (50 m. de large) entre le Kotroni à g. (ham. de Séféri) et la butte qui porte le ham. de Bey, au pied du *Stavrokoraki* (310 m.). — 39 k. 7. On franchit le torrent sur un grand pont de fer.

40 k. **Marathona**, ch.-l. du dème actuel de Marathon (750 hab.), bourg très étendu situé à 56 m. d'altit., et auquel ses grands arbres et ses jardins, arrosés par une source, donnent un air de prospérité. On trouve, au principal magazi, des voitures, des charrettes ou des montures pour les excursions.

Marathon, dont le nom signifie le champ de fenouil, était un des dèmes les plus anciens de l'Attique. Il formait une petite confédération ou tétrapole avec Oinoé (Ninoï), Tricorythos (Katro-Souli), Probalinthos (au S.). C'est là que s'étaient fixés les premiers Ioniens de l'Attique, avec Xouthos (p. 6), et que Thésée triompha du taureau qui dévastait la plaine. Marathon était la patrie d'Hérode Atticus. La bourgade antique n'occupait pas le site de Marathona, mais la partie de la plaine au N. du Sôros, où l'on reconnaît plusieurs vestiges d'habitations.

B. De Képhissia à Marathon, par les chemins de montagne.

6 à 7 h.

1° Par Dionyso, la gorge de Rapètosa, Vrana et le Sôros (6 h. à cheval; 7 à 8 d.). — On sort de Képhissia par le N. — 55 min. Croisement des chemins du Céphise (à g.) et de Stamata (à dr.; prendre à dr,), au pied du *Kastraki* (500 m.), éperon du Pentélique qui porte un fort moderne. — 1 h. 10. Citerne. Le chemin monte à dr. autour du Pentélique. Laisser à g. le chemin de Stamata. — 1 h. 45. Lieu dit *Kokkino Khoraphi* (le Champ rouge); à g., cimes du Finésa et du Dionysos (649 m.).

2 h. 25. **Dionyso**, hameau dans une haute vallée (420 m.) entre le *Stamatavouni* au N. (464 m.) et le Pentélique.

Le nom de Dionyso rappelle le très ancien sanctuaire de Dionysos dans le dème d'*Ikaria*, patrie de Thespis. Le dieu ayant reçu bon accueil du héros Ikarios, lui avait révélé la vigne. On célébrait à Ikaria des fêtes importantes. Les fouilles de l'Ecole américaine, en 1888, ont retrouvé, autour d'une ancienne chapelle, les restes du sanctuaire : un *monument choragique* en forme d'exèdre demi-circulaire, avec dédicace du IVe s., en avant 3 bases ou autels, tout près au N. un édifice rectangulaire et une ligne de péribole; à quelques mètres à l'O. un *Pythion* ou temple d'Apollon Pythien (inscription), ouvert au S., en avant un grand autel et une ligne de 5 sièges massifs en marbre; de plus, quelques jolis bas-reliefs votifs et une belle stèle archaïque de guerrier, pareille au « Soldat de Marathon » (*V.* p. 123, n° 29). Ces sculptures, avec les inscriptions, sont déposées au petit musée de Stamata (*V.* ci-dessous).

Dionyso est, depuis 1898, le centre d'une importante exploitation de marbre par une Compagnie anglaise (500 ouvriers env., ch. de fer spécial, p. 192, hôtel, café.) A quelques minutes à l'E. du sanctuaire, le torrent forme une petite chute, dans un charmant paysage.

2 h. 55. Traversée du torrent de Rapétosa; le chemin tourne brusquement au N.-E. — 3 h. 05. Eglise et site du ham. abandonné de *Rapétosa*. On suit pendant 5 k. sur la rive g. la gorge de Rapétosa entre l'*Aphorismos* à g. et l'*Agriéliki* à dr. A g. au-dessus de la route, aqueduc du couvent de Saint-Georges. — 4 h. 25. A g., *couvent* abandonné et *chapelle de Saint-Georges*, puis (à g.) ham. de *Vrana*. — 4 h. 35. Traversée du torrent et descente dans la plaine, à l'endroit où s'étendait la phalange grecque au début de la bataille (*V.* p. 200). A g., plusieurs tumuli (*V.* p. 200), quelques-uns simples tas de pierres enlevées aux champs par les paysans. On se dirige en ligne droite vers le Sôros (3 k.). Sur la dr., à la base de l'Agriéliki, des débris antiques parsemés répondent à l'ancien *dème de Probalinthos*.

5 h. 5. Sôros (*V.* p. 199). — Du Sôros à Marathona par la grande route, 5 k. — 6 h. Marathona.

2° Par Stamata, l'Aphorismos, Vrana et le Sôros (6 h.; c'est la route la plus pittoresque, mais la plus difficile; prendre au besoin un guide à Stamata, et descendre de cheval aux lacets de l'Aphorismos). — Même route au début que la précédente. — 1 h. 10. A la citerne, laisser à dr. le chemin de Dionyso.

1 h. 50. *Chapelle de la Panaghia*, puits et khani, au pied du ham. de *Stamata*.

Les ruines au N. du v. (386 m. d'alt.) répondent à l'ancien dème d'*Hékalè* où Thésée avait été accueilli en allant à Marathon combattre le taureau. Dans la maison Eliopoulos, petit musée des sculptures et inscr. de Dionyso (*V.* ci-dessus) : stèle funéraire, fragments de statues de Dionysos. — A 15 min. au S., Palaeo Stamata répond au dème de *Plotheia*.

Du khani de Stamata, le sentier contourne au N. le massif du Pirgarti (430 m.). — 2 h. *Chapelle d'H*[os] *Athanasios* et gorge du torrent de Stamata ou *Diakopi*. — 2 h. 15. A g., chemin de Ninoï-Marathona. — 2 h. 20. Source ombragée de platanes (altit. 350 m.). A dr., plateau de *Koukounarti*; on s'engage dans un bois de pins, puis dans le vallon de Loutza, entre le mont Elias à g. (464 m.) et l'Aphorismos à dr. Belle vue sur la croupe du Kotroni à g. (235 m.), Marathon, l'Eubée, Zéa. — Descente difficile en lacets. — 4 h. 10. *Couvent de Saint-Georges*.

4 h. 15 *Vrana*, ham. de 100 hab.

[A g. un chemin direct conduit à Marathona en 1 h. 15 par la vallée d'Avlona et Ninoï. A fond de la vallée, le sentier traverse les murs d'un vaste enclos dit *Mandra tis Graeas* (l'enclos de la Vieille). C'est une enceinte de pierres, haute de 1 m., de 3,300 m. de tour, qui remonte sur les deux versants du chemin. A g. de la route (au lieu dit *Kasani*) était l'entrée, au S.-O. de l'enceinte, avec une porte cintrée; que la dédicace, lue par d'anciens voyageurs, désignait ainsi : Porte de la Concorde Immortelle. Entrée du domaine d'Hérode Atticus. » A dr. et à g. de la porte étaient des statues d'hommes assis (fragments à terre). On ne sait au juste quel était l'usage de ce terrain ingrat appartenant à Hérode Atticus.]

5 h. 5. Sôros (*V.* p. 199). — 6 h. Marathona (p. 201).

[Le voyageur arrivé à Marathona par l'une de ces routes avec l'intention d'y coucher pour visiter Rhamnonte le lendemain, pourrait occuper le reste de la journée à visiter (45 min.) la *grotte de Pan* (*V.* ci-dessous) et la *Mandra tis Graeas* (entrée S. à 30 min. de la grotte. — Retour à Marathona en 40 min. En tout 2 h. 30 à 3 h.).]

3° De Marathona a Képhissia par la Charadra et Ninoï (4 h. 35; chemin préférable comme route de retour). — Au sortir de Marathona, on suit la Charadra. — 25 min. Moulin, *chapelle d'H*ª *Paraskévi* et site de *Ninoï* (anc. dême d'*Oinoé*).

La route suit un aqueduc qui dérive l'eau d'une source (*Képhalari*) située au pied d'une hauteur (126 m.) à l'O. près d'une église (*Frankiki Ecclisia*) et d'une *tour franque*. Sur le versant N.-E. de cette colline, dite *Mont de Pan*, au-dessus du torrent, s'ouvre une grotte (difficile à découvrir sans guide). L'intérieur est divisé en plusieurs salles et orné de stalactites aux formes bizarres. On l'identifie non sans vraisemblance avec la *grotte de Pan* signalée par Pausanias : « L'entrée en est étroite, mais à l'intérieur on y trouve des chambres, des bains et ce qu'on appelle la chèvrerie de Pan : ce sont des rochers ayant la forme de chèvres ». D'autres recherchent cette caverne sur le Mont Draconéra (*V.* p. 206). — Le détour vers cette grotte (d'un intérêt secondaire) allonge la route de 40 min. env.

1 h. 25. Après une montée difficile, sommet d'où l'on découvre Marathon, l'Eubée, Zéa, la *Mandra tis Graeas* (p. 202). A dr., *Mont Vrédou* (404 m.); à g., *Mont Loukas* (420 m.). — 2 h. 15. Source du Koukounarti et croisement du chemin de Vrana. — De là à Képhissia en 2 h. 20 (*V.* p. 202). — 4 h. 35. Képhissia.

C. De Marathona à Rhamnonte.

Aller par Apano-Souli, retour par Limiko : en tout 5 h.). — Le site boisé et les ruines de Rhamnonte sont parmi les plus pittoresques de la Grèce; mais le pays est désert jusqu'à Grammatiko. Emporter même de l'eau, si l'on veut déjeuner à Rhamnonte. 1 h. d'arrêt à Rhamnonte suffit pour la visite rapide des temples et de l'Acropole.

1° Aller (2 h. 35). — On sort de Marathona par le N.-E. — 5 min. *Panaghia*, à g.; montée entre le *Mont d'H*ᵒˢ *Dimitrios* (371 m.) à dr., et un chaînon mamelonné à g. — 40 m. *Chapelle d'H*ᵒˢ *Dimitrios*. — 45 min. *Apano-Souli* (altit. 205 m.). — 1 h. 15. Gorge de *Mirtia*; à dr., *Mont Malasielkhi* (373 m.). Puis traversée de la voie ferrée des mines de Grammatiko (p. 207), que l'on suit à g. (à l'approche d'un train, avoir soin de faire tenir les montures par les agoyates, ou mieux descendre de cheval). — 1 h. 30. Source *Seïko*. On passe sur la dr. de la voie ferrée, que le chemin surplombe. — 1 h. 35. A g., *chapelle d'H^{os} Joannis Chrysostomos* et puits. On rejoint le lit du torrent de *Sielkhi*, bordé de lauriers roses, puis on s'en écarte à l'E. Vue sur la mer. — 2 h. 15. Traversée de l'extrémité N.-O. de la vallée de Limiko. — 2 h. 30. Voie antique. Restes d'un tombeau monumental, et fragment de stèle représentant un homme assis.

2 h. 35. Terrasse (à g.) des temples de **Rhamnonte.**

Rhamnonte (Ῥαμνοῦς, c'est-à-dire le pays du nerprun épineux), patrie de l'orateur Antiphon, était l'un des dômes les plus étendus de l'Attique montagneuse du N. (*Diacria*). Il était célèbre par son Acropole qui surveillait l'entrée de l'Euripe et par son sanctuaire de Némésis

Le **sanctuaire de Némésis** occupait une terrasse en bordure sur le chemin de la ville. Elle est maintenue à l'E. et au N. par un soutènement monumental, en beaux blocs équarris de marbre local (appareil trapézoïdal; remarquer surtout l'angle N.-E. avec ses 9 assises). On y accédait au S.-E. par une rampe. Le front E., en bordure sur la route, mesure 80 m. de long sur une hauteur de 2 m. 50 à 3 m. 30; le côté N. a 40 m.

La terrasse a été déblayée en 1890 par la Société archéologique (M. Staïs). Elle porte 2 temples contigus, orientés à l'E.

1° Au S. le **Petit Temple ou T. de Thémis,** dorique, *in antis* (10 m. 70 sur 6 m. 40), avec pronaos à 2 col. entre les antes et 1 cella. Les murs se composent d'un socle de pierres polygonales (1 m. 40 à 1 m. 90 de haut) monté sur 1 assise de fondations, 1 degré de soubassement, plus 1 seuil de stylobate en façade. Le parement extérieur en gros appareil polygonal est doublé d'un parement intérieur de matériaux plus petits. Le sol est de terre battue. Le haut des murs devait être en brique crue. La construction remonte au VIe s. Le temple ne fut pas détruit par les Perses, comme on l'a cru, mais il servit au culte jusqu'à l'époque impériale et fut converti en édicule funéraire à l'époque post-romaine (tombeaux de basse époque découverts à l'intérieur). Devant la façade étaient placés *2 sièges en marbre* (p. 126). Trois statues avec leurs piédestaux ont été retrouvées en place dans l'angle S.-O. de la cella; (S de Thémis, p. 126, n° 231; — S d'une prêtresse de Némésis, p. 126, n° 232; — S de j. h., p. 126, n° 199). On a conclu de cette trouvaille que le monument était consacré à Thémis, déesse de la justice, souvent associée à Némésis, déesse de la vindicte.

2° Le **Grand Temple ou T. de Némésis.** C'était un périptère dorique (22 m. 90 sur 11 m. 30) monté sur un soubassement à 3 degrés, avec 6 col. sur les petits côtés et sur les côtés longs, pronaos et opisthodome avec 2 col. *in antis* et cella au milieu. La construction date du milieu du Ve s.; elle ne fut pas achevée. Le ravalement des degrés (*V.* p. 37) et le cannelage des colonnes n'ont pas été terminés. Le sol était dallé. On a retrouvé dans la cella la base carrée de la statue, œuvre de Phidias, d'après Pausanias, de son disciple Agoracritos, selon d'autres. Les sculptures du piédestal représentaient Léda conduisant Hélène à sa mère Némésis (tête de la statue au Musée Britannique, autres fragments et têtes des b.-r. du socle au Musée d'Athènes, p. 125, n°s 203-214).

La route, bordée de ruines de *tombeaux* monumentaux, aboutit à 400 m. (6 min.) au N. à l'entrée de l'**Acropole**, installée sur une colline de 48 m. d'altit.

Elle porte auj. le nom d'*Ovrio-Kastro* (château des Juifs), que les paysans ont donné à plusieurs ruines antiques dont ils attribuaient la construction tantôt aux Juifs (Ovrio, corruption de Hébraio), tantôt aux Tsiganes (cf. Gyphto-Kastro à Éleuthères).

Le site solitaire d'Ovrio-Kastro, avec ses beaux murs de marbre doré, perdu sous un fouillis d'arbustes vivaces et variés, se détache, dans un cadre fait de contrastes, entre les versants rocailleux et touffus des collines, la nappe bleue du golfe d'Euripe et le clair écran des monts d'Eubée, comme un décor d'une beauté originale et vigoureuse.

On entre dans l'enceinte de l'Acropole au S.-E. par la rampe et le couloir de la *porte* unique, aux parois pyramidantes (3 m. 45 de large), que défendent 2 tours carrées. Celle de dr., plus avancée, dominait le côté de l'assaillant non couvert du bouclier. Les murs sont d'appareil hellénique, à refends, en blocs de marbre blanc du pays. Leur construction date de la 1re moitié du IVe s. Cette enceinte forme un rectangle irrégulier de 260 m. de long (du S. au N.) sur 120 à 180 m. de large. Le mur suit les crêtes des falaises, au N. et au N.-O., où il présente des lacunes. Il est surtout bien conservé à l'E., sur une hauteur de 4 m. Il était flanqué de 6 tours (3 au S., 1 à l'angle S.-E., 1 à l'E., 1 au N.-O.). De la tour N.-O. se détache un saillant de 25 m. de long, terminé par une tour sur l'escarpement du ravin : il devait empêcher l'escalade par les crevasses du rocher.

L'intérieur de l'Acropole est divisé en 2 terrasses. La terrasse inférieure (ajoutée au IVe s.) présente à l'E. et à l'O. quelques restes de maisons romaines, et sur la pente S. diverses substructions d'époque grecque. A 30 m. au-dessus de la porte d'entrée, on voit les fondations d'un bâtiment rectangulaire de 14 m. de long. Devant l'angle S. une rotonde de 2 m. de diamètre et 0 m. 50 de haut, avec porte au S., représente peut-être un *monument choragique*. Un peu plus haut est un petit *temple de Dionysos Lénaios* (4 m. 50 sur 2 m. 50). On remarque encore la cavea d'un **théâtre**, dont les gradins étaient en bois, sauf les *sièges* d'honneur du rang inférieur qui étaient en marbre (5 ont été retrouvés; il en reste 2 en place). A l'O., au même niveau, le *gymnase* (du IVe s.), composé de 2 salles de 14 m. sur 12 m. et de 7 m. sur 7 m. L'*agora* du dême occupait l'espace libre au S.

La terrasse supérieure (entrée au-dessus du théâtre) représente l'Acropole primitive, limitée par une enceinte ovale de

100 m. de long sur 50 de large, en appareil irrégulier du VIᵉ s. Ce mur, encore haut de 2 m., servait à la fois de soutènement et de rempart (une tour à l'extrémité N.). L'intérieur, où foisonnent les massifs d'arbustes, ne renferme que des restes de casernements antiques et de tours de guet. De nombreuses citernes se voient partout.

La ville basse occupait la petite grève triangulaire au pied de l'Acropole à l'E. (puits, vestiges de maisons). Le port était à l'O. à l'embouchure du torrent.

Sur une hauteur escarpée, à l'O. de l'Acropole, un petit plateau artificiel de 11 m. sur 5 m., desservi au N. par un escalier taillé dans le roc, portait un sanctuaire des héros guérisseurs Aristomachos et Amphiaraos, d'après les inscriptions et sculptures retrouvées par Staïs.

2° Retour (2 h. 20). — D'Ovrio-Kastro, on revient aux temples, puis on laisse à dr. le chemin de l'aller pour se diriger au S.-E. On suit la *vallée de Limiko*, longue de 3 k. sur 1 k. de large et plantée de chênes à vallonnée; à g., ligne de mamelons (173 m.). — 15 min. A g., chemin de Limiko (ham. abandonné) et de la mer. — 25 min. A g., butte de Magoula (restes antiques), Kalyvia de Lagomandra; chemin de la baie d'Hᵃ Marina. — 30 min. Montée du col (56 m.) entre le *Malisi* (222 m.) à g. et le *Shelki* (265 m.) à dr. — 1 h. Débouché dans la plaine de Marathon. A g., mont *Draconéra* (242 m.) et promontoire Kynosoura; à dr., le *Stavrokoraki* (310 m.). — 1 h. 15. A g., restes de tombeaux et de murs antiques.

1 h. 35. *Kato-Souli*, ham. au pied du Stavro-Koraki, anc. dème de *Trikorythos* (hospitalité sur recommandation dans la propriété du général Soutzo).

Sur la hauteur (100 m.) et le versant E. sont les restes de l'*Acropole* de Trikorythos et d'une *enceinte* elliptique de plus de 600 m. qui commandait le passage entre la montagne et le marais. C'est près de celui-ci que de nombreux Perses trouvèrent la mort. Il a 5 k. de large entre le Kynosoura et le Stavrokoraki et 2 k. du S. au N., et est séparé de la mer par une langue de sable plantée de pins. M. Soutzo l'a fait traverser par deux canaux sans réussir à l'assécher. Le canal O.-E. aboutit à un bassin salé qui communique par un chenal avec la mer : ce sont le lac et le fleuve cités par Pausanias. Enfin, au-dessus de la berge E., à la base du Draconéra, se trouve la *grotte Draconéra*, avec des stalactites : on l'a parfois identifiée avec la grotte de Pan (p. 203); mais c'est plutôt là que la fantaisie populaire voyait les *mangeoires d'Artapherne*, signalées par Pausanias.

Au sortir de Kato-Souli, on longe la grande source (à g.) *Mégalo-Màti* (le Grand-Œil, anc. **source Makaria**), qui alimente le lac. — 1 h. 40. Tête du canal Soutzo (à g.). A dr., machine élévatoire et aqueduc long de 1,200 m. destiné à l'irrigation du clos de raisins de Corinthe de M. Skouzès (qui s'étend à g. entre la route et la mer). — 2 h. 15. *Bey*, ham. misérable sur une butte à l'entrée de la Charada, à 15 min. de Marathona. On laisse le ham. à dr. et l'on traverse le torrent. — 2 h. 20. On rejoint, près d'une citerne, à 600 m. au S. de *Séféri*, la grande route d'Athènes, où doit attendre la voiture (p. 197).

D. De Rhamnonte à Athènes par Grammatiko, Kapandriti, Kiourka.

4 h. 15 à cheval, 1 h. de ch. de fer.

De Rhamnonte à la source Seïko, *V*. p. 203. — 55 min. Source *Séïko*. On laisse à g. le chemin d'Apano-Souli et la voie ferrée. — 1 h. 10. Traversée du ch. de fer et chapelle d'H^os^ Ilias.

1 h. 45. *Grammatiko* (nom dérivé d'une ancienne famille byzantine), 943 hab., centre de l'exploitation des mines de fer de la Société Despotino et de Piano, à qui appartient le ch. de fer de Grammatiko à Rhamnonte pour le transport du minerai à la mer. (Prendre un guide à Grammatiko, si les agoyates ignorent la route.)

De Grammatiko, on contourne au S. le mont *Graves* (592 m.) où sont les mines de fer. — 3 h. 10. Traversée d'un ravin profond ouvert au S. sur le Pentélique; au N., ham. de *Varnava*. — 3 h. 45. *Kapandriti* (544 hab.), où l'on rejoint les routes carrossables de Kalamos et de Marcopoulo.

[De Kapandriti à Kalamos par la route, 2 h.]

4 h. 15. Gare de *Kiourka* ou *Tsiourka*. — De là, 🚂 jusqu'à Athènes, p. 197.

E. De Marathona par Rhamnonte à Kalamos.

8 h. 35.

4 h. 20 de Marathona, par Rhamnonte, à Grammatiko (*V*. ci-dessus). Prendre un guide. — Au sortir de Grammatiko, on gravit les pentes du Mont Graves. — 4 h. 35. On passe au-dessus de la gare de la Compagnie minière (à dr.) et près des filons en exploitation. — 5 h. 5. Col (vue sur Marathon, Macronisi, les montagnes d'Eubée, le Mont Okha). — On s'engage dans l'ancien district montagneux de la *Diacria*. Dans les collines, à g., ouvertures de tombeaux antiques.

5 h. 50. *Varnava* (altit. 451 m.), ham. de 450 hab. au sommet du ravin profond d'un affluent de la Charadra. Vue sur le Pentélique. — Au delà, plateau onduleux; à dr., tour carrée médiéviale (altit. 550 m.) et ruines d'une tour antique, près la chapelle d'H^a^ Paraskévi. — 6 h. 20. Descente dans un ravin profond garni de pins, lit d'un affluent de la Charadra.

6 h. 35. *Villia* ou *Villioti* (altit. 450 m.), ham. de 50 hab. dans un creux de torrent entouré de beaux bouquets d'arbres, noyers, platanes, peupliers. — 7 h. Plateau qui domine le versant S. du Parnès. A g., mont *Béletzi* (839 m.), v. de Kapandriti et de Kiourka; à dr., mont *Zastrani* (765 m.). Ce plateau forme

la ligne de partage des eaux au N. et au S. — 7 h. 35. Vue sur l'Eubée, la baie d'Aulis, Chalcis, Erétrie. On rejoint la route carrossable de Kalamos à Athènes, dont on coupe les lacets par des raccourcis.

8 h. 35. *Kalamos* (altit. 372 m.), gros b. de 382 hab., à 45 k. d'Athènes par la route carrossable en construction, qui sera prolongée jusqu'à Marcopoulo en passant par l'Amphiareion et qui va à Kapandriti (9 k.) et à la station de Kiourka (3 h. de Kalamos). — Logement chez Aléko Kiousis.

F. De Kalamos à l'Amphiareion et retour à Athènes par Tatoï.

7 h.

On descend de Kalamos en 20 min. (30 min. à la montée) dans le ravin de *Mavro-Dilissi*, site de l'**Amphiareion** ou sanctuaire d'Amphiaraos.

Amphiaraos, héros argien, descendant du devin Mélampos, et devin lui-même, était un des 7 chefs qui assiégèrent Thèbes. Il avait été, disait-on, englouti avec son char près de Thèbes. C'était, en réalité, un héros infernal, personnification des gouffres ou Katavothres. Son culte est originaire de Thèbes, d'où il passa dans le pays d'Oropos, pour se fixer dans ce ravin profond, auprès d'une source réputée pour ses vertus curatives. Ainsi fut fondé l'Amphiareion, où le héros fut invoqué comme oracle et comme dieu guérisseur. Ceux qui venaient le consulter sacrifiaient un bélier dont ils gardaient la peau, puis pénétraient dans le portique d'incubation où ils se couchaient sur cette peau et s'endormaient dans l'attente d'un songe révélateur. Après la guérison ils devaient jeter dans la source sacrée une pièce d'or ou d'argent. Le sanctuaire dépendait de la ville d'Oropos, située près de la mer (*Scala Oropou*), et qui fit partie tantôt de l'Attique, tantôt de la Béotie.

Les fouilles de la Société archéologique (M. Léonardos, en 1884, récemment reprises) ont dégagé les principaux édifices du sanctuaire. Il occupait la rive g. du ravin boisé de Mavro-Dilissi. Il se compose d'un **temple**, dorique *in antis* (29 m. sur 13), d'époque hellénistique, orienté au N.-E. : il n'en reste que la moitié N.-O.; l'autre a été emportée par le torrent. Il avait 6 col. de façade, en tuf, 1 pronaos, et 1 cella divisée en 3 nefs par une double colonnade de 5 col. Au milieu était la base de la statue. Au mur de fond est adossé un édicule carré, lieu secret ou *adyton* en communication avec les logis des prêtres. A 10 min. en avant du temple, l'*autel* monumental (8 m. 60 sur 4 m.), où l'on sacrifiait à divers dieux et héros; à 4 m. au N.-O., séparée de l'autel par un aqueduc, une ligne circulaire de fondations en tuf, qui soutenaient la terrasse autour de l'autel. A 7 m. au S.-E. de l'autel, ombragé de 2 platanes, s'ouvre l'orifice circulaire de la **source sacrée**, par où Amphiaraos, devenu dieu, avait reparu sur terre. L'eau ne servait ni aux sacrifices, ni aux lustrations; mais on en buvait dans des coquilles retrouvées en grand nombre. La source se déverse dans le torrent. A l'O. de l'autel s'étendait une *terrasse*, limitée par un mur de soutènement, du côté de la colline, avec une ligne de plus de 30 piédestaux, pour la plupart romains. Derrière le bâtiment du Musée s'étendait, en avant des piédestaux, une longue banquette.

Au delà du Musée, au N.-E., s'étend un long *portique*, de l'époque hellénistique, de 110 m. de long sur 11 m. de large;

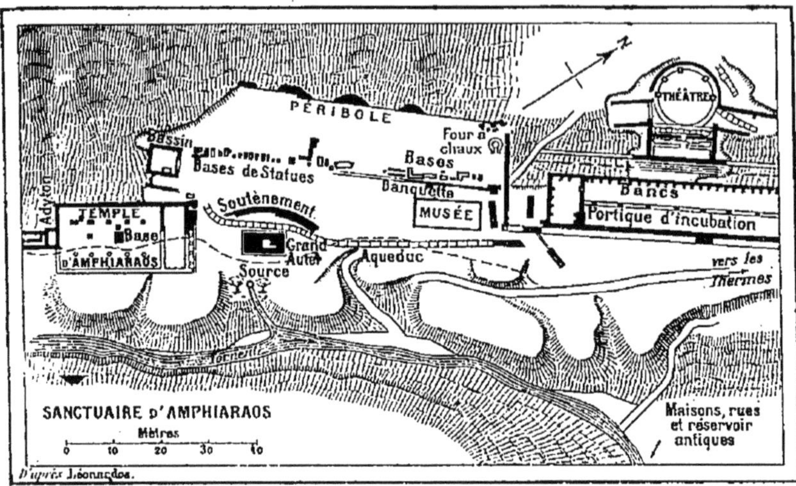

avec une façade dorique à 49 col. Il était divisé en 2 galeries intérieures par une rangée de 17 col. doriques (cf. les Portiques d'Eumène et d'Attale, p. 81 et 103), et flanqué à chaque extrémité de 2 salles latérales. Cet édifice représente le **Portique d'incubation** ou *enkoimétérion*, où les consultants se couchaient en attendant le songe. Une banquette de marbre portée sur des pieds de marbre (on en a retrouvé 53) régnait tout le long des murs. La galerie extérieure, à l'E., était réservée aux femmes; celle du fond, à l'O., aux hommes.

Derrière le Portique se trouve le **théâtre**, de dimensions exiguës. L'orchestra n'a que 12 m. 40 de diam. Les gradins, en tuf, sont fort dégradés; il ne reste que les 5 *sièges* en marbre de la proédria, avec reliefs et inscr., au nom du prêtre d'Amphiaraos. (Ils sont d'ordinaire recouverts sous un tas de terre). Les murs de la scène se répartissent en un *proscénion*, dont le front était décoré de 8 demi-colonnes doriques de 1 m. 88, entre lesquelles on insérait, en guise de décors, des panneaux de bois peint : elles portaient une architrave à triglyphes avec dédicace du constructeur; et une *skéné*, de 4 m. de profondeur, située en arrière.

A l'extrémité N. du grand Portique se trouvaient des **Thermes** alimentés par un aqueduc. Sur l'autre rive du torrent, en face du théâtre, les fouilles de 1904 ont retrouvé tout un îlot de **maisons**, situé au carrefour de 3 rues, avec une grande citerne et des conduites d'eau taillées dans le rocher.

Dans le Musée, inscr., bas-reliefs (remarquer un bélier conduit au sacrifice).

[De l'Amphiareion à la *Scala Oropou*, 1 h. 15.]

De Mavro-Dilissi on remonte en 55 min. à *Marcopoulo* (473 hab.).

[De Marcopoulo à la station de Kiourka, 10 k. (*V.* p. 207).]

1 h. 30 (de Kalamos). *Couvent de la Zôodokhos Pigi*, dépendance du monastère de Mendéli, dans une belle situation, près d'une source réputée (église à coupole intéressante avec des peintures byzantines).

2 h. 25. *Milési* (104 hab.), où l'on rejoint la route carrossable de la Scala Oropou à Athènes par Tatoï (47 k. 84 de la Scala à Athènes). — Montée en lacets au col des *Mavra-Vouna*; plateau mamelonné. — 3 h. 25 (6 k. 2 de Milési). Croisement de la route d'Athènes à Thèbes. Montée en lacets des pentes du Parnès entre le *Liopési* (726 m.) et le *Béletzi* (839 m.) à g., et l'*Arméni* (933 m.) à dr. — 4 h. 5. A g., *chapelle d'H^os Mercourios*. — 4 h. 40. Traversée de la Charadra de Marathon, et défilé de Tatoï. A dr., le *Katsimyti* (851 m.; ruines de la forteresse, p. 193); à g., le *Strongyli*. — 5 h. 45. Tatoï (p. 193). — 7 h. Gare de Tatoï. — De là [chemin de fer] jusqu'à Athènes, *V.* p. 191.

LE MONT HYMETTE, LA MÉSOGÉE ET LE LAURION.

(KAISARIANI, THORIKOS, LAURION, CAP SOUNION.)

11° Le Mont Hymette et Kaisariani.

5 à 6 h. aller et ret. — [voiture] jusqu'à Kaisariani (6 k. 5 en 1 h. 30; 10 d. aller et ret.); de là à cheval jusqu'au sommet (1 h. 30; 5 d.).

On sort d'Athènes par le B^d et la route de Képhissia (p. 195). — 1 k. 150 (de la place de la Constitution). On laisse à g. la route de Képhissia pour traverser l'Ilissos; au delà commencent les pentes inférieures de la montagne. On remonte la rive dr. du torrent de Kaisariani, identifié parfois à tort avec l'Eridanos (p. 96). — 4 k. Couvent abandonné d'*H^os Markos* (altit. 218 m.) à g., au pied des pentes moyennes. Aussitôt après, traversée du torrent, dont le ravin se rétrécit à la base du Mont de Kaisariani à dr. (375 m.). — 5 k. 5. On découvre Kaisariani, à dr.

6 k. 5. **Kaisariani** (altit. 450 m.).

Cet ancien couvent, auj. ferme de l'Etat, se trouve abrité de toutes parts au fond d'une gorge en cul-de-sac dominée par un escarpement de l'Hymette. Un pèlerinage y a encore lieu chaque année, le jour de l'Ascension. Le site doit sa notoriété à la source d'excellente eau que d'anciennes conduites amenaient à la ville dans l'antiquité et au moyen âge. La fontaine antique est citée par les auteurs sous le nom de *Kyllou-Péra* ; il en subsiste une bouche en tête de bélier. Les femmes stériles ou enceintes venaient y boire ; un temple d'Aphrodite était à côté. Tel est le lieu qu'Ovide a décrit (*Art d'aimer*, III, 687) :

Est prope purpureos colles florentis Hymetti
Fons sacer et viridi cespite mollis humus.
Silva nemus non alta facit, tegit arbutus herbam,
Ros maris et lauri nigraque myrtus olent, etc.

L'épithète *purpureos* désigne la teinte mauve qui colore l'Hymette au coucher du soleil. Auj. l'eau de Kaisariani est apportée à Athènes dans des tonneaux couverts de feuillage, et vendue au détail. Deux autres sources voisines, l'une un peu plus au fond du même ravin au S., l'autre dans un ravin latéral au N. (auj. *Kalliopoula*, corruption de Kylloupéra) alimentent le même torrent.

L'église du couvent est intéressante. Elle est bâtie en assises alternées de pierres et de briques plates. Le *catholicon*, avec sa coupole hexagonale posée sur 4 fortes col. ioniques au centre d'une croix, peut dater de la fin du xe s. Le *narthex*, couvert d'une coupole basse, et le *parecclision* latéral au S. avec son campanile sont des additions ultérieures. Certains morceaux de la décoration révèlent une adaptation des motifs antiques faite avec goût.

Les *fresques* de l'intérieur datent du xviie s. Celles du narthex ont été exécutées en 1682 par le Péloponnésien Joannis Hypatos. (Remarquer dans l'abside centrale la *Vierge assise* entre les archanges Michel et Gabriel, et, sur le mur N. du narthex, l'*arbre de Jessé* et des figures d'apôtres. Sous la voûte, le cycle du Christ commence, sur le côté S. près de l'abside, par la *Naissance du Christ* et fait tout le tour de la croix.)

Du couvent, un sentier pénible conduit en 1 h. 30 au principal **sommet de l'Hymette** (1,027 m.). Il est situé à l'angle S. d'une crête triangulaire aux talus escarpés ; il portait autrefois une statue de Zeus Hymettios. L'arête faîtière, décharnée et grisâtre, s'allonge sur une longueur de 18 k. du N.-E. au S.-O. Du côté d'Athènes, le versant O. étale jusqu'à l'Ilissos ses pentes crevassées (ravine du *Kakorrhevma*, au pied du sommet) ; à l'E., la pente plus abrupte et plus courte (2 k.) surplombe Liopési. L'Hymette est divisé par la gorge du *Pirnari* au S.-O. en deux chaînons : 1° le Grand Hymette, au N. [l'Ὑμηττός antique, travesti en *Il Matto*, le Fou, par les Vénitiens, d'où les traductions grecque *Trello-Vouni* et turque *Déli-Dagh*, le Mont Fou), avec le massif du *Zézé* (660 m.) au S.-E. ; 2° le Petit Hymette, au S., avec le *Mavro-Vouni* (774 m.), l'antique *Anhydros* (sans eau).

Les carrières antiques (marbre dit de Kara, p. 4) se trouvent en bas du Kakorrhevma, près de l'ancien couvent de *Karyaes* (30 min. au S. de Kaisariani). Entre les ham. de Kara, Trakhonès et Khasani, toute la pente est parsemée de tombes antiques. Autrefois, la montagne, sans être plus boisée qu'aujourd'hui, était couverte de plantes aromatiques, thym, térébinthe, menthe, lavande, sauge, etc., d'où la renommée du miel parfumé de l'Hymette. Auj. la bruyère domine, et les abeilles classiques ont émigré vers le Pentélique et le Tourko-Vouni (p. 195). Il y a cependant encore des ruchers à Pigarti, près Liopési (*V.* ci-dessous).

[Pour descendre à *Liopési*, anc. dème de Paeania, patrie de Démosthène, suivre l'arête jusqu'au col situé à 3 k. au N. (altit. 646 m.). De là à Liopési (1,700 hab.), 30 min. — De Liopési à Athènes, 🚌 27 k. 6, 🚂 17 k. En passant par cette dernière route à la hauteur de *Kandza* ou *Kampas* (4 k. au N. de Liopési, à dr.) visiter la chapelle d'H^os Nikolaos (500 m. à dr. de la route) : on y voit les restes d'un *grand lion* en marbre pentélique, qui couronnait sans doute un tombeau romain (restes de murs à côté).]

12° D'Athènes au Laurion et au cap Sounion par la Mésogée et Thorikos.

1° En 1 j. aller et ret. sans visiter les mines du Laurion. — 🚂 d'Athènes au Laurion (Ergastiria) : 66 k. 2 en 2 h. 36. Départ (gare de Képhissia-Laurion, Pl. 3, D) à 7 h. 50 m. (été) et 8 h. 45 (hiver) : 7 d. 35, 5 d. 55, 3 d. 55. Aller et ret. (valable pour 2 j.) 12 d. 70, 9 d. 50, 6 d. 35. Emporter des provisions et déjeuner dans le train. Arrivée au Laurion à 10 h. 36 et 11 h. 21. — Du Laurion à Sounion, 8 k. 5 en 1 h. 15 en voit., 15 à 17 d. ; en charrette, 10 d. (on trouve de médiocres voitures à la gare d'Ergastiria ; il est plus sûr de télégraphier au loueur *Casella* pour en retenir une). — Arrêt à Sounion 1 h. 30 à 2 h. — Retour à Ergastiria pour le train de 4 h. 05 (hiver) ou de 5 h. 15 (été). En été, on a le temps, en ne s'attardant pas à Sounion, de se faire reconduire en voiture à Thorikos (3 k. au N. d'Ergastiria), d'y visiter le théâtre et d'y reprendre le train à 5 h. 21.

2° En 2 j. — 1er j. : visite des mines et usines du Laurion ; coucher à Ergastiria. — 2e j. : de bon matin, excursion à Sounion, déjeuner au Laurion, et après-midi à Thorikos, d'où 🚂 à Athènes.

9 k. 2 d'Athènes à la station d'Irakli (*V.* p. 192). — Bientôt à g. *Kalogrésa* (altit. 154 m.), dont les sources sont amenées à Athènes par l'aqueduc d'Hadrien (p. 152). — 13 k. 6. Khalandri (p. 195). — A dr., Hymette et couvent d'H^os Ioannis Kynigos ; à g., Pentélique. — 20 k. 3. *Iéraka* (207 m.), anc. dème de *Pallène.* — 20 k. 450. Kampas ou Kandza (p. 195). — 26 k. 6. Liopési (p. 212).

[De Liopési à Athènes, par le col de l'Hymette, 4 h.]

A g., mont *Myrlésa* (288 m.). — Entrée dans la **Mésogée** (le Pays du milieu), la plaine la plus fertile de l'Attique (p. 2). — A dr., butte *Pigarti* (244 m.), avec les ruchers des abeilles de l'Hymette.

[A g. la plaine est remplie de nécropoles qui ont enrichi le musée d'Athènes : entre autres, les caveaux rupestres de *Spata*, à l'E. de Liopési (p. 121) ; les tombeaux de Vourva (3 k. plus loin, p. 109), de Vélanidéza (3 k. encore à l'E., p. 123).]

31 k. 8. *Koropi*, 3,700 hab., anc. dème de *Sphettos*, le plus gros bourg de la région, entouré de vignobles. — A g., gorge de l'ancien *Erasinos*, qui débouche sur la baie de Vraona (anc.

dême de *Brauron*, siège du culte d'Artémis Brauronia, p. 44. La chapelle d'H^os Georgios occupe le site du temple).

33 k. 4. *Marcopoulo*, 2,000 hab. (nécropole primitive). — A g., échappée sur l'Eubée par la vallée et la baie de Porto-Raphti, anc. dème de *Prasiae* (à 7 k. à l'E. de Marcopoulo), dont le port servait d'intermédiaire entre Athènes et Délos, comme embarcadère des théories sacrées.

Sur un îlot, à l'entrée du port, se trouve une statue romaine en marbre de 3 m. de haut (figure du tombeau d'Erysichton?), représentant un personnage assis, vulgo le *Raphti* (tailleur), d'où le nom du port. — (Nécropole mycénienne à Porto-Raphti).

Au S.-E., au lieu dit *Mérenda*, restes de l'ancien dème de *Myrrhinous*, siège du culte d'Artémis Kolaenis. — 42 k. 8. *Kalyvia* (de Kouvara). — Entrée dans le massif du Laurion; à dr., mont *Pani* (de Pan), avec 2 cimes (635 m. et 601 m.); à g., le *Mérendès* (612 m.). — 47 k. 8. *Kératéa*, 2,500 hab., entouré de buttes (Kérata); belle source; beaux vignobles (vin non résiné). — 55 k. 6. *Daskalio*, usines d'exploitation des scories. Après *Phavolais*, la voie s'engage dans la gorge étroite du Potami, longue de 7 k., et en débouche au pied du *Vélatouri* (145 m.) à g., sur la baie de Porto-Mandri ou de Thériko (ruines du théâtre de Thorikos, à g.).

63 k. 7. *Thériko*, anc. dème de **Thorikos**.

Cette localité, une des plus anciennes de l'Attique, formait avant le synœcisme de Thésée (p. 7) une cité indépendante. Elle avait eu pour roi, d'après la fable, Képhalos, époux de Procris, la fille d'Erechthée, qui le quitta pour aller vivre en Crète auprès de Minos. Elle fut probablement une station maritime du roi de Crète. En 409, les Athéniens la fortifièrent pour défendre les mines du Laurion.

Le site de Thorikos, avec sa presqu'île entre 2 forts (au N. le Franco-Limani, au S. le Porto-Mandri), répond au type des plus anciennes stations côtières. Le port N. recevait les navires qui apportaient aux fonderies du Laurion les bois de l'Eubée; le port S. commerçait avec Athènes, les îles et la Crète. La ville haute occupait les pentes de la montagne, entourée à sa base d'une enceinte de 2 k. dont il subsiste au S.-O. un tronçon de 40 m. attenant à 1 *tour* carrée de 7 m. de côté avec 6 assises (haut. 4 m.). A l'intérieur de l'enceinte au S. (un peu au-dessus de la route, près d'un groupe de maisons isolées) se trouvait le **théâtre**. Il est remarquable par sa forme irrégulièrement ovale (Fouilles de l'Ecole américaine en 1886). Ce plan, unique en son genre, résulte de la conformation de la cavité naturelle économiquement aménagée en cavea. Le mur de soutien ou *analemma* se compose de 2 parements, l'un extérieur en gros blocs de marbre gris bleu, l'autre intérieur en matériaux plus menus (construction du début du IVe s.). Il forme un périmètre de 118 m. sur une hauteur de 1 m. à 3 m. 70 et 1 m. 13 d'épaisseur. Les 2 ailes recourbées suivent la déclivité du roc, et leur crête est couronnée de grosses pierres disposées en degrés. Vers les 2 extrémités N. 2 *rampes* extérieures, dallées, de 5 à 6 m. de long sur 2 m. 50 de large, donnaient accès aux parties hautes de la cavea. Celle de l'O. est traversée par un passage couvert par un encorbellement triangulaire (cf. les galeries de Tirynthe), qui servait à faciliter la circulation autour de l'analemma.

La *cavea* forme une ellipse irrégulière de 54 m. sur 21. Elle est divisée en 2 zones de gradins par un diazôma : celle du haut avait 11 rangs de gradins, celle du bas 20, le tout pouvant contenir 5,000 spectateurs. Il n'y avait que 2 escaliers montants, divisant la zone inférieure en 5 grands cunei irréguliers. Les gradins, en dalles de tuf, assez grossiers, sont en grande partie détruits. *L'orchestre* (30 m. sur 15) avait aussi une forme rectangulaire insolite. Elle est limitée au S. par la ligne de soutènement de la terrasse de la scène : les bâtiments de celle-ci, sans doute en bois, n'ont pas laissé de traces. La parodos de l'O. n'a que 3 m. de large; elle est bordée au S. par un édicule *in antis* de 8 m. 70 sur 6 m. 28, probablement le *temple de Dionysos*. (*L'autel*, de 5 m. sur 1 m. 80, se trouve à l'E. dans l'orchestre.) La parodos de l'E. était bordée à l'E. par un bâtiment à 2 salles de 15 m. sur 4, en partie taillé dans le roc : c'est une *Skénothèque* ou magasin d'accessoires (cf. à Mégalopolis).

Les autres ruines de Thorikos sont, au N. du théâtre, une *citerne* antique ronde en maçonnerie polygonale cimentée. A 400 m. au S.-O. du théâtre, M. Staïs a retrouvé un *temple des deux Déesses* (Déméter et Koré), ionique, périptère (31 m. 96 sur 14 m. 70) avec 7 col. de façade, 14 sur les côtés, et 2 portes latérales au milieu des côtés longs (ve s. On l'avait pris autrefois pour un portique; il est d'ordinaire recouvert de terre). — Sur le versant N.-E. du Vélatouri, on voit 2 *tombeaux à coupole* avec couloir et sépultures intérieures. Enfin, sur le sommet de la hauteur, M. Staïs a déblayé les restes d'une *enceinte mycénienne* et d'une installation superposée à un groupe d'*habitations prémycéniennes*, avec tombeaux dans le sol dallé des maisons (cf. Égine, p. 171).

A 1 k. à l'E. du théâtre se trouve la *forteresse* élevée par les Athéniens en 409 pour la défense des forts. Elle occupe les 2 versants de l'isthme de la presqu'île, sur les 2 hauteurs qui portent l'une une cheminée d'usine, l'autre une chapelle de Saint-Nicolas. Les murs, bien conservés au N.-E., sont d'appareil polygonal à deux parements (restes d'une tour carrée et d'une porte près de la chapelle).

[Du théâtre de Thorikos à la gare du Laurion, par la route, 3 k.]

66 k. 2. **Ergastiria** (c.-à-d. les Usines) ou **Laurion** (pron. *Lavrion*; hôt. : *de France* [Arabadzis], *d'Europe* [Orphanidis]; restaurants *Mélissa*, *tôn Xénôn*, place Serpiéri; agence consulaire française; directions techniques des compagnies minières) b. de 5,200 hab., dont la plupart sont Grecs et travaillent aux mines; le personnel technique, ingénieurs, contremaîtres, employés, appartient à toutes les nationalités. C'est une ville toute industrielle et moderne, qui doit son essor à l'exploitation des mines, reprise après des siècles d'inactivité. Le port, protégé par la digue naturelle que forme l'île de *Macronisi*

(anc. île d'*Hélène*), longue de 13 km., est fréquenté par les vapeurs étrangers et grecs qui exportent le produit des mines et importent le charbon, et par les caboteurs des îles.

Histoire. — Les affleurements de plomb argentifère du massif (schistes cristallins et calcaires-marbres) du Laurion semblent avoir été connus et explorés de bonne heure par les Phéniciens.

Au VIe s., au temps de Solon et surtout de Pisistrate, les Athéniens commencèrent à les exploiter pour leur propre compte; mais ce fut la découverte, en 484, du gisement profond et riche de *Maronée* (Kamaréza) qui fit la prospérité de l'industrie minière, véritable « source d'argent et trésor de la terre » (Eschyle, *Perses*), pour Athènes. L'Etat en tira aussitôt un revenu annuel de 100 talents (590,000 fr.), produit des fermages; Thémistocle empêcha les citoyens de se partager ce revenu, et le fit affecter à la construction de la flotte. L'argent du Laurion contribua puissamment à l'extension de l'empire maritime d'Athènes ; sous Périclès, des Athéniens firent aux mines de grosses fortunes (Callias, 200 talents = 1,118,000 fr.; Nicias, 100 talents = 590,000 fr.). L'Etat, propriétaire des mines, les affermait à des concessionnaires pour 10 ou 3 ans, moyennant un fermage de 4,16 0/0 du produit. Les incursions des Spartiates, après l'occupation de Décélie en 413 (p. 193), firent déserter les chantiers par les esclaves. Les Athéniens construisirent les forteresses de Thorikos, Laurion et Anaphlystos pour les protéger, mais sans y réussir. Plus tard, Xénophon proposa, vers 355, un plan de réformes de l'exploitation, qui redevint bientôt prospère. Mais, à l'époque macédonienne, la concurrence des mines d'or du Pangée et la diffusion des trésors perses, puis les incursions de Mithridate portèrent au Laurion un coup funeste. Au temps de Strabon, on était réduit à traiter les rebuts de minerai (*ekbolades*). Pausanias constate la mort de l'industrie lauriotique.

Au XIXe s. l'exploitation fut reprise en 1860. Un voilier grec avait emporté en Sardaigne comme lest des scories du Laurion. M. Serpiéri, propriétaire de mines sardes, les fit analyser, se rendit acquéreur des scories de Kératéa et fonda la *Société métallurgique du Laurion*, avec le Marseillais Roux. Après un procès retentissant avec le gouvernement grec en 1869, la Société demeura propriétaire du fonds pour 11,500,000 fr. et céda les usines, scories et déblais de minerai à une Société grecque. Aujourd'hui plusieurs Compagnies partagent l'exploitation des gisements et minerais divers du Laurion : 1° la *Société française des mines du Laurion* (administrateur, M. Serpiéri), au capital de 16 millions (plomb argentifère, argent, manganèse, fer, calamine-zinc); 2° *Cie de Kapsalos* (fer et plomb. Principaux gisements : Kamaréza, Villia, Plaka (Extraction annuelle : 6 millions de tonnes, donnant un bénéfice de 1,200,000 fr.); 3° *Cie de Dardeza-Dascalio* (3 millions fer et plomb); 4° *Cie hellénique des usines du Laurion* (capital, 12 millions; scories de plomb argentifère, argent, manganèse, fer); 5° *Cie hellénique des mines du Laurion*; 6° *Cie française du Sounion* (fer); 7° *Cie de Sériphos et Spiliazéza* (manganèse, galénite de Phavolais).

Les anciens ne recueillaient guère que l'argent et le plomb, et des produits secondaires, l'ocre et le cinabre. Aujourd'hui la calamine (zinc) et le manganèse sont au 1er rang des produits de la mine; les procédés modernes ont aussi permis de tirer du plomb et de l'argent des rebuts de minerai, négligés comme trop pauvres par les anciens, et même de leurs scories, imparfaitement épuisées.

Pour visiter les galeries modernes, on demandera une permission et un guide à la direction technique des Cies française ou grecque. Les restes les plus intéressants des chantiers antiques se trouvent dans le district de *Kamaréza* (anc. *Maronée*), dans le *val Berzéko*, celui de *Mégala Pevka* et dans le *val Botzaris*. D'Ergastiria, ces excursions peuvent être faites par les voies ferrées de l'exploitation (d'Ergastiria à Kamaréza, le plus ancien ch. de fer grec, et de là au S. à Mégala Pevka, au N. à Barbaliaki), ou plus sûrement, en voiture ou à cheval.

Les *chantiers antiques*[1] du val Berzéko se composent des éléments suivants, correspondant aux phases successives de l'exploitation : 1° pour l'extraction, **puits** verticaux rectangulaires (2 m. sur 1 m. 30), dont la profondeur varie entre 70 et 119 m. suivant celle du gisement à atteindre. C'est par ces puits que descendaient les ouvriers (dans les parois, mortaises entaillées pour les échelles), que le minerai était remonté à dos d'homme dans des paniers, ou avec des treuils. Ils servaient aussi à l'aération de la mine. Quelques-uns forment des couloirs obliques avec escaliers. Les galeries d'abatage n'étaient que des boyaux étroits (1 m. de haut sur 0 m. 60 à 0 m. 90 de large), pénétrant dans tous les sens le contact métallifère : des piliers de soutènement et un boisage prévenaient les éboulements. On y remarque des niches pour les lampes et les cruches à eau. 2° Les *ateliers de surface* comprenaient ceux du broyage, du lavage et de la fusion. Le minerai trié était réduit en grains dans des mortiers et des meules. Puis il passait aux **laveries**, dont un grand nombre sont conservées. Elles se composent d'une *citerne* en maçonnerie, rectangulaire ou ronde, couverte d'un toit (contre l'évaporation), et de deux *bassins de lavage*, rectangulaires et cimentés (de 15 m. à 4 m. de long), pourvus d'un radier incliné qu'entourent des canaux et des cuvettes de décantation. L'eau de la citerne venait arroser le minerai tamisé, étalé sur le radier, et en séparait les éléments suivant leur densité : le plomb argentifère restait sur la table, le reste se recueillait dans les cuvettes latérales. Ensuite, le plomb était porté aux fours de fusion et de coupellation où l'argent était séparé du plomb (de 8 à 10 p. 0/0 d'argent pur).

Les plus importantes fonderies modernes sont à Ergastiria; leurs cheminées ont été éloignées au sommet des buttes, pour porter plus haut les vapeurs délétères du plomb, qui, déjà dans l'antiquité, rendaient l'atmosphère du Laurion irrespirable.

13°. Du Laurion au cap Sounion.

8 k. 5. — 1 h. 15 en voit. (15 à 17 d. aller et ret.) et 10 min. à pied. 2 h. à cheval ou à pied par les raccourcis.

La route traverse d'abord des landes, puis longe une côte morne (golfe de Panormo, puis de Pacha-Limani), en face l'île déserte de Macronisi; à dr., monts *Mégali-Vigla* (259 m.) et *Mavro-Lithari* (103 m.). Arrivé (1 h. 15) près d'une grande maison blanche, au bord de la baie de Sounion, sur une mince plage sablonneuse comprise entre la mer et un marais, on remonte un peu vers l'intérieur. On laisse la voiture s'abriter en bas du monticule qui porte les ruines du T. d'Athéna (au N.), et de là en 10 min. on gagne à pied le sommet (60 m.) du cap Sounion que couronne (au S.) la blanche colonnade du T. de Poseidon.

1. Ardaillon, *Les mines du Laurion dans l'antiquité*, Paris, 1897.

1 h. 25. **Cap Sounion**, auj. *Cavo Kolonnais*, formant à l'extrémité E. de l'Attique un petit promontoire rocheux allongé vers l'E. et dominant la mer presque à pic. Un isthme sépare la baie de Sounion à l'O. d'une autre rade à l'E., d'où part le câble sous-marin d'Athènes à Syra.

Ce cap, bien connu des navigateurs, souvent retenus par la difficulté de le doubler dans un sens ou dans l'autre, était consacré à Poseidon et à Athéna. On célébrait dans la baie de Sounion, aux Petites Panathénées, des joutes nautiques. La bourgade de Sounion occupait le fond de cette baie. Le cap était aussi un poste d'observation maritime important à l'entrée du golfe Saronique et du canal d'Eubée. En 409, les Athéniens en firent une place forte, pour surveiller et défendre les côtes du Sounion. Patroclos, l'amiral de Ptolémée Lagide, installa, vers 265, un camp fortifié dans l'îlot situé en face de cette place (*Gaïdaro Nisi*, anc. île de Patroclos); en 260, Antigone Gonatas fit occuper par ses troupes la forteresse de Sounion, qui fut restituée aux Athéniens en 229 par l'entremise d'Aratos.

On rencontre d'abord, en montant, l'**enceinte** de cette acropole. Elle avait plus de 500 m. de développement, en demi-cercle; elle part de la baie de Sounion et tourne au S. pour enfermer la moitié O. du promontoire jusqu'à la falaise S. Le mur, épais de 3 m. 50, se compose de deux lignes de parement en pierres de taille (quelques tronçons en appareil polygonal), garnis d'un blocage intérieur. Tous les 20 m. env. une tour carrée le flanquait. Le côté N.-O. de cette enceinte est le mieux conservé, sur une hauteur de 6 assises (2 à 3 m.).

A l'intérieur et au sommet de l'Acropole se trouvait le **sanctuaire de Poseidon**, dans l'angle S.-E. du plateau. On traverse d'abord les constructions du *péribole* ou enceinte sacrée, constituées à l'E. par le mur même de l'Acropole (reste d'une tour en briques), au N. et à l'O. par un mur bordé vers l'intérieur de portiques et entourant une aire carrée de 70 m. env. de côté : il se termine au S. sur l'arête de la falaise.

L'entrée du péribole était, au N.-E., constituée par des *Propylées* doriques. Ceux-ci forment un rectangle de 15 m. sur 8 m., avec une porte extérieure (2 m. 21 de large) donnant accès dans un vestibule à 3 portes (bases des piliers en place), qui s'ouvrent sur un arrière-portique à 2 col. *in antis*. Construits en tuf au VIe s., ils furent restaurés en marbre au Ve s.

A l'O. sont adossés au péribole N.-O. une chambre carrée, puis un grand *portique* (long. 37 m., larg. 9 m. 64) à 2 galeries séparées par une ligne de 6 col. intérieures (5 bases en place; l'angle N.-O. s'est écroulé). Une autre salle de portique (21 m. sur 5 m. 50), adossée au péribole O., forme un angle droit avec le précédent. Ces portiques donnaient abri à la foule les jours de fête.

A 30 m. au S. des Propylées se dresse le soubassement du **T. de Poseidon**, dont l'entrée, à l'E., se trouvait dans le prolongement direct de l'axe des Propylées.

Ce temple, longtemps attribué à Athéna Sounias, est en réalité celui de

Poseidon, comme l'atteste une inscription découverte sur place en 1898. On admet qu'il a été construit sous Périclès, un peu après le Parthénon et l'Héphaisteion (p. 98) pour remplacer un temple en tuf du VIe s. détruit par les Perses et dont les substructions sont en partie reconnaissables sous le temple nouveau. Les paysans modernes l'appelaient « le palais de la princesse », ce qui explique les fouilles faites au début du XIXe s. par les chercheurs de trésors et dont il a beaucoup souffert. La Société archéologique (M. Staïs) y a entrepris de 1897 à 1904 d'importants travaux de déblaiement et de consolidation.

Le *soubassement* se compose de 2 terrasses superposées. La 1re contrebute au N., à l'O. et au S.-O. la base de l'autre. Elle consiste en un soutènement de tuf équarri qui atteint près de 5 m. de haut dans les fortes déclivités du N.-O. (il est en partie démantelé devant le côté O.). Un compartimentage intérieur, rempli de blocage, supportait un dallage (conservé au N.) formant un promenoir extérieur de 3 à 4 m. de large. (Au N., 5 citernes, sous le dallage, recueillaient les eaux du toit.)

La 2e terrasse constitue le stéréobate même du temple, dominant la précédente de 4 m., au N. et à l'O. On y distingue 2 factures d'époques différentes. La partie N.-E., en assises de tuf équarri, est un reste du socle primitif. Du côté N.-O. et à l'O. la maçonnerie fut refaite au Ve s. en un appareil imposant de grands blocs calcaires rectangulaires, à joints biseautés et à parement bombé. Il forme un beau socle régulier, de belles assises horizontales, bien conservées (7 assises à l'O.). Le tout était couronné par les 3 degrés en marbre du stylobate (en grande partie détériorés) sur lesquels reposait la colonnade.

Le temple était dorique, périptère, avec 6 col. sur les façades et 13 col. sur les côtés. Il reste en place 12 col. portant l'architrave, dont 9 du péristyle S., 2 du péristyle N., et 1 du pronaos avec l'extrémité de l'ante N.-E. Les col. ont 6 m. 10 de haut, avec 1 m. 02 de diam. infér. et 0 m. 89 de diam. supérieur; l'absence de galbe, qui les fait paraître un peu maigres et rigides dans leur isolement actuel, compensait par un effet voulu d'élancement leur faible hauteur. Les cannelures sont réduites à 16, au lieu de 20, pour rendre les arêtes plus résistantes à l'action de l'air salin et pour donner plus de corps au fût. Le marbre provient des carrières d'Agriléza (à 4 k. au N.); il est plus friable et plus grenu que le pentélique. Les dimensions du stylobate sont : 31 m. de long sur 13 m. 48 de large. L'édifice était un peu plus petit que le « Théseion » (p. 98). Les divisions intérieures comportaient un *naos* central ou cella avec *pronaos* et *opisthodome* à 2 col. *in antis*. Le dallage en marbre a presque complètement disparu (4 plaques du péristyle S.-E.); il ne reste qu'une partie du sous-dallage en tuf du péristyle E. et du pronaos, avec les substructions en tuf des murs de la cella et de l'opisthodome.

L'épaisseur des substructions latérales de la cella semble indiquer que les murs étaient bordés à l'intérieur de 2 colonnades presque attenantes aux parois (cf. l'Héraion d'Olympie et le t. de Phigalie), afin de diminuer la portée des poutres du plafond. Tous ces éléments de l'infrastructure appartiennent au temple primitif en tuf, dont les dimensions et le plan furent assez exactement conservés ; on se borna au ve s. à revêtir de marbre le sylobate et le dallage et à remplacer toute la superstructure de tuf par les mêmes éléments (murs et col.) en marbre.

L'entrée était à l'E., où l'on accédait de plain-pied au promenoir latéral de la terrasse inférieure, et au niveau du péristyle par des degrés. (Remarquer, sur la marche inférieure, à g., une ligne de trous pour l'implantation de stèles votives ou de décrets.)

Une *frise* sculptée décorait l'architrave du pronaos, comme au Théseion. Il en reste 9 fragments très mutilés, déposés autour de l'angle N.-E. Ils représentent des combats de Centaures et de Lapithes, Thésée et le taureau de Marathon, Thésée et Skiron, des scènes de Gigantomachie (Athéna et Encelade).

Le long du côté S., vers l'O., on remarque les substructions d'un petit *portique extérieur* de construction beaucoup plus récente, qui s'ouvrait sur la mer. On y avait employé 5 colonnes de tuf provenant de l'ancien temple. De l'angle S.-O. de la terrasse se détache aussi un *mur circulaire*, sorte de péribole bas ou de parapet, qui longe la crête de la falaise et se prolonge sous l'angle S.-E., en contre-bas de la crête. Enfin, près de cet angle S.-E., on remarque aussi un rectangle de roc aplati, qui représente peut-être la place de l'*autel* de Poseidon.

De ce point, très beau panorama sur l'Eubée, la mer de Myrto entre l'Attique, les Cyclades (Céos, Tinos, Andros, Thermia, Sériphos, Mélos) et l'Argolide (Hydra), sur le golfe Saronique, l'île Saint-Georges (anc. Belbina), Gaïdaronisi (îles des ânes, anc. île de Patroclos), la côte attique avec les 3 cimes du *Baphi* (262 m.), et, au fond, l'*Olympe* attique (482 m.) et l'îlot d'Arsida ou Lagonisi (île des Lièvres, anc. *Elaioussa*).

En sortant du sanctuaire par les Propylées, on renconte à dr. vers l'E., attenant extérieurement au mur de l'Acropole, un hémicycle creux, avec assises inférieures d'appareil hellénique et dallage de plaques de marbre (14 m. de long sur 12 de large et 5 de prof.) : ce serait, d'après Staïs, un *magasin à blé*. Il y a aussi quelques restes de *maisons*.

Revenant à la route (5 min.), on visite, sur la butte basse qui domine l'isthme au N. et que couronne un amas de pierres blanches, les restes curieux du **Temple d'Athéna Sounias**, cité par Vitruve pour l'originalité de son plan.

En effet, celui-ci se rapproche beaucoup moins du type canonique du t. hellénique que du *mégaron* mycénien. L'édifice a la forme d'un rectangle de 19 m. de long sur 15 de large. Il n'était bordé que d'un péristyle partiel, régnant sur deux côtés, à l'E. et au S. L'entrée était à l'Est. Le sécos se compose d'une cella de 16 m. de long sur 11 m. 50 de large, avec 4 colonnes disposées en carré au milieu (cf. le mégaron de Tirynthe). Une grille transversale coupait la cella à la hauteur des 2 dernières colonnes, pour enfermer la statue de la déesse, appuyée contre le mur de fond (restes de la base). Il ne reste des murs qu'un socle en pierres polygonales, le haut étant en briques crues, comme dans le petit temple de Rhamnonte (p. 204). Les colonnes du péristyle étaient en tuf (restes de 4 chapiteaux). La construction remonte au VI° s.

A 10 mètres au N. du temple, se voient les restes d'un bâtiment rectangulaire de 7 m. sur 5 m., et, à 5 mètres au S., les substructions d'un *autel*. Les restes du mur de péribole forment un angle droit; le côté O., situé à 10 mètres à l'O. du temple, est conservé sur une longueur de 60 m. et le côté S. (à 25 mètres au S.) sur une longueur de 40 m. env.

14° D'Athènes au Laurion par la côte (Paralie).

Directement 9 à 10 h. de cheval, mais 2 jours avec les excursions autour de Vari. — 1er j. d'Athènes à Vari, et excursions à la grotte et au lac. Coucher à Vari. — 2e j. de Vari au Laurion (retour à Athènes par le train du soir).

D'Athènes à Vari : ®, 19 k., en 3 h. 15.

Vari, anc. dème *d'Anagyrous* (250 hab.; chambre pour les étrangers) est fréquenté par les chasseurs de cailles et de bécasses. — Restes d'une statue équestre dans les murs de l'église. — Prendre un guide pour visiter la grotte.

[A 45 min. au N., dans l'Hymette (mont *Kravati*, 290 m.), se trouve la *Grotte de Pan*, ou *grotte d'Archédémos*, du nom de celui qui l'orna d'inscriptions et de sculptures. Les degrés qui y conduisaient ont disparu et la descente est malaisée. Un pan de rocher formant paroi en partage l'intérieur en deux chambres distinctes où pendent des stalactites. Au fond de la caverne, les infiltrations entretiennent une source limpide. Dans la plus grande de ces chambres sont les reliefs sculptés par Archédémos, qui s'est représenté lui-même un marteau dans la main dr. et un ciseau dans la main g. On distingue aussi un autel primitif à Apollon Hersos, une statue de déesse assise, une tête de lion. Une inscription nous apprend que cette grotte a été consacrée aux Nymphes, à Pan et à Apollon par un certain Archédémos de Théra, qui s'appelait lui-même νυμφόληπτος, c'est-à-dire possédé des Nymphes. Toutes ces sculptures sont très grossières (plan et détails dans *American Journal of Archeology*, 1903).

A 4 k. au S. de Vari, très pittoresque massif de *Kaminia*, avec le lac de Vouliasméni, entouré de falaises colorées. Riche végétation intéressante pour le botaniste et sources salées, p. 4.]

De Vari au Laurion : — 35 min. joli défilé du *Kéramoti*; — 3 h. 30. *Elymvo* (Olympos); [à 1 h. du v., grotte à stalactites]; — 4 h. 10. Anavysso [Salines, p. 4]; — 5 h. 40. *Kamaréza*; — 6 h. 40. Ergastiria (Laurion; *V.* p. 214).

INDEX ALPHABÉTIQUE

ATHÈNES.

ATTIQUE.

Agences des Compagnies : — *Messageries maritimes*, 30, r. Miaoulis ; — *Fraissinet*, 2, r. d'Artémis ; — *Lloyd*, r. Tzélépi ; — *Navigation générale italienne, Florio-Rubattino*, *Khédivié* ; *Panhellenios*, r. Tzélépi.

Barques : — pour l'embarquement et le débarquement, sans bagages, 1 d. ; avec bagages, 1 d. 50 à 2 d. — Promenades. 10 à 12 d.

Tramways : — 1° De la gare Pirée-Athènes à la Douane par le quai (t. les 15 min.), 20 c. — 2° De la gare à la pl. Alexandra par la r. d'Athéna, pl. Koraïs, r. de Mounichie, pl. Kanaris, quai de Zéa, 50 c. — 3° Place Karaïskakis au Nouveau-Phalère, 15 c. — 4° En été, omnibus de Kastella au Nouveau-Phalère, 40 c. — 5° Tram à vapeur de la rue Socrate au Nouveau-Phalère (p. 154).

Voitures : — à la douane et près de la gare (*V. Rens. prat.*, II).

Hôtels et restaurants : — *Grand hôt. Continental*, pl. Karaïskakis, sur le quai. près de la gare (ch. dep. 2 d. ; électricité ; 75 ch. ; restaurant), le meilleur hôt. du Pirée ; — *Hôt. Saint-Pétersbourg*, r. de Poseidon (ch. de 2 à 5 d.).

Cafés-Brasseries : — *Brasserie Fix*, dans le jardin Tinan ; — *Kominos*, jardin Tinan ; — *Goulielmos*, bd de Phréattys (sur l'anse Tzirlonéri).

Théâtres : — *Th. municipal d'hiver* (r. d'Athéna). De nov. à mai. Drames, 1 ou 2 fois par sem. — *Th. d'été Dionysiadis* (à Mounichie), places : 1 d. et 1 d. 50. Comédies en grec. — *Th. d'été Plyntzanopoulo* (anc. *Th. Tsokha*).

Changeurs : — le long du quai.

PUBLICITÉ DES GUIDES JOANNE

EXERCICE 1905-1906

I. Adresses utiles — Sociétés financières
Journaux — Chemins de fer — Agences de voyages
Indicateurs — Compagnies maritimes

ADRESSES UTILES

AUTOMOBILES

PNEUS MICHELIN, pour voitures, voiturettes et vélos.
Clermont-Ferrand
Dépôt à Paris : *105, boulevard Pereire.* TÉLÉPHONE 502.08. (V. p. 132.)

BANQUES

Comptoir national d'escompte de Paris. (Voir p. 7.)

Crédit Lyonnais. (Voir p. 10.)

Société Générale. (Voir p. 8.)

BIJOUTERIE

Tranchant, *79, rue du Temple*, Paris. Bijouterie argent en tous genres. Hochets, Bracelets, Chaînes, Bourses, Ronds de serviettes, Timbales, Coquetiers, Tabatières, Petite orfèvrerie, Articles de bureaux et de fumeurs, Chapelets, Croix, Médailles. TÉLÉPHONE 283-12.

CALVITIE
CHUTE DES CHEVEUX

Cornioley, *1, rue de la Paix*, Paris. Produits hygiéniques. Spécialités pour la chevelure et le visage. *Prospectus gratis.* Diplôme de la Société de médecine de France.

CAOUTCHOUC DE VOYAGE
HYGIÈNE — CHIRURGIE

Maison Charbonnier
J. VECRIGNER, Succr
376, rue Saint-Honoré, 376

Caoutchouc manufacturé anglais, français et américain. Chaussures américaines et gants, bottes de marais.

Vêtements imperméables, toile-caoutchouc. Tubs anglais ou bains portatifs, cuvettes pliantes, sacs à eau chaude, coussins et matelas à air et à eau pour malades et pour voyages. Urinaux. Bidets et bassins, etc. Atelier de réparation.

TÉLÉPHONE 241-67

CHOCOLAT

Chocolat Menier. (V. p. 131.)

Compagnie Coloniale. (Voir page de garde en tête du volume.)

CRISTAUX, FAIENCES, PORCELAINES

Maison Toy, *10, rue de la Paix*, **Paris.** (Voir p. 44.)

DENTIFRICES

Docteur Pierre. (Voir p. 43.)

EXERCISEUR

Appareil exerciseur Michelin. Dames, 8 fr.; hommes, 9 fr.; athlètes, 10 fr.; hercules, 12 fr. (Voir p. 132.)

GLACIÈRES

Glacière des Châteaux. — **J. Schaller**, *332, rue Saint-Honoré*, **Paris.** (Voir p. 44.)

HOTELS

Grand Hôtel de l'Amirauté, *5, rue Daunou* (rue de la Paix). Grands et petits appartements. Chambres depuis 4 fr. Pension, 12 fr. Cuisine et cave recommandées. TÉLÉPHONE 231-86.

Grand Hôtel de l'Athénée
15, rue Scribe, Paris

Grand Hôtel des Capucines, *37, boulevard des Capucines.* Maison recommandée. SANS SUCCURSALE. Table d'hôte. Excellente cuisine. Bains. Ascenseur. Eclairage électrique. TÉLÉPHONE 250-52.
Mme E. CHABANETTE, propriétaire

Hôtel du Chariot d'Or

Reconstruit en 1887, *39, rue de Turbigo*, près du boulevard de Sébastopol. Table d'hôte. Café-Restaurant. *English spoken.* Chambres confortables depuis 2 fr. 50. Ascenseur.

RABOURDIN, propriétaire

Hôtel Chatham

17 et 19, rue Daunou, Paris

Hôtel de la Cité Bergère

4, cité Bergère, 4 (Gds boulevards). Chambres, 2 fr. 50 à 8 fr., tout compris. Lumière électrique et téléphone dans les chambres. Bains. Table d'hôte. On parle anglais, allemand, espagnol. TÉLÉPHONE 217-34.

Même Maison : **Hôtel de Belgique et Hollande**, 7, *rue Trévise.* TÉLÉPHONE 255.89.

Hôtel Corneille, 5, *rue Corneille.* Chambres de 3 à 6 fr. Restaurant. Lumière électrique. Bains. Douches. Calorifère. TÉLÉPHONE 810-80.
Agréé par le T. C. F.

Gd HOTEL DE DIEPPE, *22, rue d'Amsterdam*, en face de la sortie de la gare Saint-Lazare. **Chambres très confortables depuis 3 fr.** TÉLÉPHONE [illegible]s-Province 164-15.
Recommandé aux familles.

HOTEL DES ÉTRANGERS

Pierrefonds-les-Bains (Oise)

Chambres confortables, vue sur le lac
Clientèle de famille

TÉLÉPHONE 18

Hôtel Fénelon, *11, rue Férou* (près de Saint-Sulpice). Chambres de 2 à 5 fr.; au mois de 25 à 80 fr. Repas, 2 fr. 25. Pension, 115 fr.

Hôtel du Jardin des Tuileries

206, rue de Rivoli, 206

Avec tout le confort moderne
Chauffage central. TÉLÉPHONE 238-98

Même maison à **PARAMÉ**

GRAND HOTEL DE PARAMÉ

E. LAFOSSE, propriétaire

Hôtel Le Peletier, *27, rue Le Peletier* (boulevard des Italiens). Maison de famille. Prix modérés. Electricité. TÉLÉPHONE 279-16.

HOTEL LOUIS-LE-GRAND

2, rue Louis-le-Grand, Paris
Près de la rue de la Paix. Chambres depuis 3 fr. Pension 10 fr. Electricité. Bains. TÉLÉPHONE 320-32

Grand Hôtel Louvois, *place Louvois*, situé sur un beau square, au centre de Paris. Appartements et chambres seules. Restaurant et table d'hôte. Ascenseur. Bains. Lumière électrique. TÉLÉPHONE 260-04.

L. Dhuit, propriétaire

Maison meublée, *58, rue Jacob*, près des Tuileries et de la nouvelle gare d'Orléans. Appartements et chambres meublés.

Teissèdre, propriétaire

HOTEL MIRABEAU

8, rue de la Paix. Hôtel et Restaurant. Chambres et appartements pour familles. TÉLÉPHONE 228-89. (Voir p. 46.)

Grand Hôtel de Normandie, *4, rue d'Amsterdam*, Paris (face gare Saint-Lazare). Restaurant à la carte et à prix fixe. Chambres de 3 à 10 francs. *English spoken.* TÉLÉPHONE 279-05. **Victor Davène**, propre.

HOTELS (suite)

Hôtel d'Ostende, *9, rue de la Michodière*, près de l'Opéra. Agencement moderne. Lumière électrique. TÉLÉPHONE 253-01. Prix modérés. Chambres depuis 2 fr. 50.

Hôtel d'Oxford et de Cambridge, *13, rue d'Alger*, près des Tuileries. Pension et service à la carte. Table d'hôte. Maison de famille, recommandée pour son confortable et ses prix modérés. *Salle de bains. Lumière électrique.* TÉLÉPHONE 217-26. Tarif franco sur demande.

PENSION BUNOUT

11, boulevard Montmartre, 11

Grand Hôtel de Rochefort, Restaurant à la carte, *6, rue Dupuytren*, près de l'École de médecine et boulevard Saint-Germain. Chambres depuis 1 fr. 50 par jour et 20 fr. par mois. Recommandé.

Hôtel de Seine, *52, rue de Seine* (boulevard Saint-Germain), Paris. Appartements et chambres confortables. Table d'hôte. Service à volonté. Prix modérés.

Dujardin, propriétaire

Hôtel Solférino, *91, rue de Lille* (gare d'Orsay). Bains. Salon. Restaurant. Electricité. TÉLÉPHONE 726-07. *English spoken. Man spricht deutsch.*

Hôtel Vignon, *23, rue Vignon* (gare Saint-Lazare, Madeleine). Chambres depuis 3 fr. 50. Pension depuis 8 fr. Installation moderne. TÉLÉPHONE 311-10

INSTITUTIONS

École professionnelle, industrielle, commerciale et agricole de Versailles. — Directeur : M. Caviale, I., professeur honoraire de l'Université. Préparation aux Écoles pour l'Industrie, le Commerce et l'Agriculture. S'adresser à **M. Caviale, à Versailles.**

INSTITUTIONS (suite)

Institut Rudy, *53, avenue d'Antin*, Paris. 45e année. Cours et leçons. Langues, Lettres, Sciences, Musique, Chant, Peinture, Danse, Escrime, etc. 150 professeurs.

INSTITUTION DE DEMOISELLES

Institution de Mme Quihou, *7, avenue Victor-Hugo*, **St-Mandé** (Seine), à la porte de Paris et près du bois de Vincennes, à 3 minutes de la gare, et sur le passage du tramway Louvre - Vincennes. — *Education complète.*

LANTERNES D'AUTOMOBILES

DENICH (A.), *144, rue Saint-Maur*, Paris. (Voir p. 44.)

PARAPLUIES, CANNES

Dugas-Gérard, *82, rue Saint-Lazare*, Paris. **Fabric.** de cannes, cravaches, fouets, parapluies et ombrelles. Maison de confiance. Prix modérés.

PARFUMERIE (Fabricant de)

CORNIOLEY, *1, rue de la Paix*, Paris. Produits hygiéniques. Spécialités pour la chevelure et le visage. *Prospectus gratis.* Diplôme de la Société de médecine de France.

PÊCHE (Ustensiles de)
PIÈGES

Maison Moriceau

Bourdon et Benoit, succrs

28, quai du Louvre, Paris

Ustensiles et filets de pêche en tous genres ; Pièges de tous systèmes. (Envoi *franco* du catalogue.)

PHARES D'AUTOMOBILES

DENICH (A.), *144, rue Saint-Maur*, Paris. (Voir p. 44.)

PNEUMATIQUES

Pneumatiques Michelin

CLERMONT-FERRAND

Pneus pour voitures, voiturettes et vélos

Dépôt à Paris : 105, boulev. Pereire

TÉLÉPHONE 502.08. (Voir p. 132.)

PRODUITS PHARMACEUTIQUES

Coaltar saponiné. (V. p. 130.)

Fer Bravais. (Voir p. 129.)

Lin Tarin; Pommade Fontaine; Savon Fontaine. (Voir p. 45.)

POMMADE MOULIN

Guérit Dartres, Boutons, Rougeurs, Démangeaisons, Eczémas, Hémorroïdes. Fait repousser les Cheveux et les Cils. 2 fr. 30 le pot, *franco*.

Pharmacie MOULIN

30, rue Louis-le-Grand, PARIS

VÉRITABLES GRAINS DE SANTÉ DU Dr FRANCK *contre la constipation*. (Voir page de garde en tête du volume.)

RESTAURANTS

LE BŒUF A LA MODE

Le plus vieux et le plus français des Restaurants parisiens

8, rue de Valois (Voir p. 45.)

Au Petit Riche, *25, rue Le Peletier*.—Plat du jour, de 0,60 à 1 fr.

VEILLEUSES

Veilleuses françaises. Maison Jeunet. (Voir p. 43.)

VOYAGES

Agence Lubin, *36, boulevard Haussmann*, Paris. (Voir p. 40.)

Compagnie des Messageries maritimes. (Voir p. 41.)

Compagnie générale transatlantique. (Voir p. 40.)

Compagnie de Navigation mixte. (Voir p. 42.)

Marmande.
* Marseille.
Maubeuge.
* Meaux.
* Melun.
* Menton.
Méru.
Meulan.
Meursault.
Millau.
Moissac.
* Montargis.
* Montauban.
Montbéliard.
*Mont-de-Marsan.
Montdidier.
* Monte-Carlo.
Montélimar.
* Montereau.
* Montluçon.
* Montpellier.
Montreuil-sur-Mer.
Montrichard.
Moret-s.-Loing.
Morez-du-Jura.
* Morlaix.
* Moulins.
* Nancy.
* Nantes.
Nantua.
* Narbonne.
Nemours.
* Nevers.
* Nice.
* Nîmes.
* Niort.
Nogent-le-Rotrou.
* Noyon.
Nuits-Saint-Georges.
Oloron-Sainte-Marie.
* Orléans.
Orthez.
Oyonnax.
* Pamiers.
Parthenay.
* Pau.
* Périgueux.
Péronne.
* Perpignan.
Pertuis.
* Pézenas.
Pithiviers.
* Poitiers.
Pons.
Pont-Audemer.
Pontivy.
Pont-l'Evêque.
* Pontoise.
* Provins.
* Puy (Le).
Quesnoy (Le).
* Quimper.
* Reims.
Remiremont.
* Rennes.
Rive-de-Gier.
* Roanne.
Rochefort-sur-Mer.
* Rochelle (La).
Roche-s.-Yon(La)
* Rodez.
* Romans.
* Romilly-sur-Seine.
* Roubaix.
* Rouen.
* Rueil.
Ruffec.
Saint-Affrique.
Saint-Amand.
* Saint-Brieuc.
Saint-Chamond.
* Saint-Claude.
* Saint-Dié.
* Saint-Etienne.
Sainte-Foy-la-Grande.
* Saintes.
* Saint-Gaudens.
* Saint-Germain-en-Laye.
* Saint-Jean-d'Angély.
* Saint-Lô.
Saint-Loup-sur-Semouse.
* Saint-Malo.
* Saint-Nazaire.
* Saint-Quentin.
Saint-Remy-de-Provence.
Saint-Servan.
Salins-du-Jura.
Sarlat.
* Saumur.
* Sedan.
Semur.
* Senlis.
* Sens.
Sèvres.
* Soissons.
* Tarare.
* Tarascon.
* Tarbes.
Terrasson.
* Thiers.
Thizy.
Thouars.
Tonnerre.
* Toul.
* Toulon.
* Toulouse.
Tourcoing.
Tournus.
* Tours.
* Troyes.
Tulle.
Uzès.
* Valence.
*Valence-d'Agen
* Valenciennes.
* Vannes.
* Vendôme.
Verneuil-s.-Avre
* Vernon.
* Versailles.
Vervins.
* Vesoul.
* Vichy.
* Vienne.
Vierzon.
* Villefranche-de-Rouergue.
* Villefranche-s.-Saône.
Villeneuve-sur-Lot.
Villeneuve-sur-Yonne.
* Villers-Cotterets.
Villeurbanne.
Vitré.
* Voiron.

Agence de Londres, Old Broad Street, 53.

La Société a, en outre, 72 Succursales, Agences et Bureaux à Paris et dans la Banlieue, et des Correspondants sur toutes les places de France et de l'Etranger.

OPÉRATIONS de la SOCIÉTÉ GÉNÉRALE :

Dépôts de fonds à intérêts en compte ou à échéance fixe (taux des dépôts de 3 à 5 ans: 3 1/2 0/0, net d'impôt et de timbre); — Ordres de Bourse (France et Etranger): — Souscriptions sans frais; — Vente aux guichets de valeurs livrées immédiatement (obligations de chemins de fer, obligations à lots de la ville de Paris et du Crédit foncier, bons Panama, etc.); — Escompte et Encaissement de coupons français et étrangers; — Mise en règle de titres; — Avances sur titres; — Escompte et Encaissement d'effets de commerce; — Garde de titres; — Garantie contre le remboursement au pair et les risques de non-vérification des tirages; — Virements et chèques sur la France et l'Etranger; — Lettres de crédit et Billets de crédit circulaires; — Change de monnaies étrangères, etc.

LOCATION DE COFFRES-FORTS ET DE COMPARTIMENTS DE COFFRES-FORTS

au Siège social, dans les succursales, dans plusieurs bureaux et dans un grand nombre d'agences, depuis 5 fr. par mois; tarif décroissant en proportion de la durée et de la dimension.

(Demander les notices spéciales à tous les guichets de la Société.)

(*) Les agences marquées d'un astérisque sont pourvues d'un service de location de coffres-forts.

CHEMINS DE FER PARIS-LYON-MÉDITERRANÉE (SUITE)

Billets d'aller et retour de PARIS à TURIN, MILAN, GÊNES, VENISE FLORENCE, ROME et NAPLES

(*Via* **Dijon, Mâcon, Aix-les-Bains, Modane**)

Prix des Billets	**Turin.** 1re cl. **147** fr. »; 2e cl. **106** fr. **15**; 3e cl. **69** fr. **25**.		*Validité :* **30 jours**
	Milan. 1re cl. **164** fr. **80**; 2e cl. **116** fr. **75**		
	Gènes. — **169** fr. **80**; — **121** fr. **40**		
	Venise. — **216** fr. **35**; — **153** fr. **75**		
	Florence. — **217** fr. **40**; — **154** fr. **80**		
	Rome. — **266** fr. **90**; — **189** fr. **50**		*Validité :* **45 jours**
	Naples. — **315** fr. **50**; — **223** fr. **50**		

Ces billets sont délivrés toute l'année à la gare de Paris-Lyon et dans les bureaux-succursales. La durée de validité des billets valables 30 jours peut être prolongée de 15 jours et celle des billets valables 45 jours peut être prolongée de 22 jours, moyennant le payement d'un supplément égal à 10 0/0 du prix du billet. D'autre part, la validité des billets d'aller et retour **Paris-Turin** est portée gratuitement à 60 jours, lorsque les voyageurs justifient avoir pris, à Paris ou à Turin, un billet de voyage circulaire intérieur italien ou un billet d'abonnement **spécial italien.** *Arrêts facultatifs à toutes les gares du parcours.*

FRANCHISE DE 30 KILOGRAMMES DE BAGAGES SUR LE PARCOURS P.-L.-M.

BILLETS D'ALLER ET RETOUR
DE PARIS A BERNE ET A INTERLAKEN

(*Via* **Dijon, Pontarlier, Les Verrières, Neuchâtel**) *ou réciproquement*

DE PARIS A ZERMATT (MONT ROSE)

(*Via* **Dijon, Pontarlier, Lausanne**) *sans réciprocité*

PRIX DES BILLETS

De Paris à	1re cl.	2e cl.	3e cl.
Berne	**100** fr.	**75** fr.	**50** fr.
Interlaken	**112** fr.	**83** fr.	**56** fr.
Zermatt (Mt Rose)	**140** fr.	**108** fr.	**71** fr.

Valables **60 jours**, avec arrêts facultatifs sur tout le parcours

Franchise de 30 kilogs de bagages sur le parcours P.-L.-M.

EN ÉTÉ, TRAJET RAPIDE DE PARIS A BERNE ET A INTERLAKEN

Les billets d'aller et retour de **Paris** à **Berne** et à **Interlaken** sont délivrés du 1er avril au 15 octobre; ceux de Zermatt, du 15 mai au 27 sept.

VOYAGES INTERNATIONAUX A ITINÉRAIRES FACULTATIFS

Il est délivré toute l'année, dans toutes les gares du réseau P.-L.-M, des Livrets de voyages internationaux avec itinéraires établis au gré des voyageurs sur les réseaux français de **P.-L.-M.**, de l'**Est**, de l'**Etat**, du **Midi**, du **Nord**, de l'**Orléans**, de l'**Ouest**, de l'**Etat** (lignes algériennes), P.-L.-M.-Algérien, Ouest-Algérien et Bône-Guelma, sur les lignes maritimes de la Méditerranée desservies par la Compagnie générale transatlantique, la Compagnie de navigation mixte (Cie Touache) ou par la Société générale des transports maritimes à vapeur, et sur les chemins de fer *allemands, austro-hongrois, belges, bosniaques et herzégoviniens, bulgares, danois, finlandais, italiens et siciliens, luxembourgeois, néerlandais, norvégiens, roumains, serbes, suédois, suisses et turcs.* Ces voyages, qui peuvent comprendre certains parcours par bateaux à vapeur ou par voitures, doivent, lorsqu'ils sont commencés en France, comporter obligatoirement des parcours **étrangers.** Parcours minimum : **600** kilomètres. La validité varie de **45** à **90 jours suivant le parcours. Arrêts facultatifs.**

Les demandes de **livrets internationaux sont satisfaites** le jour même, **aux gares de Paris et de Nice, lorsqu'elles arrivent à ces gares avant** midi. **Pour toutes les autres gares, les demandes doivent être faites quatre jours à l'avance.**

VILLES D'EAUX

DESSERVIES PAR LE RÉSEAU P.-L.-M.

1° Billets d'aller et retour collectifs de 1re, 2e et 3e classes

Il est délivré, du **1er mai au 15 octobre**, dans toutes les gares du réseau P.-L.-M., sous condition d'effectuer un parcours simple minimum de 150 kilomètres, aux familles d'au moins trois personnes voyageant ensemble, des billets d'aller et retour collectifs de 1re, 2e et 3e classes, *valables 33 jours*, pour les stations thermales du réseau et notamment pour : **Aix-les-Bains, Clermont-Ferrand (Royat), Vichy, Evian-les-Bains, etc.**

Le prix des billets s'obtient en ajoutant au prix de quatre billets simples ordinaires (pour les deux premières personnes) le prix d'un billet simple pour la troisième personne, la moitié de ce prix pour la quatrième et chacune des suivantes.

2° Billets d'aller et retour individuels de 1re, 2e et 3e classes

Il est délivré, du 1er mai au 31 octobre, dans toutes les gares du réseau, des billets d'aller et retour de 1re, 2e et 3e classes comportant une réduction de 25 0/0 en 1re classe, et de 20 0/0 en 2e et 3e classes, pour les stations dénommées ci-dessus.— Validité : **10 jours.**

3° Billets d'aller et retour collectifs de 2e et 3e classes

Il est délivré, du 1er septembre au 15 octobre, dans toutes les gares du réseau P.-L.-M., aux familles d'au moins deux personnes voyageant ensemble, des billets d'aller et retour collectifs de 2e et 3e classes pour les stations thermales ci-dessus désignées. Minimum de parcours simple : 150 kilomètres.

Le prix de ces billets collectifs s'obtient en ajoutant au prix de deux billets simples (pour la première personne) le prix d'un billet simple pour la deuxième personne, la moitié de ce prix pour la troisième et chacune des suivantes.

Arrêts facultatifs

Faire la demande de billets (collectifs ou individuels), quatre jours au moins à l'avance, à la gare où le voyage doit être commencé.

VOYAGES CIRCULAIRES A ITINÉRAIRES FACULTATIFS

Sur le réseau P.-L.-M.

Il est délivré, toute l'année, dans toutes les gares du réseau P.-L. M., des carnets individuels ou de famille, pour effectuer, sur ce réseau, en 1re, 2e et 3e classes, des voyages circulaires à itinéraire tracé par les voyageurs eux-mêmes avec parcours totaux d'au moins 300 kilomètres. Les prix de ces carnets comportent **des réductions très importantes** qui peuvent atteindre, pour les carnets de famille, **50 0/0** du Tarif général

La **validité** de ces carnets est de **30 jours** jusqu'à 1 500 kilomètres, **45 jours** de 1 501 à 3 000 kilomètres, **60 jours** pour plus de 3 000 kilomètres.

Faculté de prolongation. — **Arrêts facultatifs.**

Pour se procurer un carnet individuel ou de famille, il suffit de tracer sur une carte, qui est délivrée gratuitement dans les gares de P.-L.-M., bureaux de ville et agences de voyages, le voyage à effectuer, et d'envoyer cette carte, cinq jours avant le départ, à la gare où le voyage doit être commencé, en joignant à cet envoi une provision de 10 francs.

Le délai de demande est réduit à deux jours (dimanches et fêtes non compris) pour certaines grandes gares.

CHEMIN DE FER D'ORLÉANS

BAINS DE MER DE L'OCÉAN

BILLETS D'ALLER ET RETOUR A PRIX RÉDUITS

VALABLES PENDANT 33 JOURS (*non compris le jour du départ*)

TARIF G. V. n° 6 (ORLÉANS)

Pendant la saison des Bains de mer, du **samedi, veille de la fête des Rameaux**, au **31 octobre**, il est délivré, à toutes les gares du réseau, des BILLETS ALLER ET RETOUR de toutes classes, à **prix réduits**, pour les stations balnéaires ci-après: **Saint-Nazaire.**—**Pornichet** (Sainte-Marguerite).—**Escoublac-la-Baule.** — **Le Pouliguen.** — **Batz.** — **Le Croisic.** — **Guérande.** — **Vannes** (Port-Navalo, Saint-Gildas-de-Ruiz). — **Plouharnel-Carnac.**—**Saint-Pierre-Quiberon.** — **Quiberon.** — **Le Palais** (Belle-Isle-en-Mer). — **Lorient** (Port-Louis, Larmor).—**Quimperlé** (Le Pouldu).—**Concarneau.**—**Quimper** (Benodet, Beg-Meil, Fouesnant). — **Pont-l'Abbé** (Langoz, Loctudy). — **Douarnenez.** — **Châteaulin** (Pentrey, Crozon, Morgat).

HOTELS DE LA COMPAGNIE D'ORLÉANS à VIC-SUR-CÈRE et au LIORAN (Cantal)

Ouverts du 1er juin au 5 octobre pour Vic-sur-Cère et du 1er juin au 1er octobre pour le Lioran.

L'hôtel de Vic est au milieu d'un parc clos et boisé, de 6 hectares, à côté d'une forêt. — Altitude: 750 mètres au-dessus du niveau de la mer. — Voisin de l'Etablissement hydrothérapique et de la source minérale. — Distribution à tous les étages d'eau potable reconnue de pureté exceptionnelle par l'Institut Pasteur. — Splendide vue sur la vallée de la Cère et sur la montagne. — Jeu de lawn-tennis. — Télégraphe à la station et à la ville. — Location de voitures pour excursions. — La ville de Vic-sur-Cère, chef-lieu de canton, compte 1 700 habitants. — Eglise.

Un hôtel un peu plus petit, mais aussi confortable, est établi tout près de la station du Lioran, au milieu d'une forêt de sapins et de hêtres; c'est un point tout indiqué pour une cure d'air et d'altitude (1 150 mètres); une grande route nationale parfaitement entretenue passe devant l'hôtel.

Le Lioran est le centre de toute une série d'excursions et d'ascensions d'accès facile et qui peuvent être faites en une journée, aller et retour.

BILLETS D'ALLER ET RETOUR DE FAMILLE

Pour les stations thermales de Chamblet-Néris, Cransac (**NÉRIS-LES-BAINS**), EVAUX-LES-BAINS, Moulins (**BOURBON-L'ARCHAMBAULT**), Saint Gervais-Chateauneuf (**CHATEAU-NEUF-LES-BAINS**), **LA BOURBOULE, LE MONT-DORE, ROYAT,** Rocamadour (**MIERS**), **VIC-SUR-CÈRE,** Le Lioran. — *Tarif* **G. V. n° 6** (*Orléans*).

Réduction de **50 0/0** *pour chaque membre de la famille en plus du troisième*

Il est délivré, du **15 mai** au **15 septembre**, aux familles d'au moins trois personnes payant place entière et voyageant ensemble, des *Billets d'aller et retour de famille* en 1re, 2e et 3e classes, au départ de toutes les gares du réseau, pour les stations ci-dessus indiquées distantes d'au moins 125 kilomètres de la gare de départ.

Il peut être délivré au chef de famille titulaire d'un billet de famille et en même temps que ce billet **une carte d'identité**, sur la présentation de laquelle il sera admis à voyager isolément à moitié prix du Tarif général, pendant la durée de la villégiature de la famille, entre le lieu de départ et le lieu de destination mentionnés sur le billet.

Exceptionnellement, le chef de famille peut être autorisé à revenir seul à son point de départ, à la condition d'en faire la demande en même temps que celle du billet.

Il est rappelé à cette occasion que les billets de famille sont établis par l'itinéraire à la convenance du public, que l'itinéraire peut n'être pas le même à l'aller et au retour, enfin que la durée de validité, à compter du jour du départ, ce jour non compris, est de deux mois et peut être prolongé d'une période d'un mois, moyennant supplément de 20 0/0 du prix du billet.

BILLETS D'ALLER ET RETOUR DE FAMILLE

Pour les stations thermales et hivernales des Pyrénées et du golfe de Gascogne, Arcachon, Biarritz, Dax, Pau, Salies-de-Béarn, etc. — Tarif spécial G. V. n° 106 (Orléans).

Des Billets aller et retour de famille, de 1re, 2e et 3e classes, sont délivrés, toute l'année, à toutes les stations du réseau d'Orléans, pour :

Agde (le Grau), **Alet, Amélie-les-Bains, Arcachon, Argelès-Gazost, Argelès-sur-Mer, Arles-sur-Tech** (La Preste), **Arreau-Cadéac** (Vielle-Aure), **Axat-Audé** (Carcanières, Escouloubre, Usson-les-Bains), **Ax-les-Thermes, Bagnères-de-Bigorre, Bagnères-de-Luchon, Balaruc-les-Bains, Banyuls-sur-Mer, Barbotan, Biarritz, Boulou-Perthus** (Le), **Cambo-les-Bains, Capvern, Cauterets, Collioure, Couiza-Montazels** (Rennes-les-Bains), **Dax, Espéraza** (Campagne-les-Bains), **Gamarde, Grenade-sur-l'Adour** (Eugénie-les-Bains), **Guéthary** (*halte*), **Gujan-Mestras, Hendaye, Labenne** (Capbreton), **Labouheyre** (Mimizan), **Laluque** (Préchacq-les-Bains), **Lamalou-les-Bains, Laruns-Eaux-Bonnes** (Eaux-Chaudes), **Leucate** (la Franqui), **Lourdes, Loures-Barbazan, Luz-St-Sauveur** (Barèges, St-Sauveur), **Marignac-St-Béat** (Lez, Val d'Aran), **Nouvelle (La), Oloron-Sainte-Marie** (St-Christau), **Pau, Pierrefitte-Nestalas, Port-Vendres, Prades** (Molitg), **Quillan** (Ginoles, St-Flour (Chaudesaigues), **Saint-Gaudens** (Encausse, Gantiès), **St-Girons** (Audinac, Aulus), **Saint-Jean-de-Luz, Saléchan** (Ste-Marie, Siradan), **Salies-de-Béarn, Salies-du-Salat, Ussat-les-Bains** et **Villefranche** (Vernet-les-Bains), Thuès, Les Escaldas, Graüs-de-Canaveilles).

Avec les réductions suivantes, calculées sur les prix du Tarif général d'après la distance parcourue, sous réserve que cette distance, aller et retour compris, sera d'au moins 300 kilomètres.

Pour une famille de 2 pers.: **20 0/0**; 3 pers.: **25 0/0**; 4 pers.: **30 0/0**; 5 pers.: **35 0/0**; 6 pers. ou plus: **40 0/0**.

DURÉE DE VALIDITÉ : 33 JOURS (non compris les jours de départ et d'arrivée)

CHEMIN DE FER DU NORD

Saison des Bains de mer — Billets à prix réduits

Pendant la saison, de la veille de la fête des Rameaux au 31 octobre, *toutes les gares du Chemin de fer du Nord* délivrent des billets de bains de mer de 1re, 2e et 3e classes, à destination des stations balnéaires suivantes : BERCK (station du chemin de fer d'intérêt local), *via* Montreuil-sur-Mer ou *via* Rang-du-Fliers-Verton, BOULOGNE-VILLE ou TINTELLERIES (Le Portel), CALAIS-VILLE, CAYEUX (station du chemin de fer d'intérêt local), *via* Saint-Valery-sur-Somme, QUEND-FORT-MAHON (plages de Fort-Mahon et de Saint-Quentin), CONCHIL-LE-TEMPLE (Fort-Mahon), DANNES-CAMIERS (plages Sainte-Cécile et Saint-Gabriel), DUNKERQUE (plages de Malo-les-Bains et Rosendaël), ETAPLES, PARIS-PLAGE (station du chemin de fer électrique), *via* Etaples, EU (plages du Bourg-d'Ault et d'Onival), GRAVELINES (Petit-Fort-Philippe), GRYVELDE (Bray-Dunes), LE CROTOY (station du chemin de fer d'intérêt local), *via* Noyelles, LEFFRINCKOUCKE (MALO-TERMINUS), LE TREPORT-MERS, LOON-PLAGE, MARQUISE-RINXENT (plage de Wissant), NOYELLES, SAINT-VALERY-SUR-SOMME, WIMILLE-WIMEREUX (plages de Wimereux, Audresselles et Ambleteuse), WOINCOURT (plages du Bourg-d'Ault et d'Onival), ZUYDCOOTE (Nord-Plage).

Il existe trois catégories de billets, savoir :

1° **Billets de saison** (1) de 1re, 2e et 3e classes, valables pendant 33 jours, non compris le jour de l'émission, avec facilité de prolongation pendant plusieurs périodes de 15 jours (2), sous condition d'effectuer un parcours minimum de 100 kilomètres aller et retour. Ces billets, créés pour les familles, sont *nominatifs* et *collectifs*. Il est accordé une *réduction de 50 0/0* à chaque membre de la famille en plus du troisième. Les billets dont il s'agit doivent être demandés au moins 4 jours à l'avance à la gare où le voyage doit être commencé.

2° **Billets hebdomadaires et carnets d'aller et retour** (1) de 1re, 2e et 3e classes. Les billets hebdomadaires sont valables pendant 5 jours, du vendredi au mardi et de l'avant-veille au surlendemain des fêtes légales. Ces billets et carnets sont individuels. Les prix varient selon la distance et présentent des *réductions de 25 à 40 0/0*. Les carnets contiennent 5 billets d'aller et retour et peuvent être utilisés à une date quelconque dans le délai de 33 jours, non compris le jour de distribution.

3° **Billets d'excursion** (1) de 2e et 3e classes, les dimanches et jours de fêtes légales, valables pendant une journée. Ces billets sont individuels ou de famille. — Les prix réduits des billets individuels sont indiqués dans le tableau ci-dessous. — Pour les *familles* (ascendants et descendants), il est accordé une nouvelle réduction sur le prix des billets individuels d'excursion, allant de 5 à 25 0/0, selon que la famille se compose de 2, 3, 4, 5 personnes et plus.

Les billets de saison et les billets hebdomadaires sont valables dans les mêmes trains et aux mêmes conditions que les billets ordinaires du service intérieur.

Les billets d'excursion ne sont valables que dans des **trains spéciaux** *ou dans des* **trains du service ordinaire** *désignés à cet effet par la Compagnie.*

4° **Cartes d'abonnement** (1) de 1re, 2e et 3e classes, valables pendant 33 jours, et comportant une réduction de 20 0/0 sur le prix des abonnements ordinaires d'un mois. Ces cartes ne sont délivrées qu'à toute personne qui prend deux billets ordinaires au moins ou un billet de saison pour les membres de sa famille ou domestiques, allant séjourner sous le même toit dans une station balnéaire désignée ci-dessus.

(1) Ces billets sont personnels et ne peuvent être vendus, sous peine de poursuites judiciaires.

(2) Cette prolongation est faite, au retour, par les soins de la gare de départ, avant l'expiration de la première période, moyennant le supplément de 10 0/0 du prix total des billets.

Los prix au départ de Paris, pour les trois catégories, sont les suivants :

Prix des billets (1) de saison, hebdomadaires et d'excursion

DE PARIS AUX STATIONS CI-DESSOUS	Billets de saison de famille valables pendant 33 jours — Prix pour 3 personnes 1re cl.	2e cl.	3e cl.	Prix pour chaque personne en plus 1re cl.	2e cl.	3e cl.	Billets hebdomadaires Prix (*) par personne 1re cl.	2e cl.	3e cl.	Billets d'excursion Prix (**) par personne 2e cl.	3e cl.
Berck	149 40	101 40	66 30	25 60	17 45	11 45	31 »	24 15	17 »	11 15	7 35
Boulogne (ville)	170 70	115 20	75 »	28 45	19 20	12 50	34 »	25 70	18 90	11 10	7 30
Calais (ville)	196 30	133 80	87 30	33 05	22 30	14 55	37 90	29 »	21 85	12 35	8 10
Cayeux	137 55	93 60	61 20	24 »	16 45	10 80	29 30	23 05	15 95	11 »	7 25
Conchil-le-Temple (Fort-Mahon)	140 40	94 80	61 80	23 40	15 80	10 30	28 80	22 50	15 75	9 75	6 35
Dannes-Camiers	157 20	106 20	69 30	26 20	13 70	11 55	31 70	24 40	17 50	10 50	6 85
Dunkerque	204 90	138 30	90 30	34 15	23 05	15 05	38 85	29 95	22 60	12 50	8 20
Etaples	152 40	102 90	67 20	25 40	17 15	11 20	30 90	23 95	17 »	10 35	6 75
Eu	120 90	81 60	53 10	20 15	13 60	8 85	25 40	20 10	13 70	8 85	5 75
Fort-Mahon (plage)	141 30	96 60	64 20	24 15	16 70	11 30	29 50	23 85	16 65	10 80	7 45
Ghyvelde (Bray-Dunes)	213 »	143 70	93 60	35 50	23 95	15 60	39 95	31 15	23 40	12 50	8 20
Gravelines (Petit-Fort-Philippe)	204 90	138 30	90 30	34 15	23 05	15 05	38 85	29 95	22 60	12 50	8 20
Le Crotoy	131 25	89 10	58 20	22 60	15 40	10 10	27 90	21 95	15 15	10 25	6 75
Leffrinckoucke (Malo-Terminus)	209 10	141 »	92 10	34 85	23 50	15 35	39 40	30 55	23 05	12 50	8 20
Le Tréport-Mers	123 »	83 10	54 »	20 50	13 85	9 »	25 75	20 35	13 90	9 »	5 85
Loon-Plage	204 30	138 »	90 »	34 05	23 »	15 »	38 75	29 90	22 50	12 50	8 20
Marquise-Rinxent	182 10	123 »	80 10	30 35	20 50	13 35	35 60	26 80	20 05	11 75	7 70
Noyelles	126 90	85 80	55 80	21 15	14 30	9 30	26 45	20 85	14 35	9 15	5 95
Paris-Plage (2)	156 »	105 90	70 20	26 60	18 15	12 20	32 10	24 95	18 »	11 35	7 75
Quend-Fort-Mahon	137 70	93 »	60 60	22 95	15 50	10 10	28 30	22 15	15 45	9 60	6 25
Quend-Plage	140 70	96 »	63 60	23 95	16 50	11 10	29 30	23 15	16 45	10 60	7 25
Rang-du-Fliers-Verton (Pl.-Merlimont)	145 20	98 10	63 90	24 20	16 35	10 65	29 60	23 05	16 20	10 05	6 55
Saint-Valery-sur-Somme	131 10	88 50	57 60	21 85	14 75	9 60	27 15	21 35	14 75	9 30	6 05
Wimille-Wimereux	174 60	117 90	76 80	29 10	19 65	12 80	34 55	26 10	19 30	11 25	7 40
Woincourt	126 90	85 80	55 80	21 15	14 30	9 30	26 45	20 85	14 35	9 15	5 95
Zuydcoote (Nord-Plage)	211 80	142 80	93 »	35 30	23 80	15 50	39 80	30 95	23 25	12 50	8 20

(*) Des carnets individuels, contenant 5 billets hebdomadaires d'aller et retour, peuvent être utilisés à une date quelconque dans le délai de 33 jours, non compris le jour de distribution.

(**) Sur les prix afférents au parcours de la Compagnie du Nord, une nouvelle réduction de 5 à 15 0/0 est faite sur les billets de famille, selon que la famille est composée de 3 à 5 personnes et au delà.

(1) Ces prix ne comprennent pas les 0 fr 10 de droit de timbre pour les sommes supérieures à 10 francs.

(2) Les billets à destination de Paris-Plage ne sont délivrés que du 8 mai au 15 octobre, période pendant laquelle fonctionne le tramway électrique. Avant et après cette période, la distribution et la prolongation des billets seront limitées à Etaples.

CHEMINS DE FER DE L'ÉTAT

BILLETS DE BAINS DE MER

Valables 33 jours, non compris le jour du départ

Billets d'aller et retour, à validité prolongeable, délivrés du vendredi, avant-veille de la fête des Rameaux, au 31 octobre

1° — BILLETS DE BAINS DE MER
AU DÉPART DE PARIS

De **PARIS (Montparnasse)** ou de **PARIS (quai d'Orsay, pont Saint-Michel ou Austerlitz)** aux gares ci-après et retour.	PRIX ALLER ET RETOUR — SECTION I sans faculté d'arrêt aux gares intermédiaires.			SECTION II — § 1. Faculté d'arrêt entre CHARTRES ou TOURS et la station balnéaire.		
	1re cl.	2e cl.	3e cl.	1re cl.	2e cl.	3e cl.
Royan	71 30	52 40	38 10	80 65	61 20	43 50
La Tremblade (Ronce-les-Bains)	74 25	54 20	39 »	83 80	63 30	44 55
Le Chapus	67 20	49 10	35 »	77 05	58 20	40 »
Le Chateau-Quai (île d'Oléron)	68 70	50 60	36 20	78 55	59 70	41 20
Marennes	66 25	48 35	34 50	76 10	57 50	39 45
Fouras	63 90	46 50	33 20	73 75	55 75	37 90
Chatelaillon	62 35	40 10	32 40	71 95	55 25	37 05
Angoulins-sur-Mer	61 80	45 70	32 15	71 35	54 75	36 70
La Rochelle	61 10	45 10	31 80	70 50	54 20	36 30
La Pallice-Rochelle (île de Ré)	61 95	45 75	32 20	71 50	54 95	36 80
L'Aiguillon-Port. *Via* Chantonnay-Transit	59 40	45 60	31 75	67 60	54 50	35 75
L'Aiguillon-Port. *Via* Luçon-Transit	61 35	45 95	32 25	70 40	55 95	36 65
La Tranche. *Via* Chantonnay-Transit	61 90	48 10	34 25	70 10	57 »	38 25
La Tranche. *Via* Luçon-Transit	63 85	48 45	34 75	72 90	58 45	39 15
Les Sables-d'Olonne	62 60	40 30	32 55	72 25	56 95	37 20
Saint-Hilaire-de-Riez (Sion)	64 30	46 10	32 40	74 20	56 70	37 05
Saint-Gilles-Croix-de-Vie (Sion)	64 55	46 55	32 70	74 50	57 30	37 35
De PARIS-MONTPARNASSE ou SAINT-LAZARE aux gares ci-après et retour.				§ 2. Faculté d'arrêt entre Sainte-Pazanne incl. et la station balnéaire.		
Challans (île de Noirmoutier, île d'Yeu, Saint-Jean-de-Monts)	63 35	44 65	31 85	71 35	50 65	35 35
Bourgneuf-en-Retz	58 50	42 90	30 10	66 50	48 90	34 10
Les Moutiers	58 50	43 30	30 40	66 50	49 30	34 40
La Bernerie	58 50	43 55	30 60	66 50	49 55	34 60
Pornic (île de Noirmoutier) (1)	58 80	44 30	31 15	66 80	50 30	35 15
Saint-Père-en-Retz (Saint-Brevin-l'Océan)	58 50	43 30	30 65	66 50	49 30	34 65
Paimbœuf (Saint-Brevin-l'Océan)	59 05	43 30	30 80	67 05	49 30	34 80

2° — BILLETS DE BAINS DE MER
AU DÉPART DES GARES AUTRES QUE PARIS, VALABLES 33 JOURS
non compris le jour du départ

Ces billets sont délivrés par toutes les gares, stations et haltes du réseau de l'État (**Paris excepté**), pour toutes les stations balnéaires désignées ci-dessus. Ils comportent les mêmes réductions de prix que les billets d'aller et retour ordinaires et donnent le droit de s'arrêter aux gares intermédiaires.

Dispositions spéciales au 1° et au 2°

Enfants. — Les enfants de 3 à 7 ans payent moitié du prix des billets de bains de mer.

Prolongation de la durée de validité. — La durée de validité peut être prolongée de 30 jours, moyennant un supplément égal à 10 0/0 du prix du billet. Cette prolongation peut être accordée deux fois au plus ; le supplément à payer pour chaque prolongation de 30 jours est de 10 0/0 du prix primitif.

3° — BILLETS DE BAINS DE MER
A VALIDITÉ RÉDUITE, SANS FACULTÉ DE PROLONGATION

A) Billets de toutes classes valables pendant 5 jours, du vendredi de chaque semaine au mardi suivant, ou de l'avant-veille au surlendemain d'un jour férié. — Leurs prix sont ceux des billets simples augmentés d'un dixième avec minimum de perception, par place, de 12 fr. en 1re classe, de 9 fr. en 2e classe et de 5 fr. en 3e classe.

B) Billets de 2e et de 3e classes délivrés par toutes les gares du réseau de l'État situées au sud de la Loire, valables un jour seulement, le dimanche ou un jour férié. — Leurs prix sont les deux tiers de ceux des billets de bains de mer de 33 jours, avec minimum de perception par place de 4 fr. en 2e classe et de 2 fr. 50 en 3e classe.

(*Pour les conditions d'utilisation des billets de bains de mer, voir les Tarifs G. V. nos 6 et 106.*)

(1) Un service régulier de bateaux à vapeur est organisé entre Pornic et Noirmoutier pendant la période du 1er juillet au 30 septembre.

ABONNEMENTS DE BAINS DE MER

Des cartes d'abonnement de Bains de mer valables un mois, trois mois ou six mois et comportant une réduction de 40 0/0 sur les prix des cartes ordinaires d'abonnement de même durée, sont délivrées chaque année, à partir du vendredi, avant-veille de la fête des Rameaux, jusqu'au 31 octobre pour les cartes d'un ou trois mois, et jusqu'au 31 juillet pour les cartes de six mois. Ces cartes ne sont délivrées qu'aux personnes qui prennent en même temps au moins trois billets ordinaires ou de bains de mer.

(Pour les autres conditions, voir le Tarif spécial G. V. n° 3.)

BILLETS D'ALLER ET RETOUR DE FAMILLE

POUR LES VACANCES

Valables 33 jours, non compris le jour du départ

Délivrés du vendredi, avant-veille de la fête des Rameaux, au lundi de Pâques inclus (sans prolongation), et du 1er juillet au 1er octobre, avec prolongation facultative, moyennant surtaxe, aux familles d'au moins trois personnes payant place entière et voyageant ensemble :

a) Au départ de PARIS, pour les gares, stations et haltes du réseau de l'État situées à 125 kilomètres au moins de Paris, ou réciproquement ;

b) Au départ de toutes les gares, stations et haltes du réseau de l'État (Paris excepté), pour les gares, stations et haltes situées à 100 kilomètres au moins du point de départ.

Il peut être délivré à un ou plusieurs des voyageurs compris dans un billet collectif et en même temps que ce billet une carte d'identité sur la présentation de laquelle le titulaire sera admis à voyager isolément à moitié prix du tarif ordinaire des billets simples, pendant la durée de la villégiature de la famille, entre la gare de délivrance du billet collectif et le point de destination mentionné sur ce billet.

Enfants. — Les enfants de 3 à 7 ans payent la moitié du prix que paye un voyageur à place entière

(Pour les autres conditions, voir les Tarifs spéciaux G. V. n°s 2 bis et 9 bis.)

VOYAGE CIRCULAIRE AU LITTORAL DE L'OCÉAN

ENTRE BORDEAUX ET NANTES

Billets individuels et de famille

délivrés du vendredi, avant-veille de la fête des Rameaux, au 31 octobre

Valables 33 jours (non compris le jour de la délivrance)

avec faculté de prolongation de trois fois 20 jours moyennant un supplément de 10 0/0 pour chaque prolongation

PRIX :

1° **Billets individuels** : 1re classe, 60 fr. — 2e classe, 45 fr. — 3e classe, 30 fr.

2° **Billets de famille** : Prix ci-dessus réduits de 10 0/0 pour une famille de 3 personnes, jusqu'à 25 0/0 pour un nombre de 6 personnes ou plus.

Billets spéciaux de parcours complémentaires pour rejoindre ou quitter l'itinéraire du voyage d'excursion.

(Pour les autres conditions, voir le Tarif spécial G. V. n° 5.)

CARTES D'EXCURSION VALABLES 15 JOURS

Pendant la période du vendredi, avant-veille de la fête des Rameaux, au 31 octobre, il sera délivré par toutes les gares, stations et haltes du réseau de l'Etat, des cartes d'excursion valables pendant 15 jours et comportant la libre circulation, savoir :

Cartes A. — Sur l'ensemble du réseau de l'État.

Cartes B. — Sur toutes les lignes du réseau de l'État situées au sud de la Loire (y compris les gares de Nantes, Angers, La Possonnière, Saumur et Port-Boulet).

Ces cartes sont délivrées aux prix ci-après :

Cartes A (valables sur l'ensemble du réseau) : 1re classe, 135 fr.; 2e cl., 100 fr.; 3e cl., 75 fr.

Cartes B (valables sur le réseau sud seulement) : 1re classe, 100 fr.; 2e cl., 75 fr.; 3e cl., 50 fr.

Les demandes de cartes d'excursion pourront être adressées aux chefs de toutes les gares ou stations du réseau de l'Etat, ou au chef du contrôle de ce réseau (rue Saint-Lazare, n° 45, à Paris).

(Pour les autres conditions, voir le Tarif spécial G. V. n° 5.)

RELATIONS DIRECTES ENTRE PARIS ET VALPARAISO

Par **La Pallice-Rochelle** et la **Compagnie de navigation à vapeur du Pacifique**

Service tous les 15 jours

Train spécial (1re, 2e et 3e classes), entre Paris-Montparnasse et La Pallice-Rochelle

(Sans transbordement)

TRAJET DIRECT EN 9 HEURES

Départ de *Paris habituellement le samedi soir. — Arrivée à La Pallice-Rochelle (Bassin à flot) le lendemain matin.*

CHEMINS DE FER DU MIDI

Les voyageurs peuvent effectuer des voyages sur le réseau du Midi (notamment dans les Pyrénées et aux gorges du Tarn), au moyen d'une des combinaisons suivantes, comportant de notables réductions sur les prix ordinaires des places :

1° Billets d'aller et retour individuels et de famille, de toutes classes

A destination des stations thermales et balnéaires situées sur le réseau du Midi.

Durée (1) : 33 jours, non compris les jours de départ et d'arrivée.

2° Billets de voyages circulaires : Paris, centre de la France, Pyrénées, Provence et gorges du Tarn (de 1re et 2e classes)

Durée (1) : 20 jours pour les voyages intérieurs du Midi (G. V., 5) et 30 jours pour les voyages communs avec l'Orléans et le P.-L.-M. (G. V., 105). — En outre, il est délivré, sur les réseaux du Midi et d'Orléans, des billets spéciaux d'aller et retour à prix réduits, pour permettre aux voyageurs porteurs de billets de voyages circulaires de visiter des points situés en dehors du voyage circulaire : les Eaux-Bonnes, les Eaux-Chaudes, Carcassonne, etc.

3° Billets d'aller et retour de famille pour les vacances

Durée (1) : 33 jours, non compris le jour du départ.

4° Cartes d'excursions de Paris dans le centre de la France et les Pyrénées

Ces cartes sont délivrées du 15 juin au 15 septembre. — Durée (1) : un mois. — Il existe cinq zones d'excursions sur lesquelles le voyageur a droit à la libre circulation (2).

Les prix totaux de la carte (y compris le trajet aller et retour de Paris à la zone choisie) sont ainsi fixés :

	1re classe	2e classe	3e classe
Zone A.	150 fr.	105 fr.	70 fr.
— B ou C.	190 fr.	140 fr.	95 fr.
— D ou E.	230 fr.	170 fr.	115 fr.

Sur ces prix, il est accordé pour les familles une réduction qui va de 10 p. 100 pour la deuxième personne, jusqu'à 50 p. 100 pour la sixième et les suivantes.

5° Billets spéciaux d'aller et retour, de toutes classes, pour Lourdes

Délivrés au départ de toutes les gares des réseaux de l'État, du Nord, de l'Ouest, de l'Est, de P.-L.-M., d'Orléans, et dans toutes les gares du Midi situées à plus de 150 kilomètres de Lourdes. — Durée de validité variable suivant la longueur du parcours : 4 à 12 jours, non compris le jour du départ.

AVIS. — *Un livret indiquant en détail les conditions dans lesquelles peuvent être effectués les divers voyages d'excursion, de famille, etc., sera envoyé gratuitement à toute personne qui fera parvenir au service commercial de la Compagnie, boulevard Haussmann, 54, à Paris (IXe arr.), le montant de l'affranchissement du livret, soit 25 centimes.*

(1) Faculté de prolongation moyennant supplément de 10 p. 100.
(2) Consulter, pour les détails, le Tarif commun G.V., n° 106.

CHEMINS DE FER DE L'EST

I. — RELATIONS DIRECTES DE LA COMPAGNIE DE L'EST

(SERVICES PERMANENTS)

a) Avec la Suisse, *via* Belfort-Bâle (trains rapides);
b) Avec l'Italie, *via* Belfort-Bale et le Saint-Gothard (trains rapides);
c) Avec Mayence, Wiesbaden, Ems et Hombourg-les-Bains, *via* Metz-Sarrebruck (trains rapides);
d) Avec Francfort-sur-Mein, *via* Metz-Sarrebruck (trains rapides), et *via* Avricourt-Strasbourg (train d'Orient), en correspondance à Carlsruhe avec des trains express pour Francfort;
e) Avec Coblence et Ems, *via* Pagny-sur-Moselle-Metz-Trèves et *via* Longwy-Luxembourg-Trèves (trains rapides):
f) Avec l'Autriche-Hongrie, la Roumanie, la Serbie, la Bulgarie et la Turquie: 1° *via* Avricourt-Strasbourg (train d'Orient); 2° *via* Belfort-Bale, la Suisse orientale et l'Arlberg (trains rapides):
g) Avec Luxembourg, *via* Charleville, Longuyon, Longwy, Dippach (trains rapides).

II. — VOYAGES CIRCULAIRES ET EXCURSIONS A PRIX RÉDUITS

(SAISON D'ÉTÉ)

A. — EN FRANCE

1° Billets d'aller et retour de famille pour les stations thermales situées sur le réseau de l'Est. — 2° Billets d'aller et retour collectifs délivrés par les gares du réseau P.-L.-M. pour les stations thermales situées sur le réseau de l'Est.

Voyages circulaires à prix réduits pour visiter les Vosges et Belfort avec arrêts facultatifs à toutes les stations du parcours

Billets individuels et billets collectifs valables 33 *jours*

1° De Paris à Paris; 2° de Laon à Laon; de Nancy à Nancy: *via* Blainville, Charmes et *via* Pagny sur-Meuse, Vaucouleurs.

Billets d'aller et retour individuels, valables 33 *jours*

Délivrés dans toutes les gares du réseau de l'Est conjointement avec les billets circulaires individuels et collectifs des Vosges au départ de Nancy.

B. — VOYAGES INTERNATIONAUX, à prix réduits, à itinéraires facultatifs

La Compagnie des chemins de fer de l'Est délivre toute l'année des Livrets internationaux à coupons combinables, a prix réduits, de l'Union de Chemins de fer européens, permettant aux voyageurs de composer à leur gré un voyage circulaire ou d'aller et retour à l'étranger, comprenant des parcours sur les grands réseaux français, sur les Chemins de fer algériens de l'Etat, algériens P.-L.-M., Ouest-Algérien, Bône-Guelma et sur certaines lignes maritimes desservies par la Compagnie générale transatlantique, la Compagnie de navigation mixte (Cie Touache), la Société de transports maritimes à vapeur, ainsi que dans les pays désignés ci-après: Allemagne, Autriche-Hongrie, Belgique, Bosnie-Herzégovine, Bulgarie, Danemark, Finlande, Italie, grand-duché de Luxembourg, Pays-Bas, Norvège, Roumanie, Serbie, Suède, Suisse et Turquie.

La réduction par rapport aux prix des billets simples atteint et dépasse 20 0/0.

Les principales conditions d'émission de ces livrets sont les suivantes.

L'itinéraire doit emprunter à la fois des lignes françaises et étrangères et ramener le voyageur à son point de départ initial.

Le parcours tarifé ne peut être inférieur a 600 kilomètres; la durée de validité des livrets est de 45 jours lorsque le parcours ne dépasse pas 2000 kilomètres; 60 jours pour les parcours de 2001 à 3000 kilomètres, et 90 jours pour les parcours supérieurs à 3000 kilomètres.

Les livrets doivent être demandés à l'avance; il n'est pas concédé de franchise de bagages.

Les enfants agés de 4 ans et moins sont transportés gratuitement, s'ils n'occupent pas une place distincte; au-dessus de 4 ans jusqu'à 10 ans, ils bénéficient d'une réduction de 50 0/0.

C. — VOYAGES CIRCULAIRES, à itinéraires fixes, NORD ET SUD DES ALPES

Via Saint-Gothard, Mont Cenis, Vintimille

Les voyageurs qui désirent se rendre en Italie peuvent se procurer, à Paris et dans toutes les gares du réseau de l'Est situées sur l'itinéraire, des billets circulaires à itinéraires fixes dits « **Au Nord et au Sud des Alpes** », qui permettent de faire des excursions variées en Italie dans des conditions économiques.

Les touristes ont le choix entre quatre excursions au **Nord des Alpes** (parcours en dehors de l'Italie) et un grand nombre d'excursions au **Sud des Alpes** (parcours italiens), qu'ils peuvent effectuer avec deux billets délivrés conjointement.

Durée de validité des billets circulaires : **60** jours

Nota. — Pour tous autres renseignements concernant les livrets à coupons combinables, consulter le Tarif international G. V. n° 203 déposé dans les gares, et, pour les billets circulaires à itinéraires fixes, le Livret des voyages circulaires et excursions de la Compagnie des chemins de fer de l'Est.

COMPAGNIE

DU

CHEMIN DE FER DU SAINT-GOTHARD

Le chemin de fer du Gothard, la ligne de montagne la plus pittoresque et la plus intéressante de l'Europe, traverse la Suisse primitive chantée par les poètes et glorifiée par l'histoire. Ses têtes de ligne au nord sont **Lucerne** et **Zoug.** Les tracés respectifs longent, de Lucerne à Kussnacht, le lac **des Quatre-Cantons**, et de Zoug à Arth-Goldau, le lac **de Zoug.** Des divers points de ces deux embranchements, on aperçoit le **Righi**, célèbre dans le monde entier par la vue incomparable dont on jouit de son sommet. **Arth-Goldau** est gare de soudure des tronçons de Lucerne et de Zoug, ainsi que des lignes du **Sud-Est suisse** et d'**Arth-Righi.** Plus loin, la ligne touche le **lac de Lowerz, Schwyz** et, pour la seconde fois, le **lac des Quatre-Cantons**, avec Brunnen, la route de l'Axen, le Rutli, la chapelle de Guillaume Tell, Fluelen et au delà Altdorf, Erstfeld, Wassen, **Goeschenen**, station de la tête nord du tunnel, où commence l'ancienne route du Saint-Gothard et d'où l'on atteint, en une demi-heure, le célèbre **Pont-du-Diable et la galerie dite Trou d'Uri, près d'Andermatt** (tous deux d'un accès facile), Bellinzona, Locarno, le **lac Majeur** (îles Borromées), **Lugano**, connue dans le monde entier et qui est devenue une station climatérique ; elle est reliée au funiculaire du Monte-Salvatore, avec Luino, sur le lac Majeur, et avec Menaggio, sur le lac de Côme.

De là, la ligne franchit le lac de Lugano et, de la gare de Capolago où se raccorde le chemin de fer à crémaillère du **Monte-Generoso**, se dirige sur Chiasso, point terminus du Gothard, pour continuer sur Côme et Milan.

La ligne réunit ainsi, des deux côtés des Alpes, les bords des lacs les plus ravissants, émaillés de villas splendides.

Parmi les nombreux travaux d'art, œuvres gigantesques construites dans les flancs des Alpes et qui excitent l'étonnement du voyageur, il faut citer en première ligne le **grand tunnel du Gothard**, le plus long souterrain existant (14 998 mètres), lequel est ventilé artificiellement, de sorte que les voyageurs ne sont nullement incommodés par la fumée ; viennent ensuite les tunnels hélicoïdaux au nombre de trois sur le côté nord et de quatre sur le côté sud, le pont du Kerstelenbach, près d'Amsteg, etc., etc.

Trois rapides et trois trains directs font journellement, en six à huit heures, le trajet dans chaque direction de **Lucerne à Milan**, point central pour tous les voyageurs allant en Italie. **Wagons-lits (sleeping-cars), wagons-restaurants, voitures directes entre Paris et Milan, éclairage électrique, freins continus.**

Prix de **Paris à Lucerne** :		Prix de **Paris à Milan** :	
1re classe	69 fr. 45	1re classe	104 fr. 85
2e —	47 fr. 60	2e —	72 fr. 40

Le chemin de fer du Gothard est la voie de **communication la plus courte entre Paris et Milan** (*via* Belfort-Bâle). A Milan, correspondance directe de et pour **Venise, Bologne, Florence, Gênes Rome, Turin.** A **Lucerne**, correspondance directe de et pour **Paris' Calais, Londres, Ostende, Bruxelles, Cologne, Francfort, Strasbourg**, ainsi que de et pour toutes les gares principales de la Suisse.

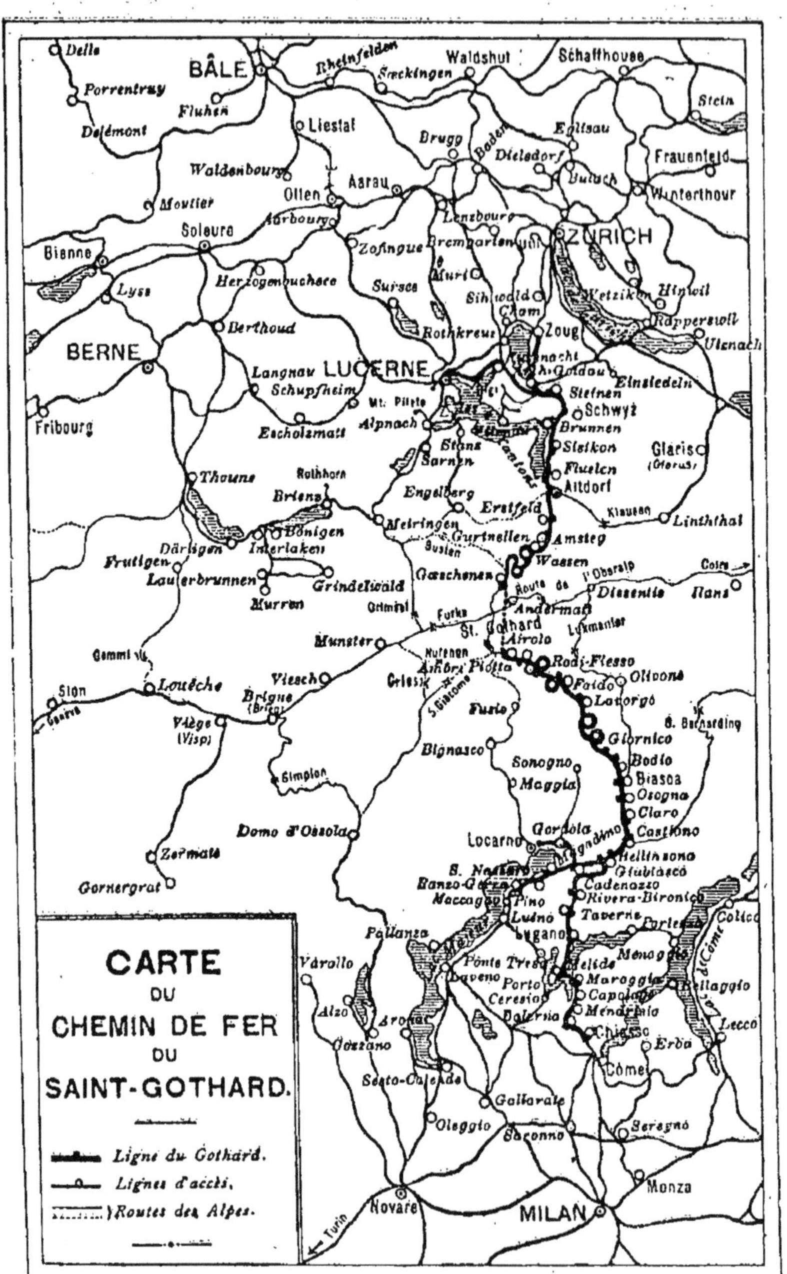
CARTE
DU
CHEMIN DE FER
DU
SAINT-GOTHARD.
Ligne du Gothard.
Lignes d'accès.
Routes des Alpes.
Delle
BÂLE
Porrentruy
Delémont
Liestal
Waldshut
Schaffhouse
Stein
Frauenfeld
Winterthour
Brugg
Aarau
Olten
Soleure
Bienne
ZURICH
Zoug
Lyss
Berthoud
BERNE
Langnau
LUCERNE
Schupfheim
Escholzmatt
Alpnach
Sarnen
Stans
Brunnen
Schwyz
Einsiedeln
Glaris
Fluelen
Altdorf
Erstfeld
Amsteg
Wassen
Thoune
Brienz
Meiringen
Engelberg
Interlaken
Bönigen
Lauterbrunnen
Grindelwald
Murren
Frutigen
Gurtnellen
Gœschenen
Andermatt
Disentis
Ilanz
Furka
St. Gothard
Airolo
Munster
Sion
Louèche
Viesch
Brigue
Viège
(Visp)
Simplon
Domo d'Ossola
Zermatt
Gornergrat
Faido
Lavorgo
Giornico
Bodio
Biasca
Osogna
Claro
Castione
Bellinzona
Giubiasco
Cadenazzo
Locarno
Lugano
Taverne
Melide
Maroggia
Capolago
Mendrisio
Chiasso
Côme
Erba
Lecco
Bellaggio
Colico
Pallanza
Varallo
Arona
Gozzano
Sesto-Calende
Gallarate
Oleggio
Saronno
Seregno
Monza
Novare
MILAN
Turin

II. — Annonces diverses provenant de PARIS

GRAND PRIX, PARIS 1900

EAU
PATE
ET
POUDRES
DENTIFRICES

En vente

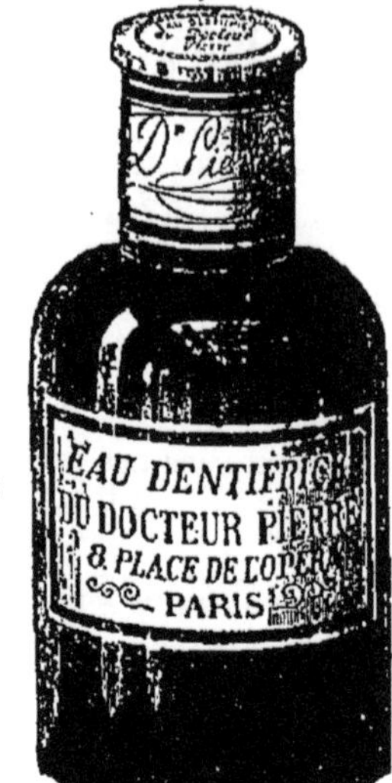

DU DOCTEUR

PIERRE

DE LA

FACULTÉ DE MÉDECINE

DE PARIS

partout

VEILLEUSES FRANÇAISES

FABRIQUE A LA GARE

MAISON JEUNET, fondée en 1838

JEUNET FILS

SUCCESSEUR DE SON PÈRE

Actuellement rue Saint-Merri, 11

Toutes nos boites

portent en timbre sec

JEUNET INVENTEUR

MAISON TOY

Maisons TOY et LÉVEILLÉ réunies

10, rue de la Paix, 10

Anciennement 6, rue Halévy

DÉPOT de MINTON

Grès flammés de Delaherche

Services de table, Porcelaines, Cristaux et Faïences

MODÈLES SPÉCIAUX

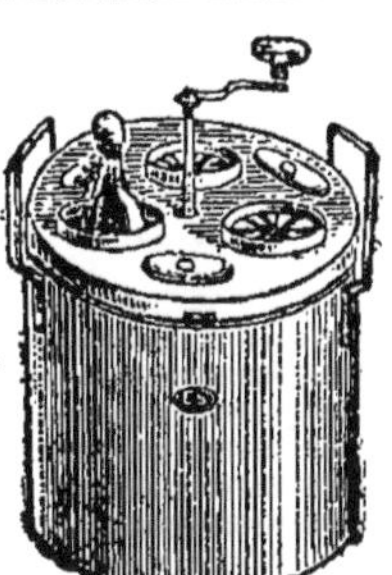

GLACIÈRE

DES

CHATEAUX

La seule qu'on fasse fonctionner sous les yeux du public

Produit en 10 minutes de **500** gr. à **16** kilogr. de **Glace**, ou des **Glaces**, **Sorbets**, etc. par un **sel inoffensif**

Se méfier des contrefaçons.

J. SCHALLER **332, rue Saint-Honoré, Paris**

Prospectus franco

144, rue Saint-Maur, 144

PARIS

Londres, 14, Featherstone Buildings

Envoi gratis du Catalogue sur demande

Le Bœuf à la Mode

RUE DE VALOIS, 8 (PALAIS-ROYAL)

Le plus ancien des Restaurants parisiens

ayant conservé

les traditions de la bonne cuisine française

A PROXIMITÉ

DES

THÉATRES FRANÇAIS ET PALAIS-ROYAL

PRIX MODÉRÉS

La boîte **LIN-TARIN** 1 fr. 30

PRÉPARATION SPÉCIALE POUR COMBATTRE AVEC SUCCÈS

Constipations, Coliques, Echauffements, Maladies du Foie et de la Vessie. (Exiger la femme à 3 jambes)

Une cuillerée à soupe matin et soir dans un quart de verre d'eau ou de lait.

TOUT CYCLISTE DOIT FAIRE USAGE de LIN-TARIN

Marque de fabrique

POMMADE FONTAINE

Ses effets sont **Merveilleux**

contre les : *Dartres, Eczéma, Engelures, Hémorrhoïdes, Rougeurs de la Face, Inflammations des Paupières, Pellicules et Chute des Cheveux.*

FRICTIONS LÉGÈRES CHAQUE SOIR

LE POT : **2** FRANCS

Franco, 2 fr. 15 en timbres-poste.

SAVON FONTAINE

Excellent auxiliaire de la POMMADE FONTAINE

Le Savon, 2 fr. Franco 2 fr. 15 en timbres-poste

TARIN, Pharm. de 1re Classe, Ex-Interne des Hôpitaux

Place des Petits-Pères, 9, PARIS

SE TROUVENT DANS TOUTES LES PHARMACIES

HOTEL MIRABEAU

PARIS — 8, rue de la Paix, 8 — PARIS

VUE DE LA COUR D'HONNEUR

CHAMBRES ET APPARTEMENTS DE TOUTES GRANDEURS

SUCCURSALES EN ÉTÉ (fin mai-fin septembre)

à CHATEL-GUYON (Puy-de-Dôme), **Splendid et Nouvel Hôtels;**
à CONTREXÉVILLE (Vosges), **Grand-Hôtel**

III. — FRANCE, classée par ordre alphabétique de localités

Argelès-Gazost

GRAND HOTEL DU PARC ET D'ANGLETERRE

Installation nouvelle — H. LASSUS, Propriétaire

De tout premier ordre, situation unique dans le vaste parc des Thermes. — Vue incomparable des quatre façades sur la montagne. — Grands salons, fumoir, billard, terrasse, restaurant. — Éclairage électrique. — Pension depuis 8 fr. — *Omnibus.*

Argelès-Gazost

HOTEL BEAU-SÉJOUR

A 20 mètres de la gare. — Le plus près du Parc et des Etablissements. — Petit parc privé avec de magnifiques ombrages. — Transport gratuit des bagages. — Portique de gymnastique. — Cuisine très soignée. — **Pension depuis 6 fr. par jour.** — La meilleure cave des Pyrénées. — **CHEBARDY**, Propriétaire.

Arles-sur-Rhône

GRAND HOTEL DU FORUM

De tout premier ordre. — Plein midi. — **Au centre des curiosités romaines.** — Vue superbe sur le Rhône et la Camargue. — Auto-garage avec fosse. — *English spoken.* — *Téléphone.* — *Omnibus.* — Correspondant des T. C. F. et étrangers. — **Famille MICHEL**, Propre.

Arras

HOTEL DE L'UNIVERS

MAISON DE PREMIER ORDRE

Recommandée aux familles et aux voyageurs. — Grands et petits appartements. — Salons. — Garage. — Téléphone. — Electricité. — Chauffage central. — *Omnibus à la gare.* — **DURET**, Propriétaire.

Avignon

HOTEL CRILLON

Le plus près de la gare, à une minute sur l'avenue, touchant aux Postes et Télégraphes. — **Maison spécialement fréquentée** par les familles. — Cuisine renommée. — **Service par petites tables, à la carte et à prix fixe. — L'été, restaurant dans le jardin. — Téléphone.** — *Omnibus à tous les trains.* — **H. PONS, Propriétaire.**

Avignon

GRAND HOTEL D'AVIGNON

Rue de la République. — Près des Postes et Télégraphes. — Le mieux situé. — De premier ordre. — 80 chambres et salons. — *Grand confortable.* — Cuisine très soignée. — Prix modérés. — *Omnibus.* — Spécialité des grands vins de Châteauneuf-du-Pape.

J. CANDY, Propriétaire

Avignon

GRAND HOTEL DE L'EUROPE

Le seul de tout premier ordre. — Entièrement remis à neuf et repris par l'ancien propriétaire depuis 1893. — **Maison de très ancienne réputation, recommandée aux familles et aux touristes par son confortable et ses prix modérés. — *Omnibus.* — VILLE, Propriétaire.**

BAGNÈRES
DE
LUCHON

— REINE DES PYRÉNÉES —

THERMES SULFURÉS DE PREMIER ORDRE

Humage — Courses nombreuses — Guides renommés

Casino splendide

Bagnères-de-Luchon

GRAND HOTEL SACARON

DE TOUT PREMIER ORDRE

DIRIGÉ PAR LA FAMILLE

Bagnères-de-Luchon

GRAND HOTEL BONNEMAISON

De tout premier ordre — Situation unique

Allées d'Étigny et place des Quinconces — Le plus proche des Thermes

GRAND CONFORT

Bagnères-de-Luchon

GRAND HOTEL CONTINENTAL

Allées d'Étigny.—Premier ordre.—Situation centrale et près du Casino.—**ASCENSEUR.** — Chambres avec salle de bains, dernier confort moderne. — Douches. — Vaste jardin. — *Splendide terrasse.* — Magnifique hall. — **Cuisine et caves recommandées.** — Correspondant de l'*Automobile-Club de France.* — Garage et fosse à réparations. — *English spoken.* — *Se habla español.* — Prix modérés. — **Omnibus.**

P. PELLISSIER, Propriétaire

Bagnères-de-Luchon

HOTEL DE LUCHON ET DU CASINO

Maison spéciale pour familles, et dans la plus belle situation, à une des entrées du parc du Casino. — **Ascenseur perfectionné Heurtebise.** — Prix modérés et arrangements pour long séjour. — *Téléphone.* — *Electricité*

Ecrire : **HOTEL CASINO, LUCHON**

Bagnères-de-Luchon

GRAND HOTEL DES THERMES ET DE LONDRES

Ouvert du 1er avril au 1er novembre. — Premier ordre. — Situation exceptionnelle, en face des Thermes et près du Casino. — **Pension depuis 10 fr.** — Arrangements pour familles. — Réduction de prix en juin et en septembre. — *Omnibus à tous les trains.* — **A. GIROIX, Propriétaire.**

Bagnères-de-Luchon

GRAND HOTEL D'ANGLETERRE

De premier ordre. — Situation exceptionnelle allées d'Etigny. — *Près du Casino et de l'Etablissement.* — Appartements pour familles. — Beau parc. — Restaurant a la carte et à prix fixe. — *English spoken.* — *Se habla español.* — Omnibus. — Ouvert du 1er mai au 1er octobre. — **SEGHIN, Propriétaire.**

Biarritz

HOTEL D'ANGLETERRE

De tout premier ordre

Confortable moderne — Situation incomparable sur la mer

GRANDS JARDINS AU MIDI

Au centre de la ville et des plages

ASCENSEUR — ÉLECTRICITÉ — *Bains à tous les étages*

M. CAMPAGNE, Propriétaire

Biarritz

HOTEL VICTORIA et de la GRANDE-PLAGE

DOMAINE IMPÉRIAL

De tout premier ordre. — **Magnifique vue de mer.** — La plus belle situation, près du **Grand Casino** et des **Thermes salins.** — Grand jardin. — Lawn-tennis. — Salle de bains. — Calorifère — Lumière électrique. — Ascenseur.

Omnibus et voitures de luxe.

J. FOURNEAU, Propriétaire

Biarritz

GRAND-HOTEL

INSTALLATION DE TOUT PREMIER ORDRE

200 chambres et salons. — Grand confort réunissant toutes les innovations modernes. — Lumière électrique dans toutes les pièces. — Calorifère. — Ascenseur. — Service quotidien de trois dépêches par jour. — Situation unique en face de la mer, au midi et à côté de la Grande Plage et du Casino. — **Saison d'été. — Saison d'hiver.** — Le Grand-Hôtel, qui est fréquenté par la haute société, est réputé comme la résidence la plus agréable de Biarritz, car il est le seul situé dans le quartier fashionable, au centre de la ville. — **Lawn-tennis couvert.** — **M.-Ch. MONTENAT.**

Biarritz

HOTEL SAINT-JAMES

Restaurant, rue Gambetta, 15. — Situation centrale et vue sur la mer. — Appartements et chambres confortables. — Terrasse ombragée. — Cuisine faite par le propriétaire. — Déjeuner, 2 fr. 50. — Dîner, 3 fr., vin compris. — Pension depuis 7 fr. par jour. — **L. BEAUXIS, Prop^re.**

Biarritz

PENSION DE FAMILLE

VILLA SAINT-JACQUES, *avenue Saint-Dominique*

De construction récente. — Très confortable. — Hygiène parfaite. — Situation centrale. — **Calorifère.** — *Eau et gaz à tous les étages.* — Prix depuis 7 fr. par jour, tout compris, même le petit déjeuner du matin.

Docteur **TOUSSAINT**, Propriétaire-Directeur

Biarritz

HOTEL BRISTOL

Ancienne Villa Piron. — **Sur la plage, à côté du Casino municipal.** — La plus belle vue de mer et à tous les étages. — Grand confortable. — Cuisine très soignée. — Pension, tout compris, même le vin et le petit déjeuner, depuis 8 fr., sauf août et septembre. — Lumière électrique. — Téléphone. — *English spoken.* — *Se habla español.* — **CAMGRAND,** nouveau Propriétaire.

Biarritz

HOTEL-CHATEAU DES FALAISES

Panorama unique et merveilleux sur l'Ocean et les côtes d'Espagne. — Maison de premier ordre, située sur la falaise, entre la côte des Basques et le Port-Vieux. — Grands et petits appartements. — Chambres séparées. — Service par petites tables. — Confortable moderne. — Installation sanitaire. — Lumière électrique. — Bains. — *Téléphone.* — Arrangements pour familles. — Prix modérés.

BERTHOUD, Propriétaire

Biarritz

PAVILLON HENRI IV

Hôtel de premier ordre

CONFORT MODERNE — VUE SUR LA MER

M. SENERS, Propriétaire

Biarritz

VILLA MARIA

RUE DE FRANCE. — **Pension de famille.** — **Au centre de la ville, près de la Grande Plage et des Casinos.** — Lumière électrique. — Jardin ombragé. — Chambres et appartements confortables. — Cuisine et service soignés. — Pension depuis 8 fr. — Arrangements pour familles. — *English spoken.* — **GERMAIN HÉGUILLOR,** Propriétaire.

Biarritz

MAISON NARTUS (Atalaye)

Au-dessus du port des Pêcheurs. — La plus belle exposition, en face de la mer. — Magnifique vue. — Grands et petits appartements très confortables. — Cuisine soignée. — Pension depuis 8 fr. et arrangements pour familles. — Salle de bains. — Téléphone. — PAVILLON NARTUS. — Appartements confortables, avec cuisine. — Lumière électrique. — J. NARTUS, Prop^re.

Bordeaux

GRAND HOTEL

HOTEL DE FRANCE ET DE NANTES

MAISON DE PREMIER ORDRE

Près du Grand-Théâtre, de la Bourse, de la Banque, de la Douane, de la Préfecture, du Jardin des Plantes. — Vue sur le Port, la place de la Comédie les allées de Tourny, les Quinconces. — **Ascenseur, Téléphone, Calorifère, Éclairage électrique**, Salons, Bibliothèque, Fumoir, Bains aux étages. — **Restaurant à la carte ou à prix fixes.** — Vins et cuisine renommés. — **Salons et 90 chambres depuis 3 fr. par jour.** — Pension depuis 10 fr. par jour pour séjour prolongé. — Caves magnifiques contenant 80 000 bouteilles. — **Veuve Louis PETER**, propriétaire et négociant en vins, fournisseur de S. M. la reine d'Angleterre.

Bordeaux

HOTEL DES PRINCES ET DE LA PAIX

DE TOUT PREMIER ORDRE

Le seul sur le magnifique cours du Chapeau-Rouge. — Bains aux étages. — Eclairage électrique. — Garage pour automobiles. — Ascenseur. — Téléphone n° 716. — *On parle espagnol, anglais et allemand.*

J. GAUSSAIL, Propriétaire

Bordeaux

RESTAURANT DU LOUVRE

21, cours de l'Intendance, 21

Déjeuners, 2 fr. 50, médoc compris — Dîners, 3 fr., médoc compris. — Lumière électrique. — **Tous les soirs, pendant le dîner, projections de photographies animées.**

J. PÉRARD, Propriétaire

Bordeaux

HOTELS DU PÉRIGORD ET D'ORLÉANS RÉUNIS

CHANGEMENT DE PROPRIÉTAIRE

Rue Mautrec, 9, 11, 13, *en face du Grand-Théâtre.* — Centre de la ville et des promenades. — **7 fr. 50 par jour** (déjeuner, dîner, chambre). **Cet hôtel, nouvellement agrandi (60 chambres) et entièrement remis à neuf, se recommande aux familles, touristes et voyageurs.**

ÉLECTRICITÉ DANS TOUTES LES CHAMBRES

Bordeaux

NOUVEL HOTEL ET CAFÉ DE BORDEAUX

Installation la plus moderne — Restaurant de 1er ordre
Chambres de 3 à 12 fr.

Place de la Comédie, en face du Grand-Théâtre

TÉLÉPHONE 408

ASCENSEUR **Bordeaux** TÉLÉPHONE

HOTEL DES 4 SOEURS

Place de la Comédie (Grand centre)

Situation splendide et unique. — Vue sur l'Opéra. — A proximité des Messageries maritimes. — Chambres depuis 2 fr. 50. — Restaurant à la carte et à prix fixe. — *Eclairage électrique.* — **G. SIMION, Propriétaire.**

Bordeaux

MAISON GOBINEAU

Grands HOTEL-CAFÉ-RESTAURANT

Allées de Tourny, 1; place de la Comédie, 1; cours du 30-Juillet, 1, 3, 5, et rue Gobineau, 2. — DE TOUT PREMIER ORDRE. — Installation moderne. — Beaux appartements pour familles. — **Chambres** depuis **3** fr., service compris. — Toutes les pièces en façade, au centre de la ville. — Vue et situation uniques. — **Restaurant : déjeuner, 2 fr. 50 ; dîner, 3 fr.** — Service spécial à la carte. — Cuisine et cave renommées. — Spécialité de vieilles fines champagnes authentiques. — ELECTRICITÉ. — Chauffage à la vapeur. — *Téléphone.*

H. DESPAGNET, Directeur

Bordeaux

GRAND HOTEL DE NICE

Place du Chapelet. — **Magnifique situation,** au centre des plus beaux quartiers. — Chambres et appartements très confortables au rez-de-chaussée et à tous les étages. — *Service du petit déjeuner.* — Bains. — Calorifère. — Téléphone. — Electricité. — *Se habla espanol.*

PHILIP et Cie, Propriétaires

Bordeaux

GRAND HOTEL FRANÇAIS

Rue du Temple, 12 (Intendance)

Maison de famille, de construction récente. — 80 chambres très confortables depuis 2 fr. — Magnifique hall. — **Restaurant.** — Pension depuis 6 fr. par jour. — *Bains à tous les étages.* — **Téléphone.** — Eclairage électrique. — *Interprète.* — **AUPIN, Propriétaire-Directeur.**

Bordeaux

HOTEL DU PRINTEMPS

Restaurant. — En face de la cour d'arrivée de la gare Saint-Jean. — Entièrement transformé. — Electricité partout. — Chambres très confortables depuis 2 fr. — Salle de bains. — Déjeuner, 2 fr. 50 ; dîner, 3 fr. — Service à la carte et à toute heure. — Vins fins des meilleurs crus. — Salon de musique. — A proximité des lignes de tramways. — Transport des bagages gratuit à l'aller et au retour. — Téléphone. — **A. SAUVANT, Propriétaire.**

Bordeaux

HOTEL DU FAISAN

Restaurant. — En face de la cour d'arrivée de la gare Saint-Jean. — *Entièrement transformé.* — Chambres très confortables depuis 2 fr. — Déjeuner, 2 fr. 50; dîner, 3 fr. — Service à la carte et à toute heure. — Arrangements pour séjour. — Eclairage électrique. — Transport des bagages gratuit à l'aller et au retour. — Téléphone pour toute la France.

MAX HAU-GUILHEM, Propriétaire

LE
DIABÈTE
est radicalement
GUÉRI
et en peu de temps
PAR LE
VIN URANÉ PESQUI
Remède inappréciable pour cette dangereuse maladie. Il calme la soif, et il donne la FORCE et la VIGUEUR
Dans toutes les Pharmacies
U P E S Q I

La Bourboule

GRAND HOTEL DES AMBASSADEURS

Premier ordre. — Très recommandé pour sa cuisine spéciale suivant prescriptions des docteurs. — Conditions réduites en juin et en septembre. — Garage pour automobiles. — *Lumière électrique.* — Omnibus à tous les trains. — Saison d'hiver : **Sun Palace, Monte-Carlo.**

DUPEYRIX, Propriétaire

La Bourboule

GRAND HOTEL DU LOUVRE

Boulevard de l'Hôtel-de-Ville. — **Premier ordre.** — En face de l'Établissement thermal. — Succursale à Nice : **Grand Hôtel de Paris**, boulevard Carabacel. — Ascenseur. — Téléphone. — Calorifère. — Bains. — Douches. — *Eclairage électrique*

DUITTOZ-JURY Propriétaire

La Bourboule

GRAND HOTEL RICHELIEU

Premier ordre. — Le plus près de l'Établissement thermal. — Conditions spéciales pour familles. — Chambre pour photographie. — *Lumière électrique.* — **Ascenseur.** — Garage de bicyclettes. — *English spoken.*

PASSAVY-PANET, Propriétaire

La Bourboule

HOTEL DU PARC

Premier ordre. — Nouveaux agrandissements. — *Situation unique dans le Parc et près du Casino.* — Cuisine très soignée. — Service parfait. — Pension, chambre, déjeuner et dîner **depuis 8 fr. par jour, tout compris.** — Arrangements pour familles avec enfants. — Electricité dans toutes les chambres. — *Se habla español.*

Mme FAURE-FOURNIER, Propriétaire

La Bourboule

PALACE HOTEL et VILLA MÉDICIS

Tout premier ordre. — Au centre de la station, près du Parc, des Thermes et du Casino. — Installation hygiénique modèle. — Chambres depuis 5 fr. — Pension par petites tables depuis 7 fr. — Sur demande, table de régime. — Restaurant à la carte. — Cuisine renommée. — Prix réduits en juin et en septembre. — Chambre noire. — Eclairage électrique partout. — Téléphone. — Ascenseur. — Grand garage avec fosses, ateliers de réparations et service de toilette. — Bains et douches. — Lawn-tennis attenant à l'hôtel. — Interprète. — Omnibus. — **A. SENNEGY**, Propriétaire.

La Bourboule

HOTEL DES ANGLAIS

Près de l'établissement Choussy et du Casino. — **Maison de famille.** — Table d'hôte. — Tables particulières dans la véranda. — Cuisine bourgeoise très soignée. — **Pension depuis 8 fr.** — Réduction de prix en juin et en septembre.

Mlle **BOISSIER**, Propriétaire

Cancale

HOTEL DU GUESCLIN

RESTAURANT DE PREMIER ORDRE

Ouvert toute l'année. — De création récente ; modèle de confort et d'hygiène. — Admirablement situé en face du Mont-Saint-Michel et au pied de la falaise qui l'abrite. **Arrangements pour familles et séjour.** — Recommandé de l'A. C. F., du T. C. F. et du T. C. A. — **Auto-garage avec fosse.** — **Ecuries.** — **Tramway** de Saint-Malo.

Cauterets

HOTEL BELLE-VUE

Près de la gare. — **Vue merveilleuse.** — **Table d'hôte.** — **Restaurant à la carte.** — Appartements **meublés** *avec ou sans cuisine.* — Electricité. — Garage pour **autos.**

Pension depuis 7 fr.

B. SALLES, Propriétaire

Cauterets

GRAND HOTEL DES THERMES

Ancienne **Maison des Familles** remise à neuf.— Place des Thermes-de-César — Ouvert toute l'année. — Pension complète depuis 7 fr par jour et arrangements pour familles, pour le clergé et les médecins. — Jardin. — Gymnase. — Belle vue de montagnes. — **On parle anglais, espagnol et basque.** — Cuisine très soignée faite par le propriétaire.

BORDES-HUICI

Challes-les-Eaux

GRAND HOTEL CHATEAUBRIAND

De premier ordre. — Construit en 1897, agrandi en 1902. — Merveilleusement situé au levant. — Vue superbe sur le Nivolet, Saint-Michel et les Alpes. — Très recommandé pour sa situation, son grand confortable et son installation hygiénique perfectionnée. — **Bains** — Electricité. — Tennis. — Garage et fosse. — Villas **séparées** — Arrangements pour familles et pour séjour. — *Prix modérés.* — Omnibus à Chambéry. — **Arrêt du tramway.**

Chambéry (Savoie)

HOTEL DE FRANCE

ÉTABLISSEMENT DE PREMIER ORDRE

A proximité de la gare et des promenades

LÉON REYNAUD, Propriétaire

English spoken — Téléphone — Electricité — Garage pour automobiles

Chambre noire pour photographie

Chambéry

Gd HOTEL DE LA PAIX ET DE LA GARE

A 30 mètres en face de la gare.— 80 chambres et **salons.** — *Premier ordre.* — Entièrement neuf. — Table d'hôte et **service** par petites tables. — Salle de bains. — Chambre noire. — **Calorifère.** — **Ascenseur Stigler.** — Vaste garage à **automobiles** — **Arrangements** pour **familles** et pour séjour. — **Prix modérés.**

Pierre-Joseph TRABBIA, Propriétaire

Chamonix

HOTEL ROYAL ET DE SAUSSURE

Sur la place du monument de Saussure. — Maison de premier ordre, entièrement restaurée et remontée. — Appartements très confortables. — **Restaurant.** — Cuisine et cave soignées. — *Prix modérés.* — Arrangements depuis 9 fr. — Bains. — Lumière électrique. — Grand jardin. — Parc. — Observatoire. — Vue superbe sur le mont Blanc et sa chaîne. — Saison d'hiver. — **COUTTET Frères, Propriétaires.**

Chamonix

GRAND HOTEL COUTTET ET DU PARC

HOTEL-PENSION COUTTET, ouvert toute l'année. — De premier ordre. — Magnifique situation en face du mont Blanc et entouré d'un grand jardin. — *Lumière électrique.* — Ascenseur. — Chauffage central. — Bains. — *Téléphone.* — Chambre noire. — Garage pour autos. — Saison d'hiver : Patinage appartenant à l'hôtel.

COUTTET Frères, Propriétaires

Chamonix

HOTEL DE LA POSTE

Considérablement agrandi en 1902 et meublé avec tout le confort moderne. — **Ascenseur.** — Lumière électrique partout. — Téléphone à l'hôtel. — Bains, douches. — Grand garage pour automobiles et vélos. — Chambres hygiéniques Touring-Club. — Salons, fumoirs. — *Omnibus à tous les trains.* — Déjeuner à la fourchette, 2 fr. 50; dîner table d'hôte, 3 fr. 50. — 100 lits de 2 fr. 50 à 5 fr. — **A.-V. SIMOND**, Propre.

Chamonix

HOTEL CROIX-BLANCHE ET SIMOND

Ouvert toute l'année. — Confort moderne. — Lumière électrique. — Chauffage central. — *Arrangements pour familles.* — Chambres depuis 2 fr. — Pension depuis 7 fr. — **Ed. SIMOND**, Propriétaire.

Chamonix

CENTRAL HOTEL

De construction récente. — Très belle vue sur la chaîne du Mont-Blanc. — **Confort moderne.** — Lumière électrique. — Bains. — *Téléphone.* — Arrangements depuis 7 fr. — Saison d'hiver : **Hôtel Néva, Cannes.** — **J. COUTTET**, Propriétaire.

Chamonix

HOTEL DE L'EUROPE

PENSION COUTTET

En face de la Poste. — Vue merveilleuse sur la chaîne du Mont-Blanc. — Grand confort. — Service soigné. — Bains. — Lumière électrique. — Garage pour autos. — Pension depuis 7 fr. — *On parle anglais et allemand* — **FRANÇOIS COUTTET**, Propriétaire.

Chamonix

HOTEL BRISTOL

Vue splendide sur toute la chaîne du Mont-Blanc. — Chambres et appartements très confortables pour familles et touristes. — Jardin — Electricité partout. — Cuisine recommandée. — Pension : chambre, petit déjeuner, déjeuner, dîner, vin compris, depuis 7 fr. par jour. — Arrangements pour familles. — *English spoken.* — *Man spricht deutsch.*

JOSEPH CLARET-TOURNIER, Propriétaire

Chamonix-lès-Praz

SPLENDID-HOTEL

Près de la gare des Praz, à 15 minutes à pied de Chamonix. — Ouvert en 1903. — Vue incomparable sur la chaîne du Mont-Blanc. — Chambres hygiéniques, modèle Touring-Club. — Confort moderne. — Bains. — Lumière électrique. — Téléphone. — Garage pour autos. — Pension : 4e étage, 5 fr. par jour ; 3e étage, 6 fr. ; 2e étage, 7 fr. ; 1er étage, 8 fr.
Frères RAVANEL, Guides, Propriétaires

Châtel-Guyon-les-Bains

GD HOTEL DU PARC ET HOTEL DES PRINCES

PREMIER ORDRE

Ascenseur. — **Téléphone.** — Lumière électrique. — *Garage pour automobiles.* — **VÉDRINE BARTHÉLEMY, Propriétaire.**

Châtel-Guyon

SPLENDID HOTEL et NOUVEL HOTEL réunis

Situation unique dans le Parc, vis-à-vis du Casino de l'Etablissement thermal. — *Restaurant à prix fixe et à la carte.* — Terrasses ombragées. — Vue splendide. — Jeux divers. — Garage et fosses pour autos. — Landaus. — Victorias. — Clientèle aristocratique de la station.
Même direction que l'Hôtel **Mirabeau**, rue de la Paix, à Paris

Châtel-Guyon

HOTEL DES BRUYÈRES

Premier ordre. — Situation hygiénique. — **Eclairage électrique.** — Pension depuis 9 francs, vin et service compris. — **Arrangements** pour familles. — *We speak english.* — *Man spricht deutsch.*

Cherbourg

HOTELS DE FRANCE ET DU COMMERCE RÉUNIS

MAISON DE PREMIER ORDRE

Table très soignée. — Hôtel recommandé. — Le plus important de la ville. — **Salon de familles.** — Salle de fêtes de 150 couverts. — **Prix modérés.** — Estaminet. — Salle de bains. — *Omnibus à tous les trains.* — *English spoken.*

Clermont-Ferrand

HOTEL TERMINUS

EN FACE DE LA GARE

Confortable moderne. — Lumière électrique. — **Téléphone.** — Salle de bains. — Garage pour automobiles. — Recommandé par le Touring-Club et l'Automobile-Club de France. — Prix modérés.
Succursale : RICHELIEU PALACE HOTEL, Royat-les-Bains

Clermont-Ferrand

GRAND HOTEL DU LOUVRE

PLACE DE JAUDE

Téléphone. — Garage. — Adresse télégraphique et téléphonique : **Hôtel Louvre, Clermont-Ferrand.**
MARTIN-LAMURE, Propriétaire

BAINS DE MER

DE DIEPPE

A 3 heures de Paris. — Dieppe est la station balnéaire la plus rapprochée et la plus fréquentée.

Le Casino de Dieppe est sans rival.

Dieppe

GRAND-HOTEL

SUR LA PLAGE. — Maison de premier ordre. — Ascenseur. — Téléphone. — Electricité. — Bains dans l'hôtel. — 100 chambres, salon, salle à manger et terrasse dominant la mer.

G. DUCOUDERT, Propriétaire

Dieppe

GRAND HOTEL DES ÉTRANGERS

SUR LA PLAGE, EN FACE DE LA MER

Ouvert du 1er avril au 1er novembre. — Pension depuis 9 fr., excepté au mois d'août. — En août, depuis 10 fr.

Omnibus à la gare

Dijon

HOTEL DE LA CLOCHE

Place Darcy

150 chambres et salons
Ascenseur
Chauffage central

Bains
Lumière électrique
Garage et fosse

L. GORGES, Propriétaire, successeur de E. GOISSET

Dinan

HOTEL DE BRETAGNE

Place Duclos. — 1er ordre. — Grand confortable. — Clientèle d'élite. — Très recommandé pour sa cave et sa cuisine renommées. — *Garage pour automobiles.* — Installation sanitaire parfaite. — Bains et douches. — Arrangements spéciaux pour l'hiver. — Prix modérés. — Téléphone et bureau de poste dans l'hôtel. — INTERPRÈTES.

Eaux-Bonnes

MAISON TOURNÉ (et Grand Hôtel des Thermes)

Premier ordre, en face de l'Établissement thermal, à côté du jardin Darralde et de l'église.— Grands et petits appartements avec cuisine particulière pour chacun d'eux.— Beaux salons.— Restaurant.—*Eclairage électrique*.— Pension depuis 8 fr. par jour.— TOURNÉ, Pharmacien, Propre.

Etretat

GRAND HOTEL HAUVILLE

Sur la plage, à côté du Casino. — Hôtel de premier ordre. — Grande façade sur la mer. — Chambres magnifiques avec cabinets de toilette. — Salons. — Appartements pour familles.— Table d'hôte. — Splendide restaurant avec vue sur la mer. — Grand garage pour automobiles. — Prix modérés. — Arrangements pour long séjour. — *Omnibus à tous les trains*. — Téléphone. — English spoken. — Gaston BALANT, Pre.

Fontainebleau

HOTEL LAUNOY

Maison de famille de premier ordre, très en réputation et très recommandée.—Clientèle d'élite.—Vue sur la façade principale du château.— Appartements très confortables. — Vastes salons. — Billard. — Grand jardin.— Voitures pour la forêt. — Service particulier. — Garage pour bicyclettes et automobiles. — Chambre noire pour photographie. — Omnibus à la gare. — Prix modérés. — LAUNOY, Propriétaire.

Gavarnie (Hautes-Pyrénées)

1350 mètres d'altitude

HOTEL DES VOYAGEURS

40 chambres et salons. — Electricité. — Télégraphe et téléphone. — Aménagé pour familles à demeure. — Avec jardins attenants.— Prix de pension : du 10 septembre au 20 juillet, 8 à 10 fr., tout compris; du 20 juillet au 10 septembre, 10 à 12 fr. — Ouvert toute l'année.

HOTEL DU POINT DE VUE DE LA CASCADE

1 360 mètres d'altitude.— Le plus merveilleux des sites pyrénéens.— Salle de restaurant et terrasse de 200 couverts, faisant face au cirque et à la grande cascade. — Installation absolument moderne et confortable, basée sur la méthode recommandée par le T. C. F.

PIERRE VERGEZ-BELLOU, Propriétaire des deux hôtels

Granville

GRAND HOTEL DU NORD

De tout premier ordre. — Entièrement remis à neuf.— Restaurant à la carte. — La meilleure situation au centre de la ville, près de la Poste et des bateaux de Jersey. — *Annexe avec vue sur la mer*. — *Splendide salle à manger*. — Arrangements pour familles et pour séjour. — Prix modérés. — COSTE, Propriétaire.

Grasse

GRAND HOTEL VICTORIA

Entièrement neuf. — Premier ordre. — Plein midi. — Vue splendide. — Grand jardin. — Hydrothérapie complète. — Calorifère. — Garage pour autos. — Cuisine française très soignée. — Pension depuis 8 francs. — Arrangements pour familles. — Téléphone. — *Omnibus à tous les trains*. — MARENCO-SICARD, Propriétaire.

Hyères

GRAND HOTEL CONTINENTAL

De tout premier ordre. — Réputation européenne. — Situation exceptionnelle dans un beau jardin. — Plein midi. — Calorifère. — Salle de fêtes. — Clientèle d'élite. — Pension depuis 9 fr. par jour. — Ascenseur. — *Lift*. — **E. WEBER**, Propriétaire.

Succursale : HOTEL DE RUSSIE, à Monte-Carlo

Hyères

GRAND HOTEL CHATEAUBRIAND

PREMIER ORDRE

Magnifique vue. — Position très abritée. — **Jardin d'hiver.** — **Golf.** — Construit avec toutes les innovations modernes. — *Omnibus à tous les trains.* — **Téléphone.** — Ascenseur. — **P. ROBIN, Directeur.**

En été : Hôtel du Midi, à Uriage

Hyères-les-Palmiers

HOTEL REGINA-HESPÉRIDES

Maison de famille de premier ordre. — Recommandé spécialement par la Société d'hygiène de France. — **Situation exceptionnelle.** — Grand jardin. — Plein midi. — Tennis. — Croquet. — Trapèze. — Bains dans l'hôtel. — Arrangements pour long séjour. — Pension de 8 à 13 fr. par jour. — **Mme VIDAL-MARTIN**, Propriétaire-Directrice.

Hyères

GRAND HOTEL MÉTROPOLE

EX-ORIENT

Situation exceptionnelle. — Plein midi. — **Grand hall** — **Concert.** — *Five o'clock tea.* — *Ascenseur.* — Bains. — Calorifère. — **Auto-garage avec fosse.** — **Pension** depuis 8 fr. et arrangements pour familles.

CASTUEIL, Propriétaire

Hyères

GRAND HOTEL DE PARIS ET DES NÉGOCIANTS

RESTAURANT DE LA MAISON DORÉE

Ouvert toute l'année. — Confortable. — Cuisine soignée. — Depuis 7 fr. 50 par jour, vin et service compris. — Arrangements pour familles et prix modérés. — *Omnibus à tous les trains*: — **Hôtel des Etrangers**, même maison. — **E. TOURNAFOND**, Propriétaire.

Hyères

AGENCE GÉNÉRALE DE LOCATION

BOULEVARD DES PALMIERS

Villas et appartements meublés ou non. — Ventes et **achats de propriétés.** — **Renseignements** gratuits et précis.

L. MOUTTET, Directeur

Hyères

AGENCE ASTIER

BOULEVARD GAMBETTA, 18

Location de villas et d'appartements de choix meublés ou non. — Ventes et achats d'immeubles. — **Renseignements gratuits et exacts.** — Principale agence d'affichage et de publicité. — **ASTIER**, Directeur.

MONTE-CARLO

SAISON D'HIVER ET SAISON D'ÉTÉ

30 MINUTES DE NICE — 15 MINUTES DE MENTON

LE TRAJET DE PARIS A MONACO SE FAIT EN 13 HEURES 1/2 DE LYON EN 9 HEURES, DE MARSEILLE EN 4 HEURES DE GÊNES EN 6 HEURES

Parmi les **Stations hivernales** du littoral méditerranéen, **Monaco** occupe la première place, par sa position climatérique, par les distractions et les plaisirs élégants qu'il offre à ses visiteurs et qui en font aujourd'hui le rendez-vous du monde aristocratique.

La température, en été comme en hiver, est toujours très tempérée, grâce à la brise de mer qui rafraîchit constamment l'atmosphère.

Monaco. — Les **Thermes Valentia**, créés en 1895, sont merveilleusement aménagés et centralisent toutes les découvertes de la science moderne en balnéologie, hydrothérapie, électrothérapie, etc.— Le **Casino** de **Monte Carlo**, en face de **Monaco**, est remarquable par ses salles de jeux spacieuses et bien ventilées, par ses élégants salons de lecture et de correspondance.

Pendant toute la saison d'hiver, une nombreuse troupe d'artistes d'élite y jouent, plusieurs fois par semaine, l'**opéra**, l'**opéra-comique**, la **comédie**, le **vaudeville**, l'**opérette**.

Des **concerts** classiques, dans lesquels se font entendre les premiers artistes d'Europe, ont également lieu pendant toute la saison. L'**orchestre** du Casino, composé de plus de cent exécutants de premier ordre, se fait entendre deux fois par jour pendant toute l'année.

TIR AUX PIGEONS DE MONACO

Ouverture en décembre

Concours spéciaux et Tirs d'exercice. — Grands concours internationaux en janvier et en mars, pendant les Courses et les Régates. — Poules à volonté. — Tirs à distance fixe. — Handicaps.

Palais des Beaux-Arts avec Jardin d'hiver

Exposition des Beaux-Arts, de janvier à avril

Le prix des entrees (1 fr.) est employé en totalité à l'achat d'œuvres exposées, qui forment les lots d'une tombola (prix du billet : 1 fr.).

Des représentations sont données sur la scène du théâtre du Palais des Beaux-Arts.

Batailles de fleurs, Régates, Concours d'automobiles

Exposition et Concours de canots automobiles

HOTEL DE PARIS

UN DES PLUS SOMPTUEUX DU LITTORAL MÉDITERRANÉEN

Sur la place du Casino

Nice

LE GRAND-HOTEL

600 chambres et salons — Situation centrale

AVENUE FÉLIX FAURE

Nice

HOTEL BEAU-RIVAGE

QUAI DU MIDI, EN FACE DE LA MER

Prix modérés. — Ascenseurs. — Électricité dans toutes les chambres — Arrangements pour séjour.

Nice

PALACE HOTEL

Ci-devant MILLIET

Premier ordre. — Dernier confort. — Plein midi. — Le plus central. — Magnifique hall. — Arrangements sanitaires perfectionnés. — *Lumière électrique.* — Chauffage à basse pression. — Grand jardin. — Ascenseur. — Prix modérés.

W. MEYER, Propriétaire.

Nice

HOTEL-RESTAURANT HELDER-ARMENONVILLE

PLACE MASSÉNA

MAISON D'ÉTÉ

Hôtel de Paris, à TROUVILLE-SUR-MER

Nice

HOTEL WESTMINSTER

Promenade des Anglais

Premier ordre. — 150 chambres et salons. — Éclairage électrique. — Service à tables séparées. — Cuisine française. — Plein midi. — Confort moderne. — Bains. — Jardin d'hiver chauffé. — Ascenseurs. — Grand auto-garage. — Chambre noire, etc., etc. — Arrangements depuis 12 fr. par jour. — Maison très fréquentée.

François REBETEZ, Propriétaire

Nice

MONT-BORON PALACE

L'hiver, du 1er octobre au 1er juin. — Ascenseur. — Bains. — Lumière électrique. — *Téléphone*. — Mail-coach à 4 chevaux. — Forêt de pins attenant à l'hôtel. — *Sanitary certificate*. — Tramway électrique.

J. CAYRON, Propriétaire

Nice

HOTEL-PENSION SUISSE

Maison suisse renommée. — **Premier ordre**. — Situation magnifique sur le bord de la mer. — Vue splendide. — Jardin. — Arrangements sanitaires. — Bains. — Calorifère. — Téléphone. — *Lumière électrique*. — Ascenseur. — Arrangements pour familles depuis 9 fr. — **J.-P. HUG**, Propre.

Nice

HOTEL GALLIA

RUE DE LA PAIX

OUVERTURE NOVEMBRE 1900

Pension complète avec chambre, depuis 8 fr. par jour

1er ORDRE — **ASCENSEUR**

PLEIN MIDI — JARDIN

140 chambres et salons avec tout le confort moderne et entièrement éclairés à la lumière électrique. — **Chauffage à la vapeur**. — **Arrangements sanitaires parfaits**. — **Salles de bains à chaque étage**. — Billards. — Fumoir. — Magnifiques salons. — *Table d'hôte par petites tables et restaurant à la carte*. — Garage pour automobiles et bicyclettes.

G. FORTÉPAULE, Propriétaire

L'ÉTÉ : GRAND HÔTEL DE LA TERRASSE, A TROUVILLE-DEAUVILLE

Nice

GRAND HOTEL ROUBION ET DE SUÈDE

Avenue Beaulieu, 36, coin de l'avenue de la Gare

Remis à neuf. — **Premier ordre**. — Jardin plein midi. — Ascenseur. — Lumière électrique. — Restaurant à la française. — *Demander l'omnibus en arrivant.*

Nouvelle Direction : **Henri MORLOCK**, Propriétaire-Directeur

---

Nice

HOTEL DE BERNE

EN FACE DE LA GARE, AVENUE THIERS. — **Ouvert toute l'année**. — *Prix modérés*. — Restaurant avec entrée séparée pour passants. — Service par petites tables. — N. B. *Le transport des bagages est gratuit.*

Henri MORLOCK, Propriétaire-Directeur

Nîmes

GRAND HOTEL DU MIDI

Square de la Couronne. — **A. HUC**, nouveau Propriétaire. — **De premier ordre.** — Plein centre et attenant à la grande Poste. — Appartements et chambres très confortables. — **W.-C. à chasse.** — Cuisine et cave renommées. — Lumière électrique. — *Téléphone.* — Correspondant du T. C. F. et du C. A. F. — **Prix modérés.** — *Omnibus de l'hôtel à tous les trains.*

Nîmes

GRAND HOTEL MANIVET

BOULEVARD VICTOR-HUGO

En face du théâtre et de la Maison carrée, près des Arènes et des jardins romains de la Fontaine. — Entièrement remis à neuf. — Lumière électrique. — Grand confortable. — Cuisine de premier ordre. — Journée depuis 8 fr. — *English spoken.* — Garage pour autos. — Omnibus.

CHAPELIER et LAURENT, Propriétaires

Orléans

GRAND HOTEL SAINT-AIGNAN

Maison de tout premier ordre. — Situation exceptionnelle. — Appartements et salons particuliers pour familles. — Calorifères. — Bains à toute heure. — Arrangements sanitaires. — Téléphone. — Electricité partout. — Ascenseur. — Lift. — Remise et fosse. — Essence. — *English spoken.* — *Man spricht deutsch.* — **LEMAIRE**, Propriétaire.

Orléans

HOTEL MODERNE

Rue de la République. — Ouvert le 1er janvier 1903. — **De premier ordre.** — Situation centrale et près de la gare. — Installation moderne. — Médaille d'argent du T. C. F. pour ses chambres hygiéniques. — Bains et douches. — *Calorifère.* — Arrangements sanitaires. — Lumière électrique. — *Téléphone* — Ascenseur. — Garage pour autos. — Restaurant.

EMILE DINDAULT, Propriétaire

Orléans

GRAND HOTEL D'ORLÉANS

Rue Banier. — Situation centrale près des grandes promenades et de la cathédrale. — Chambres et appartements confortables pour familles et touristes. — Cuisine très soignée. — Depuis 8 fr. par jour, vin compris. — *Éclairage électrique.* — Garage pour autos. — Expédition de pâtés d'alouettes. — **FORTIN**, Propriétaire.

Paramé

BRISTOL PALACE HOTEL

Créé en 1900. — De tout premier ordre. — *Sur la plage, accès direct.* — Grand confort. — Pension depuis 10 fr. par jour.

HOTEL DE LA PLAGE (annexe du Bristol). — *Même situation.* — Pension depuis 8 fr. par jour

J.-C. GALLET, Propriétaire

 Type B — 4*

Plage de **Royan** (Charente-Inférieure)

GRAND HOTEL DE PARIS

Maison de premier ordre. — Bien située, façade du port, avec vue sur les Bains et la mer. — Annexe ayant vue sur le parc du Casino. — Rendez-vous de la bonne société. — Appartements confortables pour familles. — **Restaurant à la carte.** — Jardin. — **Table d'hôte.** — Arrangements pour les familles. — Omnibus à tous les trains. — *Changement de Propriétaire.*

Royan

GRAND HOTEL DE BORDEAUX

Ouvert du 1er mars au 1er novembre — Magnifique vue de mer Jardin

GRAND HOTEL DE L'EUROPE

A PONTAILLAC

Situation merveilleuse sur la mer, avec jardin de 6 000 mètres Les deux hôtels sont de tout premier ordre et sous la même direction.

Royan

LE GRAND-HOTEL

Au Parc. — Le seul donnant sur la Grande Plage. — Agrandissement considérable 150 chambres. — Salle de bains. — Magnifique terrasse sur la mer. — Grand jardin dans les Pins. — Appartements pour familles. — Maison de premier ordre. — Ouvert du 1er mars au 1er novembre. — *English spoken. — Se habla español. — Omnibus de l'hôtel à tous les trains. — Téléphone. — Garage pour automobiles.*

Royan

HOTEL D'ORLÉANS

Façade du port, boulevard Thiers

Ouvert toute l'année. — Grand restaurant avec salles d'été et d'hiver. — Arrangements pour familles. — Prix modérés. — *Garage pour automobiles.* — Chambre noire pour photographie. — **A. DEJEAN**, Propriétaire.

Royan

ROYAL-HOTEL

BOULEVARD THIERS, EN FACE DE LA MER

Ouvert du 1er avril au 15 octobre. — Installation moderne. — Garage d'automobiles. — Electricité. — Téléphone. — *Prix modérés.*

Mme BAULEY, Directrice

Royan

FAMILY-HOTEL

Premier ordre. — Agrandissement considérable. — Installation moderne. — En face de la Grande Plage, à l'entrée du Parc. — La plus belle situation de Royan. — Très recommandé pour le confortable de ses chambres et sa ***cuisine très soignée***

Pension depuis 8 francs par jour, excepté le mois d'août, petit déjeuner, vin, service, tout compris. — Prix spéciaux et très modérés pour l'hiver. — Vve PINSON, Propre.

Saint-Sébastien

GRAND HOTEL CONTINENTAL

LE SEUL AVEC VUE SUR LA MER

Ouvert toute l'année. — Premier ordre. — La plus belle situation sur la plage, entre le Palais-Royal et le Casino. — *Cuisine française très soignée.*—On parle français, anglais, portugais et italien.— Bains.— *Téléphone.*— Ascenseur.— Garage.— Éclairage électrique. — **François ESTRADE**, Propriétaire.

Saint-Sébastien

HOTEL DU PALAIS

AVENUE DE LA LIBERTÉ

Ouvert toute l'année.—De tout premier ordre.—Appartements avec salle de bains. — Chauffage central. — *English sanitary arrangements.* — Cuisine française très soignée. — Electricité. —*Ascenseur.*—**F. JOURNEAU, Propriétaire,** ex-Directeur de l'*Hôtel du Palais*, à Biarritz.

Saint-Sébastien

GRAND-HOTEL

PASEO DE LA ZURRIOLA

De premier ordre. — Bains et douches. — Lumière électrique. — *Téléphone.* — *Ascenseur.* — Arrangements pour familles. — Voitures pour excursions. — **VIUDA DE EZCURRA y Hijas.**

Saint-Sébastien

HOTEL DE FRANCE

Camino, 3

Très confortable. — Bien situé. — Lumière électrique dans toutes les chambres. — Cuisine recommandée. — Pension depuis 9 pesetas. — *Téléphone.* — **ALBERT BONNEHON, Propriétaire.**

Saint-Sébastien

HOTEL DE PARIS

RESTAURANT.—Calle Fuenterrabia et Principe.—Position centrale. — Installation moderne. — Cuisine française renommée. — Déjeuner, 4 pesetas ; dîner, 5 pesetas, vin compris. — Appartements complets pour familles. — Chambres depuis 4 pesetas.

J. SESMA, Propriétaire

SAINT-VALERY-SUR-SOMME

La plus pittoresque, la plus boisée des stations balnéaires du Nord. — Chasse maritime très recherchée et permise toute l'année. — *Casino Grand-Hôtel.* — Grand confortable. — Chambres chauffées l'hiver. — Pension depuis 8 fr.

TÉLÉPHONE

Toulon

GRAND-HOTEL

Premier ordre. — Electricité. — Plein midi. — Vue sur la mer. — Vaste salle de fêtes. — Bains. — Ascenseur. — Pension. — Prix modérés. — Garage et fosse pour autos. — A. T. C. et T. C. F.

J. BOUILLOT, successeur de L. Fille

Toulon

GRAND HOTEL DE LA RÉGENCE

MEUBLÉ — Ancienne Sous-Préfecture, rue *Nationale*

Situation centrale. — *Repas facultatifs à l'hôtel.* — Jardin. — Hydrothérapie. — Electricité. — Garage et fosse pour automobiles. — Chambres confortables depuis 2 fr. 50. — Pension depuis 7 fr. 50, petit déjeuner compris.

Mme Vve OLCÈSE, Propriétaire — P. FRÉBAL, Gendre, Directeur

Toulon

HOTEL MEUBLÉ DE LA POSTE

RUE HIPPOLYTE-DUPRAT

Entre la Poste et le Théâtre. — *Entièrement neuf.* — Grand confortable. — Salles de bains. — Arrangements sanitaires. — On sert le petit déjeuner du matin. — **Ascenseur.** — Prix modérés

LÉONARD GAMEL, Propriétaire

Toulouse

GRAND HOTEL DE L'EUROPE ET DU MIDI RÉUNIS

SQUARE LAFAYETTE — J. DUPOUTS

Établissement de premier ordre, avec tout le confort moderne. — Situé au centre des promenades et dans le plus beau quartier de la ville. — Salon de lecture. — **Splendides salles de fêtes.** — Téléphone. — Eclairage électrique. — Bains. — Restaurant. — Interprètes. — Auto-garage avec fosse. — **Spécialité de pâtés de foie de canard aux truffes du Périgord.** — EXPORTATION.

Toulouse

Grand-Hôtel et Hôtel Tivollier

(RÉUNIS)

Rue de Metz, rue Boulbonne et rue d'Astorg

Installation unique dans le Midi, avec tout le luxe et le confortable des grands hôtels d'Europe et d'Amérique. — **200 chambres et salons.** — Appartements de luxe. — Salles de bains à tous les étages et dans les principaux appartements. — **3 ascenseurs.** — **Chauffage central.** — **Eclairage électrique.** — **Téléphone.** — Hotel diplômé par le Touring-Club de France. — F. MIRAL, Directeur. — Dans l'hôtel : **postes et** télégraphe. — *Garage pour automobiles, avec fosse de réparation.* — **RESTAURANT TIVOLLIER ET GRAND-HOTEL.** — TOUT PREMIER ORDRE. — **Service à la carte et à prix fixe** — **Cuisine et cave renommées.** — M. TIVOLLIER conserve, comme par le passé, la fabrication de **pâtés de foies gras et de canards aux truffes** du Périgord, désignés sous le nom de **PATÉS TIVOLLIER.** — 19 médailles or et argent aux **Expositions universelles.** — Exposant à Saint-Louis d'Amérique (Louisiane).

Toulouse

HOTEL DE PARIS

RUE GAMBETTA (CAPITOLE)

Entièrement remis à neuf et installé avec tout le confort moderne. — **Table d'hôte et restaurant.** — **Cuisine de famille renommée.** — **Depuis 8 fr. par jour.** — ***Téléphone.*** — **Electricité.** — **A. PRAT, Propriét^{re}.**

IV. — PAYS ÉTRANGERS

BELGIQUE — GRANDE-BRETAGNE — ESPAGNE

ALGÉRIE — SUISSE — ITALIE

BRUXELLES

(HAUTE VILLE ET PARC)

HOTEL DE FLANDRE

Place Royale

Logement, y compris service et éclairage, à partir de 5 francs par jour.— Premier déjeuner, 1 fr. 50; Déjeuner à la fourchette, 4 fr.; Dîner à table d'hôte, 5 fr.

Pension pour séjour prolongé, comprenant : chambre, service, éclairage et trois repas par jour, à partir de 13 fr. 50.

ASCENSEUR — BAINS

Billets de chemins de fer, Enregistrement des bagages

POSTE — TÉLÉGRAPHE — TÉLÉPHONE

Agence générale des Wagons-Lits

Toutes les chambres sont éclairées à l'électricité.

HOTEL DE BELLE-VUE

Place Royale, ***en face du parc***

ÉCLAIRAGE ÉLECTRIQUE

ASCENSEUR — BAINS

Billets de chemins de fer, Enregistrement des bagages

POSTE — TÉLÉGRAPHE — TÉLÉPHONE

Agence générale des Wagons-Lits

Bruxelles

LE GRAND-HOTEL

Société anonyme au capital de 1 500 000 francs

J. CURTET-HUGON

ADMINISTRATEUR-DIRECTEUR

Premier ordre. — 250 chambres et salons. — Superbe restaurant. — Grill-room. — Bar américain. — Grand café glacier. — Bureaux de poste-télégraphe. — *Chemins de fer, wagons-lits.* — Enregistrement des bagages. — Le Grand-Hôtel est entièrement chauffé à la vapeur.

Adresse télégraphique : GRANHOTEL, BRUXELLES

Eaux ferrugineuses et Bains de SPA (Belgique)

GRAND HOTEL DE L'EUROPE

HENRARD-RICHARD, Propriétaire

Maison de premier ordre. — Situation exceptionnelle. — *Eclairage électrique.* — Arrangements pour familles. — Salons d'agrément. — Vaste garage pour autos avec remises fermées, éclairées à l'électricité, offerts gratuitement. — *Fosse à réparations.* — Essences. — Seul correspondant des sociétés automobiles de Belgique et de l'A. C. de France. — *Téléphone* n° 28.

Spa

GRAND HOTEL DE BELLEVUE

MAGNIFIQUE SITUATION

Près de la Résidence royale et des Bains

JARDIN COMMUNIQUANT AU PARC

ROUMA, Propriétaire

GRANDE-BRETAGNE

JERSEY — (Iles de la Manche) — **JERSEY**

HOTEL DU PALAIS DE CRISTAL

Reconstruction nouvelle et situation unique dans King Street, rue principale de Saint-Hélier. — **Seul hôtel français ayant réellement prix fixe et n'employant aucun pisteur sur les paquebots.** — PRIX FIXE : **7 fr. 50 par jour et par personne**, comprenant chambre, service, éclairage, petit déjeuner, déjeuner et dîner, cidre compris. — Recommandé des Touring-Club de France et de Belgique pour son grand confortable et la modicité de ses prix. — Appartements et chambres pour familles. — Salon de lecture et de musique. — Chambre noire. — Garage. — *Omnibus aux bateaux.* — Le **GRAND CAFÉ PARISIEN**, attenant à l'hôtel, le plus vaste et le plus moderne de l'île.

JULES PARISON, Propriétaire-Directeur

V. SUPPLÉMENT

Spécialités pharmaceutiques
Chocolat Menier

Venise. Exposition internationale des Beaux-Arts

VIe Exposition internationale des Beaux-Arts

DE LA

VILLE DE VENISE

22 avril-31 octobre 1905

Cette Exposition aura une importance exceptionnelle. Elle sera ainsi partagée : **Salles nationales étrangères** (Allemagne, Angleterre, France, Hongrie, Suède); — **Salles internationales** (artistes américains, belges, hollandais, russes, écossais, espagnols, etc.); — **Salles régionales italiennes.**

Les Salles nationales étrangères et les Salles régionales italiennes sont organisées de façon que leur décoration et leur ameublement forment des **ensembles harmoniques** avec les œuvres exposées.

L'Exposition est installée au Jardin Public, tout à côté de la lagune, dans l'emplacement le plus délicieux de la ville.

Régates, Sérénades, Concerts extraordinaires

Les billets spéciaux, à prix très réduits, délivrés des gares de l'intérieur et de la frontière, donnent le droit de fréquenter **gratis** l'Exposition pendant la période pour laquelle ils sont valables (5, 8, 10, 15, 20 jours).

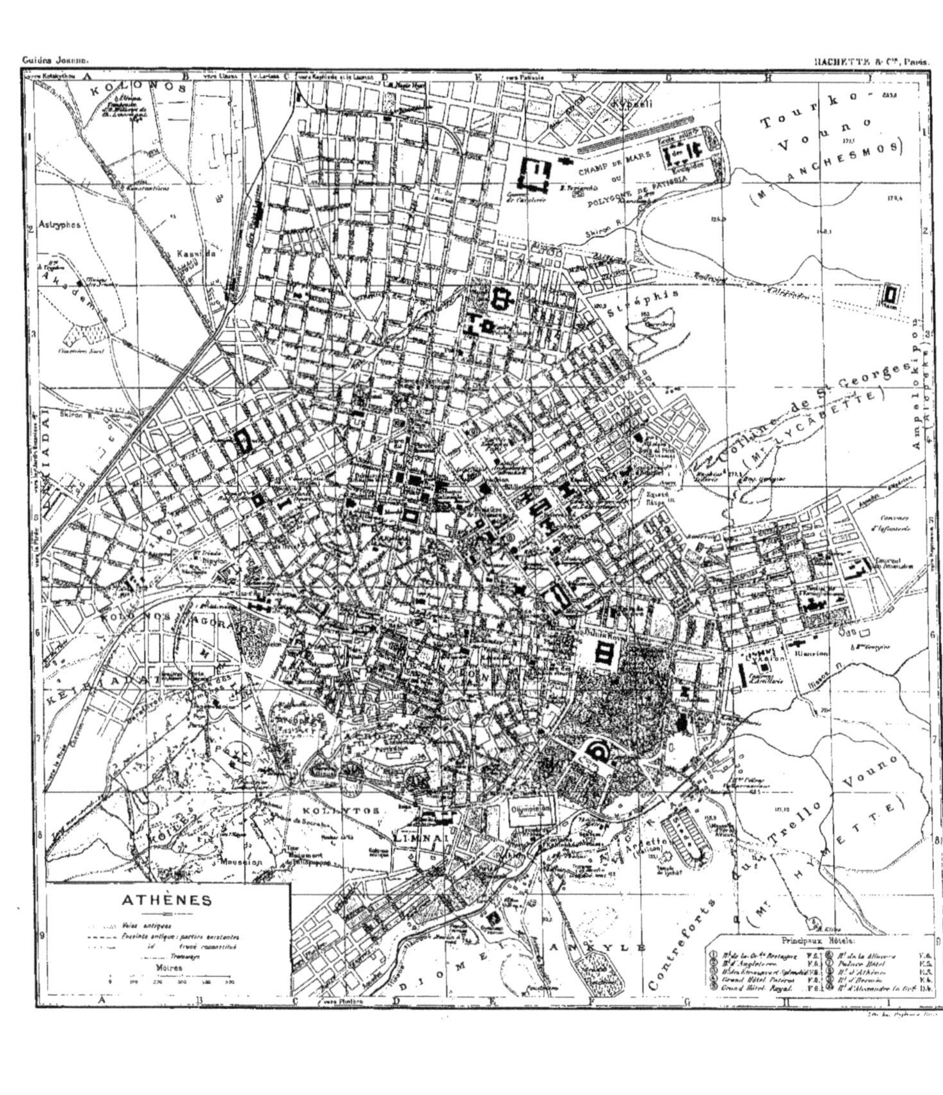
Guides Joanne.
HACHETTE & Cie, Paris.
ATHÈNES
Voies antiques
Enceinte antique : parties existantes
id tracé reconstitué
Tramways
Mètres
0 100 200 300 400 500
Principaux Hôtels:
Palace Hôtel F.5.
Grand Hôtel Royal. F 6.
KOLONOS
Astryphos
Kassida
Kypseli
CHAMP DE MARS
OU
POLYGONE DE PATISSIA
Skiron R.
Tourko-Vouno
(Mt ANCHESMOS)
Stréphis
Colline de St Georges
(Mt LYCABETTE)
Ampelokipos
KOLONOS AGORAIOS
KOLLYTOS
LIMNAI
Olympieion
Mouseion
Trello Vouno
(Mt HYMETTE)
Contreforts du
DIOMEIA
ANKYLE
Rizarion
Ilissos R.

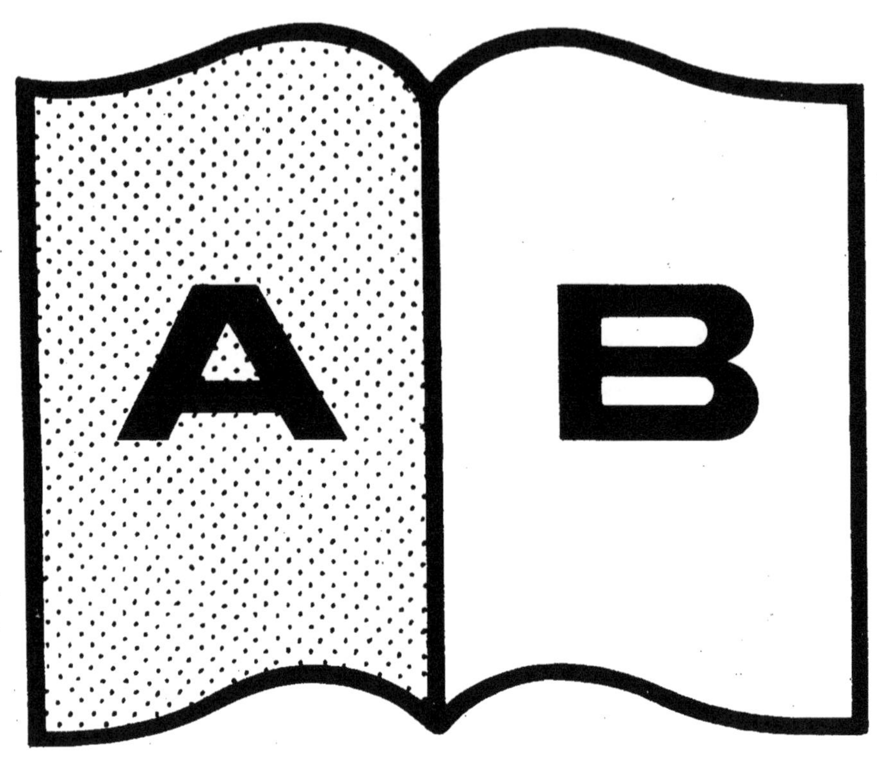

Contraste insuffisant

www.ingramcontent.com/pod-product-compliance
Ingram Content Group UK Ltd.
Pitfield, Milton Keynes, MK11 3LW, UK
UKHW012147240726
13966UKWH00001B/185